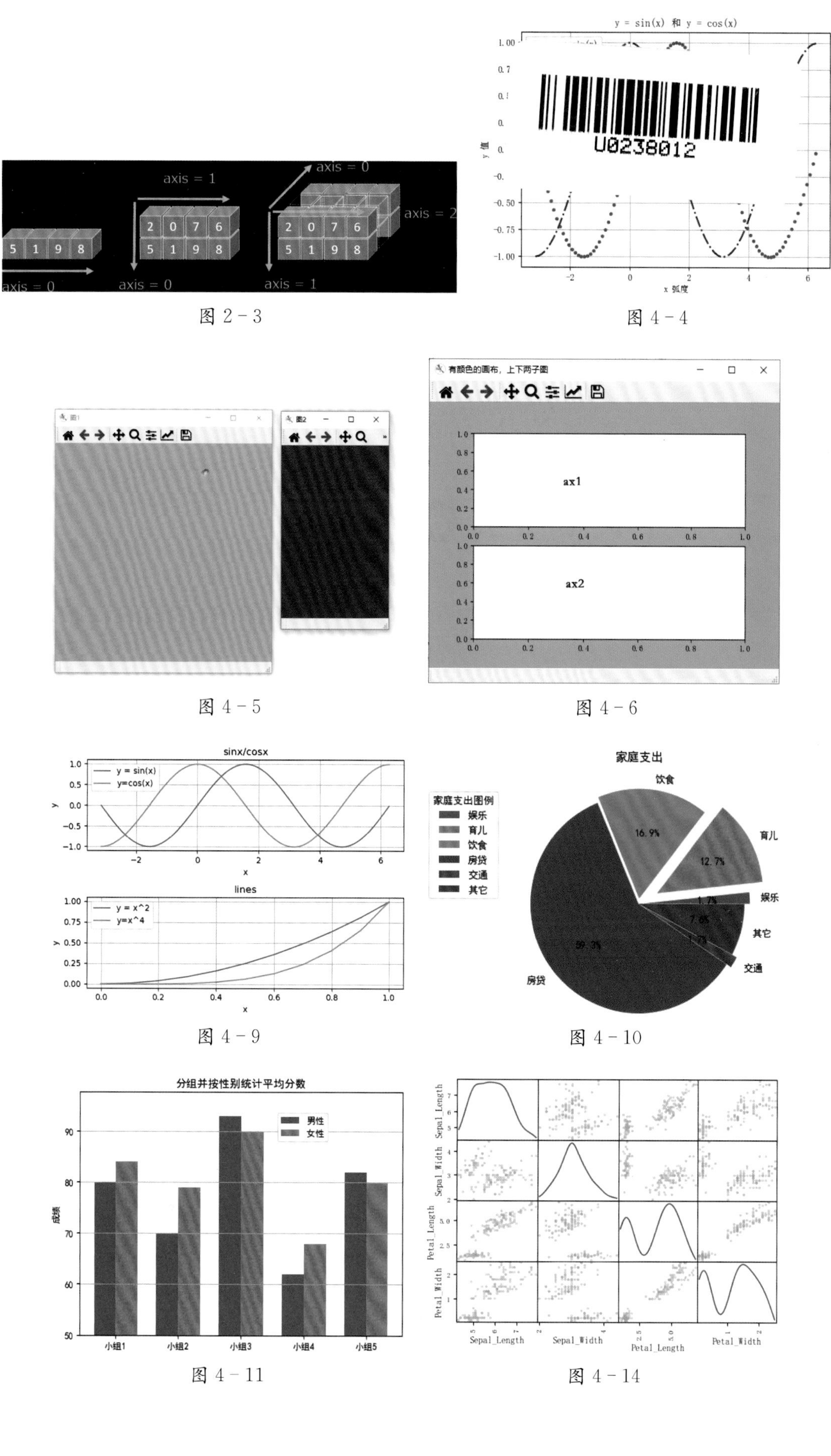

图 2－3

图 4－4

图 4－5

图 4－6

图 4－9

图 4－10

图 4－11

图 4－14

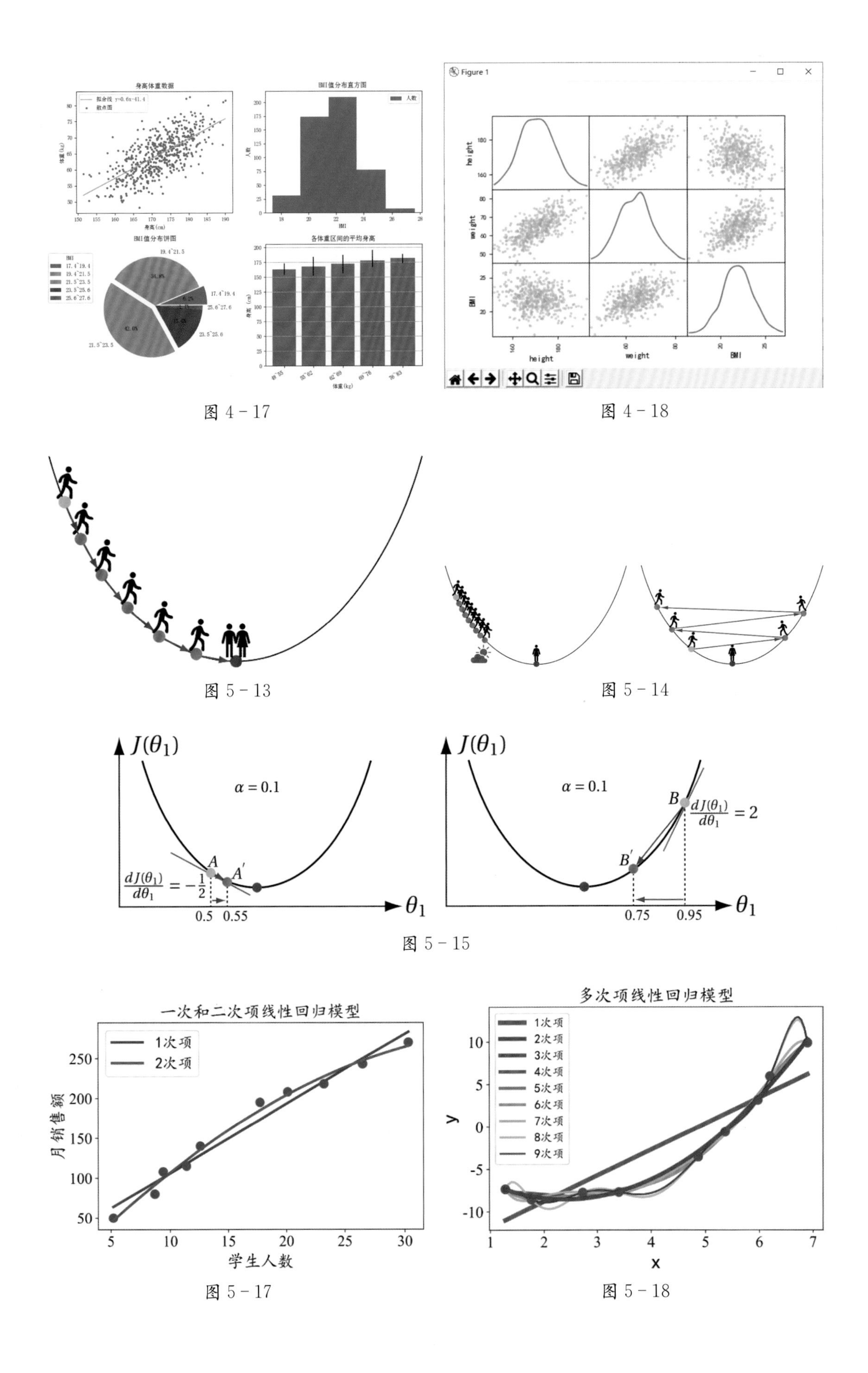

图 4 - 17

图 4 - 18

图 5 - 13

图 5 - 14

图 5 - 15

图 5 - 17

图 5 - 18

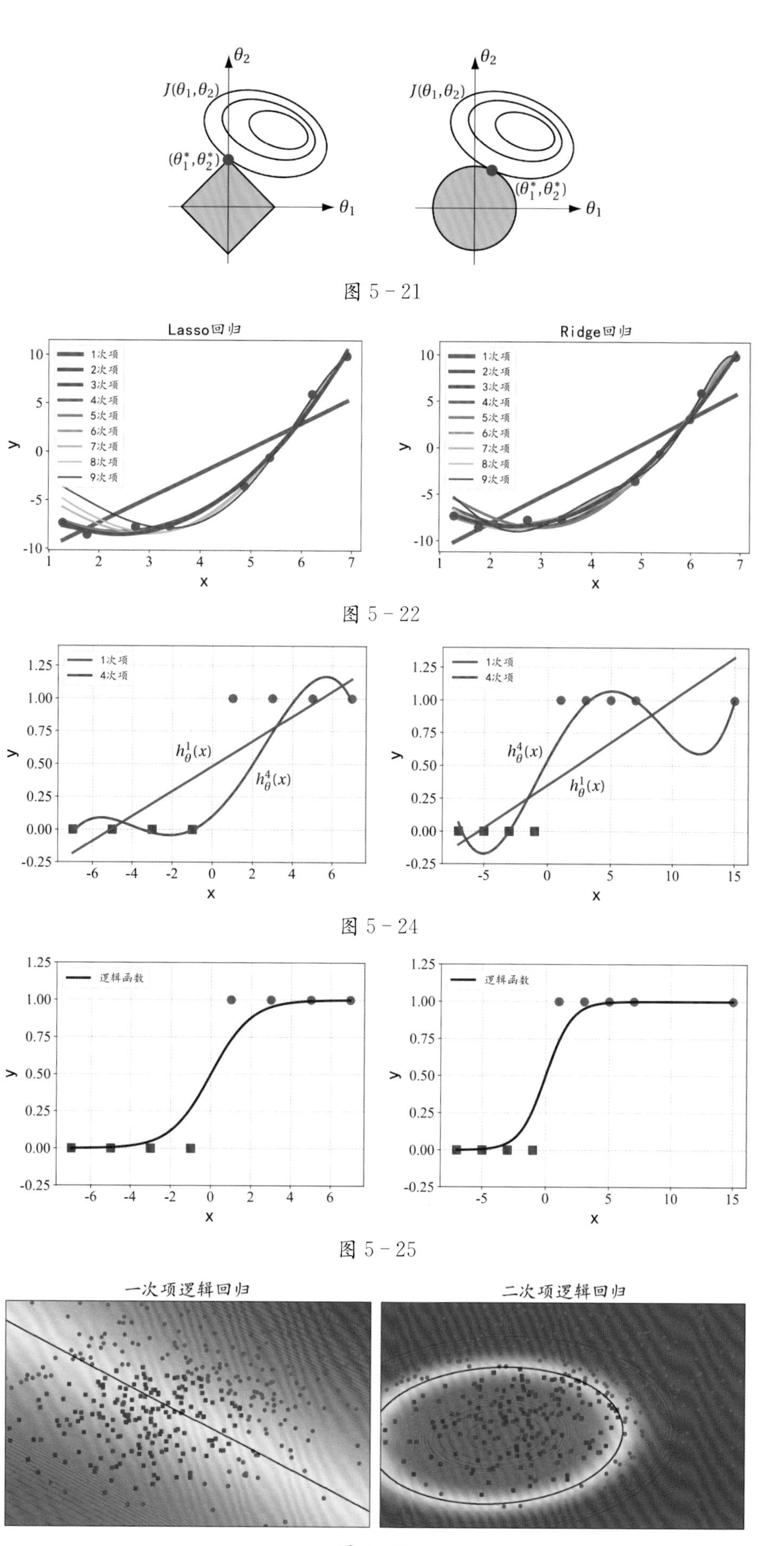

图 5－21

图 5－22

图 5－24

图 5－25

图 5－27

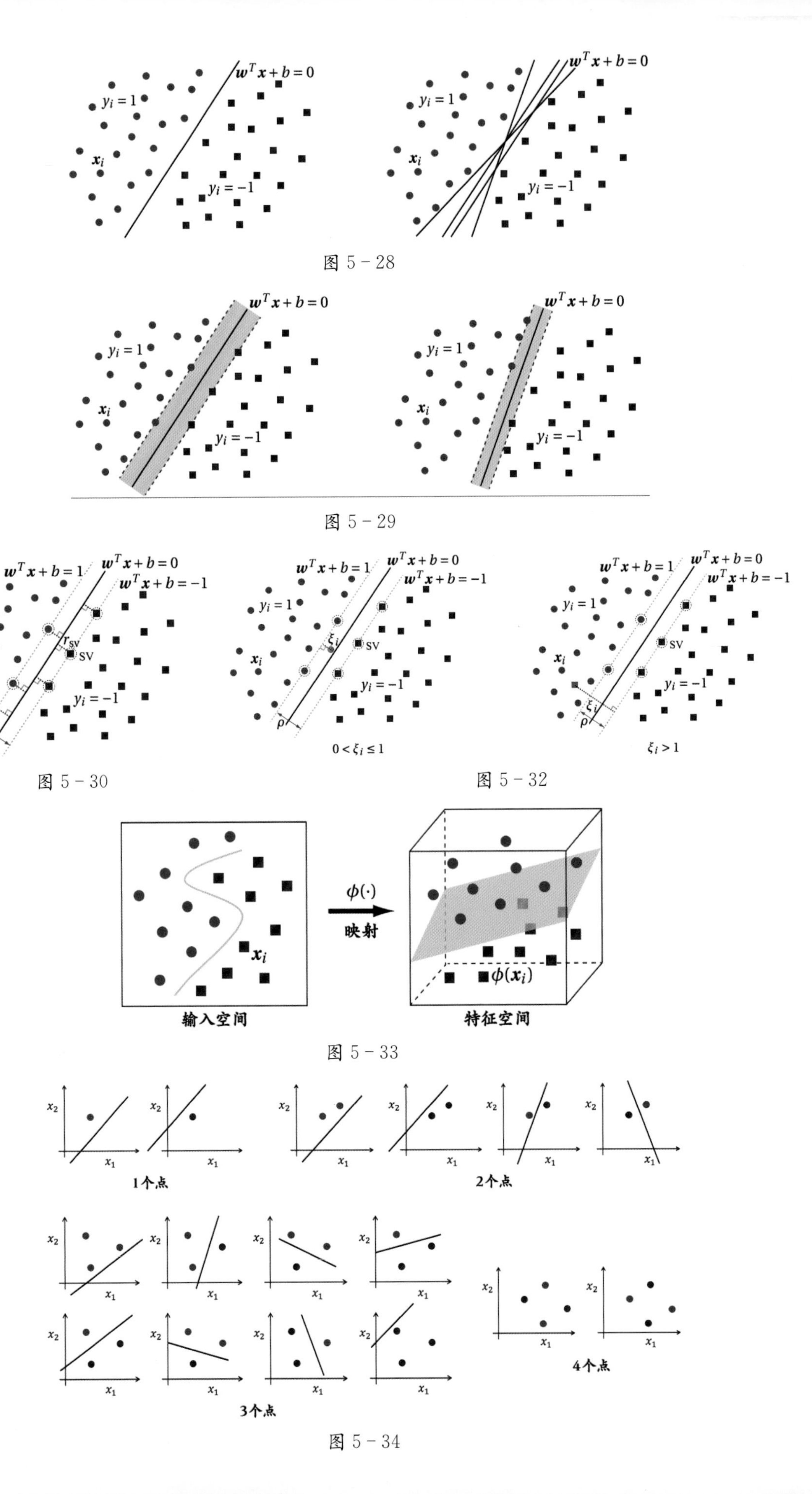

图 5-28

图 5-29

图 5-30

图 5-32

图 5-33

图 5-34

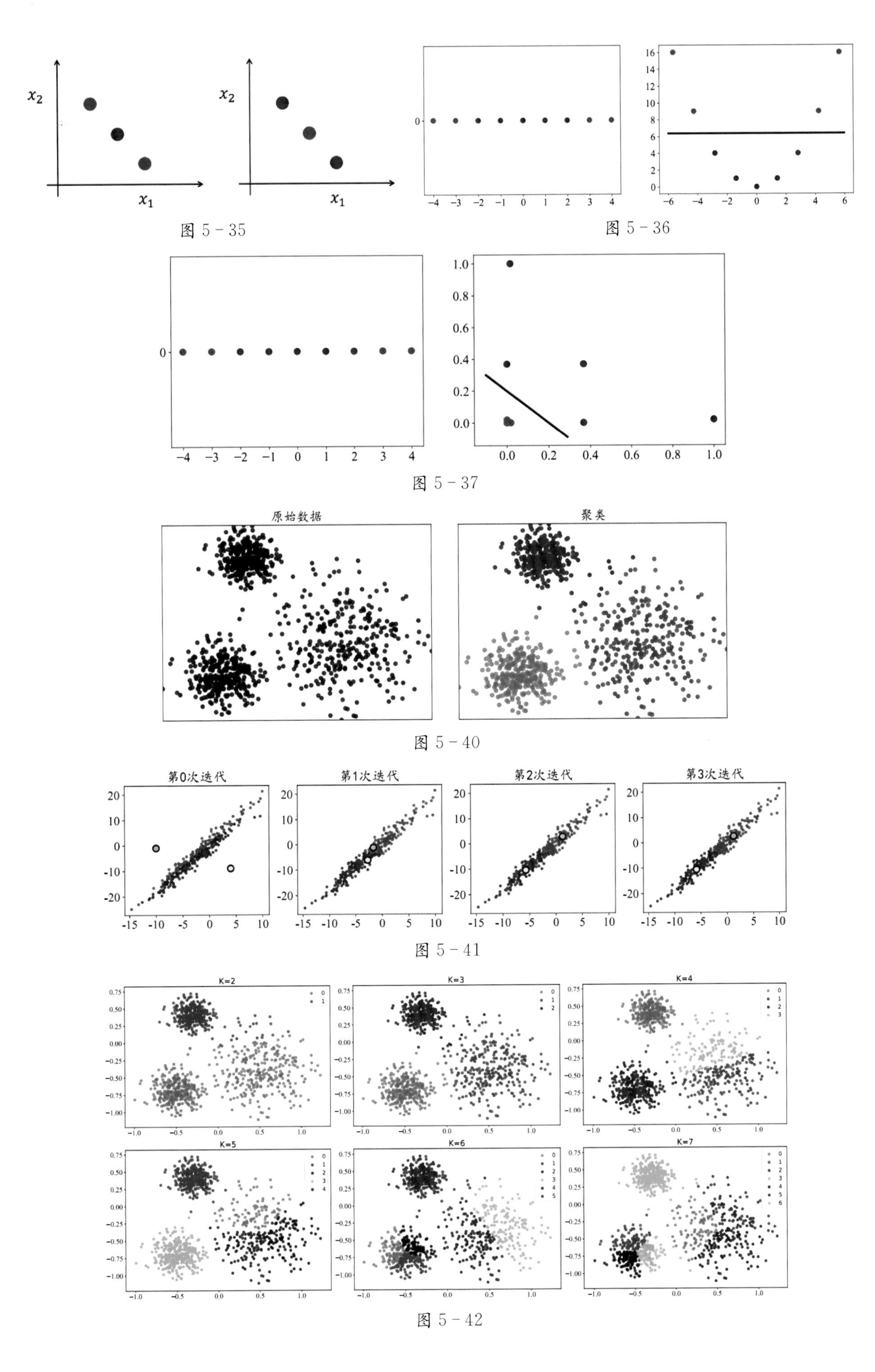

图 5－35

图 5－36

图 5－37

图 5－40

图 5－41

图 5－42

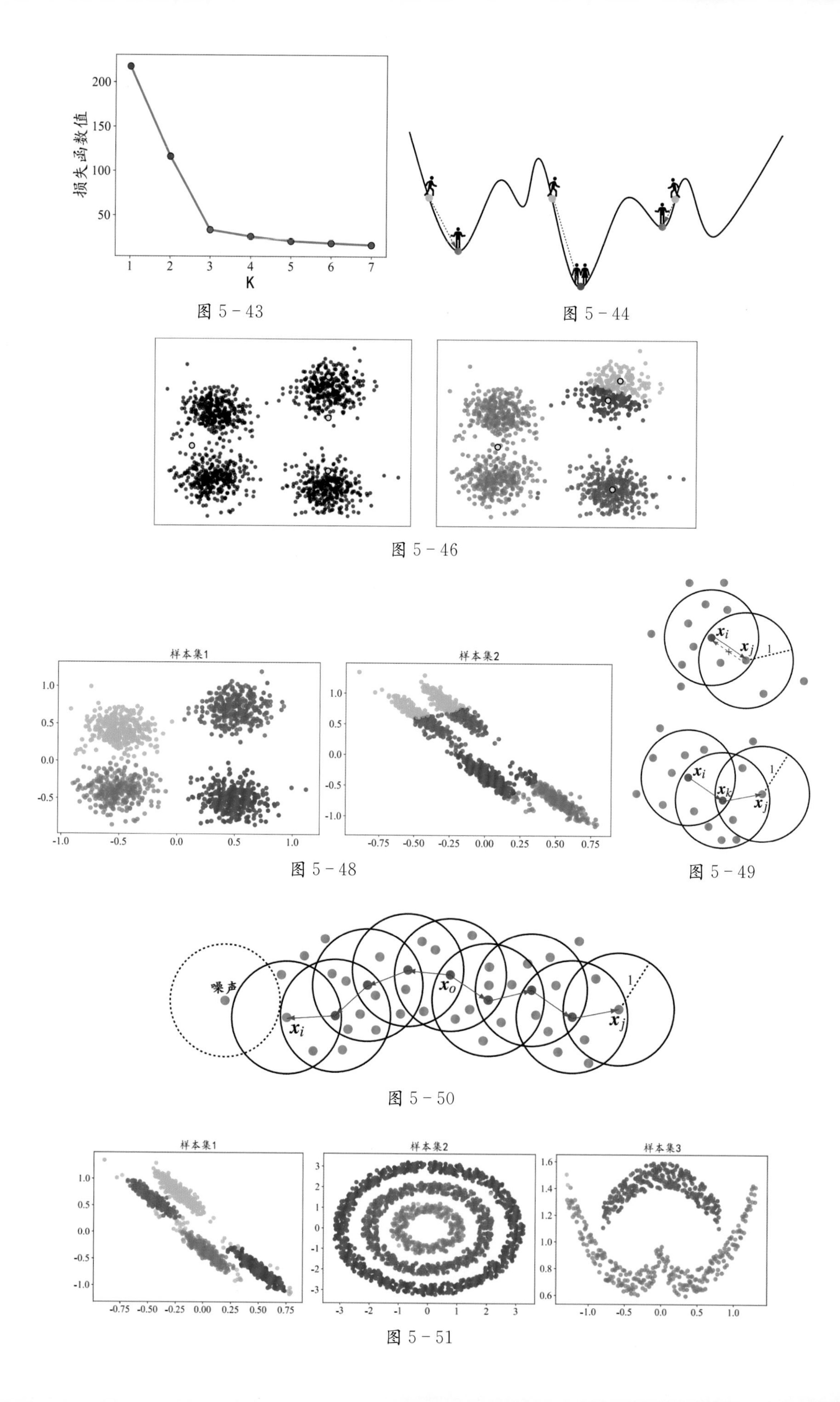

图 5 - 43

图 5 - 44

图 5 - 46

图 5 - 48

图 5 - 49

图 5 - 50

图 5 - 51

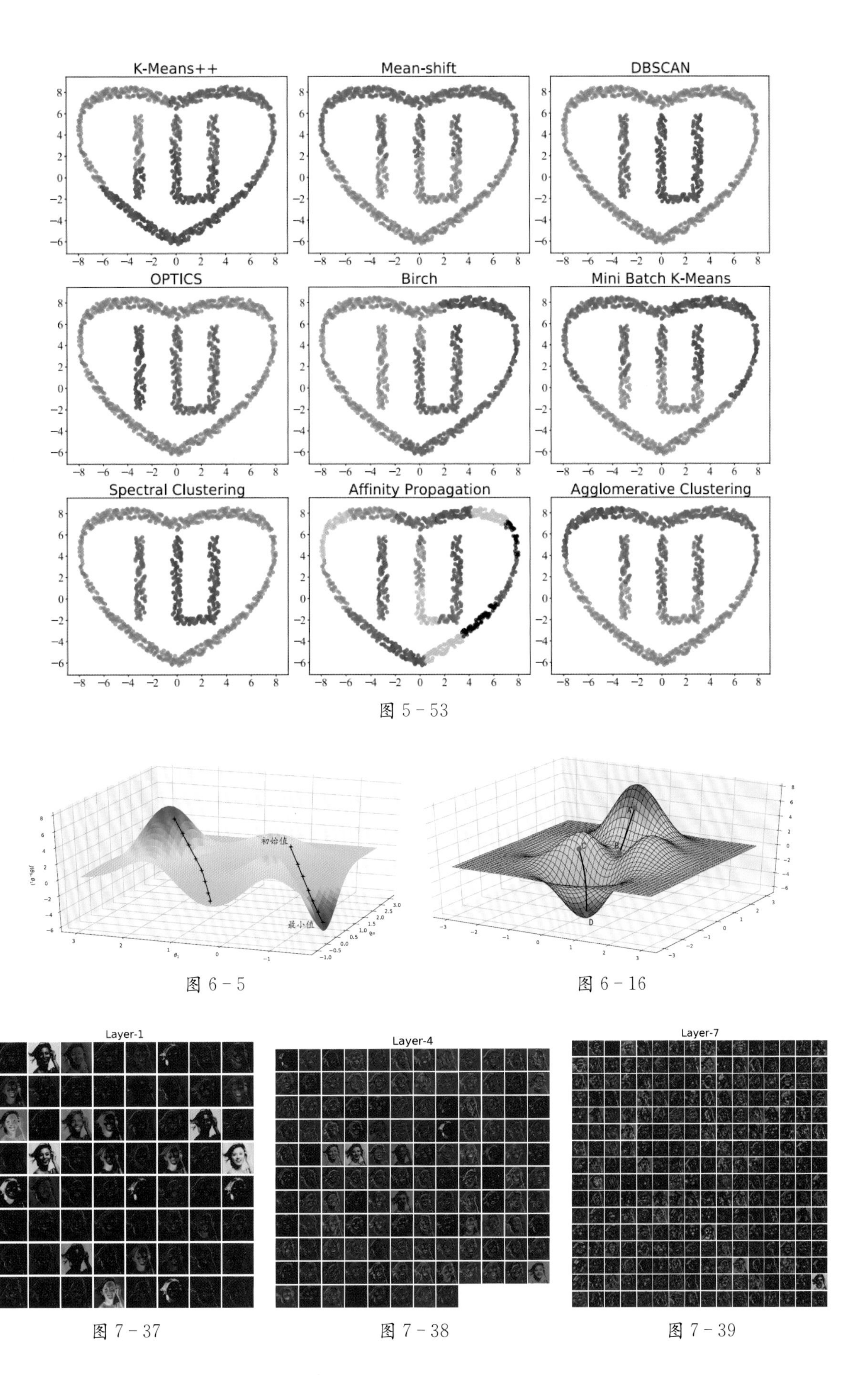

图 5－53

图 6－5

图 6－16

图 7－37

图 7－38

图 7－39

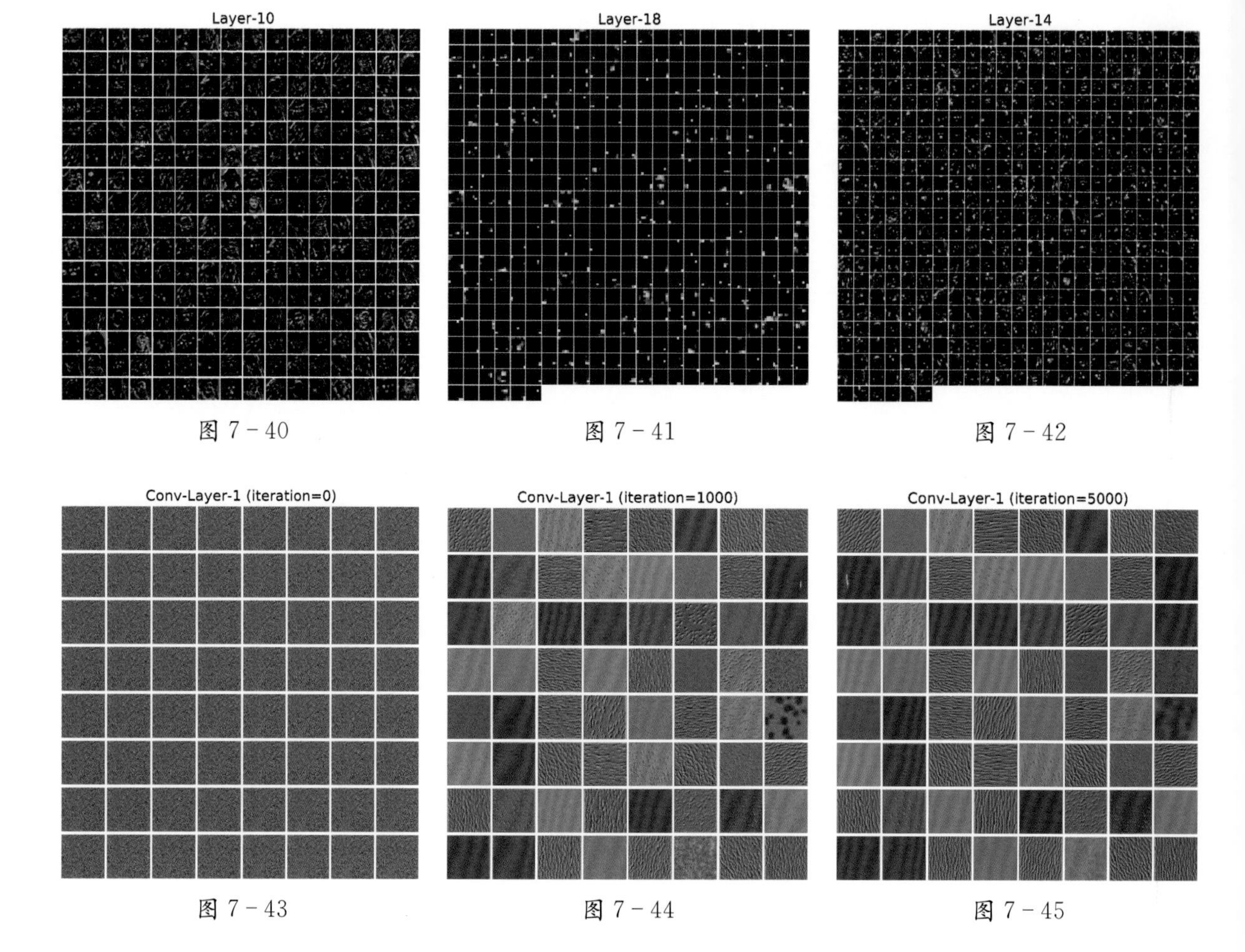

图 7-40　图 7-41　图 7-42

图 7-43　图 7-44　图 7-45

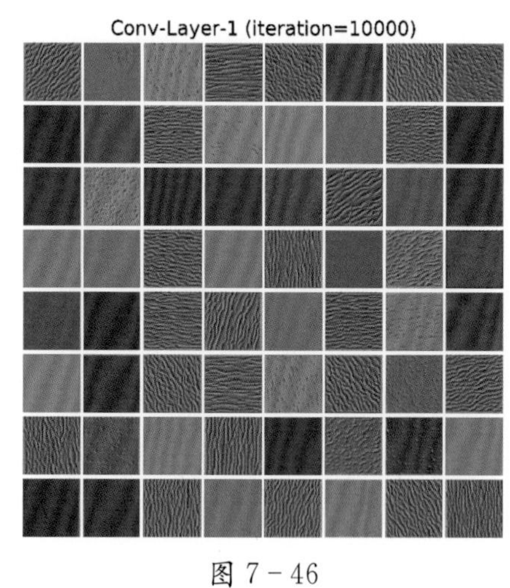

图 7-46

大学人工智能基础

主　编◎郭　骏　陈优广

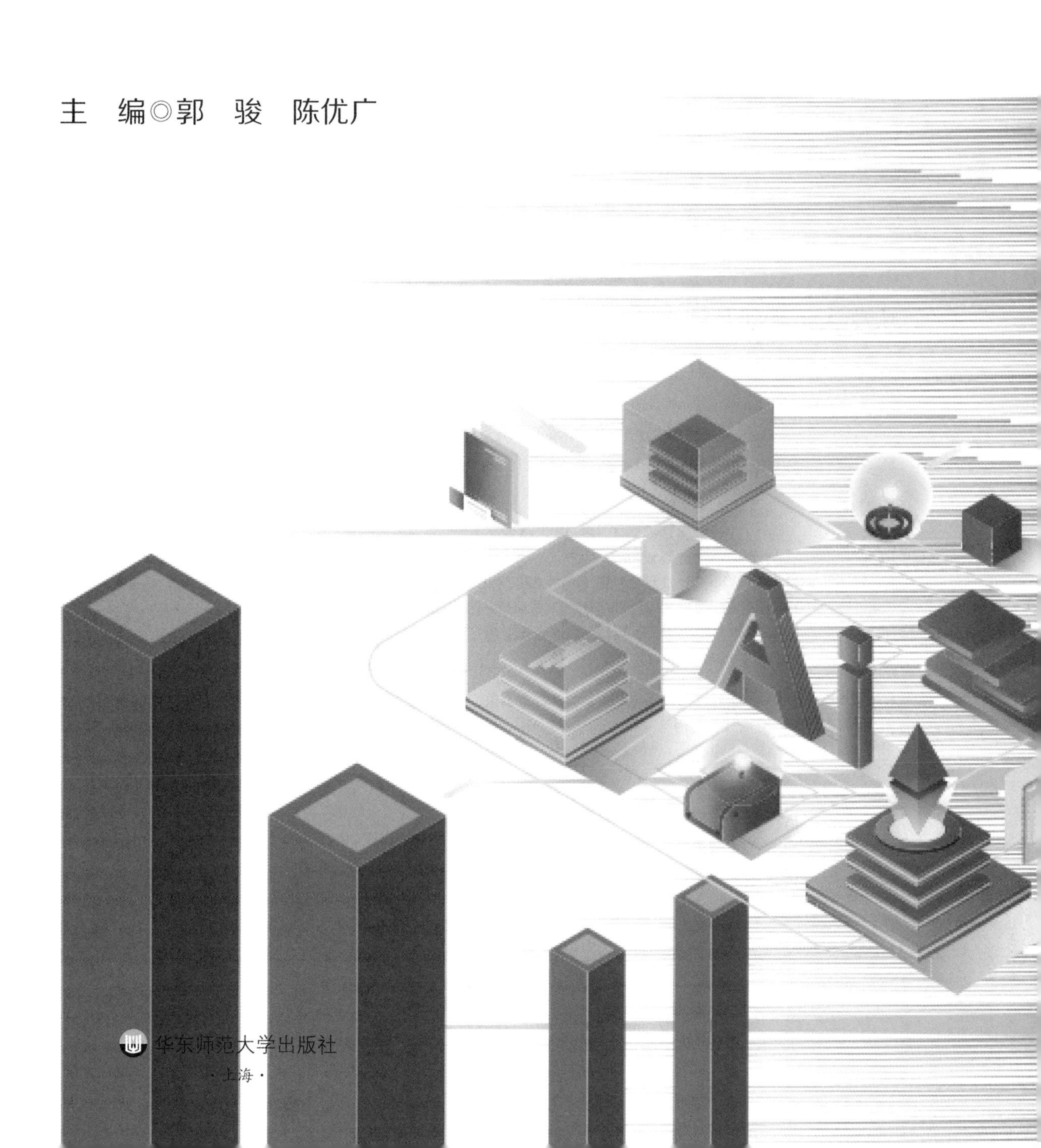

华东师范大学出版社
·上海·

图书在版编目(CIP)数据

大学人工智能基础/郭骏,陈优广主编. —上海:华东师范大学出版社,2021
ISBN 978-7-5760-1278-1

Ⅰ.①大… Ⅱ.①郭…②陈… Ⅲ.①人工智能—高等学校—教材 Ⅳ.①TP18

中国版本图书馆CIP数据核字(2021)第022070号

大学计算机系列教材
大学人工智能基础

主　　编　郭　骏　陈优广
责任编辑　蒋梦婷
特约审读　曾振炳
责任校对　施　暘
装帧设计　俞　越

出版发行　华东师范大学出版社
社　　址　上海市中山北路3663号　邮编 200062
网　　址　www.ecnupress.com.cn
电　　话　021-60821666　行政传真 021-62572105
客服电话　021-62865537　门市(邮购)电话 021-62869887
地　　址　上海市中山北路3663号华东师范大学校内先锋路口
网　　店　http://hdsdcbs.tmall.com

印 刷 者　上海龙腾印务有限公司
开　　本　787×1092　16开
插　　页　8
印　　张　21.5
字　　数　503千字
版　　次　2021年2月第1版
印　　次　2025年1月第4次
书　　号　ISBN 978-7-5760-1278-1
定　　价　59.00元

出 版 人　王　焰

前言

QIAN YAN

党的二十大报告进一步凸显了教育、科技、人才在现代化建设全局中的战略定位,进一步彰显了党中央对于教育、科技、人才事业的高度重视。实现第二个百年奋斗目标,要求我们必须深入实施科教兴国战略、人才强国战略、创新驱动发展战略,在科技自立自强上取得更大进展,不断提升我国发展独立性、自主性、安全性,催生更多新技术新产业,不断塑造发展新动能新优势,以科技的主动赢得国家发展的主动。人工智能作为一门新兴学科,从1956年诞生至今,已经取得了长足的进步。特别是当前计算机技术高速发展以及大数据的背景下,人工智能更是不断地展示出惊人的潜力,给我们的生活带来了巨大的变化。本教材以Python程序设计作为先修课程,介绍与人工智能相关的程序设计进阶,讲述人工智能的核心内容——机器学习的基础理论和常见算法,并探讨目前流行的深度学习相关的计算机视觉技术和自然语言处理技术。通过本课程的学习,读者可以掌握人工智能的基本思想、基础算法以及实践技术。

本教材共八章。第一章介绍人工智能的基本概念、发展历程和主要研究领域。第二章至第四章分别介绍在机器学习与深度学习中常用的Python程序库,包括科学计算之NumPy、数据分析之Pandas和数据可视化之Matplotlib。第五章介绍机器学习的基本概念、基础知识以及几个典型机器学习算法。第六章介绍作为深度学习入门的简单神经网络模型。第七章介绍深度学习的基本概念以及在计算机视觉领域的应用技术。第八章介绍自然语言处理相关的基础知识以及深度学习在自然语言处理领域的应用技术。本教材可作为普通高等院校和高职高专院校的人工智能基础课程教学用书。

本教材由华东师范大学数据科学与工程学院一线教师编写。由郭骏和陈优广主编,第一章和第八章由陈优广编写,第二至四章由朱晴婷和裘奋华编写,第五章和第七章由郭骏编写,第六章由刘小平编写。本教材在编写过程中特别得到了朱敏等老师的帮助,在此表示最诚挚的感谢。

另外,由于时间仓促以及水平有限,教材中难免有纰漏与不足之处,望广大读者批评指正。

编者

2021年1月

目录

MU LU

PART **07**

第 7 章

计算机视觉 / 235

PART **08**

第 8 章

自然语言处理 / 285

PART **01**

第1章　人工智能概述

<本章概要>

人工智能(artificial intelligence, AI)已经成为新一轮科技革命和产业变革的核心驱动力,正在对世界经济、社会进步和人类生活产生极其深刻的影响。

人工智能是研究知识的表示、获取和运用的科学。人工智能的知识应用到各个领域,就是我们经常提到的“AI+某一学科”,如生物信息学、计算历史学、计算社会学等。

人工智能的研究对象是机器智能,即使用智能机器系统模仿、扩展人类的智能。同时,人工智能也是一门交叉学科,涉及计算机、生物学、心理学、物理、数学等多个领域。作为一门前沿和交叉学科,它的研究范围非常广泛,涉及专家系统、机器学习、自然语言理解、计算机视觉、模式识别等多个领域。

人工智能的发展同其他学科一样,也不是一帆风顺的,它至今经历了孕育、形成和发展三个阶段。近年来,人工智能飞速发展,取得了很多惊人的成果,战胜世界围棋冠军李世石的 AlphaGo 和柯洁的 AlphaGo Zero 的出现,预示着人工智能时代的到来。

本章主要介绍人工智能的基本概念、发展历程和主要研究领域,并给出了几个体验人工智能的应用程序。

<学习目标>

当完成本章的学习后,要求:

1. 了解人工智能的定义
2. 了解人工智能的发展历程
3. 了解人工智能的研究领域
4. 体验人工智能应用程序

1.1 什么是人工智能

新科技给我们的生活带来了很大的便利，如智能手机刷脸解锁、指纹密码锁、扫地机器人、车牌识别系统、商品推荐等等。这些新科技正逐步改变着我们的生活，这些给我们带来便利和舒适生活的新科技就是我们常提到的人工智能。

那么，人工智能是如何定义的呢？目前，它的定义有两个：一个是明斯基提出的，即“人工智能是一门科学，是使机器做那些人需要通过智能来做的事情”；另一个是尼尔森给出的定义，即“人工智能是关于知识的科学”，所谓“知识的科学”就是研究知识的表示、获取和运用。在这两个定义中，人们更偏重于第二个定义。人工智能是与知识紧密相关的，它是研究、开发用于模拟、延伸和扩展人的智能的理论、方法、技术及应用系统的一门新的技术科学。

人工智能不受领域限制，适用于任何领域的知识，因此，相对于其他学科，人工智能具有普适性、迁移性和渗透性。人们将人工智能的知识应用于某一特定领域，就可以形成一门新的学科，也就是我们经常提到的“AI＋某一学科”，如生物信息学、计算历史学、计算社会学等，所以人工智能不仅是人工智能研究者的要求，也是时代的要求。

1.2　人工智能的发展历程

人工智能是在 1956 年作为一门新兴学科的名称正式提出的，发展到现在，它已经取得了惊人的成就，获得了迅速的发展，它的发展历程，可归结为孕育、形成、发展这三个阶段。

1.2.1　孕育阶段

1950 年，艾伦・图灵编写并出版了《曼彻斯特电子计算机程序员手册》。他进行数理逻辑方面的理论研究，并提出了著名的“图灵测试”。同年，他提出关于机器思维的问题，他的论文《计算机和智能》(*Computingmachiery and intelligence*)引起了广泛的注意和深远的影响。1950 年 10 月，图灵发表了论文《机器能思考吗》，正是这一划时代的作品，使图灵赢得了“人工智能之父”的桂冠。

1951 年，明斯基提出了关于“思维如何萌发并形成”的一些基本理论，并建造了世界上第一个神经元网络模拟器——SNARC(stochastic neural analog reinforcement calculator)。SNARC 已经具备从经验中学习的能力，它能够在 40 个“代理”(agent)和一个奖励系统的帮助下穿越迷宫。在 SNARC 的基础上，明斯基还通过综合利用自己多学科的知识，使机器具备了基于过去行为预测当前行为的能力。基于 Agent 的计算和分布式智能是当前人工智能研究中的一个热点。

1956 年，明斯基和约翰・麦卡锡等人在美国汉诺斯小镇宁静的达特茅斯学院召开了一个夏季的学习机讨论会，这就是被视为人工智能起点的“达特茅斯会议”。讨论会上提出了“人工智能”的概念，它标志着“人工智能”这门新兴学科的正式诞生。麦卡锡在达特茅斯会议上提出了人工智能最初的观点和定义，在此之前人们在该领域有过研究，如艾伦・图灵，但那时还没有形成完整概念。麦卡锡认为，人工智能是用机器来解决通常只有人才能解决的问题，当电脑具备自我学习和提升的能力，能解决问题时，就说明了它具备了人工智能的能力。

在这次会议上，学者们还列出了人工智能的七个研究领域，分别是：

第一，模拟人脑的高级功能。

第二，自己编程来使用一般语言。

第三，设计出假定的神经元以使其可以生成概念。

第四，决定和衡量问题复杂性的方法。

第五，自我提高。

第六，能对思维而非事件进行处理的抽象能力。

第七，随机性和创造性。

1959 年，明斯基和麦卡锡又一起创立了世界上第一座专攻人工智能的实验室——MITAI 实验室。

1969 年，42 岁的明斯基获得了计算机科学领域的最高奖项——图灵奖，他是第一位获此殊荣的人工智能学者。

1.2.2 形成阶段

自1956年夏季人工智能研讨会之后的10多年间，人工智能的研究在机器学习、定理证明、模式识别、问题求解、专家系统及人工智能语言等方面取得了许多引人注目的成就。

在机器学习方面，1957年罗森布拉特研制成功了感知机。这是一种将神经元用于识别的系统，它的学习功能引起了广泛的关注，推动了连接机制的研究。

在定理证明方面，美籍华人数理逻辑学家王浩于1958年在IBM-704机器上用3～5 min证明了《数学原理》中有关命题演算的全部定理(220条)，并且还证明了谓词演算中150条定理的85%。1965年鲁宾逊提出了归结原理，为定理的机器证明作出了突破性的贡献。

在模式识别方面，1959年塞尔夫里奇推出了一个模式识别程序。1965年罗伯特编制出了可分辨积木构造的程序。

在问题求解方面，1960年纽厄尔等人通过心理学试验总结出了人们求解问题的思维规律，编制了通用问题求解程序(general problem solver, GPS)，可以用来求解11种不同类型的问题。

在专家系统(expert system)方面，美国斯坦福大学的费根鲍姆领导的研究小组自1965年开始专家系统DENDRAL的研究，1968年完成并投入使用。该专家系统能根据质谱仪的实验，通过分析推理决定化合物的分子结构，其分析能力已接近甚至超过有关化学专家的水平，在美、英等国得到了实际的应用。DENDRAL是世界上第一例成功的专家系统，它的出现标志着人工智能的一个新领域——专家系统的诞生。

1969年成立的国际人工智能联合会议(international joint conferences on artificial intelligence, IJCAI)是人工智能发展史上一个重要的里程碑，它标志着人工智能这门新兴学科已经得到了世界的肯定和认可。1970年创刊的国际性人工智能杂志《人工智能》(*Artificial Intelligence*)对推动人工智能的发展、促进研究者们的交流起到了重要的作用。

1.2.3 发展阶段

这个阶段主要是指1970年以后。进入20世纪70年代，许多国家都开展了人工智能的研究，涌现了大量的研究成果。但是，和其他新兴学科的发展一样，人工智能的发展道路也不是平坦的。例如，机器翻译的研究没有像人们最初想象的那么容易。当时人们总以为只要一部双向词典及一些词法知识就可以实现两种语言文字间的互译。后来研究发现机器翻译没有这么简单。实际上，由机器翻译出来的文字有时会出现十分荒谬的错误。例如，“眼不见，心不烦”的英语句子“Out of sight, out of mind”，翻译成俄语变成了“又瞎又疯”；把“心有余而力不足”的英语句子“The spirit is willing but the flesh is weak”翻译成俄语，然后再翻译回来时竟变成了“The wine is good but the meat is spoiled”，即“酒是好的，但肉变质了”；当把“光阴似箭”的英语句子“Time flies like an arrow”翻译成日语，然后再翻译回来的时候，变成了“苍蝇喜欢箭”。由于机器翻译出现的这些问题，1960年美国政府顾问委员会的一份报告裁定：“还不存在通用的科学文本机器翻译，也没有很近的实现前景。”因此，英国、美国当时中断了对大部分机器翻译项目的资助。在其他方面，如问题求解、神经网络、机器学习等，也都遇到了困难，使人工智能的研究一时陷入了困境。

人工智能研究的先驱者们认真反思，总结前一段研究的经验和教训。1977年费根鲍姆在第五届国际人工智能联合会议上提出了“知识工程”的概念，对以知识为基础的智能系统的研究与建造起到了重要的作用。大多数人接受了费根鲍姆关于以知识为中心展开人工智能研究的观点。从此，人工智能的研究又迎来了蓬勃发展的以知识为中心的新时期。

这个时期中，专家系统的研究在多种领域中取得了重大突破，各种不同功能、不同类型的专家系统如雨后春笋般地建立起来，产生了巨大的经济效益及社会效益。例如，地矿勘探专家系统 PROSPECTOR 拥有15种矿藏知识，能根据岩石标本及地质勘探数据对矿藏资源进行估计和预测，能对矿床分布、储藏量、品位及开采价值进行推断，制定合理的开采方案。应用该系统成功地找到了超亿美元的钼矿。专家系统 MYCIN 能识别51种病菌，正确地处理23种抗菌素，可协助医生诊断、治疗细菌感染性血液病，为患者提供最佳处方。该系统成功地处理了数百个病例，并通过了严格的测试，显示出了较高的医疗水平。专家系统的成功，使人们认识到知识是智能的基础，对人工智能的研究必须以知识为中心来进行。对知识的表示、利用及获取等的研究取得了较大的进展，特别是对不确定性知识的表示与推理取得了突破，建立了主观贝叶斯理论、确定性理论、证据理论等，对人工智能中模式识别、自然语言理解等领域的发展提供了支持，解决了许多理论及技术上的问题。

人工智能在博弈中的成功应用也举世瞩目。人们对博弈的研究一直抱有极大的兴趣，早在1956年人工智能刚刚作为一门学科问世时，塞缪尔就研制出了跳棋程序。这个程序能从棋谱中学习，也能从下棋实践中提高棋艺。1959年它击败了塞缪尔本人，1962年又击败了一个州的冠军。

1996年2月10日至17日，为了纪念世界上第一台电子计算机诞生50周年，美国IBM公司出巨资邀请国际象棋棋王卡斯帕罗夫与IBM公司的“深蓝”计算机系统进行了六局的“人机大战”。最后棋王卡斯帕罗夫以总比分4∶2获胜。但一年后，即1997年5月3日至11日，“深蓝”再次挑战卡斯帕罗夫，最后“深蓝”最终以3.5∶2.5的总比分赢得这场举世瞩目的“人机大战”的胜利。“深蓝”的胜利表明了人工智能所达到的成就。

谷歌通过深度学习训练的阿尔法狗(AlphaGo)程序在2016年3月与围棋世界冠军、职业九段棋手李世石进行围棋人机大战，以4∶1的总比分获胜。2016年末2017年初，该程序在中国棋类网站上以“大师”(Master)为注册账号与中日韩数十位围棋高手进行快棋对决，连续60局无一败绩。2017年5月，在中国乌镇围棋峰会上，它与排名世界第一的世界围棋冠军柯洁对战，以3∶0的总比分获胜。围棋界公认阿尔法围棋的棋力已经超过人类职业围棋顶尖水平。阿尔法狗由 DeepMind 公司戴密斯·哈萨比斯领衔的团队开发，2017年10月18日，DeepMind 团队公布了最强版阿尔法围棋，代号 AlphaGo Zero。

人工智能取得的这些让世人震惊的成就点燃了全世界对人工智能的热情，世界各国的政府和商业机构都把人工智能列为未来发展的重要部分。这也标志着人工智能的时代到来。

1.3 人工智能的研究领域

人工智能研究的领域极为广泛，几乎涉及人类创造所需要诸如数学、物理、信息科学、心理学、生理学、医学、语言学、逻辑学，以及经济、法律、哲学等重要学科。人工智能的主要研究领域包括机器学习、专家系统、自然语言处理、智能决策系统、自动定理证明、人工神经网络、智能推荐智能、智能识别等。

1.3.1 机器学习

近年来，人工智能在语音识别、图像处理等诸多领域都获得了重要进展，人工智能技术取得的成就在很大程度上得益于目前机器学习理论和技术的进步。机器学习是人工智能核心研究领域之一，是人工智能发展到一定阶段的产物。

简单地按照字面理解，机器学习的目的是让机器能像人一样具有学习能力。进一步说，机器学习用于研究如何通过计算的手段，利用经验改善系统自身的性能，其根本任务是数据的智能分析与建模，进而从数据里面挖掘出有用的价值。

生活中有很多机器学习的例子：

(1) 推荐系统，如 Netfix，Amazon 和 iTunes 都是用了机器学习，用来推荐电影、音乐和产品等。

(2) 语音助手，现在智能手机中都有语音助手，它的技术就是语音识别，它用到的就是机器学习技术，如苹果的 Siri、谷歌的 Duplex、微软的 Cortana、科大讯飞语音等。

(3) 图像识别，如智能手机的人脸解锁、智能门禁系统等。

1.3.2 专家系统

专家系统是人工智能领域中的一个重要分支。专家系统是一类具有专门知识的计算机智能系统。该系统根据某领域一个或多个专家提供的知识和经验，对人类专家求解问题的过程进行建模，然后运用推理技术来模拟通常由人类专家才能解决的问题，达到与专家类似的解决问题水平。

专家系统必须包含领域专家的大量知识，拥有类似人类专家思维的推理能力，并能用这些知识来解决实际问题。因此，专家系统是一种基于知识的系统，系统设计方法以知识库和推理机为中心而展开。专家系统通常由知识库、推理机、综合数据库、解释器、人机交互界面和知识获取等部分构成。

目前专家系统在各个领域中已经得到广泛应用，如医疗诊断专家系统、故障诊断专家系统、资源勘探专家系统、贷款损失评估专家系统、农业专家系统和教学专家系统等。

近年来专家系统技术逐渐成熟，广泛应用在工程、科学、医药、军事、商业等方面，而且成果相当丰硕，甚至在某些应用领域，还超过人类专家的智能与判断。

1.3.3 自然语言处理

自然语言处理(natural language processing, NLP)研究人与计算机之间用人类自然语言进行通信的理论和方法。涵盖计算机科学、人工智能和语言学等多个领域。自然语言处理并非单纯地研究人类自然语言,而是研究能实现人与计算机之间用自然语言进行有效通信的各种理论和方法。自然语言处理可分为三个层次,分别是词法分析、句法分析、语义分析。

自然语言处理主要研究领域包括文本挖掘、机器翻译、情感分析、文本生成等领域。自然语言处理在我们日常生活中的应用包括聊天机器人、邮件过滤、人工智能文案等,还有为计算机提供很吸引人的人机交互手段——口语操作计算机等,这些都够给我们的工作和生活带来极大的便利。

1.3.4 人工神经网络

人类的思维活动主要由大脑的神经元完成,受其启发,研究人员在很早期就将目光瞄准了人工神经网络(artificial neural network, ANN)。在计算机领域,人工神经网络也称为神经网络。整个智能系统被看成人类大脑的神经网络,由大量的节点(或称神经元)相互联接构成。每个节点具有输入和输出,每两个节点间的连接相当于神经系统的记忆。网络的输出根据连接方式、权重、激励函数而不同。

神经网络自诞生以来,经历了起起伏伏。由于理论基础与海量数据的支持,在近代尤其是最近十几年间,取得了巨大的进展。其在模式识别、智能机器人、自动驾驶、预测推断、自然语言处理等领域成功解决了许多难以解决的实际问题,表现出了良好的应用性能。

1.3.5 智能推荐和智能搜索

智能推荐技术,也称作个性化推荐技术,是指从众多信息中提取出有用的信息。

推荐系统在各个领域有广泛的应用,比如电商网站、视频网站、视频直播平台、新闻客户端、文学网站、音乐网站、社交网络等等。

智能搜索是从海量的信息源中通过约束条件和额外信息,运用算法找到问题所对应的答案的技术。搜索是人工智能领域的一个重要问题,它类似于传统计算机程序中的查找,但远比查找复杂得多。

搜索包含两层含义:一是根据问题的实际情况,按照一定的策略,从知识库中寻找可利用的知识,从而构造出一条使问题获得解决的推理路线;另一个是找到的这条路线是时空复杂度最小的求解路径。

1.3.6 智能识别

智能识别的本质是模式识别(pattern recognition),是通过计算机技术来研究模式的自动处理和判读,主要是对光学信息(通过视觉器官来获得)和声学信息(通过听觉器官来获得)进行自动识别。研究内容包含计算机视觉、文字识别、图像识别、语音识别、视频识别等。智能识别在实际生活中具有非常广泛的应用，根据人们的需要，经常应用于语音波形、地震波、心电图、脑电图、照片、手写文字、指纹、虹膜、视频监控中的对象等的具体辨识和分类。

智能识别的一些成功应用如下。

(1) 文字识别：文字识别指对数字图像中的文字进行识别，又称光学字符识别(optical character recognition, OCR)，是图像识别的分支之一，属于模式识别的范畴，目前成功的应用有印刷体识别、手写体识别、邮政编码识别、票据识别等。

(2) 语音识别：语音识别(automatic speech recognition, ASR)技术是将语音信号转变为对应的文本或命令的技术。语音识别的成功应用案例有微软的“Cortana 小娜”、苹果的“Siri”、科大讯飞语音转写机等等。

(3) 生物信息识别：如指纹、人脸、虹膜、步态、笔迹等都是目前常见的生物识别技术。目前人脸识别、指纹识别、虹膜识别等识别技术都有成功应用，如阿里巴巴的刷脸取款、智能手机的刷脸解锁等。

1.4 人工智能的应用体验

1.4.1 Win10系统下的人工智能助手——“Cortana小娜”的使用体验

“Cortana小娜”就是微软推出的一个云平台的个人助理，有登录和不登录两种状态，登录状态能够在你的设备和其他Microsoft服务上工作，你可以问它很多事情，还可以和它聊天。

我们点击快速菜单，找到Cortana(小娜)，就可以点击打开它；或点击Win10任务栏中的Cortana(小娜)按钮(一个圆圈按钮)，会弹出“Cortana小娜”的应用。打开后的界面如图1-1所示。

图1-1 Cortana(小娜)使用体验

我们可以点击右下角的语音按钮，点击后，就可以用语音说出我们的问题了，之后小娜就回答我们的问题。

1.4.2 科大讯飞语音识别体验

打开讯飞体验网址：https://www.xfyun.cn/services/voicedictation，选择一种方言，进行体验，如图1-2所示。

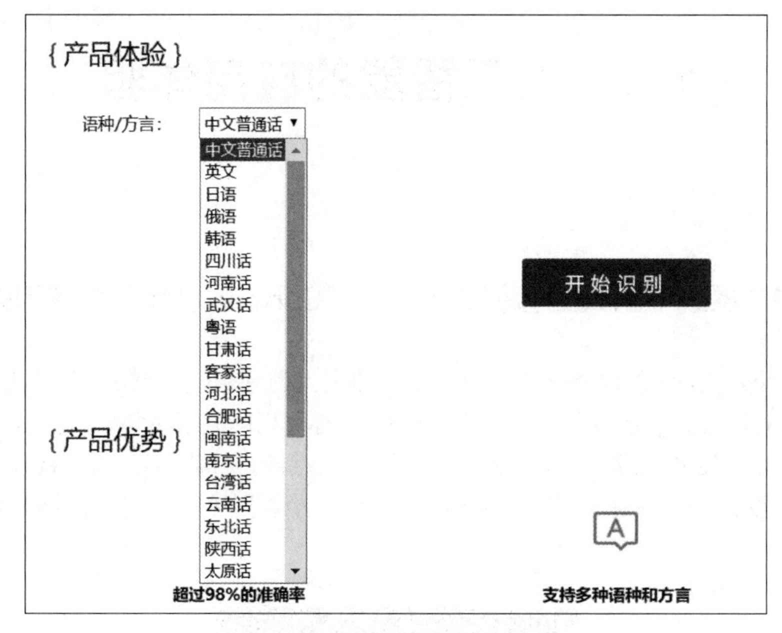

图 1-2　讯飞语音识别体验

1.4.3　微信小程序—谷歌猜画小歌

图 1-3　猜画小歌

"猜画小歌"是Google于2018年7月18日发布的首款微信小程序。谷歌表示，开发"猜画小歌"小程序，是为了让每个人都有机会体验人工智能技术驱动下的人机交互。

在微信小程序中搜索"猜画小歌"，可以打开该应用程序，如图1-3所示。

"猜画小歌"是一款"你画我猜"形式的小程序，用户在小程序上作画，Google的AI负责猜出图画中的物体。

玩家根据提示在屏幕上作画，在限定时间内，AI猜对了就可以进入下一关，随着升级的同时，关键词的难度也随之加大。

1.4.4　腾讯AI体验中心

腾讯"AI体验中心"是腾讯公司开发的一款展示人工智能的小程序。在微信小程序中搜索"AI体验中心"可以调出小程序。AI体验中心有三个大的板块，分别是：计算机视觉、自然语言处理、智能语言。计算机视觉包括OCR识别、人脸识别、图片特效、图片识别等功能；自然语言处理包括分词、语义解析、情感分析、文本翻译、图片翻译、语音翻译、实质问答等功能；智能语言包括语音合成、语音识别等功能。图1-4给出了人脸对比示意图。

图 1-4　腾讯 AI 体验中心功能界面

PART 02

第2章　多维数组的表示和计算

<本章概要>

NumPy是Python中科学计算的基本包。它是一个运行速度非常快的Python数学库，它提供多维数组对象ndarray、各种派生对象（如矩阵matrix）以及一系列用于数组快速操作的方法，包括数学运算和函数库、逻辑运算、形状操作、排序、选择、I/O、离散傅立叶变换、基本线性代数、基本统计操作，随机模拟等等。NumPy底层使用C语言编写，NumPy数组中直接存储对象，而不是存储对象指针，所以其运算效率远高于纯Python代码。机器学习算法中大部分的基础数值计算都是通过NumPy库和另一个稀疏矩阵运算库scipy配合完成的。

本节介绍NumPy模块的主要数据类型ndarry对象和它的一些常用操作。NumPy是开放源代码并且由许多协作者共同维护开发。更多内容可以查阅NumPy开源社区文档（https://numpy.org/doc/stable/numpy-ueser.pdf）。

<学习目标>

当完成本章的学习后，要求：

1. 了解NumPy中一维、二维和n维数组的区别
2. 理解n维数组的轴和形状属性
3. 掌握多维数组的创建、访问、基本操作
4. 理解多维数组的计算特性，掌握多维数组的计算
5. 了解如何在不使用for循环的情况下对n维数组应用一些线性代数运算

2.1 数组概述

2.1.1 理解数组(Array)

数组(Array)是有序的元素序列。换句话说,一个数组可以分解为多个数组元素,这些数组元素可以是基本数据类型或是构造类型,一个数组中的所有元素具有相同的数据类型。

把这样一组数据类型相同的数据集合在一起,给一个统一的名称即数组名。由于数组元素的存储是连续有序的,每一个数组元素都有一个序号,称为下标。通过数组名和下标,就可以访问一个数组元素。结合循环结构,就可以方便地操作数组元素,完成复杂算法。例如上海市某年每月平均降雨量为:52、20、104、60、199、167、158、211、14、92、2、14,就可以用一个数组 rain 来表示:[52,20,104,60,199,167,158,211,14,92,2,14],那么 rain[8]是 9 月份的降雨量(下标从 0 开始)。

数组可以有多维结构:

一维数组是一行或一列数据,例如上面提到的上海市一年平均降雨量。

二维数组是表格数据,例如多个城市的降雨量。

地区	1月	2月	3月	4月	5月	6月	7月	8月	9月	10月	11月	12月
上海	52	20	104	60	199	167	158	211	14	92	2	14
北京	0	2	7	5	46	69	196	120	116	10	0	3
天津	0	0	4	13	60	115	216	199	51	44	4	0
喀什	1	0	2	41	3	4	6	1	3	5	0	3
西安	4	1	43	32	22	20	71	24	24	64	8	0
重庆	30	21	21	27	118	225	167	51	77	101	46	39
广州	42	71	78	104	71	219	275	316	168	305	6	5
韶关	67	140	115	136	134	470	128	120	17	128	22	30
海口	36	14	63	37	198	273	252	272	190	313	125	19

图 2-1 2019 年城市每月平均降水量

三维数组是呈魔方排列的数据,例如多年的多个城市的降雨量。

程序语言的语法都提供了实现数组的数据类型。Python 的内置元组(tuple)和列表(list)可以表示相同数据类型的多种维度的数组。下面示例中使用元组定义了上海、北京和广州的一年的月平均降雨量数组 t。

2017

地区	1月	2月	3月	4月	5月	6月	7月	8月	9月	10月	11月	12月
上海												10
北京												5
天津												2
喀什												4
西安												1
重庆												45
广州												8
韶关												28
海口												21

2018

地区	1月	2月	3月	4月	5月	6月	7月	8月	9月	10月	11月	12月
上海												16
北京												3
天津												1
喀什												0
西安												3
重庆												40
广州												10
韶关												32
海口												25

2019

地区	1月	2月	3月	4月	5月	6月	7月	8月	9月	10月	11月	12月
上海	52	20	104	60	199	167	158	211	14	92	2	14
北京	0	2	7	5	46	69	196	120	116	10	0	3
天津	0	0	4	13	60	115	216	199	51	44	4	0
喀什	1	0	2	41	3	4	6	1	3	5	0	3
西安	4	1	43	32	22	20	71	24	24	64	8	0
重庆	30	21	21	27	118	225	167	51	77	101	46	39
广州	42	71	78	104	71	219	275	316	168	305	6	5
韶关	67	140	115	136	134	470	128	120	17	128	22	30
海口	36	14	63	37	198	273	252	272	190	313	125	19

图 2-2　2017～2019 年城市每月平均降水量

```
>>>
t=((52,20,104,60,199,167,158,211,14,92,2,14),(0,2,7,5,46,69,196,120,116,10,0,3),(42,71,78,104,71,219,275,316,168,305,6,5))
>>>t
((52,20,104,60,199,167,158,211,14,92,2,14),(0,2,7,5,46,69,196,120,116,10,0,3),(42,71,78,104,71,219,275,316,168,305,6,5))
>>>t[1]      #北京一年的月平均降雨量
(0,2,7,5,46,69,196,120,116,10,0,3)
>>>t[1][1]   #北京 2 月份的平均降雨量
2
```

使用列表同样可以表示降雨量数组，列表和元组的元素更为灵活，并不要求是相同数据类型，所以列表和元组并不是严格意义上的数组。

Python 还提供了标准模块 array 支持一维数组的操作。

创建 array 对象的方法是：

array(typecode [,initializer])

typecode：数据类型代码，常用的如'I'：整数，'f'：浮点数。

initializer：初始化数据序列，如果省略，创建一个空数组。

```
>>>import array                        #引入 array 模块
>>>arr=array.array("i",(5,8,1,3))     #创建整数数组
>>>arr
array('i',[5,8,1,3])
>>>arr[0]                              #取第一个元素
5
>>>sum(arr)                            #数组求和
```

```
17
>>>
```

array 对象的操作和列表类似，都有 append、extend、insert、pop、index、count 等方法，具体不再介绍，可以通过 help 函数自行查阅。与列表不同的是，array 对象的数据类型是相同并确定的，由 typecode 参数决定。

本章要介绍的 NumPy 模块，其核心数据类型 ndarray(n-dimension-array)，用于表示多维数组，并提供了丰富的运算和函数库，支持多维数组运算。

2.1.2 什么是 NumPy

NumPy(Numerical Python)是 Python 语言的一个数值计算的扩展程序库。它支持大量的维度数组与矩阵运算，并针对数组运算提供大量的数学函数库。

NumPy 的前身是 Numeric，是由 Jim Hugunin 等人最早开发的。2005 年，Travis Oliphant 在 Numeric 中结合了 Numarray 程序库的特色，并进行了一定的扩展，开发了 NumPy。现在，NumPy 源代码是开源的，并由许多同行共同维护与开发。

NumPy 应用主要有：

(1) 数组的数学或逻辑运算。

(2) 傅立叶变换。

(3) 线性代数相关操作。

NumPy 通常与 SciPy(Scientific Python)和 Matplotlib(绘图库)一起使用，构建一个强大的科学计算环境，有助于我们通过 Python 学习数据科学或者机器学习。

2.1.3 NumPy 的安装

NumPy 模块是第三方模块，Python 官网上的发行版是不包含 NumPy 模块的。Anaconda 包含了 NumPy 包，不需要安装。使用的开发环境不包括 NumPy 模块的，需要下载安装，最简单的方法是在命令窗口通过 pip 命令。

```
pip install numpy
```

pip 直接连接国外 NumPy 官网安装，当网速比较慢的时候，经常安装失败。我们可以通过国内的一些网站提供的镜像安装，速度更快。例如从清华大学镜像安装，可以使用下面命令格式之一：

```
pip install -i https://pypi.tuna.tsinghua.edu.cn/simple<模块名>
pip install -i https://pypi.tuna.tsinghua.edu.cn/simple<模块名>=版本号
```

例如安装 NumPy 的命令如下：

```
pip install -i https://pypi.tuna.tsinghua.edu.cn/simple numpy
```

安装成功后，使用 NumPy 模块前需要引入当前命名空间。

```
import NumPy as np
```

2.1.4　ndarray 对象

NumPy 的核心是 ndarray 对象。ndarray 对象是封装了相同数据类型的 n 维数组，每一个数组元素都有一个非负整数的元组来索引。

1. 维度和轴

在 NumPy 中，维度(ndim)是由多个轴(axis)构成的，一维数组有 1 个轴，二维数组有 2 个轴，依此类推，如图 2-1 所示。

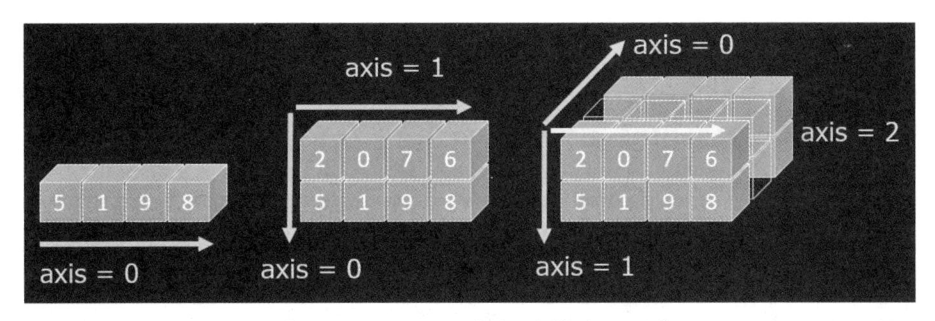

图 2-3　NumPy 数组的维度示例*

数组 array([5,1,9,8])是一维数组，它有 4 个数组元素，沿水平方向 axis 的值为 0。

数组 array([5,1,9,8],[2,0,7,6])是形状为(2,4)的二维数组，它有 8 个数组元素，水平方向 axis 的值为 1，垂直方向 axis 的值为 0。

数组 array([[5,1,9,8],[2,0,7,6]],[[…],[…]],[[…],[…]])是形状为(2,4,3)的三维数组，它有 24 个数组元素，对照三维坐标轴，x 轴方向 axis 的值为 2，y 轴方向 axis 的值为 1，z 轴方向 axis 的值为 0。

2. ndarray 对象的属性

访问 ndarray 对象的属性值，可以获取数组的维数、形状、元素个数、数据类型等数据，ndarray 对象的常用属性如表 2-1 所示。

表 2-1　ndarray 对象的常用属性

属性	说　明
ndim	返回整数，表示多维数组的维数
shape	返回整数元组，表示多维数组的尺寸，例如 n 行 m 列的数组的形状为(n,m)
size	返回整数，表示多维数组总的元素个数
dtype	返回 data-type，表示多维数组元素的数据类型
itemsize	返回 int，表示数组中每个元素的字节大小

* 书中打 * 号图片，皆在彩色插页中有彩色图展示。

3. ndarray 和 list

使用 python 的内置列表 list 同样可以表示图 2-1 中的多维数据结构。现在我们来看看 ndarray 对象和 list 对象的几个重要区别：

（1）NumPy 的数据结构中每一个数据成员的数据类型是相同的，主要支持数值数据的计算；list 的数据成员的数据类型是不限定，可以不同的。

（2）NumPy 数组在创建时具有固定的大小，这与 list（可以动态增长）不同。更改 ndarray 的大小将创建一个新的数组并删除原始数组。

（3）NumPy 数组中直接存储对象，而不是存储对象指针；而 list 恰恰相反，list 作为一个动态变化的容器，实质是存储对象引用。

如图 2-4 所示，NumPy 数组直接在连续空间中创建存储数据，方便批量整体操作。Python 列表记录列表元素的引用，在访问时，通过引用再访问各个数据对象，数据对象的地址通常是不连续的。所以 NumPy 数组的运算效率远高于列表。

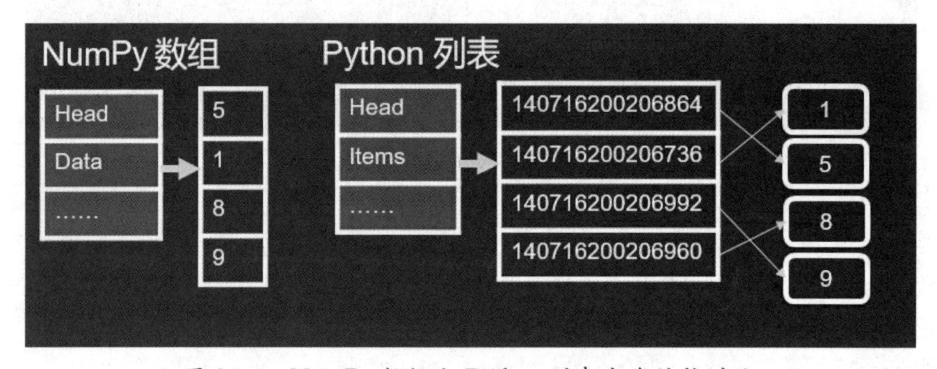

图 2-4　NumPy 数组和 Python 列表内存结构对比

（4）NumPy 数组支持对多维数组整体进行高级数学和其他类型的操作。通常，Python 的内置列表不支持整体运算，进行同样的运算和操作需要通过多层循环结构实现，这样的 NumPy 的操作执行效率更高，代码也更少。

【例 2-1】　分别使用列表和 NumPy 数组实现计算体重指数 BMI 值（=体重(KG)/身高(吗)），对比代码的执行效率

```
import random
import numpy as np
import time

#创建实验数据
print("实验数据准备")
h=[]
w=[]
for i in range(10000000):
    h.append(random.randint(153,180))
```

```
    w.append(random.uniform(51,88))
print("计算 BMI 值")

#使用列表计算一组 BMI 值
start=time.time()
bmi=[]
for i in range(10000000):
    bmi.append(w[i]/((h[i]/100)**2))
end=time.time()
print(f"使用列表的运行时间:{end-start:.2f}秒")

#使用 NumPy 数组计算 BMI
H=np.array(h)
W=np.array(w)

start=time.time()
BMI=W/(H/100)**2
end=time.time()
print(f"使用 numpy 的运行时间:{end-start:.2f}秒")
```

运行结果：

```
实验数据准备
计算 BMI 值
使用列表的运行时间:4.40 秒
使用 numpy 的运行时间:0.32 秒
```

本例使用随机函数生成了两个1000万条数据的身高和体重列表，通过公式计算相应的BMI值。使用列表就要通过循环结构，逐一访问身高和体重列表中的每一条数据，计算BMI值，追加到列表BMI中去。接着将身高和体重列表转化为NumPy数组，不需要循环操作，直接用BMI的计算公式，得到BMI数组。两者运行的时间分别为4.4秒和0.32秒，NumPy数组的执行效率更高，代码也更少。

本例是一维数据结构，如果是多维数据结构，使用NumPy实现的优势会更明显。大量的基于Python的科学数学软件包都在使用NumPy数组。虽然这些软件通常支持Python列表输入，但在数据处理之前，会将这些数据转换为NumPy数组。

2.2 多维数组对象

2.2.1 多维数组的创建

创建数组的基本语法如下：

numpy.array(object,dtype=None,ndmin=0)

- object:可被转换成数组的其他数据对象,比如列表。
- dtype:指定数组所需的数据类型。缺省情况下根据 object 自动判断。
- ndmin:指定生成数组的最小维度。缺省情况下根据 object 自动判断。

1. 创建一维数组

(1) 通过列表常量创建一维整数数组,得到 ndarray 对象。

```
>>>arr1=np.array([1,2,3,4,5])
>>>arr1
array([1,2,3,4,5])

>>>type(arr1)
<class 'numpy.ndarray'>
```

(2) 查看数组的属性。

```
>>>arr1.ndim              #数组的维度
1
>>>arr1.shape             #数组的形状
(5,)
>>>arr1.size              #数组的长度
5
>>>arr1.dtype             #数组元素的数据类型
dtype('int32')
>>>arr1.itemsize          #数组元素的数据字节数
4
```

(3) 指定创建数组的类型。

```
>>>np.array([1,2,3],dtype=complex)
array([1.+0.j,2.+0.j,3.+0.j])
```

2. 创建二维数组

```
>>>arr2=np.array([[1.0,2.0,3.0],[4.0,5.0,6.0]])
>>>arr2
array([[1.,2.,3.],
       [4.,5.,6.]])
>>>arr2.ndim          #数组的维度
2
>>>arr2.shape         #数组的形状
(2,3)
>>>arr2.shape[0]      #二维数组的行数
2
>>>arr2.size          #数组元素的个数
6
>>>arr2.dtype         #数组元素的数据类型
dtype('float64')
>>>arr2.itemsize      #每个数组元素8个字节
8
```

3. 通过列表变量创建数组

```
>>>L1=[[5,1,9,8],[2,0,7,6]]
>>>arr3=np.array(L1)
>>>arr3
array([[5,1,9,8],
       [2,0,7,6]])
```

2.2.2 数组的数据类型

NumPy 模块支持的基本数据类型如表 2-2 所示。

表 2-2　NumPy 的基本数据类型

类型	描述	类型	描述
np.bool	一位,布尔类型(True,False)	np.uint32	无符号整数,范围为 $0—2^{32}-1$
np.int8	整数,范围为 -128—127	np.uint64	无符号整数,范围为 $0—2^{64}-1$
np.int16	整数,范围为 -32 768—32 767	np.float16	浮点数(16 位)
np.int32	整数,范围为 $-2^{31}—2^{31}-1$	np.float32	浮点数(32 位)

续表

类型	描述	类型	描述
np. int64	整数,范围为 -2^{63}—$2^{63}-1$	np. float_或 np. float64	浮点数(64 位),相当于 python 中的 float
np. uint8	无符号整数,范围为 0～255	np. complex64	复数,分别用两个 32 位浮点数表示实部和虚部
np. uint16	无符号整数,范围为 0～65 535	np. complex 或 np. complex128	复数,分别用两个 64 位浮点数表示实部和虚部

在创建 ndarray 数组时,通过参数 dtype 可以设置数组元素的数据类型。

```
>>>L1=[[5,1,9,8],[2,0,7,6]]
>>>arr5=np. array(L1,dtype=float)   #采用 python 中的类型 float,相当于 np.
float_
>>>arr5
array([[5. ,1. ,9. ,8. ],
       [2. ,0. ,7. ,6. ]])
>>>arr5. dtype
dtype('float64')
```

每一种数据类型都提供了同名函数,用来创建数据对象或者转换数据类型。

```
>>>np. float32(arr5)
array([[5. ,1. ,9. ,8. ],
       [2. ,0. ,7. ,6. ]],dtype=float32)
```

2.2.3 其他创建数组的方式

1. 使用 arange 函数创建数组

arrange 的函数语法如下,用法类似 range 函数。

numpy. arange(start,end,step)

arrange 函数会创建一维的等差向量,在使用中,经常结合 reshape 函数设定 n 维数据结构,即数组的形状,示例如下:

```
>>>np. arange(0,1,0. 1). reshape(2,5)
array([[0. ,0. 1,0. 2,0. 3,0. 4],
       [0. 5,0. 6,0. 7,0. 8,0. 9]])
>>>np. arange(24). reshape(3,4,2)
array([[[0,1],
        [2,3],
```

```
  [4,5],
  [6,7]],

 [[8,9],
  [10,11],
  [12,13],
  [14,15]],

 [[16,17],
  [18,19],
  [20,21],
  [22,23]]])
```

2. 使用linespace函数创建等间隔一维数组

linspace函数的语法：

numpy.linspace(start,end,num)

start代表起始的值，end表示结束的值，num表示在这个区间里生成数字的个数，生成的数组是等间隔生成的。start和end这两个数字可以是整数或者浮点数。

```
>>>np.linspace(-1.5,1.5,10)
array([-1.5       ,-1.16666667,-0.83333333,-0.5       ,-0.16666667,
        0.16666667,0.5       ,0.83333333, 1.16666667,1.5       ])
```

3. 使用随机函数创建数组

numpy.random模块是随机抽样模块，用来创建各种实验数据，常用的随机函数如表2-4所示。

表2-3　numpy.random的常用随机函数

函数	描　述
rand(size)	随机产生一组[0,1)之间的浮点值
randint(start,end,size)	随机产生一组[start,end)之间的整数值
uniform(start,end,size)	随机产生一组[start,end)服从均匀分布的浮点值
normal(loc,scale,size)	随机产生一组给定均值和方差的服从正态分布的浮点值

其中size可以是一个整数，定义一维数组的长度；可以是一个元组，定义数组的形状。使用random的函数随机可以产生指定范围内的一组数据。

```
>>>#创建一个2行、3列的[0,1)之间的随机数组
>>>np.random.rand(2,3)
```

```
array([[0.5470008,0.08856648,0.52028243],
       [0.59745046,0.51329932,0.67866533]])

>>>#创建一个2行、2列的[0,10)之间的随机整数数组
>>>np.random.randint(0,10,(2,2))
array([[6,9],
       [9,4]])

>>>#创建一个2行、3列的[1,2)之间的服从均匀分布的随机数组
>>>np.random.uniform(1,2,(2,3))
array([[1.82182807,1.27593032,1.40331818],
       [1.8361149,1.85643606,1.51189672]])
```

正态分布(normal distribution)又称为高斯分布,是一种以均数为中心,左右对称的图形,如图2-5所示。正态分布有两个参数,即均值和标准差。均值是位置参数,对应着整个分布的中心。标准差是形状参数,当均值固定不变时,标准差越大,曲线越平阔;标准差越小,曲线越尖峭。用N(0,1)表示标准正态分布。正态分布是许多统计方法的理论基础。检验、方差分析、相关和回归分析等多种统计方法均要求分析的指标服从正态分布。使用np.random.normal函数可以创建服从正态分布的数据。

```
>>>#创建一个2行、3列的服从标准正态分布的随机数组
>>>np.random.normal(0,1,(2,3))
array([[-1.41249748,0.38052218,-0.44279864],
       [0.6391838,-0.6452961,-0.38595432]])
```

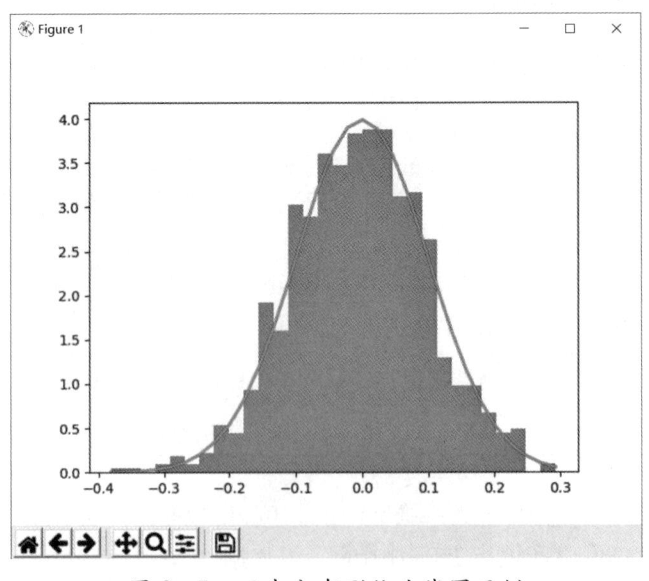

图2-5　正态分布形状曲线图示例

2.2.4　特殊数组

1. 创建全为0的数组

```
>>>np.zeros((2,5))
array([[0.,0.,0.,0.,0.],
       [0.,0.,0.,0.,0.]])
```

2. 创建对角线为1的单位矩阵

```
>>>np.eye(3)
array([[1.,0.,0.],
       [0.,1.,0.],
       [0.,0.,1.]])
```

3. 创建对角线指定值的单位矩阵

```
>>>np.diag([10,20,30])
array([[10,0,0],
       [0,20,0],
       [0,0,30]])
```

4. 创建值为1的数组

```
>>>np.ones((2,3))
array([[1.,1.,1.],
       [1.,1.,1.]])
```

2.3 数组元素访问

数组访问的基本语法:数组[行,列,……]。

行、列数据的值可以是单个整数,可以是索引序列,可以是切片。

2.3.1 按索引访问

数组元素的索引是从 0 开始的整数元组,也就是常说的下标。按索引访问数组元素,可以一次访问一个数组元素,也可以访问多个数组元素。

1. 一维数组访问

(1) 访问一个数组元素,直接写下标。

```
>>>arr1=np.array([1,2,3,4])
>>>arr1[0]
1
```

(2) 访问几个数组元素,用列表列出多个数组元素的下标,返回数组的子集,仍然是一个 ndarray 对象。

```
>>>arr1[[0,2]]
array([1,3])
```

2. 二维数组访问

(1) 访问指定行列的一个数组元素。

```
>>>arr2=np.array([[1,2,3],[4,5,6]])
>>>>>>arr2[1,0]
4
>>>#使用切片指定多个数组元素。下例为第 1 行,第 1,2 列的元素
>>>arr2[1:,1:]
array([[5,6]])
>>>#混合访问
>>>arr2[0:,[0,2]]
array([[1,3],
       [4,6]])
```

(2) 使用列表指定多个数组元素。

```
>>>#下例为第 0 行,第 0,2 列的元素
```

```
>>>arr2[[0],[0,2]]
array([1,3])
>>>#下例为下标为[0,1]和[2,2]的两个元素
>>>arr3=np.array([[1,2,3],[4,5,6],[7,8,9]])
>>>arr3[[0,2],[1,2]]
array([2,9])
```

本例中 arr3[[0,2],[1,2]]的表示会受切片的影响，误解为第 0,2 行，第 1,2 列的所有元素[2,3,8,9]，正确的工作方式是行下标列表和列下标列表中的对应元素值组成一个数组元素的下标：[0,1]和[2,2]。如果要获取第 0,2 行，第 1,2 列的所有 4 个元素的值，正确的方法是：arr3[[0,0,2,2],[1,2,1,2]]。

2.3.2　切片访问

1. 一维数组访问

一维数组的切片访问规则与序列的切片访问是一致的。

```
>>>#切片访问
>>>arr1[1:2]
array([2])
>>>arr1[2:]
array([3,4])
>>>arr1[:3]
array([1,2,3])
>>>arr1[:-1]
array([1,2,3])
```

2. 二维数组访问

(1) 使用切片指定多个数组元素。

下例中使用切片选取列第 0、1 行，第 1、2 列。

```
>>>arr3[0:2,1:]
array([[2,3],
       [5,6]])
```

(2) 混合访问。

下例使用切片选取第 0、1 行，使用列表指定第 0,2 列。

```
>>>  arr3[0:2,[0,2]]
array([[1,3],
       [4,6]])
```

2.3.3 条件筛选

1. 条件表达式

ndarray 对象可以使用条件表达式来选择所需要的数据元素，条件表达式可以有关系运算构造，多个条件使用 &（与）、|（或）、~（非）连接。

```
>>>#设置显示精度为整数
>>>np.set_printoptions(precision=0,suppress=True)
>>>#创建一个均分为 75，标准差为 10 的服从正态分布的随机数组 score 表示成绩
>>>score=np.random.normal(75,10,(4,5))
>>>score
array([[72.,82.,82.,73.,74.],
       [74.,88.,58.,71.,74.],
       [63.,86.,75.,66.,70.],
       [58.,66.,64.,80.,66.]])
>>>#将 score 转换为整数数组
>>>score=np.int8(score)
>>>score
array([[72,81,82,73,73],
       [74,88,57,71,74],
       [63,85,74,66,70],
       [58,66,63,79,65]],dtype=int8)

>>>#建立成绩在 70~79 的布尔数组
>>>mask=(score>=70) & (score<80)
>>>mask
array([[True,False,False,True,True],
       [True,False,False,True,True],
       [False,False,True,False,False],
       [False,False,False,True,False]])
>>>#筛选成绩在 70~79 的数组元素
>>>score[mask]
array([72,73,73,74,71,74,74,79],dtype=int8)
>>>#筛选成绩在小于 60 或大于等于 85 的数组元素
>>>score[(score<60)|(score>=85)]
array([88,57,85,59],dtype=int8)
```

说明：set_printoptions 函数是设置显示格式，并不改变数据本身的值，int8 函数是数据转换函数，返回值为原始数据经过类型转换后的新数据，原始数据不会发生任何变化。此处 score 发生了变化是因为被 int8 函数所返回的新数据重新赋值了。请注意 score[3，3]，一开始显示值为 80，数值转化后为 79，这说明 score[3，3]原来的数据是大于 79.5 小于 80 的一个浮点数。

2. where 函数

numpy 还提供了 where 函数，可以找出符合条件数组元素的下标。

```
>>>#建立符合条件的下标数组
>>>idx=np.where((score>=70) & (score<80))
>>>idx
(array([0,0,0,1,1,1,2,2,3],dtype=int64),array([0,3,4,0,3,4,2,4,3],dtype=int64))
>>>#筛选成绩在 70~79 的数组元素
>>>score[idx]
array([72,73,73,74,71,74,74,70,79],dtype=int8)
```

idx 得到的两个数组，第一个为行下标数组，第二个为列下标数组，一一对应组合得到符合条件的二维数组元素的下标。

2.4 数组的操作

2.4.1 变形

1. 重新设置数组的 shape 属性

使用元组可以直接设置数组的形状，要求形状维度的乘积与数组元素个数相同。

```
>>>score.shape
(4,5)
>>>score.shape=(2,2,5)
>>>score
array([[[87,79,84,87,63],
        [69,71,49,63,56]],
       [[68,62,77,68,80],
        [75,59,87,68,69]]],dtype=int8)
```

2. reshape 方法和 resize 方法

```
>>>score.reshape(4,5)
array([[87,79,84,87,63],
       [69,71,49,63,56],
       [68,62,77,68,80],
       [75,59,87,68,69]],dtype=int8)
>>>score
array([[[87,79,84,87,63],
        [69,71,49,63,56]],
       [[68,62,77,68,80],
        [75,59,87,68,69]]],dtype=int8)
>>>score.resize(4,5)
>>>score
array([[87,79,84,87,63],
       [69,71,49,63,56],
       [68,62,77,68,80],
       [75,59,87,68,69]],dtype=int8)
```

reshape 和 resize 都可以改变数组的形状，它们的区别是：reshape 返回一个新的数组对象

本身并不改变，resize 直接改变数组对象的形状。

3. 数组降维

如果需要将多维数组降为一位数组，也可以使用 reshape 方法轻松解决。

ndarray. reshape(newshape,order='C')

- newshape：使用元组表示新的新的形状，值为－1，表示降维到一位数组。
- order：可选{'C','F','A'}。'C'：默认值，类似 C 语言，逐行逐列，'F'：类似 Fortran 语言，逐列逐行，'A'：按照数据在内存中存储的顺序来。

```
>>>#逐行取数据降维
>>>score.reshape(-1)
array([87,79,84,87,63,69,71,49,63,56,68,62,77,68,80,75,59,
       87,68,69],dtype=int8)

>>>#逐列取数据降维
>>>score.reshape(-1,order="F")
array([87,69,68,75,79,71,62,59,84,49,77,87,87,63,68,68,63,
       56,80,69],dtype=int8)
```

此外，reval 和 flatten 也是常用的降维方法，使用方法也大同小异。

2.4.2　组合

1. 垂直组合

用 vstack 方法可以实现垂直方向的数组的组合，要求组合数组的列数要一致。vstack 的参数是组合数组的列表。

```
>>>score1=np.array([0]*5)
>>>score1
array([0,0,0,0,0])
>>>np.vstack([score,score1])
array([[87,79,84,87,63],
       [69,71,49,63,56],
       [68,62,77,68,80],
       [75,59,87,68,69],
       [0,0,0,0,0]])
```

2. 水平组合

用 hstack 方法可以实现水平方向的数组的组合，要求组合数组的行数要一致。hstack 的参数是组合数组的列表。

```
>>>score2=np.array([0]*4).reshape(4,1)
>>>score2
array([[0],
       [0],
       [0],
       [0]])
>>>np.hstack([score,score2])
array([[87,79,84,87,63,  0],
       [69,71,49,63,56,  0],
       [68,62,77,68,80,  0],
       [75,59,87,68,69,  0]])
```

2.5　数组的计算

2.5.1　算术运算

Python 支持的常见算术运算，如："+"，"-"，"*"，"/"，"**"等都可以对 ndarray 的对象实现整体运算。

1. 相同形状的数组的算术运算

NumPy 支持相同形状的数组的整体运算，直接书写算术表达式完成计算。相应位置的两个元素的执行运算，得到形状相同的结果数组对象。

```
>>>a1=np.array([12,65,78,23,45])
>>>a2=np.array([10,10,10,10,10])
>>>a3=a1+a2
>>>a3
array([22,75,88,33,55])
>>>a1+a2+a3
array([44,150,176,66,110])

>>>b1=np.array([[1,2],[3,4],[5,6]])
>>>b2=np.ones((3,2))
>>>b3=b1+b2
>>>b3
array([[2.,3.],
       [4.,5.],
       [6.,7.]])
>>>
```

2. 形状不同的数组计算

两个形状不同数组计算会遵循广播规则。一个数组与单个标量(不变的量)计算，会把标量会扩展为与数组一样的形状，再逐一运算。

```
>>>a=np.ones((2,5))
>>>a
array([[1.,1.,1.,1.,1.],
       [1.,1.,1.,1.,1.]])
```

```
>>>a+1
array([[2. ,2. ,2. ,2. ,2. ],
       [2. ,2. ,2. ,2. ,2. ]])
>>>a/2
array([[0.5,0.5,0.5,0.5,0.5],
       [0.5,0.5,0.5,0.5,0.5]])
```

2.5.2 数学函数

NumPy 常用的数学函数如表 2-5 所示。

表 2-5 NumPy 常用的数学函数

函数	描　述
np. abs、np. fabs	计算各元素的绝对值
np. sqrt	计算各元素的平方根
np. square	计算各元素的平方
np. exp	计算各元素的指数
np. log、np. log10	计算各元素的自然对数
np. sign	计算各元素的正负号
np. ceil	计算各元素的大于或等于该元素的最小整数
np. floor	计算各元素的小于或等于该元素的最大整数
np. cos、np. sin、np. tan	三角函数
np. mod	求模运算
np. equal、np. not_equal	比较两个数组对应元素是否相等,返回布尔型数组

【例 2-2】 随机生成 5 个点的坐标,求这 5 个点到原点的距离

```
import numpy as np
point=np.random.rand(5,2)*100      #创建 5 个点的坐标的随机数组
x=point[:,[0]]                     #取第 0 列
y=point[:,1:]                      #取第 1 列
d=np.sqrt(x**2+y**2)               #求 5 个点到原点(0,0)的距离
for i in range(5):
        print(f"点[{x[i][0]:7.2f},{y[i][0]:7.2f}]到原点的距离为:{d[i][0]:
7.2f}")
```

本例中使用随机函数创建了二维数组 point,一个可能的运行结果如下:

```
点[30.12,25.65]到原点的距离为：  39.56
点[6.69,27.52]到原点的距离为：  28.32
点[47.54,10.88]到原点的距离为：  48.77
点[79.72,1.18]到原点的距离为：  79.73
点[28.91,18.89]到原点的距离为：  34.53
>>>
```

2.5.3 统计函数

NumPy 常用的统计函数如表 2－6 所示。

表 2－6　NumPy 常用的统计函数

函　　数	描　　述
np.sum(arr,axis)	求和
np.mean(arr,axis)	求算术平均值
np.min(arr,axis)、np.max(arr,axis)	求最大值和最小值
np.argmin(arr,axis)、np.argmax(arr,axis)	求最大值和最小值的索引
np.cumsum(arr,axis)	求累加和
np.cumprod(arr,axis)	求累积乘积
np.median(arr,axis)	求中位数
np.var(arr,axis)	求方差
np.std(arr,axis)	求标准差
np.corrcoe(arr)	求皮尔逊相关系数
np.cov(arr)	求协方差矩阵

NumPy 的统计函数的统计含义与内置模块或其他数值计算模块的同名函数相同的，不同之处在于增加了 axis 参数设置轴，统计则沿着轴方向分组进行统计。如果不设置 axis 参数，对所有数组元素统计。

以二维数组为例，二维数组拥有两个轴：axis=0，沿着行的垂直往下（行值增加的方向）；axis=1，沿着列的方向水平延伸（列值增加的方向）。

使用统计函数可以方便地获取二维数组的最大值，示例如下：

```
>>>c=np.random.randint(1,100,(3,4))
>>>c
array([[81,81,54,71],
       [3,12,22,48],
       [35,7,96,26]])
```

```
>>>c.max()            #数组的最大值
96
>>>>>>>c.argmax()    #数组的最大值的序号(逐行逐列顺序访问序号)
10
>>>c.max(axis=1)      #每行的最大值
array([81,48,96])
>>>c.max(axis=0)    #每列的最大值
array([81,81,96,71])
```

使用统计函数可以方便地获取二维数组的各种统计值,示例如下:

```
>>>c.sum()   #数组的累和值
536
>>>c.sum()/c.size   #数组的平均值
44.666666666666664
>>>c.mean()   #数组的平均值
44.666666666666664
>>>c.mean(axis=1)   #每行的平均值
array([71.75,21.25,41.   ])
>>>c.cumsum()   #逐行逐列累加值
array([81,162,216,287,290,302,324,372,407,414,510,536],
        dtype=int32)
```

2.5.4 多维数组排序

1. sort 函数

NumPy 模块都提供了 sort 函数实现多维数组排序,sort 函数语法:

numpy.sort(a,axis=1,kind='quicksort',order=None)

- a:所需排序的数组。
- axis:数组排序时的基准,axis=0,按列排序;axis=1,按行排序。
- kind:数组排序时使用的方法,其中:
  √ 'quicksort'为快排。
  √ 'mergesort'为混排。
  √ 'heapsort'为堆排。
- order:一个字符串或列表,可以设置按照某个属性进行排序。

ndarray 数组对象也提供了 sort 函数,参数基本相同。两种排序差别在于,ndarray 对象的 sort 函数是对 ndarray 对象实地排序,ndarray 对象的内容改变。np 的 sort 函数排序后产生一个新的 ndarray 对象,原来的 ndarray 对象不变。

```
>>>list1=[[4,3,2],[2,1,4]]
```

```
>>>array=np.array(list1)
>>>array.sort(axis=1)   #按行排序
>>>array
array([[2,3,4],
       [1,2,4]])
>>>array.sort(axis=0)   #按列排序
>>>array
array([[1,2,4],
       [2,3,4]])
>>>np.sort(array,axis=None)   #数组排序,产生新的数组对象
array([1,2,2,3,4,4])
```

2. argsort 函数

numpy.argsort 返回排序后的索引值

numpy.argsort(a,axis=1,kind='quicksort',order=None)

- a:所需排序的数组。
- axis:数组排序时的基准,axis=0,按列排列;axis=1,按行排列。
- kind:数组排序时使用的方法,其中:
  √ 'quicksort'为快排。
  √ 'mergesort'为混排。
  √ 'heapsort'为堆排。
- order:一个字符串或列表,可以设置按照某个属性进行排序。

一维数组排序,列表 b 的元素表示的是原列表 a 中的排序后元素的索引。

```
>>>a=np.array([4,2,5,7,3])
>>>b=np.argsort(a)
>>>b
array([1,4,0,2,3],dtype=int64)
```

二维数组排序,#axis=1,按行对数组排序,例如先对[3,2,6]进行排序,所以得到索引为[1,0,2],其他同理,得到每行排序结果的下标。

```
>>>c=np.array([[3,2,6],[5,9,7]])
>>>np.argsort(c,axis=1)
array([[1,0,2],
       [0,2,1]],dtype=int64)
```

2.6 线性代数的相关计算

2.6.1 矩阵运算

Mat 或 Matrix 是 NumPy 提供的表示矩阵的数据类型，是线性代数的基本构件，支持矩阵的基本运算。

1. 将数组转化为矩阵

```
>>>ma=np.mat(np.random.randint(1,100,(2,3)))
>>>ma
matrix([[1,70,35],
        [37,45,80]])
```

2. 转置矩阵和逆矩阵

```
>>>ma.T       #转置矩阵
matrix([[1,37],
        [70,45],
        [35,80]])
>>>invma=ma.I      #逆矩阵
>>>invma
matrix([[-0.00876567,0.00913622],
        [0.01722974,-0.00593776],
        [-0.0056376,0.01161449]])
```

3. 矩阵运算

```
>>>myeye=ma*invma
>>>myeye
matrix([[1.00000000e+00,4.68375339e-17],
        [6.66133815e-16,1.00000000e+00]])
```

矩阵和其逆矩阵相乘应该得到单位矩阵，实际结果矩阵中还留下了很小的值，这是计算机浮点数误差产生的。

注意区分矩阵乘法运算 * 和对应元素相乘的区别：

```
>>>mb=np.mat(np.random.randint(1,100,(2,3)))
```

```
>>>mb
matrix([[53,43,62],
        [97,4,11]])
>>>ma * mb
Traceback (most recent call last):
File "<pyshell#4>", line 1,in<module>
    ma * mb
File        "C:\Users\qtzhu\AppData\Local\Programs\Python\Python36\lib\site-packages\numpy\matrixlib\defmatrix.py",line 309,in__mul__
    return N.dot(self,asmatrix(other))
ValueError:shapes (2,3) and (2,3) not aligned:3 (dim 1) !=2 (dim 0)
>>>np.multiply(ma,mb)
matrix([[53,3010,2170],
        [3589,180,880]])
```

矩阵乘法要求前一个矩阵的列数要等于后一个矩阵的行数，一个 2×3 的矩阵乘以一个 3×2 的矩阵，得到一个 2×2 的矩阵。上例中，一个 2×3 的矩阵乘以一个 2×3 的矩阵就会发生异常报错。

如果两个形状相同的矩阵中元素一一对应相乘，可以使用 multiply 函数实现。

矩阵的运算还可以通过函数来实现，表 2-7 给出了一些 NumPy 模块中有矩阵的常用函数，读者可以自行查阅，掌握函数的用法。

表 2-7　numpy 中有关矩阵的常用函数

函数	描　　述
np.diag	矩阵组对角线与一维数组间的转换
np.dot	计算两个数组的点击
np.tranpose	矩阵转置
np.inner	计算两个数组的内积
np.trace	矩阵主对角线元素的和

2.6.2　求解多项式

多项式函数是变量的整数次幂与系数的乘积之和，可以用下面的数学公式表示：

$$f(x)=a_n x^n + a_{n-1} x^{n-1} + \cdots + a_2 x^2 + a_1 x + a_0 \qquad (式 2-1)$$

多项式函数的应用非常广泛，例如　经常会用它计算正弦、余弦等函数。在 NumPy 中，多项式函数的系数可以用一维数组表示。

例如 $f(x)=x^3-2x+1$ 的系数可以用下面数组 a 表示，其中 a[0]是最高次的系数，a[-1]是常数项，注意，多项式中没有 x^2 项，对应的系数为 0。

a=np.array([1,0,-2,1])

1. 创建多项式

NumPy 提供 poly1d 函数根据多项式系数创建多项式对象 f,将 x 值带入多项式 f(x)可以求得多项式的值,x 可以是一个数值数据,也可以是一组数值数组的序列。

【例 2-3】 创建多项式 $f(x)=x^3-2x+1$,计算当 x=1,2,3,4,多项式的值

```
import numpy as np
#创建系数数组
a=np.array([1,0,-2,1])

#调用 poly1d(a)将系数转换为一元多项式
f=np.poly1d(a)
#输出当 x=1,2,3,4 时,多项式的值
print(type(f))
print('传入值得到的具体结果',f([1,2,3,4]))
```

运行结果:

```
<class 'numpy.poly1d'>
传入值得到的具体结果[0  5  22  57]
```

2. 多项式运算

多项式对象可以实现基本多项式的相加、相乘运算,示例如下:

```
>>>p1=np.poly1d([1,-2,1])
>>>p2=np.poly1d([1,0,-3,1])
>>>print(p1)  #注意,输出的第一行表示下一行 x 的幂
   2
1x-2x+1
>>>print(p2)
   3
1x-3x+1
>>>p3=p1+p2
>>>print(p3)
   3  2
1x+1x-5x+2
>>>p4=p * p2
>>>print(p4)
   5    4    3    2
```

```
1x－2x－2x＋7x－5x＋1
>>>
```

3. 求微分和积分

多项式对象的 deriv()和 integ()方法分别计算多项式函数的微分和积分。

```
>>>df=p4.deriv()    #df 是多项式的微分
>>>integf=p5.integ()    #integf 是多项式的积分
>>>print(df)
    4     3     2
5x－8x－6x＋14x－5
>>>print(integf)
         6       5      4       3      2
0.1667x－0.4x－0.5x＋2.333x－2.5x＋1x
>>>
```

4. 多项式的根

多项式的根可以用 roots()函数来计算，而 poly()函数可以将根转换回多项式的系数。

```
#求 f(x)=x^3－5x＋3=0 的根
>>>f=np.poly1d([1,0,－5,3])
>>>f
poly1d([1,0,－5,3])
>>>print(f)
    3
1x－5x＋3
>>>roots=np.roots(f)
>>>roots
array([－2.49086362,1.83424318,0.65662043])
>>>f1=np.poly(roots)
>>>print(f1)
[1.00000000e＋00  2.10942375e－15－5.00000000e＋00  3.00000000e＋00]
>>>
```

5. 多项式拟合

polyfit()函数可以对一组数据使用多项式函数进行拟合，找到和这组数据最接近的多项式的系数。

【例 2－4】 拟合 sinx 的多项式

```
import numpy as np
```

```
#第一步：通过linespace()将-π/2～π/2区间分为1000-1份。
x=np.linspace(-np.pi/2,np.pi/2,1000)

#第二步：计算拟合目标函数sin(x)的值。
y=np.sin(x)

#第三步：将目标函数的数组传递给polyfit()进行拟合，
#第三个参数arg为多项式函数的最高阶数。
#polyfit()所得到的多项式和目标函数在给定的1000个点之间的误差最小，
#polyfit()返回多项式的系数数组。
f3=np.polyfit(x,y,3)
f5=np.polyfit(x,y,5)
f7=np.polyfit(x,y,7)

pf3=np.poly1d(f3)
print("pf3",pf3)
pf5=np.poly1d(f5)
print("pf5",pf5)
pf7=np.poly1d(f7)
print("pf7",pf7)

#第四步：使用polyval()计算多项式函数的值，并计算与目标函数的差的绝对值的和。

#np.polyval都可以计算多项式的值
space3=sum(np.abs(np.polyval(f3,x)-y))
space5=sum(np.abs(np.polyval(f5,x)-y))
space7=sum(np.abs(np.polyval(f7,x)-y))
print("space3:",space3,"\nspace5:",space5,"\nspace7:",space7)
```

运行结果：

```
pf3          3
-0.145x+0.9887x+3.012e-17
pf5          5          4           3           2
0.007573x-2.757e-17x-0.1658x+3.116e-17x+0.9998x-3.872e-18
pf7          7          6           5           4           3
-0.0001844x-1.474e-16x+0.008309x+1.635e-16x-0.1667x
             2
-9.578e-17x+1x+1.12e-17
space3:2.4034979702193904
```

```
space5:0.03635755988658998
space7:0.00031747365786327295
```

从运行结果对比可以发现,f7 更接近 sin(x)。

提示:numpy.polynomial 模块提供了非常丰富的关于多项式的操作方法,有兴趣的同学可以去学习。

2.6.3 求解方程组

线性代数是数学的一个重要分支。numpy.linalg 模块包含线性代数的函数。使用这个模块,我们可以计算逆矩阵、求特征值、解线性方程组以及求解行列式等。表 2-8 列出了 numpy.linalg 的常用函数。

表 2-8　numpy.linalg 模块中的常用函数

函数	模　块
np.linalg.det	计算矩阵行列式
np.linalg.eigvals	计算方阵特征根
np.linalg.eig	计算矩阵特征根与特征向量
np.linalg.inv	计算方阵的逆
np.linalg.pinv	计算方阵的 Moore-Penrose 伪逆
np.linalg.solve	计算 Ax=B 的线性方程组的解
np.linalg.lstsq	计算 Ax=B 的最小二乘解
np.linalg.qr	计算 qr 分解
np.linalg.svd	计算奇异值分解
np.linalg.norm	计算向量或矩阵的范数

1. 数学概念

根据矩阵的乘法,可以将线性方程组写成矩阵形式。

- n 元齐次线性方程组　　$A_{mn}X_n=0$
- n 元非齐次线性方程组　　$A_{mn}X_n=b$

A 为方程组的系数矩阵,B=(A,b)为非齐次线性方程组的增广矩阵。

2. 求方程组的解

numpy.linalg 的 solve 函数可以计算 Ax=B 的线性方程组的解,准备好线性方程组的系数矩阵 A 和值矩阵 b,就可以调用 solve 函数计算获得 X 的解。

【例 2-5】　求解三元一次方程组的解

$$\begin{cases} 8x_1-6x_2+2x_3=28 \\ -4x_1+11x_2-7x_3=-40 \\ 4x_1-7x_2+6x_3=33 \end{cases}$$

```
import numpy as np
#(1) 准备矩阵
a=np.array([[8,-6,2],[-4,11,-7],[4,-7,6]])
b=np.array([[28],[-40],[33]])
#(2) 调用 slove 函数可以求解方程组的解
x=np.linalg.solve(a,b)
print(x)
#(3) 验证方程的解
print(np.allclose(np.dot(a,x),b))
```

运行结果：

```
[[2.]
 [-1.]
 [3.]]
True
```

从运行结果可以得到方程的解：x1=2，x2=-1，x3=3。np.dot 函数的作用是计算矩阵的内积。内积的计算过程如下：

$$\begin{pmatrix} 8,-6,2 \\ -4,11,-7 \\ 4,-7,6 \end{pmatrix} \times \begin{pmatrix} 2 \\ -1 \\ 3 \end{pmatrix} = \begin{pmatrix} 2*8+-6*-1+2*3 \\ -4*-1+11*-1+3*-7 \\ 4*2+-7*-1+6*3 \end{pmatrix} = \begin{pmatrix} 28 \\ -40 \\ 33 \end{pmatrix}$$

numpy 的 allclose 方法，比较两个数组是不是每一元素都相等，返回布尔值。为 True 表示内积的计算结果和矩阵 b 一致，方程求解正确。

np.linalg.inv inv 函数可以求 A 矩阵的逆矩阵，方程组 $Ax=b$ 的解通过 $x=A^{-1}b$ 也可求得方程组的解。

【例 2-6】 通过矩阵的逆求解例 2-5 的方程组

```
import numpy as np
A=np.array([[8,-6,2],[-4,11,-7],[4,-7,6]])
b=np.array([[28],[-40],[33]])
invA=np.linalg.inv(A)
x=invA.dot(b)

print(x)
print(np.allclose(np.dot(a,x),b))
```

本节以求解方程组为例抛砖引玉，说明 numpy 模块如何求解线性代数问题。更多的有关线性代数的问题，读者可以自行查阅相关函数的使用方法解决。

2.7　习题

1. 创建实验数据：

(1) 创建一个从[100,200)的二维偶数序列，每行10个

(2) 创建一个数值在50～100之间的5＊8的二维整数数组

(3) 3.5公里的路段每隔0.7公里设置一路桩，创建路桩的位置数组。

(4) 创建一个3行、5列的均值为1.6，标准差为0.3的正态分布的随机数组

(5) 创建一个5＊5的单位矩阵

2. 访问数组数据：

将下面列表转化为ndarray数组

L=[[2.73351472,0.47539713,3.63280356,1.4787706,3.13661701],
　　[1.40305914,2.27134829,2.7343713 2,1.88939679,0.0384238],
　　[1.56666697,-0.40088431,0.54893762,3.3776724,2.27490386]]

(1) 写出筛选出下面下划线指定的数组元素的语句。

[[2.73351472,　0.47539713,3.63280356,1.4787706,3.13661701],
 [1.40305914,　2.27134829,2.73437132,1.88939679,0.0384238],
 [1.56666697,-0.40088431,0.54893762,3.3776724,2.27490386]]

(2) 写出筛选出下面下划线指定的数组元素的语句。

[[2.73351472,　0.47539713,3.63280356,1.4787706,3.13661701],
 [1.40305914,　2.27134829,2.73437132,1.88939679,0.0384238],
 [1.56666697,-0.40088431,0.54893762,3.3776724,2.27490386]]

(3) 写出筛选出下面下划线指定的数组元素的语句。

[[2.73351472,　0.47539713,3.63280356,1.4787706,3.13661701],
 [1.40305914,　2.27134829,2.73437132,1.88939679,0.0384238],
 [1.56666697,-0.40088431,0.54893762,3.3776724,2.27490386]]

(4) 找出数组中数值范围在[2.5,3.5]之间的数据。

(5) 找出数组中的负数和大于3的数。

3. 统计分析：

rainfalldata.csv文件中存放了多个城市12个月的降水量

(1) 求每个城市的平均降水量。

(2) 求每个月的平均降水量。

(3) 求每个城市最大降水量和最小降水量出现的月份。

(4) 求出现月降水量数据最高的城市。

4. 构建一个二阶多项式：x^2-4x+3，求$x^2-4x+3=0$的解。

5. 多项式函数$f(x)=4x^3+3x^2-1000x+1$。

(1) 求该多项式函数的导函数。

(2) 求该多项式函数的积函数。

6. 求方程组的解,并验证方程解。

$$\begin{cases} x_1+x_2+x_3=6 \\ 3x_1-1x_2+2x_3=12 \\ x_1-x_2-3x_3=-4 \end{cases}$$

PART 03

第3章 使用 pandas 表示表格数据

<本章概要>

pandas 是一个开源模块，以 NumPy 为基础，纳入了大量库和一些标准的数据模型，提供了高性能、快速、灵活和富于表现力并易于使用的数据结构和数据分析工具，提供了更为方便的获取数据、整理数据、分析数据及数据可视化的方法。此外，其更重要的目标是成为任何语言中可用的最强大，最灵活的开源数据分析/操作工具。

pandas 包含了丰富的数据结构，数据结构的最佳用法是将其作为低维数据的灵活容器，在更为实用的二维数据表以及数据库数据操作方面更具有实用性。

- Series：一维数组，与 NumPy 中的一维 array 类似。二者与 Python 基本的数据结构 List 也很相近，其区别是：List 中的元素可以是不同的数据类型，而 Array 和 Series 中则只允许存储相同的数据类型，这样可以更有效的使用内存，提高运算效率。
- DataFrame：二维的表格型数据结构。可以将 DataFrame 理解为 Series 的容器。
- Time-Series：以时间为索引的 Series。
- Panel：三维的数组，可以理解为 DataFrame 的容器。

本章的内容介绍 Series 和 DataFrame 两种数据结构。使用 Pandas 模块是经常会用到 NumPy 的函数，所以，使用时一般同时导入：

```
>>>import numpy as np
>>>import pandas as pd
```

<学习目标>

当完成本章的学习后，要求：

1. 理解 Series 对象的结构
2. 掌握 Series 对象的基本操作
3. 理解 DataFrame 对象的结构

4. 掌握获取表格对象的方法
5. 了解数据清洗的目的和方法
6. 掌握 DataFrame 对象的基本操作
7. 掌握表格对象的统计分析方法

3.1　Series 对象

3.1.1　什么是 Series 对象

Series 对象对应一维数组，每个数据元素拥有自己的 indes（索引）和 value（值）。

Series 对象提供了两种类型的索引。一种是索引号，和序列对象、数组一样，每个元素都拥有一个默认的、不可改变的 0～n－1（n 为元素个数）之间的索引号，索引号代表元素的位置。另一种是索引名，也称为索引标签，可以为每个元素在指定一个索引名（相当于给索引号一个别名，类似字典的键名），索引名的使用是为了方便记忆和理解，索引名可以是字符串、整数或其他数据类型。index 数组存放索引，每一个数据都具有一个索引值，可以是默认的 0～n－1 的序号，可以自己指定。索引名不要求唯一性，但尽量保持唯一性。

Series 对象元素的值是可以是一组数据类型相同或类型不同的数据，可以是任意数据类型。类似字典的值。

Series 对象的 index 属性返回索引数组，values 属性返回值的一维数组。

Series 对象将 dict 和 numpy. ndarray 的功能融合在一起，可看成是带有序号的字典，或是带有名字的、多种数据类型的数组。

3.1.2　创建 Series 对象

创建 Series 对象的函数语法如下：

pandas. Series(data＝None，index＝None，dtype＝None，name＝None，……)

- data 可以是列表、字典或者 numpy 的一维 ndarray 对象
- index 设置索引名，可以是以列表表示的索引名，也可以不设定。默认为 0～n－1 的序号。
- dtype：可以是 numpy 的 dtype，缺省状态为根据 data 的数据自动决定。
- name：给 Series 一个名字。在后续最重要的 DataFrame 中可表现为一列的列名（列索引名）或一行的行名（行索引名）。

1. 使用序列创建 Series 对象，索引号为整数值

（1）使用列表创建，索引名为默认值。

```
>>>pd. Series([10,20,30,40,50])
0      10
1      20
2      30
```

```
3      40
4      50
dtype:int64
```

当 index 参数空缺时,索引名自动设置为 0~4。

(2) 使用 range 函数生成的迭代序列设置索引名。

```
>>>pd.Series([1.34,78,21.6,np.nan,3.75,9.5],range(1,7))
1      1.34
2      78.00
3      21.60
4      NaN
5      3.75
6      9.50
dtype:float64
```

索引名可以直接用列表设置,也可以使用 range 函数产生迭代序列。系统自动根据 values 数组中的数据确定 values 数组的数据类型。np.nan 作为空的、缺失的数据。

Series 中的元素可以是不同的数据类型。虽然 Series 本身是一维的,但不妨碍其元素是其他任何维度的数据类型。

- values 属性:获取以 ndarray 的形式返回的所有元素值。
- index 属性或 keys()方法:获取所有的键(索引),可迭代。索引可能是索引号,也可能是自定义过的索引名(索引名优先)。
- items()方法:所有键值对(像字典一样,迭代时每个键值对以元组形式返回),可迭代。键值对是——(索引,值)。

【例 3-1】 查看 Series 对象的索引和值

```
import numpy as np
import pandas as pd
#各元素的数据类型可以不同
s=pd.Series([1,2,"赵","钱",5.8,[10,11]])
print(s)
#所有值以 ndarray 类型存储
print("所有值:",s.values)
#所有键(索引)
print("所有键:",s.keys())
#所有索引(键)是可迭代的
print("所有索引(键)明细:",*s.index)
print("所有键值对明细:\n",*s.items())
```

运行结果如下:

```
运行结果:
0        1
1        2
2        赵
3        钱
4        5.8
5        [10,11]
dtype:object
所有值:[1 2 '赵' '钱' 5.8 list([10,11])]
所有键:RangeIndex(start=0,stop=6,step=1)
所有索引(键)明细:0 1 2 3 4 5
所有键值对明细:
(0,1)(1,2)(2,'赵')(3,'钱')(4,5.8)(5,[10,11])
```

2. 使用序列创建 Series 对象,索引号为日期

data_range()函数可以生成日期序列,返回 DatetimeIndex 对象,函数用法如下:

```
pandas.date_range(start=None,end=None,periods=None,freq=None,......)
```

- start:起始日期。以字符串或时间日期数据提供。
- end:结束日期。以字符串或时间日期数据提供。
- periods:生成数据的个数,
- freq:生成频率。以字符串形式提供的时间单位。比如“H”、“D”、“W”、“M”

```
>>>dates=pd.date_range('20190708',periods=6)
>>>dates
DatetimeIndex(['2019-07-08','2019-07-09','2019-07-10','2019-07-11',
               '2019-07-12','2019-07-13'],
               dtype='datetime64[ns]',freq='D')
```

【例 3-2】　创建 2019 年 7 月 8 日到 7 月 10 日的 3 天的空气质量指数 Series 对象

```
import numpy as np
import pandas as pd
#以字符串表示的日期,创建持续天数的日期序列
dates=pd.date_range('20190708',periods=3)
#以日期为索引名的 Series
s=pd.Series([112,37,43],index=dates)
print(s)
print(s.values)
print(*s.keys())
```

运行结果：

```
2019-07-08    112
2019-07-09    37
2019-07-10    43
Freq:D,dtype:int64
[112  37  43]
2019-07-08 00:00:00 2019-07-09 00:00:00 2019-07-10 00:00:00
```

3. 使用字典创建 Series 对象

【例 3-3】 一位报考驾驶证的学员信息用字典表示，将其转化为 Series 对象

```
#将字典的键转换成 Series 的索引名，字典的值转换为 Series 的值
import numpy as np
import pandas as pd
s=pd.Series({"考号":"10182156","姓名":"王小丫","科目 1":97,"科目 2":85})
print(s)  #元素可以是不同的数据类型
print(s.values)
print(*s.index)
```

运行结果：

```
考号       10182156
姓名       王小丫
科目 1     97
科目 2     85
dtype:object
['10182156' '王小丫' 97 85]
考号  姓名  科目 1  科目 2
```

使用字典创建 Series 对象，自动将字典的 key 设置为 Series 对象的索引名，字典的 value 设置为 Series 对象的值。字典的 value 可以有字符串，可以有数值。因生成的值的数据类型不同，所以为 object 类型。

3.1.3 访问 Series 对象

访问 Series 对象内元素的格式类似访问 ndarray 数组。Series 对象后用一对中括号[]，指定访问的内容。中括号内可以放置如下内容：

- 索引号：按（位置）访问。
- 索引名：按设定的索引名访问。

● Serise对象每个元素一一对应的逻辑值数据：过滤出对应逻辑值为True的元素，可使用条件表达式的计算结果产生逻辑值数据，可实现按条件访问。

1. 按位置访问

按位置访问就是使用索引号（即下标）访问，与ndarray数组的数组元素访问一样，可以用一个整数下标指定一个元素，也可以用下标列表指定离散的多个元素，还可以用切片指定连续的多个元素。访问的多个元素同样组成Series对象返回。

例如按位置访问学员s的信息。

```
>>>s=pd.Series({"考号":"10182156","姓名":"王小丫","科目1":97,"科目2":85,
"科目3":91,"科目4":95})
>>>s[0]          #第一个元素的值
'10182156'
>>>s[-1]         #最后一个元素的值
95
>>>s[[0,1,5]]    #使用下标列表访问，返回Series对象
考号             10182156
姓名             王小丫
科目4            95
dtype:object
>>>s[2:]         #使用切片访问，返回Series对象
科目1    97
科目2    85
科目3    91
科目4    95
dtype:object
```

2. 按索引名访问

按索引名访问可以访问一个元素，与字典按键名访问类似，也可以使用索引名列表指定多个离散的元素，还可以使用索引名切片指定多个连续的元素。

例如：按索引名访问学员s的信息。

```
>>>s=pd.Series({"考号":"10182156","姓名":"王小丫","科目1":97,"科目2":85,
"科目3":91,"科目4":95})
>>>s["姓名"]
'王小丫'
>>>s[["姓名","科目1"]]  #使用索引名列表访问，返回Series对象
姓名    王小丫
科目1   97
dtype:object
>>>s["考号":"科目1"]  #使用索引名切片访问，返回series对象
```

```
考号        10182156
姓名        王小丫
科目 1      97
dtype:object
```

注意,切片访问时,下标切片是开区间。例如 1∶4 表示下标从 1 到 3 的位置。索引名切片是闭区间,如上例所示,包含“科目 1”。

3. 按条件表达式按条件访问

series 对象可以执行关系运算和逻辑运算,得到一组逻辑值,在访问时,使用一组逻辑值,可以筛选要访问的元素。

【例 3-4】 找出空气质量指数对象中为一级的数据(小于等于 50)

```
import numpy as np
import pandas as pd
#以字符串表示的日期,持续天数所创建的日期序列
dates=pd.date_range('20190708',periods=6)
#以日期序列为索引的 Series
s=pd.Series([112,37,43,58,44,48],index=dates)
#计算结果为逻辑数组
print(s.values<=50)
#类型为 numpy.ndarray
print(type(s.values<=50))
#用逻辑数组找出对应 True 的元素
print(s[s.values<=50])
```

运行结果:

```
[False  True  True False  True  True]
<class 'numpy.ndarray'>
2019-07-09    37
2019-07-10    43
2019-07-12    44
2019-07-13    48
dtype:int64
```

s.values<=50 表达式计算结果是 numpy 的 ndarray 数组,是一组 bool 类型的逻辑值,对应 s 对象的每一个元素是否符合“小于 50”的条件。使用这组逻辑值可以筛选 Seires 对象元素。使用条件表达式 s<=50 也可以达到同样筛选结果,读者可以修改程序,查看两者的异同。

3.1.4　维护 Series 对象

1. 修改对象成员的值

可以通过赋值操作直接修改一个对象成员的值，类似字典操作。还可以为多个对象成员批量修改数据。

例如：修改学员 s 的数据。

```
>>>s=pd.Series({"考号":"10182156","姓名":"王小丫","科目1":97,"科目2":85})
>>>s[2:]+=2   #支持整体运算
>>>s
考号       10182156
姓名       王小丫
科目1      99
科目2      87
dtype:object
>>>s['考号','科目2']=95   #广播赋值
>>>s
考号       95
姓名       王小丫
科目1      99
科目2      95
dtype:object
>>>type(s['考号'])   #Series对象的元素数据类型随修改而改变
<class 'int'>
>>>s['考号','科目2']=1,98   #使用元组同步赋值
>>>s
考号       1
姓名       王小丫
科目1      99
科目2      98
dtype:object
>>>
```

2. 增加对象成员

Series 对象增加元素类似字典操作，和修改对象元素值一样通过赋值语句完成，当索引名不存在时，新增一个对象元素。

例如：添加学员的考场信息。

```
>>>s=pd.Series({"考号":"10182156","姓名":"王小丫","科目1":97,"科目2":85})
```

```
>>>s["考场"]="滨江区交警支队"
>>>s
考号      10182156
姓名      王小丫
科目 1    99
科目 2    87
考场      滨江区交警支队
dtype:object
```

3. 删除对象成员

可以通过 drop 函数删除对象成员，可以删除一个或多个对象成员。默认的 drop 函数不改变原对象的内容，返回一个新的 Series 对象。如要改变原对象，可将 inplace 参数设置为 True。

Series. drop(labels=None,inplace=False……)

- labels:需删除元素的索引。单一的索引，或离散的放入列表的索引。
- inplace:
  - √ True:则在 Series 内直接删除，原 Series 被改变。
  - √ False:不改变原对象的内容，返回一个新的被删除过元素的 Series 对象。

删除 s 对象的科目 3 和科目 4 的成绩操作如下：

```
>>>s=pd.Series({"考号":"10182156","姓名":"王小丫","科目 1":97,"科目 2":85,
"科目 3":91,"科目 4":95})
>>>s.drop(["科目 3","科目 4"],inplace=True)
>>>s
考号      10182156
姓名      王小丫
科目 1    97
科目 2    85
dtype:object
>>>
```

3.2　获取表格对象

3.2.1　DataFrame 对象

虽然 Series 也能是二维结构，但处理起来不够方便，pandas 为此专门设计了 DataFrame（数据帧）类型数据结构，以实现最为常见的二维表格类的数据集。

二维中的一维为列，另一维为行，列索引控制表格的列（字段），行索引控制表格的行。像 Series 一样，每种索引都有索引号和可选的索引名。值（values）是一个二维数据结构，是除去索引后的表格实际数据。每一列表示一个独立的属性，每一行对应一条表格记录。DataFrame 对象的每一行和每一列都是一个 Serise 对象。

行、列和单元格都可以通过简单的行列索引操作获取，也可通过对行或列的迭代器进行循环获取。

如图 3-1 所示表示天气记录的表格，列索引（columns）对应表格的字段名，行索引（index）对应表格的行号。值（values）是一个二维数组，每一列表示一个独立的属性，由“日期”、“最高气温”、“最低气温”，“天气”、“风向”、“风力”6 个属性，每一行对应一条天气记录。

图 3-1　DataFrame 对象的结构

3.2.2　创建 DataFrame 对象

DataFrame 创建二维数据结构，创建的方法如下：

pandas. DataFrame(data=None, index=None, columns=None, ……)

- data：二维表格中的具体数据，通常由 ndarray 的二维数组、字典、列表等可迭代的数据、或者另外的 DataFrame 对象构成的数值。
- index：指定行索引名，可以由 ndarray 的一维数组对象、列表等构成，其中每个元素可以是指定的字符串、整数等。
- columns：指定列索引名，其余和 index 参数相同。

1. 使用列表创建 DataFrame 对象

【例 3－5】 建立天气对象 weather，包含日期、最高气温、最低气温、天气、风向、风力等气象信息。weather 对象如图 3－2 所示

```
from pandas import DataFrame
data=[["2011/1/1",4,0,"阴","东北风","3~4 级"],\
      ["2011/1/2",4,-1,"阴","东北风","3~4 级"],\
      ["2011/1/3",6,1,"多云","东北风","3~4 级"]]
weather=DataFrame(data,\
                  index=range(1,len(data)+1),\
                  columns=["日期","最高气温","最低气温","天气","风向","风力"])
print(weather)
print(weather.dtypes)
```

运行结果：

```
     日期  最高气温  最低气温  天气  风向   风力
1  2011/1/1    4      0     阴  东北风  3~4 级
2  2011/1/2    4     -1     阴  东北风  3~4 级
3  2011/1/3    6      1   多云  东北风  3~4 级
日期          object
最高气温       int64
最低气温       int64
天气      object
风向      object
风力      object
dtype:object
```

示例中 data 为一个二维列表，子列表对应表格的一行。index 设置行号，columns 设置表格的字段名。注意：输出 pandas 元素数据类型时，只显示数值型的类型，其他类型都显示 object。

	日期	最高气温	最低气温	天气	风向	风力
1	2011/1/1	4	0	阴	东北风	3-4级
2	2011/1/2	4	-1	阴	东北风	3-4级
3	2011/1/3	6	1	多云	东北风	3-4级

图 3－2 天气表

2. 使用字典创建DataFrame对象

字典的“键”为DataFrame的“字段名”或者“列名”,“键”对应的“值”为该列的所有数据(可以是类似列表的批量数据),以此从列的角度创建DataFrame。

【例3-6】 创建一个TIOBE对象,列出编程语言TIOBE榜前10名

```
import pandas as pd
data={"Programming Language":["C","Java","Python","C++","C#","Visual Basic","Java Script","R","PHP","SQL"],
      "Ratings":[0.1698,0.1443,0.0969,0.0684,0.0468,0.0466,0.0287,0.0279,0.0224,0.0146]}
TIOBE=pd.DataFrame(data,index=range(1,11))
print(TIOBE)
```

如图3-3所示,字典的键名是DataFrame对象的列索引,字典的键值是DataFrame对象的值,是一个一维列表,对应表格的一列数据。

	Programming Language	Ratings
1	C	0.1698
2	Java	0.1443
3	Python	0.0969
4	C++	0.0684
5	C#	0.0468
6	Visual Basic	0.0466
7	Java Script	0.0287
8	R	0.0279
9	PHP	0.0224
10	SQL	0.0146

图3-3 TIOBE排名

3. 修改索引名

创建DataFrame对象,还可以使用rename方法,可以修改dataFrame对象的索引名,用法如下:

```
DataFrame.rename(mapper=None,index=None,columns=None,axis=None,copy=True,inplace=False)
```

参数:

- mapper:字典或函数,替换axis指定的行索引或列索引。
- index:字典或函数,替换axis指定的行索引。

- columns：字典或函数，替换 axis 指定的列索引。
- axis：指定行或列
- inplace：表示操作是否对原数据生效。
  True：作用于原 DataFrame 对象本身，返回 None。
  False：原 DataFrame 对象不变，返回新对象。默认为 False。

（1）使用字典修改列索引。

```
>>>df=pd.DataFrame({"A":[1,2,3],"B":[4,5,6]})
>>>df.rename(columns={"A":"a","B":"c"})
   a  c
0  1  4
1  2  5
2  3  6
>>>#使用字典修改行索引
>>>df.rename(index={0:"x",1:"y",2:"z"})
   A  B
x  1  4
y  2  5
z  3  6
```

（2）使用 str 函数修改行索引的数据类型。

```
>>>df.index
RangeIndex(start=0,stop=3,step=1)
>>>df.rename(index=str).index
Index(['0','1','2'],dtype='object')
```

（3）使用 axis 设定修改行索引，设置 axis=0 或'index'。

```
>>>df.rename({1:2,2:4},axis='index')
   A  B
0  1  4
2  2  5
4  3  6
```

3.2.3 从文件中读取数据

1. 读取 CSV 文件

csv 文件是存储表格数据的一种常用的文本文件，一逗号分隔，pandas 提供了方便操作 csv 文件的系列函数，read_csv 函数的作用是读取 csv 文件的数据，返回 DataFrame 对象，使用方法如下

pandas.read_csv(file,sep=',',header='infer',names=None,

encoding=None,index_col=None,usecols=None,nrows=None......)

返回:DataFrame。

常用参数:

- file:文件或文件句柄,甚至可以是URL。
- sep:指定分隔符,默认为“,”。
- header:指定表头列名所在的行。默认值为'infer'(推断)列名:如果names参数未设定列名,则从文件的首行推断出列名;如果names参数设定了列名,则使用之,代表文件中无表头,只有纯数据。如果header和names都有设定,header优先。
- names:表头的列名,可以用类似列表来表示多个列名。
- encoding:文件编码格式,默认为"utf-8"。中文系统中ANSI类型的编码应设置为"gbk"。
- index_col:数据读入后,指定将作为行索引名的列号或列名。用文件中某些列整列的内容当作DataFrame中的行索引名。缺省值为None。
- usecols:读入指定的列。节约内存。缺省值None,表示全部列。
- nrows:需读入的行数。节约内存。缺省值None,表示全部行。

【例3-7】 weather.csv文件是ANSI类型的文本文件,存放了上海市2011年的天气信息(数据有缺失),第一行为标题,读入文件,创建DataFrame对象

```
原始文件weather.csv内容概况:
日期,最高气温,最低气温,天气,风向,风力
2011/1/1,4,0,阴,东北风,3～4级
2011/1/2,4,-1,阴,东北风,3～4级
2011/1/3,6,1,多云,东北风,3～4级
......
2011/12/29,11,4,多云,东北风,3～4级
2011/12/30,9,2,多云,北风,3～4级
2011/12/31,8,2,多云,东风,3～4级
```

```
>>>w2=pd.read_csv("c:\\sample\\weather.csv",encoding="gbk")
>>>w2
         日期  最高气温  最低气温  天气    风向    风力
0    2011/1/1     4      0   阴     东北风  3～4级
1    2011/1/2     4     -1   阴     东北风  3～4级
2    2011/1/3     6      1   多云   东北风  3～4级
3    2011/1/4     5      0   小雨   东北风  3～4级
4    2011/1/5     3     -2   雨夹雪 东北风  4～5级
..   ...        ...    ...   ...    ...    ...
349  2011/12/27  11     6    阴     东风   3～4级
350  2011/12/28  12     6    多云   东风   3～4级
```

```
351   2011/12/29   11   4      多云    东北风    3~4级
352   2011/12/30    9   2      多云    北风      3~4级
353   2011/12/31    8   2      多云    东风      3~4级
[354 rows x 6 columns]
```

如果选择性地读入若干列可以设置 usecols 参数。在程序中读入数据文件，通常会将数据文件放在程序文件的同级目录或下级目录，可以使用相对文件名表示。程序代码如下：

```
import pandas as pd
w=pd.read_csv('weather.csv',encoding='gbk',
              usecols=['日期','最高气温','天气'],    #选择读入的列
              index_col='日期')  #将日期列作为行索引名
print(w)
```

2. 读取 txt 文件

csv 文件是一种以逗号间隔的文本文件，那么以 txt 为后缀的文本文件可以由更为灵活的间隔符，例如：制表符"\t"，空格等空白符号"\s"，换行符"\n"等，那么在读取时需要设置分隔符参数 sep。

【例 3-8】 racedata.txt 存放着几位马拉松选手近几年的比赛成绩，除标题行外，每行对应一个年份，除第 1 列为年份外，其余列为各选手折算成以秒为单位的比赛成绩，数据间的分隔符为制表符。读入文件，创建 DataFrame 对象

原始文件 racedata.txt 内容：

年度	张敏	李娜	王珊珊	郑爽	朱迪
2019 年	7689	7750	7935	7801	7865
2018 年	7741	7771	7810	7822	7910
2017 年	7732	7720	7880	7935	7973
2016 年	7828	7872	7770	7981	8101
2015 年	7792	7788	7861	7922	7923

读入文件数据的程序代码如下：

```
import pandas as pd
race=pd.read_csv("racedata.txt",sep="\t",encoding="gbk",nrows=3)  #读 3 行数据
print(race)
```

运行结果：

	年度	张敏	李娜	王珊珊	郑爽	朱迪
0	2019 年	7689	7750	7935	7801	7865

```
1       2018 年     7741     7771     7810     7822     7910
2       2017 年     7732     7720     7880     7935     7973
```

3. 读取 Excel 文件

读取 Excel 文件函数的常见格式：

pandas.read_excel(io, sheet_name=0, header=0, names=None, index_col=None, usecols=None, nrows=None......)

返回：如果读取单张工作表，返回 DataFrame，如果是多张，则返回一字典，键为工作表索引号或表索引名，值为 DataFrame。

常用参数(其他常用参数功能与 read_csv 函数类似)：

- io：文件名、或文件句柄，甚至可以是 URL。
- sheet_name：
  √ 缺省值：为 0，获取首个工作表。
  √ 单个或多个工作表：可以指定单个或以列表方式指定多个工作表的表索引号或表索引名。
  √ None：代表所有工作表。

(1) 读入一张工作表的数据。

【例 3-9】 avgmonth.xlsx 文件的表单 Sheet1 中存放了上海市 2013 年的月平均气温，读入文件，创建 DataFrame 对象

```
import pandas as pd
#读取的数据没有格式，只有纯数据
#首张工作表
avgSheet=pd.read_excel("avgmonth.xlsx")
print(avgSheet)
```

运行结果：

```
     月份    月平均气温
0    一月    5.870968
1    二月    7.250000
2    三月    12.161290
3    四月    16.500000
4    五月    22.612903
5    六月    25.133333
6    七月    32.903226
7    八月    31.677419
8    九月    26.266667
```

```
9     十月     20.838710
10    十一月   14.100000
11    十二月   7.709677
```

(2) 读取表结构相同的多张工作表的数据。

【例 3-10】 weatherInfo201902.xlsx 中包含了 5 张工作表，分别是北京、上海等 5 个城市 2019 年 2 月的天气信息，每张工作表的表格相同，包括日期、最高气温、最低气温、天气、风向、风力的数据。编写程序读入将所有工作表的数据

	A	B	C	D	E	F
1	日期	最高气温	最低气温	天气	风向	风力
2	2019-02-01（星期五）	6℃	-5℃	晴~多云	西南风	1级
3	2019-02-02（星期六）	3℃	-4℃	多云	东北风	1级
4	2019-02-03（星期日）	8℃	-7℃	多云~晴	西北风	2级
5	2019-02-04（星期一）	4℃	-6℃	多云~晴	东北风	1级
6	2019-02-05（星期二）	5℃	-5℃	晴~霾	东南风	2级
7	2019-02-06（星期三）	2℃	-7℃	霾	东南风	2级
8	2019-02-07（星期四）	-2℃	-7℃	多云	东北风	3级
9	2019-02-08（星期五）	-1℃	-7℃	多云	西南风	2级
10	2019-02-09（星期六）	0℃	-8℃	多云	东北风	2级
11	2019-02-10（星期日）	0℃	-8℃	多云	东南风	1级

北京 | 上海 | 武汉 | 长春 | 深圳

图 3-4 weatherInfo201902 文件结构

将 sheet_name 设置为 None，则选取所有的工作表，返回字典，字典的结构为：

<工作表名>:<工作表对应的 DataFrame 对象>

本例返回的字典中将包含 5 张工作表对应的 DataFrame 对象。可以通过

<字典名>[<工作表名>]

访问每一个 DataFrame 对象。后面也会介绍将多个 DataFrame 对象合并。

```
import pandas as pd
GroupSheets=pd.read_excel("weatherInfo201902.xlsx",
                  sheet_name=None,   #选取所有工作表
                  usecols=(0,1,2),   #选取第 0～第 2 列
                  nrows=5)  #选取 5 行
for name,sheet in GroupSheets.items():  #遍历字典
    print(name,sheet,sep='\n')
```

运行结果：

```
北京
       日期              最高气温  最低气温
0  2019-02-01(星期五)      6℃     -5℃
1  2019-02-02(星期六)      3℃     -4℃
2  2019-02-03(星期日)      8℃     -7℃
3  2019-02-04(星期一)      4℃     -6℃
4  2019-02-05(星期二)      5℃     -5℃
上海
       日期              最高气温  最低气温
0  2019-02-01(星期五)       8℃     4℃
1  2019-02-02(星期六)      14℃     9℃
2  2019-02-03(星期日)      14℃     7℃
3  2019-02-04(星期一)      11℃     7℃
4  2019-02-05(星期二)      14℃     9℃
武汉
       日期              最高气温  最低气温
0  2019-02-01(星期五)       8℃     4℃
1  2019-02-02(星期六)      10℃     7℃
2  2019-02-03(星期日)      10℃     2℃
3  2019-02-04(星期一)      12℃     1℃
4  2019-02-05(星期二)      12℃     3℃
长春
   2019-02-01(星期五)     -1℃     -9℃
0  2019-02-02(星期六)      4℃    -11℃
1  2019-02-03(星期日)     -5℃    -18℃
2  2019-02-04(星期一)    -10℃    -17℃
3  2019-02-05(星期二)    -11℃    -19℃
4  2019-02-06(星期三)    -12℃    -23℃
深圳
       日期              最高气温  最低气温
0  2019-02-01(星期五)      19℃    15℃
1  2019-02-02(星期六)      22℃    17℃
2  2019-02-03(星期日)      24℃    16℃
3  2019-02-04(星期一)      25℃    16℃
4  2019-02-05(星期二)      24℃    18℃
>>>
```

3.2.4 表格对象的通览

通过表 3-1 所列出 DataFrame 对象的属性和方法，可以快速了解表格数据的总体特征。shape 属性返回表格的(行，列)元组，cloumns 属性返回所有的列标签，dtypes 属性前面介绍过，显示每一列的数据类型，describe 函数给出了表格数据的基本统计量(最小值、最大值、均值、中位数等)。

表 3-1 DataFrame 对象数据的通览

属性或方法	描述	属性或方法	描述
shape	数据规模	dtypes	列数据类型
columns	列标签	describe()	统计描述

【例 3-11】 导入 weatherInfo201902.xlsx 文件中上海的天气数据，通览 2019 年 2 月上海天气数据的基本情况

```
import numpy as np
import pandas as pd
city=pd.read_excel("weatherInfo201902.xlsx",sheet_name=["上海"])["上海"]
city.日期=pd.to_datetime(city.日期.str[:10])
city.最高气温=city.最高气温.str[:-1].astype(np.int64)
city.最低气温=city.最低气温.str[:-1].astype(np.int64)
city.风力=city.风力.str[:-1].astype(np.int64)
#print(city)
print("shape:",city.shape)
print("记录数:",city.shape[0])
print("列名:",[col  for col in city.columns])
print("数据类型:\n",city.dtypes)
print("数值统计:",city.describe())
print("文本统计:",city.describe(include="object"))
```

运行结果：

```
shape:(28,6)
记录数:28
列名:['日期','最高气温','最低气温','天气','风向','风力']
数据类型:
日期            datetime64[ns]
最高气温              int64
```

```
最低气温            int64
天气           object
风向           object
风力           int64
dtype:object
数值统计：     最高气温       最低气温       风力
count          28.000000      28.000000      28.00000
mean           9.464286       5.392857       2.50000
std            2.999780       1.892271       0.57735
min            4.000000       2.000000       2.00000
25%            8.000000       4.000000       2.00000
50%            9.000000       6.000000       2.00000
75%            11.000000      7.000000       3.00000
max            16.000000      9.000000       4.00000
文本统计：      天气          风向
count           28            28
unique          15            3
top             小雨          东北风
freq            6             20
```

说明：通过describe方法，直接运算了表格中所有数值型变量的统计值，包括非缺失值记录个数count、平均值mean、标准差std、最小值min、下四分位值25%、中位值50%、上四分位值75%、最大值。设定describe方法include参数为object，可以统计离散型特征，包括非缺失值记录个数count、不同值的种类unique、出现最多的值top和出现的次数。例如天气字段有15个不同的值、出现最多的是小雨，出现了6次。

3.2.5　表格对象数据的访问

DataFrame对象主要处理二维数据，而且行和列都有索引号和索引名两种表示方式，处理相对复杂，因此访问DataFrame与访问数组有较大的差别。最为常见的有如下几类访问方式：

- 直接的下标访问：DataFrame[]得到多行或多列。
- loc属性索引名或索引号访问：DataFrame.loc[]得到任意区域。
- iloc属性索引号访问：DataFrame.iloc[]得到任意区域。
- 通过方法访问：DataFrame.方法()得到特殊区域，如访问最前面或最后面的记录。

1. 访问最前面或最后面的记录

DataFrame类提供了head和tail方法访问最前面和最后面的记录，可以用整数参数指定访问记录的条数，默认5条。

【例 3－12】 打开 weather. csv 文件，查看文件最前面 5 条记录和最后面的 3 条记录

```
import pandas as pd
w=pd. read_csv('weather. csv',encoding='gbk')
print(w. head())  #前 5 行记录,缺省行数 5
print(w. tail(3))  #最后 3 行记录,指定行数 3
```

运行结果：

```
    日期        最高气温  最低气温  天气    风向    风力
0   2011/1/1    4          0       阴      东北风  3～4 级
1   2011/1/2    4         -1       阴      东北风  3～4 级
2   2011/1/3    6          1       多云    东北风  3～4 级
3   2011/1/4    5          0       小雨    东北风  3～4 级
4   2011/1/5    3         -2       雨夹雪  东北风  4～5 级
    日期        最高气温  最低气温  天气    风向    风力
351 2011/12/29  11        4        多云    东北风  3～4 级
352 2011/12/30   9        2        多云    北风    3～4 级
353 2011/12/31   8        2        多云    东风    3～4 级
```

2. 直接访问方式

通常人们最习惯于使用直接的中括号下标访问方式，但鉴于 DataFrame 情况复杂，除了索引号还有索引名，因此简单的中括号已无法满足实际需求，但为了照顾编程人员在使用上的习惯，只能尽力保留直接下标的访问方式，但其能力受到了影响。

DataFrame 后跟中括号的直接下标访问方式，中括号内只能使用下述两种情况来访问多个整列以及多个整行。

- DataFrame[列索引名或列索引名列表]：访问单个列或者离散的多个列。
- DataFram[start：end]：切片访问连续的行，start 和 end 可以为整数的行索引号或其他数据类型的行索引名。

√ 当 start、end 为行索引号时，表示的范围为[start，end)。（头闭尾开）

√ 当 start、end 为行索引名时，表示的范围为[start，end]（头尾全闭）

√ 当行索引号与行索引名冲突时，行索引号优先。

（1）指定列索引名的访问。

```
>>>import pandas as pd
>>>weather=[["2011/1/1",4,0,"阴","东北风","3～4 级"],
    ("2011/1/2",4,-1,"阴","东北风","3～4 级"),
    ["2011/1/3",6,1,"多云","东北风","3～4 级"]]
>>>w=pd. DataFrame(weather,
   index=range(1,len(weather)+1),
   columns=["日期","最高气温","最低气温",
```

```
                                        "天气","风向","风力"])
>>>w
     日期        最高气温  最低气温  天气  风向    风力
1    2011/1/1    4           0       阴    东北风  3～4级
2    2011/1/2    4          −1       阴    东北风  3～4级
3    2011/1/3    6           1       多云  东北风  3～4级
>>>w["天气"]
1     阴
2     阴
3     多云
Name:天气,dtype:object
>>>type(w["天气"])
<class 'pandas.core.series.Series'>
>>>w[["最高气温","最低气温"]]
   最高气温  最低气温
1    4          0
2    4         −1
3    6          1
>>>type(w[["最高气温","最低气温"]])
<class 'pandas.core.frame.DataFrame'>
>>>w[1:2]   #当索引号与索引名冲突时,索引号优先
     日期        最高气温  最低气温  天气  风向    风力
2    2011/1/2    4          −1       阴    东北风  3～4级
>>>w.天气
1     阴
2     阴
3     多云
Name:天气,dtype:object
>>>
```

说明:抽取到的单列数据是Series对象,多列数据是DataFrame对象。还可以使用<DataFrame对象>.列标签的方式访问,与<DataFrame对象>[“列标签”]不同之处的是<DataFrame对象>[“列标签”]可以通过赋值语句增加新列,<DataFrame对象>.列标签不支持。

(2)切片访问。

使用切片,是对行索引的操作,要注意区分行索引号,还是行索引名,示例如下:

```
>>>w=pd.DataFrame(weather,
    index=tuple("ABC"),#给出行的索引名
```

```
    columns=["日期","最高气温","最低气温",
             "天气","风向","风力"])
>>>#用整型数字表示行索引号切片可直接访问行(头闭尾开)
>>>w[0:2]
     日期         最高气温  最低气温  天气    风向    风力
A    2011/1/1     4          0      阴      东北风  3~4级
B    2011/1/2     4         -1      阴      东北风  3~4级
>>>#用行索引名切片可直接访问行(头尾全闭)
>>>w['A':'C']
     日期         最高气温  最低气温  天气    风向    风力
A    2011/1/1     4          0      阴      东北风  3~4级
B    2011/1/2     4         -1      阴      东北风  3~4级
C    2011/1/3     6          1      多云    东北风  3~4级
>>>
```

3. loc 访问方式

按索引名抽取指定行列的数据的使用方法如下 DataFrame. loc[行索引名,列索引名]
行与列的索引名可以为下列几种表现形式:

- 单一索引名
- 离散索引名列表(或类似列表)
- 切片索引名(头尾全闭)
- 有索引名定义,必须使用索引名,无索引名定义,以索引号代之

(1) 单一行索引名。

```
>>>w=pd.DataFrame(weather,
    index=range(1,len(weather)+1),#定义行索引名
    columns=["日期","天气","风向","风力"])
>>>#1-行索引名为1的一行:
>>>w.loc[1]
日期      2011/1/1
天气      阴
风向      东北风
风力      1~4级
Name:1,dtype:object
```

(2) 切片行索引名。

```
>>>w.loc[1:2]#(头尾全闭)
     日期        天气  风向    风力
1    2011/1/1    阴    东北风  1~4级
2    2011/1/2    阴    东北风  2~4级
```

(3) 切片行索引名、单一列索引名。

```
>>>w.loc[:,'天气']
1    阴
2    阴
3    多云
Name:天气,dtype:object
>>>type(w.loc[:,'天气'])
<class 'pandas.core.series.Series'>
```

(4) 切片行索引名,离散的多个列索引名。

```
>>>w.loc[2:3,['天气','风力']]
   天气    风力
2  阴      2～4 级
3  多云    3～4 级
```

(5) 离散的多个行、列索引名。

```
>>>w.loc[2:3,['天气','风力']]
   天气    风力
2  阴      2～4 级
3  多云    3～4 级
```

(6) 单个行、列索引名。

```
>>>w.loc[2,'风力']
'2～4 级'
>>>type(w.loc[2,'风力'])
<class 'str'>
```

4. iloc 访问方式

按位置访问抽取关键字使用 iloc,同样有行列两个参数,可以是下标值,可以是列表、还可以是切片。

DataFrame.iloc[行索引号,列索引号]

行与列的索引号可以为下列几种表现形式:

- 单一索引号。
- 离散索引号列表(或类似列表)。
- 切片索引号(头开尾闭)。

(1) 单一索引号。

```
>>>#1—行索引号为 1 的一行
>>>w.iloc[1]
日期    2011/1/2
```

```
天气      阴
风向      东北风
风力      2～4级
Name:2,dtype:object
```

(2) 切片行索引号(注意区分索引号和索引名,显示的是索引名)。

```
>>>w.iloc[1:2]
    日期        天气  风向     风力
2   2011/1/2  阴    东北风   2～4级
```

(3) 切片行索引号、单一列索引号。

```
>>>w.iloc[:,1]
1     阴
2     阴
3     多云
Name:天气,dtype:object
```

(4) 切片行索引号,离散列索引号。

```
>>>w.iloc[2:3,[1,3]]
    天气    风力
3   多云    3～4级
```

(5) 离散行与列索引号。

```
>>>w.iloc[[1,2],[1,3]]
    天气    风力
2   阴      2～4级
3   多云    3～4级
```

(6) 单个行、列索引号。

```
>>>w.iloc[2,3]
'3～4级'
```

注意上面操作得到的对象的类型,如果得到一行或一列是Series对象,如操作1和3;如果是多行多列是DataFrame对象,如操作2,4,5;操作6对应了表格中的单元格,得到一个字符串数据。

5. 条件筛选

上述三种访问DataFrame的手法中,行和列的定义还可以分别接受逻辑值列表,达到筛选的效果,类似数组中的筛选方式。但与数组不同的是:行、列都可以由各自的逻辑值列表。

- DataFrame[行逻辑值列表]。
- DataFrame.loc[行逻辑值列表,列逻辑值列表]。
- DataFrame.iloc[行逻辑值列表,列逻辑值列表]。

√ 行逻辑值列表：元素个数等于行数的一维逻辑值列表或数组或Series。

√ 列逻辑值列表：元素个数等于列数的一维逻辑值列表或数组或Series。

某一坐标逻辑值列表的表示方式，还可以与另一坐标单个、离散、切片方式混合使用。

(1) loc方式的行条件筛选。

```
>>>temperature=[
    ["2011/1/1",4,0],
    ("2011/1/2",4,-1),
    ["2011/1/3",6,1]]
>>>w=pd.DataFrame(temperature,
   index=tuple("ABC"),
   columns=["日期","最高气温","最低气温"])
>>>mask=w['最高气温']>4 #Series的"广播"运算
>>>mask      #运算结果为逻辑值Series
A    False
B    False
C    True
Name:最高气温,dtype:bool
>>>#loc方式的行条件筛选
>>>w.loc[mask,["日期","最高气温"]]
      日期       最高气温
C    2011/1/3      6
>>>#iloc方式的行条件筛选
```

> **说明**：mask是Seires对象，长度与w的长度一致，记录每一行执行条件表达式的结果为True还是False。行逻辑值列表参数也可以直接写逻辑表达式：
>
> w.loc[w['最高气温']>4,["日期","最高气温"]]

(2) iloc方式的行条件筛选。

```
>>>w.iloc[list(w['最低气温']<=0),:2]
      日期     最高气温
A  2011/1/1      4
B  2011/1/2      4
>>>list(w['最低气温']<=0)
[True,True,False]
```

> **说明**：iloc方式的行逻辑列表不能是Series。使用list方法将Series对象转化为list对象，也可用Series.tolist()代替。

3.3 数据清洗

数据清洗(Data cleaning)是对采集的数据进行重新审查和校验的过程,目的在于删除重复信息、纠正存在的错误,并提供数据一致性。可以包括数据类型的转换、重复值处理、缺失值处理、异常值处理。

3.3.1 数据类型的转换

很多场合下获取的的表格数据都是呈现为字符型,一些数值型的数据由于加上了单位,也以字符型数据呈现。另外,在读入数据时,由程序语句自动根据数据的书写形式自动判别数据类型,也会与数据分析对数据类型要求不一致,这时,都需要进行数据类型的转换。

1. DataFrame 对象的数据类型

Pandas 所支持的数据类型有:float、int、bool、datetime64[ns]、datetime64[ns, tz]、timedelta[ns]、category、object。默认的数据类型是 int64,float64。object 这是一种通用的数据类型。在没有明确的指定类型的情况下,所有的数据都可以认为是 object 类型。

DataFrame 对象的 dtypes 可以查看 pandas 每一列的数据类型。

例如查看例 3 - 10 得到的城市天气数据,日期、最高气温、最低气温都是 object 类型,其实质都是字符串。我们希望日期是日期类型,气温是整数类型,需要进行数据类型转换处理。

```
>>>GroupSheets["北京"].dtypes
日期        object
最高气温     object
最低气温     object
dtype:object
```

2. 字符串的处理

由于最高气温和最低气温中包含单位℃,将单位删除需要分两步:首先使用 str 方法将该字段转换为字符串,然后通过切片,将单位℃剔除。

```
>>>type(GroupSheets["北京"].最高气温)
<class 'pandas.core.series.Series'>
>>>GroupSheets["北京"].最高气温=GroupSheets["北京"].最高气温.str[:-1]
>>>GroupSheets["北京"]
          日期          最高气温  最低气温
0  2019-02-01(星期五)    6      -5℃
1  2019-02-02(星期六)    3      -4℃
```

```
2   2019-02-03(星期日)    8     −7℃
3   2019-02-04(星期一)    4     −6℃
4   2019-02-05(星期二)    5     −5℃
>>>
```

3. 修改数据列的数据类型

修改某一列的数据类型可以通过astype函数。

```
>>>import numpy as np
>>>GroupSheets["北京"].最高气温=GroupSheets["北京"].最高气温.astype(np.int64)
>>>GroupSheets["北京"].dtypes
日期        object
最高气温      int64
最低气温      object
dtype:object
>>>
```

4. 日期的处理

Pandas类继承了NumPy库和datetime库相关模块，提供了Timestamp等6种时间相关的类。pandas提供了to_datetime函数，将与时间相关的字符串转换为Timestamp。

表3-2　时间戳Timestamp类的属性值

属性	说明	属性	说明
year	年	week	一年中的第几周
month	月	quarter	季节
day	日	weekofyear	一年中的第几周
hour	小时	dayofyear	一年中的第几天
minute	分钟	dayofweek	一周中的第几天
second	秒	weekday	一周第几天
date	日期	day_name	星期名称
time	time	is_leap_year	是否闰年

要将例3-10中日期一列转换为datetime类型，同样需要字符串切片操作提取日期字符串，再使用to_datetime方法转换为datetime类型，返回的Timestamp对象。

```
>>>GroupSheets["北京"].日期=pd.to_datetime(GroupSheets["北京"].日期.str[:10])
```

```
>>>GroupSheets["北京"].dtypes
日期        datetime64[ns]
最高气温        int64
最低气温        object
dtype:object
>>>
```

下面给出 weatherInfo201902.xlsx 文件读入后完整的数据类型处理程序。

【例 3-13】 读入 weatherInfo201902.xlsx 文件中指定城市的天气数据，并完成数据类型转化

```
import numpy as np
import pandas as pd
cityGroup=pd.read_excel("weatherInfo201902.xlsx",sheet_name=["北京","上海"],
                        usecols=(0,1,2),nrows=5)#选取第0～第2列
#print(cityGroup)
print("处理前的数据类型:\n",cityGroup["北京"].dtypes)
print("处理后的DataFrame对象:\n")
for cityname,city in cityGroup.items():
        city.最高气温=city.最高气温.str[:-1].astype(np.int64)
        city.最低气温=city.最低气温.str[:-1].astype(np.int64)
        city.日期=pd.to_datetime(city.日期.str[:10])
        city["星期"]=[i.day_name() for i in  city.日期]  #增加一列星期
        print(cityname,city,sep="\n")

print("处理后数据类型:\n",cityGroup["北京"].dtypes)
```

3.3.2 重复值处理

DataFrame 类提供了 duplicated()方法判断是否存在重复值。

DataFrame.duplicated(subset:=None,keep:'first')

返回值：布尔类型的 Series 对象，标记重复行。

参数：

subset：列标签或列标签序列指定需要判定的列，默认 None，判定所有的列。

keep：{'first','last',False}，默认'first'，决定标记方式。

first：将重复项标记为 True，第一次出现的除外。

last：将重复项标记为 True，最后一次除外。

False：将所有重复项标记为 True。

drop_duplicates()方法删除重复值，删除的方法如下：

```
DataFrame.drop_duplicates(subset=None,keep='first',inplace=False)
```

返回删除重复行后的 DataFrame 对象。参数解释与 duplicated 相同。

【例 3-14】 查看 weatherInfo201902.xlsx 文件中长春的天气记录是否存在重复值，并删除重复值

```
import numpy as np
import pandas as pd
city=pd.read_excel("weatherInfo201902.xlsx",sheet_name=["长春"],
      usecols=(0,1,2))["长春"]#选取第0～第2列
print(city.duplicated(["日期"]))
city.drop_duplicates(["日期"],inplace=True)
print(city)
```

运行结果：

```
0      False
1      False
2      False
......
27     False
28     True
dtype:bool
              日期        最高气温   最低气温
0   2019-02-01(星期五)    -1℃     -9℃
1   2019-02-02(星期六)     4℃     -11℃
2   2019-02-03(星期日)    -5℃     -18℃
26  2019-02-27(星期三)     5℃     -4℃
...
27  2019-02-28(星期四)     8℃     -5℃
```

从运行结果可以看出，第 28 条记录是一条重复记录，被删除。

3.3.3 缺失值处理

通常由于不同的原因，通过网络、问卷等各种途径收集的数据会有缺失，在生成 DataFrame 对象时会有缺失数据产生，缺失数据通常有以下几种表现形式：

- NaN：数字类缺失值，Not a Number。

- NaT：时间类数据的缺失值 Not a Time。
- None：简单地代表“没有”。

在进行数据处理之前，需要对缺失数据进行删除或填充的处理。

1. 删除缺失数据

dropna 函数可以按行列删除缺失数据，dropna 函数使用方法如下：

```
DataFrame.dropna(axis=0,how='any',thresh=None,subset=None,inplace=False)
```

该函数可以删除缺失数据所在的行或列。

返回：视 inplace 参数而定。

参数：

- axis：删除行或列。0 删除行，1 删除列。
- how：
  √ “any”：表示删除只要存在 NaN 的行或列。此为默认值。
  √ “all”：表示删除全部值都为 NaN 的行或列。
- thresh：至少留下有效数据大于或等于 thresh 值的行或列。
- subset：index 或 column 列表，按行列设置子集，在子集中查找缺失数据。
- inplace：表示操作是否对原数据生效。
  √ True：作用于原 DataFrame 对象本身，返回 None。
  √ False：原 DataFrame 对象不变，返回新对象。默认为 False。

删除缺失数据示例如下：

```
>>>import numpy as np
>>>import pandas as pd
>>>df=pd.DataFrame(
        [[1,2,3,4],#创建一个示例 DataFrame 对象
        [5,6,None,8],#人为制造一些缺失数据
        [np.nan,np.nan,np.nan,4],
        [np.nan,6,np.nan,8]],
        columns=list('ABCD'))
>>>df
     A    B    C    D
0    1.0  2.0  3.0  4
1    5.0  6.0  NaN  8
2    NaN  NaN  NaN  4
3    NaN  6.0  NaN  8

>>>df.dropna(how='all',inplace=False)   #(1) 删除 df 全为 Nan 的行
     A    B    C    D
0    1.0  2.0  3.0  4.0
1    5.0  6.0  NaN  8.0
```

```
2    NaN  NaN  NaN  4.0
3    NaN  6.0  NaN  8.0
>>>d1=df.dropna()      #(2) 删除有缺失数据的行,返回新的 DataFrame 对象
>>>d1
     A    B    C    D
0    1.0  2.0  3.0  4.0
>>>d2=df.dropna(axis=1)      #(3) 删除有缺失数据的列,返回新的 DataFrame
对象
>>>d2
     D
0    4.0
1    8.0
2    4.0
3    8.0
>>>d3=df.dropna(subset=['A','D'])      #(4) 删除指定列中有缺失数据的行
>>>d3
     A    B    C    D
0    1.0  2.0  3.0  4.0
1    5.0  6.0  NaN  8.0
>>>d4=df.dropna(axis=1,subset=[0,1])  #(5) 删除指定行中有缺失数据的列
>>>d4
     A    B    D
0    1.0  2.0  4.0
1    5.0  6.0  8.0
2    NaN  NaN  4.0
3    NaN  6.0  8.0
```

2. 填充缺失数据

fillna 函数可以实现缺失数据的批量填充,fillna 函数使用方法如下:

DataFrame.fillna(value=None,method=None,axis=None,inplace=False......)

该函数可以用某些特定的值填充缺失数据所在的元素。
返回:视 inplace 参数为而定。
常用参数:

- value:填充值,可以是标量(简单数据类型的数据)、dict、Series 或 DataFrame。
- method:填充的方法。
  √ "pad"或"ffill":使用同列(行)前一行(列)的值填充。
  √ "backfill"或"bfill":使用同列(行)后一行(列)的值填充。
  √ None:使用 value 参数的值。(缺省)
- axis:0 沿着列填充,1 沿着行填充。

- inplace：同前。（略）

填充缺失数据示例如下：

```
>>>df
     A    B    C    D
0    1.0  2.0  3.0  4.0
1    5.0  6.0  NaN  8.0
2    NaN  NaN  NaN  4.0
3    NaN  6.0  NaN  8.0
>>>df.fillna(0)          #(1) 用0填充缺失值
     A    B    C    D
0    1.0  2.0  3.0  4.0
1    5.0  6.0  0.0  8.0
2    0.0  0.0  0.0  4.0
3    0.0  6.0  0.0  8.0
>>>values={'A':1,'B':2,'C':3,'D':4}
>>>df.fillna(values)         #(2) 用字典填充缺失值,A列填1,B列填2……
     A    B    C    D
0    1.0  2.0  3.0  4.0
1    5.0  6.0  3.0  8.0
2    1.0  2.0  3.0  4.0
3    1.0  6.0  3.0  8.0
>>>df.fillna(method='ffill')        #(3) 用同列前一行数据填充缺失值
     A    B    C    D
0    1.0  2.0  3.0  4.0
1    5.0  6.0  3.0  8.0
2    5.0  6.0  3.0  4.0
3    5.0  6.0  3.0  8.0
```

3.4　表格数据的操作

3.4.1　表格数据的维护

1. 对符合条件的元素重新赋值

Serise对象或和DataFrame对象的数据列支持Python支持的常见算术运算，如："＋"，"－"，"＊"，"/"，"＊＊"等。通过赋值语句修改数据，可以修改指定行列记录的数据，还可以把要修改的数据查询筛选出来，重新赋值。

```
>>>w
      日期    最高气温  最低气温
A  2011/1/1     4        0
B  2011/1/2     4       -1
C  2011/1/3     6        1
>>>w.loc[w['最低气温']<=0,"最低气温"]+=1
>>>w
      日期    最高气温  最低气温
A  2011/1/1     4     1
B  2011/1/2     4     0
C  2011/1/3     6     1
>>>w["最高气温"]=w["最高气温"]+1
>>>w
      日期    最高气温  最低气温
A  2011/1/1     5     1
B  2011/1/2     5     0
C  2011/1/3     7     1
>>>w.最高气温=w.最高气温+1
>>>w
      日期    最高气温  最低气温
A  2011/1/1     6     1
B  2011/1/2     6     0
C  2011/1/3     8     1
>>>
```

2. 使用赋值语句增加列

DataFrame 对象可以添加新的列，通过赋值语句赋值时，只要列索引名不存在，就添加新列，否则就修改列值，这与字典的特性相似。

为 w 增加一列平均温度，取最高气温和最低气温的平均值。

```
>>>w['平均气温']=(w['最高气温']+w['最低气温'])/2
>>>w
      日期   最高气温  最低气温  平均气温
A  2011/1/1    6      1      3.5
B  2011/1/2    6      0      3.0
C  2011/1/3    8      1      4.5
>>>
```

3. 使用 drop 函数删除行或列数据

drop 函数可以按行列删除数据，drop 函数使用方法如下：

DataFrame.drop(labels=None,axis=0,inplace=False......)

- labels：索引名或多个索引名组成的列表，如无索引名，可提供索引号。
- axis=0，表示删除行，第一个参数为行索引值或行索引列表
- axis=1，表示删除列，第一个参数为列索引值或列索引列表

DataFrame 对象的行列删除操作示例如下：

```
>>>w=pd.DataFrame(temperature,
    columns=["日期","最高气温","最低气温"])
>>>w
     日期      最高气温  最低气温
0  2011/1/1     4        0
1  2011/1/2     4       -1
2  2011/1/3     6        1
>>>w1=w.drop(2)   #删除索引号为2(无索引名)的行,返回新对象
>>>w1
     日期      最高气温  最低气温
0  2011/1/1     4        0
1  2011/1/2     4       -1
>>>w['平均气温']=(w['最高气温']+w['最低气温'])/2
>>>#删除指定的两列,直接影响原始对象
>>>w.drop(["最高气温","最低气温"],axis=1,  inplace=True)
>>>w
     日期      平均气温
0  2011/1/1  2.0
```

```
1   2011/1/2   1.5
2   2011/1/3   3.5
>>>
```

3.4.2　表的合并和连接

1. 使用 concat 方法合并表格

pandas.concat(objs,axis=0,ignore_index=False,......)

可以合并 Series 和 DataFrame 类型。

返回:合并后的新对象。不影响参加合并的各个原始对象。

常用参数:

- objs:各个参与合并的对象所组成的列表。
- axis:合并方向,0 为合并行(上下合并),1 为合并列(左右合并)。
- ignore_index:合并时忽略各数据对象的原始行索引号和行索引名,重新计算新的行索引。

【例 3-15】　表格合并示例

```
import pandas as pd
cols=["Day","High","Low"]
#3 行 3 列
weather1=[["1st",4,0],\
          ("2nd",4,-1),\
          ["3rd",6,1]]
w1=pd.DataFrame(weather1,
                columns=cols)   #定义列名
#第二块数据中添加一个列名
cols.append('Wind')
#形成缺失的数据 2 行 4 列
weather2=[["4th",8,-5,'西北'],["5th",3]]
w2=pd.DataFrame(weather2,columns=cols)
print("w1:",w1)
print("w2:",w2)

#带着行索引号合并,索引号变成了索引名
print("合并后:",pd.concat([w1,w2]))

#忽略行索引号和行索引名的合并
```

```
wNew=pd.concat([w1,w2],ignore_index=True)
print("索引号处理:",wNew)
```

运行结果：

```
w1:   Day  High  Low
0     1st  4      0
1     2nd  4     -1
2     3rd  6      1
w2:   Day  High  Low    Wind
0     4th  8     -5.0   西北
1     5th  3     NaN    None
合并后:  Day  High  Low    Wind
0        1st  4      0.0   NaN
1        2nd  4     -1.0   NaN
2        3rd  6      1.0   NaN
0        4th  8     -5.0   西北
1        5th  3     NaN    None
索引号处理:  Day  High  Low    Wind
0            1st  4      0.0   NaN
1            2nd  4     -1.0   NaN
2            3rd  6      1.0   NaN
3            4th  8     -5.0   西北
4            5th  3     NaN    None
```

说明：本例中，weather 列表是有缺失数据的 2 行 4 列的二维列表，在生成 DataFrame 对象 w2 时，对应数据为 None 或 NaN。合并 2 个形状不一样的 DataFrame 对象 w1 和 w2，w1 对象不存在 Wind 列，对应数据为 NaN。

默认情况下，concat 是带行索引号合并，可以设置 ignore_index 参数为 True，合并后的对象重新设定行索引。

2. 使用 merge 函数连接表格

连接表格是指将两张有共同字段的表格，扩展到一张表格中。常用连接的方法包括内连接、外连接、左连接、右连接等。

工号	姓名	职务
12	凌波	总经理
27	李奇	会计
119	张铭清	销售人员
120	杨栋	销售人员

(a) 主表 a

工号	科目	金额
12	基本工资	8000
12	交通补贴	500
27	基本工资	5600
27	交通补贴	100
119	基本工资	3000
119	业务提成	1200
121	业务提成	1600

(b) 数据表 b

工号	姓名	职务	科目	金额
12	凌波	总经理	基本工资	8000
12	凌波	总经理	交通补贴	500
27	李奇	会计	基本工资	5600
27	李奇	会计	交通补贴	100
119	张铭清	销售人员	基本工资	3000
119	张铭清	销售人员	业务提成	1200

(c) 内连接

工号	姓名	职务	科目	金额
12	凌波	总经理	基本工资	8000
12	凌波	总经理	交通补贴	500
27	李奇	会计	基本工资	5600
27	李奇	会计	交通补贴	100
119	张铭清	销售人员	基本工资	3000
119	张铭清	销售人员	业务提成	1200
120	杨栋	销售人员	NaN	NaN
121	NaN	NaN	业务提成	1600

(d) 外连接

工号	姓名	职务	科目	金额
12	凌波	总经理	基本工资	8000
12	凌波	总经理	交通补贴	500
27	李奇	会计	基本工资	5600
27	李奇	会计	交通补贴	100
119	张铭清	销售人员	基本工资	3000
119	张铭清	销售人员	业务提成	1200
120	杨栋	销售人员	NaN	NaN

(e) 左连接

图 3 - 5　*表格数据的连接方法*

如图 3 - 5 示例，表 a 是主表，给出了公司职员的工号、姓名和职务，表 b 是数据表，给出了工资的明细记录。两张表的共同字段是工号，通过工号可以将两张表格扩展为一张表。需要注意的是，表 a 中工号为 120 的职工，在表 b 中没有数据记录；表 b 中工号为 121 的数据记录在表 a 中没有职工记录。内连接只取两张表中都有的记录，所以忽略了工号 120 和 121 的记录,外连接取两张表的并集,工号 120 和 121 的记录都有,并产生缺失数据。左连接以主表记录为依据扩展,有工号 120 的记录,没有 121 的记录。

pandas 模块提供了 merge 函数实现两张表的连接操作,merge 的用法如下:

pandas. merge(left,right,how='inner',on=None,left_on=None,right_on=None,left_index=False,right_index=False,sort=False,suffixes=('_x','_y'))

返回:连接后的 DataFrame 对象

参数:

- left:指定需要连接的主表。
- right:指定需要连接的副表。
- how:指定连接方式,默认为内连 inner,还有其他选项如左连 left、右连 right、外连 outer。
- on:指定连接两张表的共同字段。
- left_on:指定主表中需要连接的共同字段。
- right_on:指定副表中需要连接的共同字段。
- left_index:bool 类型参数,是否将主表中的行索引用作表连接的共同字段默认为 False。
- right_index:bool 类型参数,是否将副表中的行索引用作表连接的共同字段默认为 False。
- sort:是否对连接后的数据按照共同字段排序默认为 False,
- suffixes:如果数据连接结果中存在重叠的变量名,则使用各自的前缀进行区分。

【例 3-16】 表格的连接示例

```
import pandas as pd
c1=["工号","姓名","职务"]
employees=[[12,"凌波","总经理"],[27,"李奇","会计"],
           [119,"张铭清","销售人员"],[120,"杨栋","销售人员"]]
df1=pd. DataFrame (employees,
                   columns=c1)
c2=["工号","科目","金额"]
salarys=[[12,"基本工资",8000],[12,"交通补贴",500],
         [27,"基本工资",5600],[27,"交通补贴",100],
         [119,"基本工资",3000],[119,"业务提成",1200],
         [121,"业务提成",1600],]
df2=pd. DataFrame (salarys,
                   columns=c2)
print("主表",df1)
print("副表",df2)
df=pd. merge(left=df1,right=df2,on="工号")
print("内连接:",df)
```

```
df=pd.merge(left=df1,right=df2,on="工号",how="outer")
print("外连接:",df)
df=pd.merge(left=df1,right=df2,on="工号",how="left")
print("左连接:",df)
```

运行结果与图例相同。

3.4.3 排序

表格数据有多个字段,最常见的排序方案是:按行方向排序(axis=0),可以设置按某个关键字(列名)或多个关键字升序或降序排序。DataFrame 类提供了 sort_values 函数实现排序功能,该函数使用方法如下:

DataFrame.sort_values(by,axis=0,ascending=True,inplace=False,kind='quicksort',na_position='last')

- by:将列名或列名组成的列表设为排序关键字,按指定的关键字排序。
- axis:排序的轴方向。0 决定行与行的**上下**顺序;1 决定列与列的**左右**顺序。
- ascending:True 升序、False 降序。
- inplace:同前。
- kind:排序算法"quicksort"、"mergesort"、"heapsort"。
- na_position:缺失值参加排序时的固定位置"first"(置顶)、"last"(沉底)。
- ignore_index:结果中去除行或列的索引名。

【例3-17】 表格数据排序示例

```
import numpy as np
import pandas as pd
data=[["1/1",7,2],("1/2",4,-1),
                    ["1/3",6,1],["1/4",7,-1],
                    ["1/5",np.nan,-1]]
df=pd.DataFrame(data,
    columns=["data","High","Low"])
#按High升序,如果High相同,上下位置关系保持不变
print(df.sort_values('High'))
#先按High排,如果High相同,再按Low排
#并取消索引号转换成的索引名,将缺失值置顶
print(df.sort _values(['High','Low'],ascending=False,
            ignore_index=True,na_position='first'))
```

运行结果:

```
    data   High   Low
1   1/2    4.0    -1
2   1/3    6.0     1
0   1/1    7.0     2
3   1/4    7.0    -1
4   1/5    NaN    -1
    data   High   Low
0   1/5    NaN    -1
1   1/2    4.0    -1
2   1/3    6.0     1
3   1/4    7.0    -1
4   1/1    7.0     2
```

本例第一次排序按 High 列默认升序排列，可以看到行索引保留原有的索引号，第二次排序，按多关键字先 High 列，再按 Low 列排序。注意观察 High 值为 7.0 的两条记录顺序的变化。第一次是按行索引号排序，第二次是按 Low 值升序排列。第二次排序设置了参数 ignore_index 为 True，行索引号按序重新设置。设置了参数 na_position 为'first'，有 NaN 的记录置顶。

3.5　表格数据的统计分析

3.5.1　统计函数

Serise 对象和 DataFrame 对象继承了 NumPy 的统计函数(表 2－5－2),可以对表格数据中的数值列或多列数值数据进行统计分析。

【例 3－18】　求气温的平均值和最大值

```
import pandas as pd
weather=[
    ["1/1",4,0],
    ("1/2",4,-1),
    ["1/3",6,1]]
w=pd.DataFrame(weather,
    columns=["data","High","Low"])
print(w)
print('最高气温的平均值:',w.High.mean())
print('最低气温的最大值:',w.Low.max())
```

运行结果如下:

```
   data  High  Low
0  1/1   4      0
1  1/2   4     -1
2  1/3   6      1
最高气温的平均值:4.666666666666667
最低气温的最大值:1
>>>
```

3.5.2　分组统计分析

表格数据的分组统计是指先将表格的数据按某种规则分成若干组,例如一个学生信息表格可以按性别将学生分为男和女两组,或者按系别分为若干组,分好组后,再按小组分别进行统计计算,例如计算小组人数等。

对数据进行分组操作的过程可以概括为:分裂-应用-聚合三步:

第一步：按照键值(key)或者分组变量将数据分组。

第二步：对于每组数据应用函数计算，这一步非常灵活，可以是 python 自带函数，可以是用户自定义函数。

第三步：将函数计算后的结果聚合。

如图 3-6 所示，示例数据为身高值，按 key 分为 3 个小组，然后应用求平均值函数 mean，每组的计算结果聚合生成最终的计算结果。

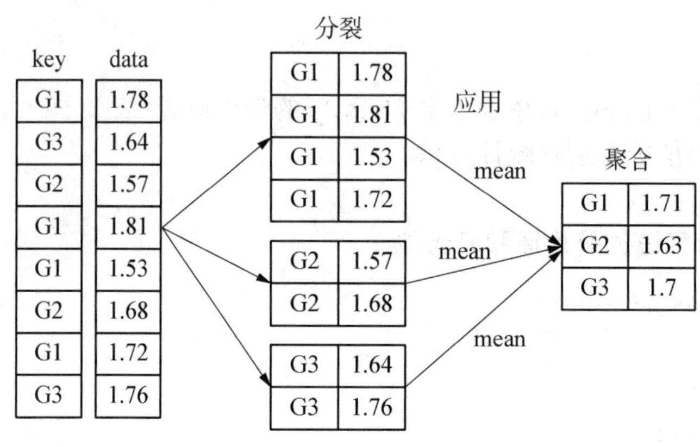

图 3-6　分组统计的原理

1. 使用 groupby 方法分组

DataFrame 类提供 groupby 函数将 DataFrame 对象分为若干组，返回一个 groupby 对象，该函数使用方法如下：

DataFrame. groupby(by=none, axis=0, as_index=True, sort=True...)

- by：分组依据(key)，通常为列索引列表，称为关键列。
- axis：分组的轴方向。0 一个小组 n 行，1 一个小组 n 列。默认 0。
- as_index：表示聚合标签是否以索引形式输出，默认 True。
- sort：表示是否对分组的 key 排序。默认 True。

返回一个 DataFrameGroupBy 对象，将该对象想象成整个 DataFrame(缩写 DF)被分组后的多个小的 DF，它是可迭代的，可用迭代方式获取分组的“键”以及该键所属的小组 DF。

groupby 函数分组示例如下：

```
>>>df=DataFrame({"key":['G1','G3','G2','G1','G1','G2','G1','G3'],
"data":[1.78,1.64,1.57,1.81,1.53,1.68,1.72,1.76]})
>>>df
   key  data
0  G1   1.78
1  G3   1.64
2  G2   1.57
3  G1   1.81
```

```
4    G1    1.53
5    G2    1.68
6    G1    1.72
7    G3    1.76
>>>grouped=df.groupby(["key"])    #按key分组
>>>grouped                         #grouped的类型
<pandas.core.groupby.groupby.DataFrameGroupBy object at 0x00000191E934A978>
>>>for key,data in grouped:        #迭代访问DataFrameGroupBy对象
      print(key)
      print(data)
G1
    key   data
0    G1    1.78
3    G1    1.81
4    G1    1.53
6    G1    1.72
G2
    key   data
2    G2    1.57
5    G2    1.68
G3
    key   data
1    G3    1.64
7    G3    1.76
>>>grouped.mean()          #对DataFrameGroupBy对象应用统计函数
        data
key
G1     1.710
G2     1.625
G3     1.700
>>>
```

说明: groupby函数按key值分组后,返回的不是数据对象,而是DataFrameGroupBy对象。该对象是一个迭代对象,可以迭代访问其中的数据。

2. 分组后的描述性统计方法

分组后就可以对DataFrameGroupBy对象应用统计函数或自定义函数进行计算,上例应用了mean函数求每组身高的平均值。常用的描述性统计函数如表3-3所示。

表 3-3 分组后的描述性统计函数

函数	说明	函数	说明
count	计算分组每一列的数目	median	返回每组的中位数
head	返回每组的前 n 个值	std	返回每组标准差
max	返回每组最大值	min	返回每组最小值
mean	返回每组平均值	sum	返回每组的和
cumcount	对每组中组员进行标记	size	返回每组大小

DataFrameGroupBy 对象所用的函数与 numpy 中的统计函数和方法名几乎一样(继承了 numpy),但除了统计,还增加了后期的数据合并工作。用此类方法对 DataFrameGroupBy 对象中所有能够统计的数据进行统计,不能统计的直接去除该列。

【例 3-19】 分组统计动物的特征数据

```
import numpy as np
import pandas as pd
df=pd.DataFrame(
{'动物':['游隼','鹦鹉','猎豹','游隼','猎豹','游隼'],
 '速度':[380,24,120,370,130,368],
 '重量':[3.5,1,80,3,82,np.nan],
 '状态':['野生',np.nan,'野生','豢养','野生','豢养']})
print(df)
grpby=df.groupby('动物')
print('每组记录行行数:\n',grpby.size(),sep='')
print('每组每列计数:\n',grpby.count(),sep='')
#中位数非数值列不统计
print('每组每列的中位数:\n',grpby.median(),sep='')
```

运行结果:

```
   动物   速度   重量   状态
0  游隼   380   3.5    野生
1  鹦鹉   24    1.0    NaN
2  猎豹   120   80.0   野生
3  游隼   370   3.0    豢养
4  猎豹   130   82.0   野生
5  游隼   368   NaN    豢养
每组记录行行数:
动物
游隼    3
```

```
猎豹      2
鹦鹉      1
dtype:int64
每组每列计数:
        速度  重量  状态
动物
游隼  3     2     3
猎豹  2     2     2
鹦鹉  1     1     0
每组每列的中位数:
        速度  重量
动物
游隼  370   3.25
猎豹  125   81.00
鹦鹉   24    1.00
```

说明:从运行结果可以看到,size 函数统计分组后每组的记录个数,统计方法返回的结果中,每个分组最后只有统计结果数据,无原始数据;被统计组合后的分组关键列的值已变成 index,而该列的列名(动物)已经变成 index 的属性 name。

用 count 函数计数,每组每列不包含缺失值的数据个数。"状态"列不存在中位数,在统计结果中,此列消失。

3. 使用 agg 函数聚合数据

DataFrameGroupBy 对象的统计方法对能够统计的所有列都进行统计,而且每次只能用一种统计方法,它无法指定列,也不能同时在一次遍历数据的过程中使用多种统计方法得出多种统计数据。这种方法太耗时,也不够灵活。可以使用聚合函数 agg 同时应用多个计算函数。agg 函数使用方法如下:

DataFrameGroupBy. agg(func, * args, * * kwargs)

返回:根据提供的统计函数统计,并聚合,以 DataFrame 返回结果。

常用参数:

- func:提供统计函数。既可以是 python 中的统计函数,也可以是 numpy 模块中的统计函数,甚至可以是自定义函数。各种提供形式如下:
  - √ 统计函数名:相当于回调函数形式。比如 sum、mean。
  - √ 统计函数名的字符串表示:比如:"sum"、"mean"。
  - √ 上述两种类型的多个函数组成的列表:比如:[np. cumsum,'mean']。
  - √ 字典:以需统计列索引名为键,统计函数为值(可以是上述类型)的字典。

【例 3-20】 使用聚合函数统计分析动物的特征数据

```
import numpy as np
import pandas as pd
df=pd.DataFrame(
{'动物':['游隼','鹦鹉','猎豹',
 '游隼','猎豹','游隼'],
 '速度':[380,24,120,370,130,368],
 '重量':[3.5,1,80,3,82,np.nan],
 '状态':['野生',np.nan,'野生','豢养',
         '野生','豢养']})
print(df)
grpby=df.groupby('动物')
#1-对分组所有列设置统计方法
print('每组总和和最大值:\n',
      grpby.agg([sum,max]),sep='')
#2-设置指定列的统计方法
result=grpby[['速度','重量']].agg(
               [('最小',min),('平均',np.mean)])
print('每组的速度和重量的最小值和平均值:\n',
      result,sep='')
#3-使用字典设置每列的统计方法
print('每组速度的最小值和重量的平均值:\n',grpby.agg({'速度':[min,max],'重量':
[np.mean]}))
```

运行结果:

```
   动物   速度   重量   状态
0  游隼   380    3.5   野生
1  鹦鹉    24    1.0   NaN
2  猎豹   120   80.0   野生
3  游隼   370    3.0   豢养
4  猎豹   130   82.0   野生
5  游隼   368    NaN   豢养
每组总和和最大值:
       速度        重量         状态
      sum  max   sum   max    sum      max
动物
游隼  1118  380    6.5   3.5  野生豢养豢养   野生
猎豹   250  130  162.0  82.0  野生野生       野生
鹦鹉    24   24    1.0   1.0  0              NaN
```

```
每组的速度和重量的最小值和平均值:
      速度              重量
      最小        平均   最小   平均
动物
游隼   368   372.666667   3.0   3.25
猎豹   120   125.000000  80.0  81.00
鹦鹉    24    24.000000   1.0   1.00
每组速度的最小值和重量的平均值:
        速度      重量
       min  max  mean
动物
游隼   368  380  3.25
猎豹   120  130  81.00
鹦鹉    24   24   1.00
```

说明：第一个示例了所有列的多种统计，新列名默认为函数名，注意"状态"列为字符串类型，统计函数 sum 执行字符串连接，max 执行按字符串排序最大值，默认中文是拼音序。第二个示例演示了指定需统计的列进行相同的多种统计的方法，以及使用元组形式自定义统计结果列名的方法。第三个示例演示了使用字典指定每一列的统计方法。

3.5.3　数据透视表

数据透视表是一种交互可以对数据在行、列两个方向，动态排布并且分类交叉汇总的表格格式。熟悉 Excel 的读者应该对创建数据透视表不会陌生，比分组统计形式更加灵活。

如图 3-7 所示，左边是数据表，后边是在 EXCEL 中得到的数据透视图，行标签是"动物"，列标签是"状态"，统计值是求速度的平均值和重量的最大值。

动物	速度	重量	状态
游隼	380	3.5	野生
鹦鹉	24	1	豢养
猎豹	120	80	野生
游隼	370	3	豢养
猎豹	130	82	野生
游隼	368	2.9	豢养

	列标签			
	豢养		野生	
行标签	平均值项:速度	最大值项:重量	平均值项:速度	最大值项:重量
猎豹			125	82
鹦鹉	24	1		
游隼	369	3	380	3.5

图 3-7　数据透视表示例

Pandas 提供了 pivot_table 方法实现数据透视表，用法如下：

```
DataFrame.pivot_table(data,        #DataFrame
            values=None,           #值
            index=None,            #分类汇总依据
```

```
                    columns=None,           #列
                    aggfunc='mean',         #聚合函数
                    fill_value=None,        #对缺失值的填充
                    margins=False,          #是否启用总计行/列
                    dropna=True,            #删除缺失
                    margins_name='All'      #总计行/列的名称
                    )
```

【例 3-21】 交叉统计分析不同动物不同状态的特征值

```
import numpy as np
import pandas as pd
df=pd.DataFrame(
{'动物':['游隼','鹦鹉','猎豹',
 '游隼','猎豹','游隼'],
 '速度':[380,24,120,370,130,368],
 '重量':[3.5,1,80,3,82,2.9],
 '状态':['野生','豢养','野生','豢养',
         '野生','豢养']})
print(df)
print("\n统计不同动物不同状态的数量:")
print(df.pivot_table(values='速度',
                     index='动物',
                     columns='状态',
                     aggfunc='count'
                     ))
print("\n统计不同动物不同状态的平均速度和最大重量:")
print(df.pivot_table(#values=['速度','重量'],
                     index='动物',
                     columns='状态',
                     aggfunc={'速度':'mean','重量':'max'}
                     ))
```

运行结果:

```
   动物   速度    重量   状态
0  游隼   380    3.5   野生
1  鹦鹉    24    1.0   豢养
2  猎豹   120   80.0   野生
3  游隼   370    3.0   豢养
4  猎豹   130   82.0   野生
```

```
5    游隼    368    2.9    豢养

统计不同动物不同状态的数量：
状态  豢养  野生
动物
游隼  2.0  1.0
猎豹  NaN  2.0
鹦鹉  1.0  NaN

统计不同动物不同状态的平均速度和最大重量：
    速度                重量
状态     豢养       野生  豢养   野生
动物
游隼     369.0    380.0   3.0    3.5
猎豹     NaN      125.0   NaN    82.0
鹦鹉     24.0     NaN     1.0    NaN
```

说明：本例创建了两张数据透视表，第一张表统计不同动物不同状态的数量，行标签为动物，列标签为状态，计数函数为count，只要任意选取一个不重复的值字段。第二张表统计不同动物不同状态的平均速度和最大重量，由于速度和重量的统计方法不一样，aggfunc参数使用字典设定字段和统计方法。

3.5.4 相关性分析

相关性分析是研究两个或两个以上处于相等地位的随机变量间的相关关系的统计分析方法，相关性的定量分析可以通过计算样本之间的相关系数来实现。相关系数有以下特征，

- 相关系数的值介于−1和1之间，
- 相关系数等于1表示两个总体正相关；相关系数等于0，表示不相关；相关系数等于−1表示负相关。
- 相关程度一般可以按三级划分：0～0.3为低度相关，0.3～0.8之间为中度相关，0.8～1之间为高度相关。

pandas实现计算相关系数的函数是DataFrame.corr。

【例3-22】 计算相关系数

Iris鸢尾花数据集是一个经典数据集，在统计学习和机器学习领域都经常被用作示例。数据集内包含3类共150条记录，每类各50个数据，每条记录都有4项特征：花萼长度Sepal_Length、花萼宽度Sepal_Width、花瓣长度Petal_Length、花瓣宽度Petal_Width，三种类型为：setosa、versicolour，virginica。使用corr函数，计算4项特征值的相关性。

```
import pandas as pd
df=pd.read_csv("iris.csv")
print(df.head())
print(df["Sepal_Length"].corr(df["Sepal_Width"]))
print(df[["Sepal_Length","Sepal_Width","Petal_Length","Petal_Width"]].corr())
```

```
Sepal_Length  Sepal_Width  Petal_Length  Petal_Width  Species
0             5.1          3.5           1.4          0.2   setosa
1             4.9          3.0           1.4          0.2   setosa
2             4.7          3.2           1.3          0.2   setosa
3             4.6          3.1           1.5          0.2   setosa
4             5.0          3.6           1.4          0.2   setosa
-0.11756978413300208
              Sepal_Length  Sepal_Width  Petal_Length  Petal_Width
Sepal_Length      1.000000    -0.117570      0.871754     0.817941
Sepal_Width      -0.117570     1.000000     -0.428440    -0.366126
Petal_Length      0.871754    -0.428440      1.000000     0.962865
Petal_Width       0.817941    -0.366126      0.962865     1.000000
```

说明：本例提供了计算两种变量相关系数和计算多个变量系数的方法。从运行结果可以看出，Sepal_Length 和 Petal_Length、Petal_Width 的高度相关，Petal_Length 和 Petal_Width 高度相关，Sepal_Length 和 Sepal_Width 弱负相关。Sepal_Width 和 Petal_Length 中度相关。

pandas 可视化分析的散点矩阵图（详见 4.3.5）可以更清楚地观察不同个数据列之间的关系。

3.6 习题

1. “Apple”、“Samsung”、“Huawei”、“Mi”、“OPPO”五个公司在2019年四个季度的手机出货量(单位:百万),如下表所示,其中数据为随机产生的实验数据。创建DataFrame对象实现以下功能。

季度 公司	第一季度	第二季度	第三季度	第四季度
Apple	51.9	57.9	48.7	50.4
Samsung	69.7	64.6	41.7	51.7
Huawei	31.7	58.6	59.2	47.9
Mi	41.7	38.6	58.0	58.9
OPPO	69.8	31.1	58.7	30.4

(1) 创建两个一维数组分别存储公司名和季度名称。

(2) 创建5×4的二维数组存储不同公司的每年手机出货量,手机出货量由30～70范围类的随机浮点数生成。

(3) 创建DataFrame对象。

(4) 选择Huawei和Mi的第四季度数据增加10%。

(5) 所有Samsung的数据降低5%。

(6) 分别统计五个公司在2019年的手机出货总量。

(7) 统计五个公司第一季度和第四季度的平均手机出货量。

(8) 找出每个季度出货量最大的公司名称(不是编号)。

2. 读取EMSI_JobChange_UK.CSV文件,完成以下分析。该文件给出了英国各城市2011年和2014年就业数据(按行业),由EMSI,即Economic Modeling Specialists Inc.(经济建模专家公司)提供。

(1) 读取EMSI_JobChange_UK.xlsx文件数据,创建为DataFrame数据对象。

(2) 查询London市的Jobs 2011和Jobs 2014两列数据。

(3) 添加两列:Change列=Jobs 2014-Jobs 2011,Change%列=Change/Jobs 2011。

(4) 删除Country列。

(5) 查询教育行业(SIC Code:P)的个城市就业情况,显示City、Jobs 2011、Jobs 2014、Change的数据,并行Change列由大到小排列。

(6) 分组统计每一行业比较2011年,2014年的岗位的增减的总和。

3. 读取studentInfo.xlsx文件,完成以下要求:

(1) 将5张表拼接为一个DataFrame对象(名称为stu),输出stu结果。

(2) 去除完全重复以及缺失项较多(≥2)的数据行。

(3) 填充剩余缺失值:成绩按照平均分填充,年龄填充为 20 岁。

(4) 将同学数据按照“成绩”排序,统计优秀(≥90)和不合格(<60)学生个数。

(5) 计算优秀与不合格同学的平均课程兴趣度,全体同学课程的平均分与课程兴趣度。

(6) 分组统计不同城市的学生的月生活费。

(7) 交叉分析不同性别、不同年龄的同学的身高体重的平均值、最大值、最小值。

(8) 计算学生身高、体重、成绩、课程兴趣之间的相关系数。

PART 04

第4章　数据可视化

<本章概要>

从广义的层面理解，数据的可视化指综合运用计算机图形学、图像、人机交互等技术，将采集或模拟的数据映射为可识别的图形、图像、视频或动画，并允许用户对数据进行交互分析的理论、方法和技术。从狭义的层面简单地理解，数据的可视化是将数据用统计图表和信息图的方式呈现。

无论是从哪个层面理解，数据可视化都有一个共同的目的，即让数据对人类说话，告诉人们数据的内在含义。图形可以将不可见现象转化为可见的图形符号，并直截了当、清晰直观地表达出来。因此，数据的可视化能够加深人们对于数据的理解和记忆。

Matplotlib是一个Python的绘图库，它以多种硬拷贝格式和跨平台的交互式环境生成出版物质量的图形。尽管它起源于仿真MATLAB图形命令，但它独立于MATLAB，以Python语言风格的、面向对象的方式使用。尽管matplotlib主要是用纯Python编写的，但它大量使用了NumPy和其他扩展代码，即使对于大型数组也可以提供良好的性能。matplotlib的设计理念是，您只需几个甚至一个命令就可以创建所需的图形！

本节通过学习Matplotlib.pyplot子模块实现一些常用图表的绘制，以理解数据可视化的作用和实现方法。更多的关于matplotlib的内容请查阅官方网的文档https://matplotlib.org/contents.html。

<学习目标>

当完成本章的学习后，要求：

1. 了解图表的基本构成
2. 掌握matplotlib绘制图形的一般过程
3. 了解子图的绘制方法
4. 了解常用图表的应用场合和解读
5. 掌握使用matplotlib提供的函数绘制常用图表的方法

4.1 图表的绘制

Matplotlib 的基本图表包括:画布、图标标题、绘图区域、x 轴(水平和垂直的轴线)和 y 轴(垂直的轴线);x 轴和 y 轴刻度;x 轴和 y 轴标签;网格线;图例等基本元素。如图 4-1 所示。

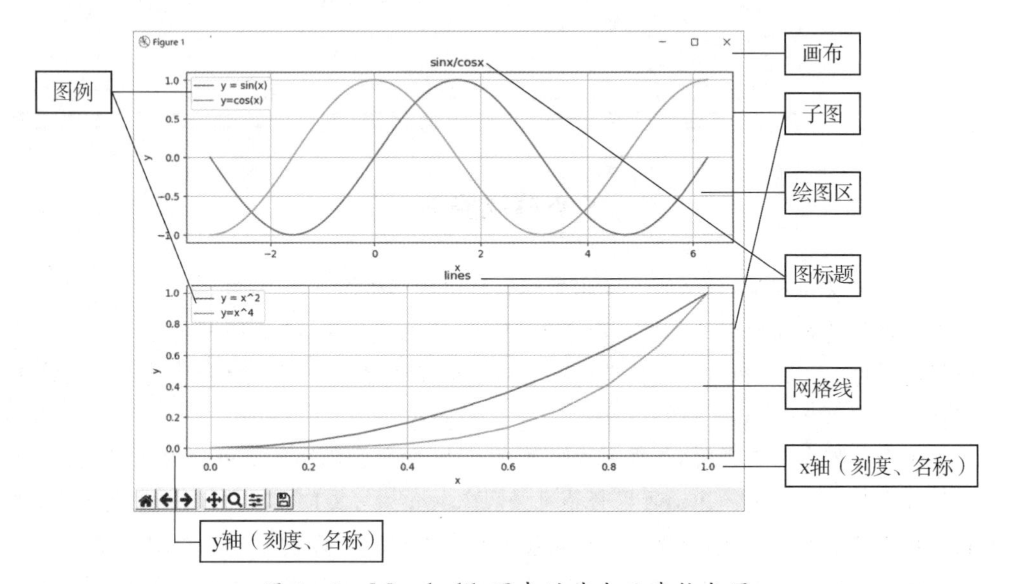

图 4-1 Matplotlib 图表的基本元素构成图

figure:画布。可以创建多张画布,一般正常状况中每一张画布占据一个图形窗口;在有些开发软件中(例如 Jupyter Notebook),各画布上下直接排列。

axes:绘图区/子图/图形区/坐标区。存在于画布中。即由坐标轴划定的图形区。一张画布中可以有多个绘图区(子图)。

title、xlabel、ylabel 等:绘图区标题、轴标签等存在于标签区,它们的作用是对某一绘图区进行说明。

4.1.1 pyplot 模块

Matplotlib. pyplot 是一个命令风格函数的集合,它集结了图形绘制所需要的功能函数,如表 4-1 所示,运用好函数,短短几行代码,就可以将一组数据展示为更直观,易理解的图形。

表 4-1 pyplot 模块的常用函数

函数	描　　述
figure	创建一个空白画布,可以指定画布的大小和像素。一个 figure 对象显示为一个窗口
figure. add_subplot	创建一个子图,可以指定子图的行数,列数和标号

续表

函数	描 述
subplots	fig,ax＝plt. subplots( )同时建立一个 figure 对象,一个 axis 对象列表
title	在当前图形中添加标题,可以指定标题的名称、颜色、字体等参数
xlabel	在当前图形中添加 x 轴名称,可以指定名称、颜色、字体等参数
ylabel	在当前图形中添加 y 轴名称,可以指定名称、颜色、字体等参数
xlim	指定当前图形 x 轴的范围
ylim	指定当前图形 y 轴的范围
xticks	指定 x 轴刻度的数目与取值
yticks	指定 y 轴刻度的数目与取值
legend	指定当前图形的图例,可以指定图例的大小、位置、标签
plot	绘制点以及点之间的连续线条(折线图)
savefig	保存绘制的图形
show	在本机显示图形

使用 Matplotlib. pyplot 的绘图函数,首先要引入 matplotlib. pyplot 模块

```
import matplotlib. pyplot as plt
```

matplotlib. pyplot 模块中函数操作遵循最近(当前)原则:

(1) 如果不显式创建画布,而是直接用函数作图或添加绘图区的标题等,则自动创建画布1(从 1 开始的画布编号),并在该当前画布中自动创建绘图区,并在该当前绘图区中作图。

(2) 一旦创建了画布(自动的或显式的),接着创建的绘图区就直接存在于该画布中(最近当前画布)。

(3) 作图首先查找最近当前的画布,然后查找最近当前的绘图区,如果哪个不存在,就自动创建它们,然后在刚创建的当前绘图区中作图。

(4) 绘图区标题、轴坐标的设置等寻找画布与绘图区的过程同作图的过程相同。

4.1.2 matplotlib 图形绘制流程

matplotlib 图形绘制的流程一般包括四步:

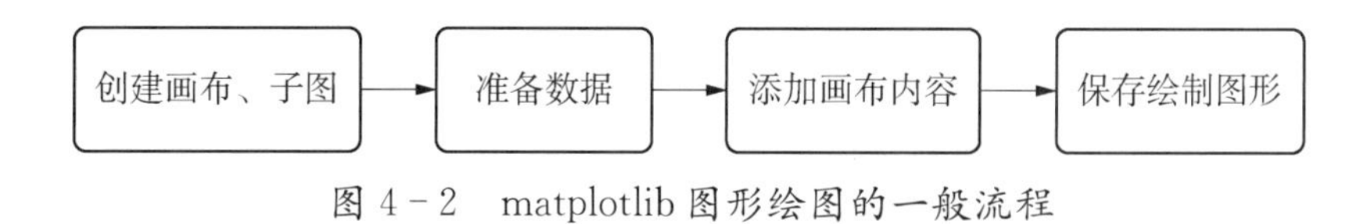

图 4－2 matplotlib 图形绘图的一般流程

下面按照绘制流程来绘制一个函数图,绘制曲线可以使用 plot 函数,函数的使用方法如下:

```
plt. plot(x,y,format_string, * * kwargs)
```

在当前画布 figure 的当前绘图区 Axes 中根据提供的 x，y 中的数据，在坐标系中一一对应绘制各点，以及上一点与下一点之间的连续线条（折线图）。

返回：由 matplotlib. lines. Line2D 线条组成的列表。

- x：x 轴数据，以类似数组的数据提供。
- y：y 轴数据，以类似数组的数据提供。
- format_string 控制曲线的格式字串，由表示色彩、数据点的标记或线的格式的字符组合而成。

【例 4－1】 绘制函数 y＝sin(x)在[－π，2π]上的图形，图形效果如图 4－2 所示

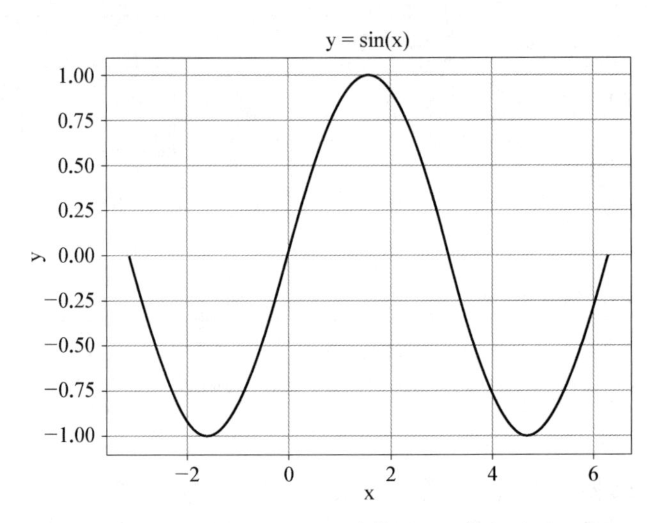

图 4－3 函数 y＝sin(x)在[－π，2π]上的图形

程序实现代码如下：

```
#绘制 x 从－pi 到 2pi 的 y＝sin(x)图
#1. 导入模块
import matplotlib. pyplot as plt
import numpy as np
#2. 备数据 x 从－pi 到 2pi，步长 0.1
x＝np. arange(－np. pi，2 * np. pi，. 1)
y＝np. sin(x)  #得到 y 数组
#3. 绘制图形
plt. plot(x，y)  #根据数据绘制线条，颜色自动
#4. 增加图表元素
plt. title('y＝sin(x)')  #绘制绘图区标题
plt. xlabel('x')  #绘制 x 轴标签
plt. ylabel('y')  #绘制 y 轴标签
plt. grid()  #绘制坐标网格线
#5. 保存并显示图形
```

```
plt.savefig("sinx.png")  #将当前画布内容保存至png图片
plt.show()
```

说明：

(1) 本例画布使用默认设置，从程序的第2步开始首先准备x轴数据，使用NumPy函数创建了一个[$-\pi$,2π]间隔0.01的数组，y轴数据是x轴数据的sin值。第3步使用plot函数绘制图形，系统自动创建画布1，并在画布1中自动创建绘图区。第4步在画布上添加了图表标题、x和y轴的标签，grid函数绘制网格线。最后保存并显示图形。

(2) grid函数用于设置图表各轴网格线的显示状态，语法如下：

matplotlib.pyplot.grid(b=None,which='major',axis='both')

常用参数：

- b：逻辑值或None。决定是否显示网格线。
- which：哪些层级的刻度上需要网格线。主刻度、次刻度、两者：'major','minor','both'。
- axis：上述网格线出现在哪根轴。'both','x','y'。

(3) 函数savefig保存当前画布内容至图像文件，或者至后台相关的对象中，语法如下：

matplotlib.pyplot.savefig(fname,dpi=None,quality=None,......)

常用参数：

- fname：字符串文件名或者已打开的文件对象。支持的图像文件格式：eps,jpeg,jpg,pdf,pgf,png,ps,raw,rgba,svg,svgz,tif,tiff,缺省："PNG"。
- dpi：分辨率。以每英寸点数为单位。如果为None，则默认为使用图形的dpi值。
- quality：图像质量。范围从1(最差)到95(最佳)。仅当格式为jpg或jpeg时适用，否则忽略。如果为None，则默认为(默认值：95)。

4.1.3 设置图形参数

本例的图形使用了系统默认值，可以通过设置Pyplot的RC参数和plot函数的format_string参数值获得不同格式的曲线图。

1. 设置RC参数

Pyplot使用rc配置文件来自定义图形的各种属性，包括：视图窗口的大小、每英寸点数、线条样式和宽度、颜色、坐标轴、文本、字体等等

表4-2 线条常用rc参数

rc参数名称	解释	取值
lines.linewidth	线条宽度	0～10，默认值1.5
lines.linestyle	线条样式	4种样式："-","--","-.",":"

续表

rc 参数名称	解释	取值
lines. marker	线条上点的样式	可以取"o","D","+"等
lines. markersize	点的大小	0～10,默认值 6

rc 配置文件还可以解决绘图中中文字符正常显示的问题：

- plt. rcParams['font. sans-serif']=['Simsun']设置 True Type 中文字体文件为缺省字体,以正常显示中文标签
- plt. rcParams['axes. unicode_minus']=False 正常显示负号
- plt. rcParams['font. sans-serif']=['Arial Unicode MS']Mac 中解决中文显示问题设置

2. 设置 plot 参数 format_string

format_string 数据格式字符串由三项组成,格式为“format_string='[color][marker][line]'”,分别表示绘制的色彩、数据点的标记或线的格式,其中这三项每一项都是可选的,并可以自由搭配。

表 4-3　format_string 的参数

color 项	色彩	marker 项	标记	line 项	线型
'b'	蓝色(blue)	'.'	点	'-'	实线
'g'	绿色(green)	'o'	圆	'--'	虚线
'r'	红色(red)	'+'	加号	'-.'	点划线
'y'	黄色(yellow)	'*'	星号	':'	点构成的虚线
'k'	黑色(black)	'v'	向上三角形		
'c'	青色(cyan)	'^'	向下三角形		
'm'	紫红色(magenta)	'<'	向左三角形		
'w'	白色(white)	'>'	向右三角形		

【例 4-2】　在一个坐标系上绘制函数 sin(x)和 cos(x),图形效果如图 4-3 所示

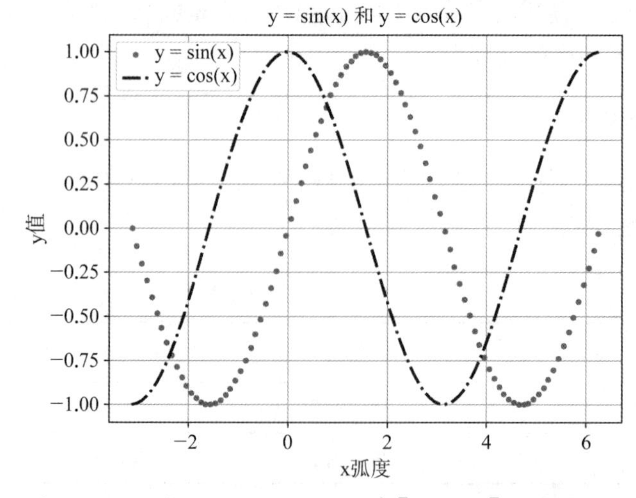

图 4-4　函数 sin(x)和 cos(x)在[$-\pi$,2π]上的图形*

程序实现代码如下：

```
import matplotlib.pyplot as plt
import numpy as np
#1. 设置中文字体
plt.rcParams['font.sans-serif']=['Simsun']
plt.rcParams['axes.unicode_minus']=False
#2. 准备数据
x=np.arange(-np.pi,2*np.pi,0.1)
y1,y2=np.sin(x),np.cos(x)
#3. 设置rc缺省值参数
plt.rcParams['lines.linestyle']="-."   #点划线
plt.rcParams['lines.linewidth']=2
#4. 添加画布内容
plt.title('y=sin(x)和 y=cos(x)')
plt.xlabel('x弧度')
plt.ylabel('y值')
#5. 绘制图形
plt.plot(x,y1,"r.")   #红色点虚线
plt.plot(x,y2,"b")
#可在一个plot函数中画多条曲线
#plt.plot(x,y1,"r.",x,y2,"b")
#6. 增加图例,网格线
plt.legend(["y=sin(x)","y=cos(x)"])
plt.grid()
#7. 显示
plt.show()
```

4.2 绘制多个子图

在一张画布 figure 中创建多个绘图区/坐标轴对象 Axes，即“子绘图区”，简称“子图”。一般过程如下：

(1) 创建画布：plt. figure()函数。

(2) 在所创建的画布中创建子图：可用下列两种方式。

- figure. add_subplot()函数：创建单个子图。
- plt. subplots()函数：创建多个子图。

4.2.1 创建画布

可以有多个画布 figure 对象，每个 figure 对象都有一个 number 属性作为多个 figure 中的编号。创建画布函数：figure

matplotlib. pyplot. figure(num=None, figsize=None, dpi=None, facecolor=None, ...)

返回：Figure 画布对象。

常用参数：

num：画布的编号。如为 None，则系统自动提供(从 1 开始)。如为字符串，则作为画布窗口中的标题。

figsize：以英寸为单位的画布的尺寸，以[宽，高]方式提供。缺省值为[6. 4，4. 8]。

dpi：图像分辨率，设置每英寸的点数。缺省值为 100dpi。

facecolor：画布的颜色，也可以是 rgb 色号格式#rrggbb。

例如：执行下面命令可以得到 2 个画布窗口。

图 4-5 figure 函数的使用*

```
>>>plt. figure(num="图 1",figsize=(5,5),facecolor="y")
<Figure size 500×500 with 0 Axes>
>>>plt. figure(num="图 2",figsize=(2. 5,4),facecolor="m")
<Figure size 250×400 with 0 Axes>
>>>plt. show()
>>>
```

4.2.2　使用 add_subplot 函数创建子图

add_subplot 函数创建的子图将在具有 nrows 行和 ncols 列的虚拟布局网格上占据索引位置。索引从左上角的 1 位置开始并向右向下逐渐增加。

add_subplot 函数的使用方法如下：

matplotlib. figure. Figure. add_subplot(nrows,ncols,index)

- nrows:在画布中的虚拟布局子图行数。
- ncols:在画布中的虚拟布局子图列数。
- index:在虚拟布局中创建的子图的索引号。决定子图的具体位置。

可以提供一个三位的数字,以合并的方式决定 nrows、ncols 和 index,因为通常行数和列数不会超过 9。也可以三个参数分开提供。

【例 4－3】　设置 2 行 1 列的划分子图框架,ax1 指向上面的子图,序号为 1,ax2 指向下面的子图,序号为 2

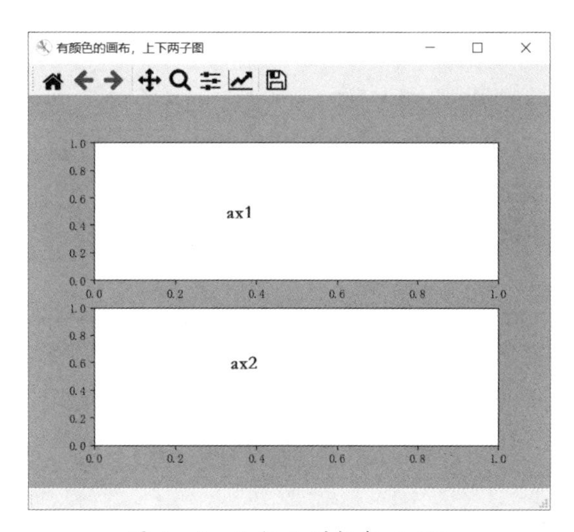

图 4－6　2 行 1 列框架示例*

```
>>>import matplotlib. pyplot as plt
>>>fig=plt. figure(
num="有颜色的画布,上下两子图",
```

```
               facecolor='c')
>>>ax1=fig.add_subplot(2,1,1)
>>>ax2=fig.add_subplot(2,1,2)
>>>plt.show()
```

【例 4-4】 不规则的划分子图示例，先按 2 行 2 列完成上方两个子图的划分。再按 2 行一列完成给下方子图的划分。此例中，nrow、ncol、index 三个参数合并在一起给出

```
import matplotlib.pyplot as plt
fig=plt.figure("子图框架示例 2",facecolor
='#cccccc')
ax1=fig.add_subplot(221,title='a')
ax2=fig.add_subplot(222,title='b')
ax3=fig.add_subplot(212,title='c')
plt.show()
```

> **说明：** 注意 ax3 的创建语句，参数为 212，意思是 2 行 1 列的第 2 行。

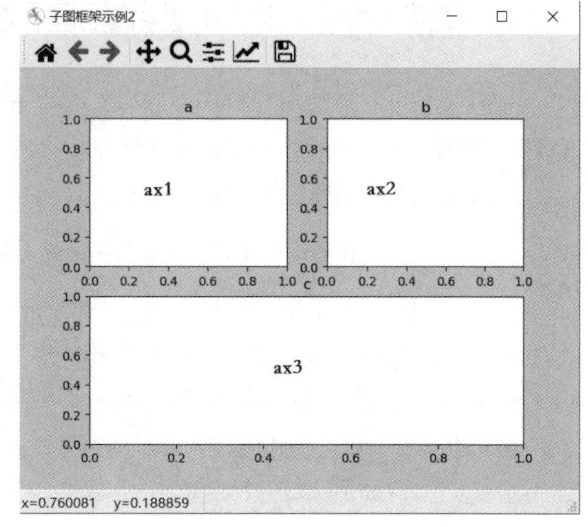

图 4-7　不规则框架示例

4.2.3　使用 subplots 函数创建子图

subplots 函数是 pyplot 模块提供的方法，可以创建一张画布和一组子图。函数的使用方法如下：

```
matplotlib.pyplot.subplots(nrows=1,ncols=1,sharex=False,sharey=False)
```

- nrows，ncols：整型，可选参数，默认为 1。表示子图网格（grid）的行数与列数。例如（2，1）表示 2 行 1 列共 2 个子图。
- sharex，sharey：布尔值或者｛'none'，'all'，'row'，'col'｝，默认：False 控制 x（sharex）或 y（sharey）轴之间的属性共享。
  - √ True 或者'all'：x 或 y 轴属性将在所有子图（subplots）中共享。
  - √ False 或'none'：每个子图的 x 或 y 轴都是独立的部分。
  - √ 'row'：每个子图在一个 x 或 y 轴共享行（row）。
  - √ 'col'：每个子图在一个 x 或 y 轴共享列（column）。
- 返回：一个两个元素的元组。
  fig：matplotlib.figure.Figure 对象，画布。
  ax：Axes（轴）对象或 Axes（轴）对象数组。（多个子图）

```
>>>fig,axs=plt.subplots(2,2)
>>>plt.show()
```

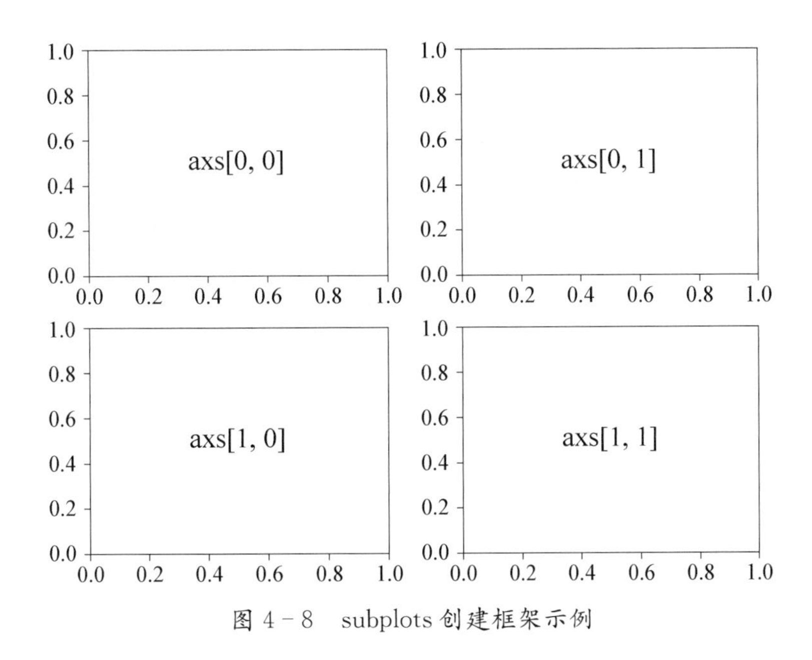

图4-8 subplots创建框架示例

【例4-5】 创建包含2张子图的函数图形,函数内容如图4-8所示

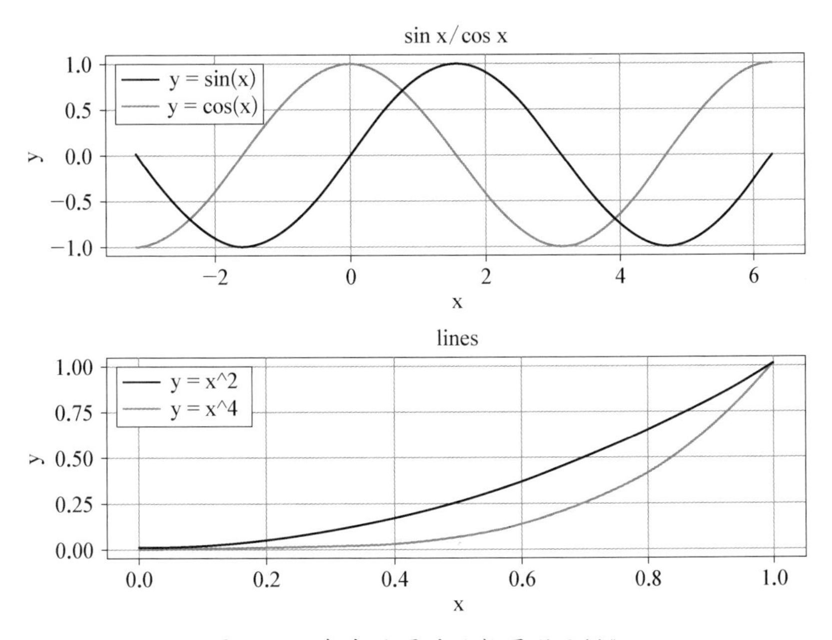

图4-9 包含子图的函数图形示例*

```
import matplotlib. pyplot as plt
import numpy as np
#设置子图样式
fig,axs=plt. subplots(2,1)#2行1列,竖直排列的2个子图
fig. set_size_inches(10,8)   #设置画布的尺寸,宽10inch,高8英寸
```

```
#第一幅子图
#准备数据
x=np.arange(-1*np.pi,2*np.pi,0.01)
y1=np.sin(x)
y2=np.cos(x)

#添加画布内容
axs[0].set(xlabel='x',ylabel='y',title='sinx/cosx')
axs[0].plot(x,y1)
axs[0].plot(x,y2)
axs[0].legend(["y=sin(x)","y=cos(x)"])
axs[0].grid()

#第二幅子图
#准备数据
x=np.arange(0,1.1,0.1)
y1=x**2
y2=x**4
#添加画布内容
axs[1].set(xlabel='x',ylabel='y',title='lines')
axs[1].plot(x,y1)
axs[1].plot(x,y2)
axs[1].legend(["y=x^2","y=x^4"])
axs[1].grid()

#保存并显示图形

plt.tight_layout()
plt.savefig("subfigures.png")
plt.show()
```

说明

(1) 本例是 2*1 的子图框架。Axs 对象数组是一维数组,包含两个子图:axs[0]和axs[1]。

(2) plt.tight_layout 的作用是分布子图,文字不重叠。

(3) Fig.set_size_inches 函数作用设置画布的尺寸。

(4) set 函数可以通过参数集中添加画布的元素:图形标题、x 轴标题、y 轴标题等等。

4.3　常见图表类型

matplotlib 提供了丰富的图形绘制函数如：plot(坐标图)、bar(柱形图)、、pie(饼图)、psd(功率谱密度图)、cohere(相关性函数图)、scatter(散点图)、hist(直方图)、stem(柴火图)等等。

4.3.1　饼图

饼图是划分为几个扇形的圆形统计图表，用于描述量、频率或百分比之间的相对关系。在饼图中，每个扇区的弧长(以及圆心角和面积)大小为其所表示的数量的比例。

1. pie 函数

Pyplot 模块提供了 pie 函数绘制饼图，函数使用方法如下：

matplotlib. pyplot. pie(x, explode=None, labels=None, colors=None, autopct=None, pctdistance=0. 6, shadow=False, labeldistance=1. 1, startangle=None, radius=None, counterclock=True, ...)

常用参数：

- x：每块扇形占总和的百分比数值，如果 sum(x)>1 会使用 sum(x)自动计算每块占总数的百分比。
- explode：每块扇形被炸离中心的距离，以相对于半径的比例来指定。
- labels：每块扇形外侧显示的说明文字(数据标签)。
- colors：每块扇形的默认颜色=('b','g','r','c','m','y','k','w')。
- autopct：控制饼图内百分比文字格式设置，可以使用格式化字符串。
- pctdistance：饼内文字离开中心的距离，以相对于半径的比例来指定 autopct 的位置刻度，默认值为 0. 6。
- shadow：在饼图下面画一个阴影。默认值：False，即不画阴影。
- labeldistance：label 标签的绘制位置，类似于 pctdistance，相对于半径的比例，默认值为 1. 1，如<1 则绘制在饼图内侧。
- startangle：起始绘制角度，默认图是从 x 轴正方向逆时针画起。

2. 设置图例

图例在各种图形中的放置与外形格式非常丰富，相对能控制的细节非常之多，此处只是介绍比较常用的一些功能。它可以是 pyplot 中的函数，也可以是画布或绘图区的方法。

matplotlib. pyplot. legend(handles, labels, loc, bbox_to_anchor, title, fontsize, ...)

实用格式有：

- legend()。
- legend(labels)。

- legend(handles, labels)。

常用参数：

- handles：已绘制的各种图形实例。可以用类似列表的方式提供。缺省值为所有已绘制的图形。
- labels：图例文字。可用类似列表的方式提供。缺省值为绘制图形时在绘制的方法或函数中所提供的 label 参数。
- loc：相对位置。它和 bbox_to_anchor 参数协同配合决定图例的最终位置。
  - √ 当不存在 bbox_to_anchor 参数时，loc 决定图例在图形边界中出现的相对位置。
  - √ 当 loc 为两个元素的元组时，表示图例的左下角的 x，y 坐标（在整个坐标长度中的占比），此时 bbox_to_anchor 参数将失效。
  - √ 通常它可以用字符串，也可以用数字来表示在区域中的相对位置。loc 参数设置图例的显示位置，可取值如下表。

表 4－4　loc 参数位置的表示

位置字符串	位置码	位置字符串	位置码	位置字符串	位置码
'best'	0	'lower right'	4	'lower center'	8
'upper right'	1	'right'	5	'upper center'	9
'upper left'	2	'center left'	6	'center'	10
'lower left'	3	'center right'	7		

- bbox_to_anchor：图例锚定辅助参数。
  - √ (x, y, width, height)：以四个元素的元组给出 bbox（相对区域），x，y 为该区域的左下角，其余两个为区域的宽和高，所有数据都是占比数。此时 loc 参数将被解释成在此区域中的相对位置。
  - √ (x, y)：以两个元素的元组给出的相对坐标，此时 loc 参数将被被解释成为图例本身的“方位点”的坐标占比。
- title：图例的标题。
- fontsize：文字大小。数值型或字符串描述
  - √ 'xx-small', 'x-small', 'small', 'medium', 'large', 'x-large', 'xx-large'

【例 4－5】　为某月家庭开支绘制饼图，如图 4－10 所示

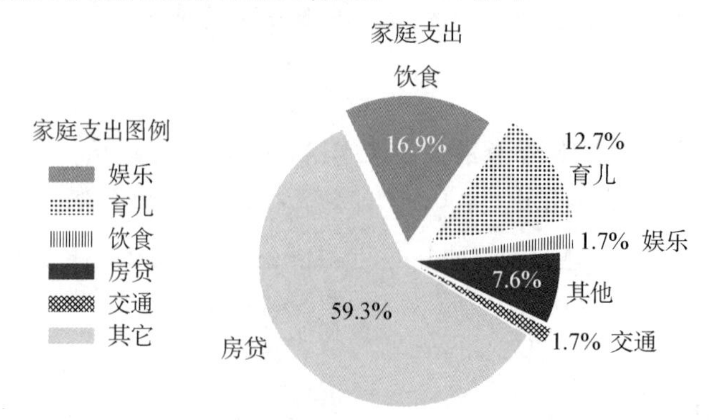

图 4－10　家庭开支比例图*

```
import numpy as np
import matplotlib.pyplot as plt
plt.rcParams['font.sans-serif']=['SimHei']#设置中文显示
#标签文字
labels=['娱乐','育儿','饮食','房贷','交通','其他']
sizes=[200,1500,2000,7000,200,900]  #各个值(最重要的数据)
#炸离开中心距离
explode=(0.05,0.2,0.05,0.0,0.05,0.0)
plt.pie(sizes,explode=explode,labels=labels,
 autopct='%.1f%%')  #饼内百分数格式
plt.title("家庭支出")
plt.legend(labels,title='家庭支出图例',
           loc='lower right',#右下角
           bbox_to_anchor=(0,0.5)  #图例的右下角坐标占比
           )
plt.show()
```

说明：本例中，数据组给出的是每月各项开销的金额，在饼图中显示的比例值，pie 函数设置 autopct 参数控制数据标签的百分数显示格式。explode 参数设置对应数据列表各项在饼图中离开圆心的距离。legend 的 loc 参数和 bbox_to_anchor 参数配合调整图例的位置。

4.3.2 柱形图

Pyplot 模块提供了 bar 函数绘制柱形图，柱形图表现的是 x 轴数据的各段区域中，y 轴数据的高度。函数使用方法如下：

```
matplotlib.pyplot.bar(x,height,width=0.8,bottom=None,yerr......**kwargs)
```

常用参数：

- x：x 轴数据。通常，有几条柱子就给几个连续的整数，给 height 在 x 轴上定位。
- height：y 轴对应柱的高度。数据个数与 x 的数据个数相同。
- width：x 轴对应柱的宽度，默认 0.8(保证柱与柱之间留有 0.2 的空隙)。
- bottom：y 轴基准值，默认为 0。
- yerr：y 轴误差线数据。

【例 4-6】 绘制柱形图,分组并按性别统计平均分

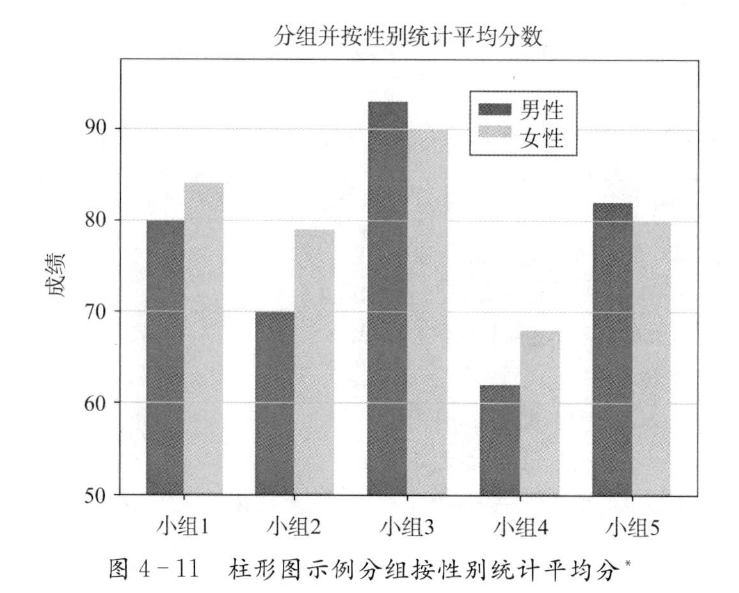

图 4-11 柱形图示例分组按性别统计平均分*

```
import matplotlib.pyplot as plt
import numpy as np
plt.rcParams['font.sans-serif']=['SimHei']
labels=['小组 1','小组 2','小组 3','小组 4','小组 5']
menMeans=[80,70,93,62,82]  #男生平均分数
womenMeans=[84,79,90,68,80]  #女生平均分数
x=np.arange(len(labels))  #x 轴刻度位置
width=0.35  #柱子宽度(等分宽度中的占比)
plt.bar(x-width/2,menMeans,width,label='男性')
plt.bar(x+width/2,womenMeans,width,label='女性')
plt.grid(axis='y')  #在 y 轴添加网格线
plt.ylabel('成绩')  #y 轴标签
plt.title('分组并按性别统计平均分数')  #标题
plt.xticks(x,labels)  #画刻度线、定义刻度线上的标签文字
plt.legend(loc=(0.61,0.8))  #图例左下角定位并显示
plt.ylim(bottom=50)  #设定 y 轴上限 top,bottom 为下限
plt.show()
```

4.3.3 直方图

直方图是一种柱形图,又名质量分布图,将数据值所在范围分成若干个区间,在图上用柱形表示每个区间上数据的个数的频数,而形成不同区间的分布图。

Pyplot模块提供了hist函数绘制直方图，函数使用方法如下：

n，bins，patches＝matplotlib. pyplot.. hist(x，bins＝10，histtype＝'bar'......)

- x：指定要绘制直方图的数据。
- bins：指定直方图柱形的个数，默认10。
- range：指定直方图数据的上下界，默认包含绘图数据的最大值和最小值。
- Histtype：画图的形状{'bar'，'barstacked'，'step'，'stepfilled'}，默认是bar。
- 返回值：n表示每一区间的数据个数的频数，bins区间分界点，patches是分区对象序列。

【例4-7】　使用不同随机函数产生一组年龄值，绘制直方图查看年龄分布

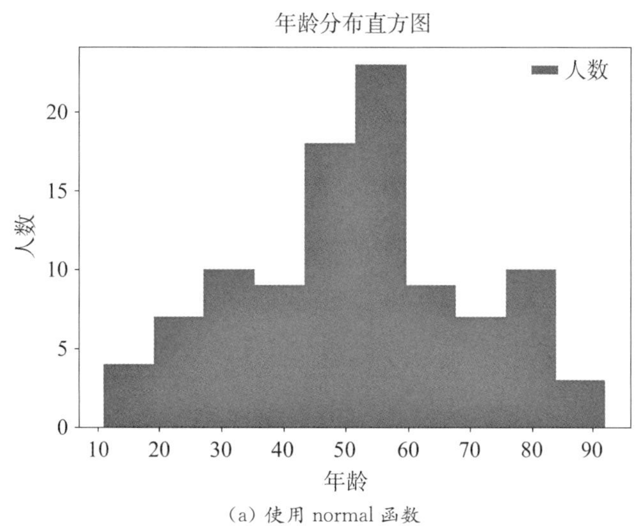

(a) 使用normal函数

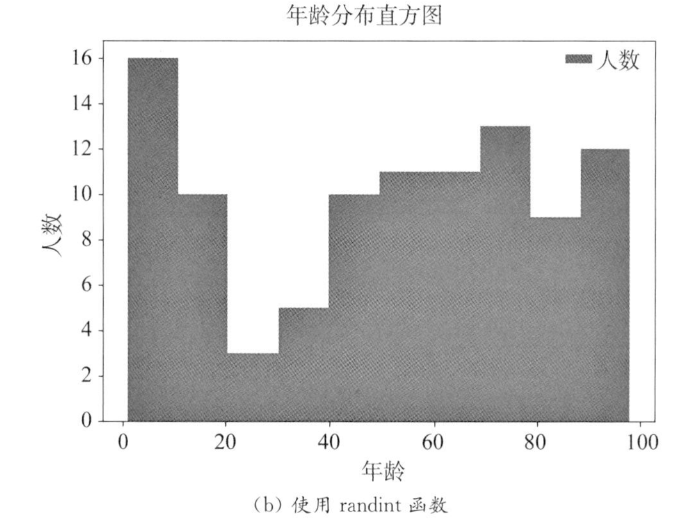

(b) 使用randint函数

图4-12　年龄分布直方图

```
import numpy as np
import matplotlib.pyplot as plt
Age=np.random.normal(50,19,100).astype(np.int)  #获得正态分布的随机整数
#Age=np.random.randint(0,100,100)                #获得随机分布的随机整数

plt.rcParams['font.sans-serif']=['SimHei']
#直方图,将所有数据分成 10 个区段
plt.hist(x=Age,bins=10,label='人数')
plt.title('年龄分布直方图')
plt.xlabel('年龄')
plt.ylabel('人数')
plt.legend()
plt.tight_layout()
plt.show()
```

使用不同的随机函数得到年龄数据,从直方图看,正态分布函数 normal 得到数据始终是中间多,两边少。多次运行 randint 函数,查看每次运行得到的直方图,数据分布没有规律。

4.3.4 散点图

散点图也称散步图,通常研究两组变量之间数据相互关系。从散点图可以简单判断两个变量是否有相关关系、相关关系的强弱、是正相关还是负相关、相关的趋势如何等等。

Pyplot 模块提供了 scatter 函数绘制散点图,函数使用方法如下:

matplotlib.pyplot.scatter(x, y, s=None, c=None, marker=None, alpha=None, linewidths=None,,edgecolors=None,......)

其中:

- x,y:散点图的数据源,类数组数据。
- c:标记的颜色。
- marker:标记的风格,
- alpha:0 透明,1 不透明。
- linewidths:标记边缘线的宽度。
- edgecolors:标记边缘线的颜色。

具体颜色的参数和 marker 的参数可上网查阅。

【例4-8】　使用散点图了解鸢尾花数据集中花萼长度和花瓣长度的相关性

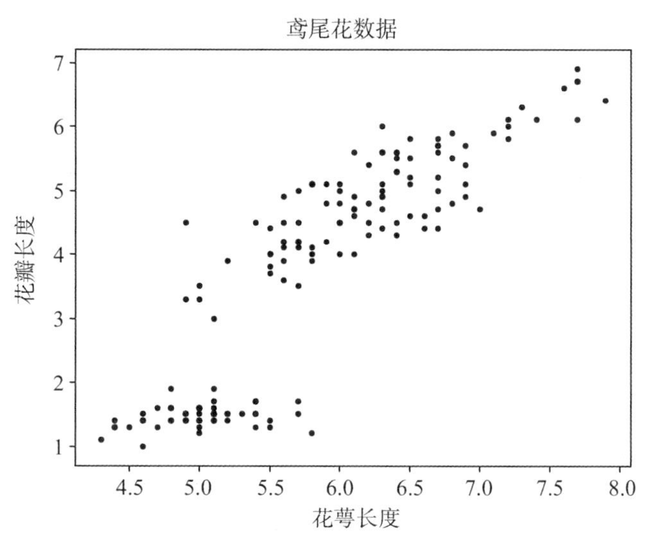

图4-13　花萼长度和花瓣长度的相关性

```
import pandas as pd
import matplotlib.pyplot as plt
df=pd.read_csv("iris.csv")
plt.rcParams['font.sans-serif']=['SimHei']
#绘制散点图
plt.scatter(df.Sepal_Length,df.Petal_Length,marker=".",label='散点图')
plt.title('鸢尾花数据')
plt.xlabel('花萼长度')
plt.ylabel('花瓣长度')
plt.show()
```

可以根据散点图中对应点的离散程度来判断两个变量是否具有相关性。如果散点图中变量的对应点分布在某条直线周围，就可以得出这两个变量具有相关关系。如果因变量随着自变量的增大而增大则是正相关；如果因变量随着自变量的增大而减少则是负相关；如果变量的对应点分布没有规律，就说这两个变量不具有相关关系。从图4-13明显可以看出花萼长度和花瓣长度具有正相关。

4.3.5　散点矩阵图

散点矩阵图可以同时观察多组数据之间的关系，pandas提供了scatter_matrix函数用于绘制散点矩阵图。函数使用方法如下：

pandas. plotting. scatter_matrix(data,diagonal......)

- data:pandas dataframe 对象。
- diagonal,必须且只能在{'hist','kde'}中选择 1 个,'hist'表示直方图(Histogram plot),'kde'表示核密度估计(Kernel Density Estimation)。默认'hist'。

【例 4-9】 使用散点矩阵图观察鸢尾花数据集中各个特征值之间的相关性

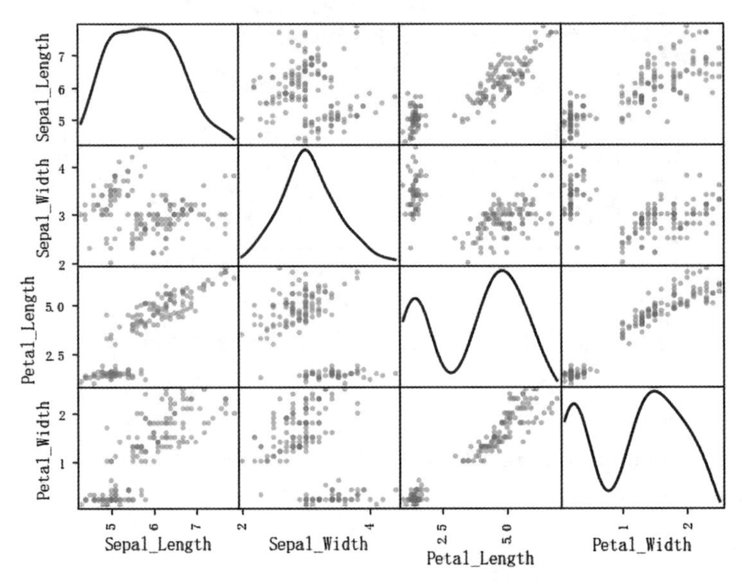

图 4-14 散点矩阵图鸢尾花数据集相关性*

```
import pandas as pd
import numpy as np
import matplotlib. pyplot as plt
plt. rcParams['font. sans-serif']=['Simsun']
plt. rcParams['axes. unicode_minus']=False

df=pd. read_csv("iris. csv")
data=df. iloc[:,:5]#去除最后一列数据 Species

pd. plotting. scatter_matrix(data,diagonal='kde',color='y')
plt. show()
```

从散点矩阵图验证了 3. 5. 4 节例 3-24 的结论:Sepal_Length 和 Petal_Length、Petal_Width 的高度相关,Petal_Length 和 Petal_Width 高度相关,Sepal_Length 和 Sepal_Width 弱负相关。Sepal_Width 和 Petal_Length 中度相关。

4.3.6 箱线图

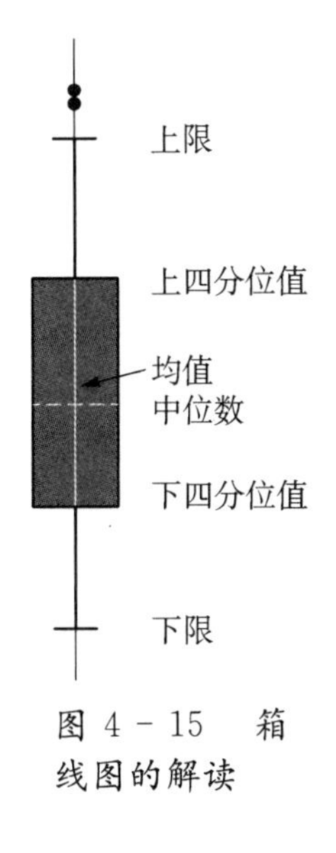

图 4-15 箱线图的解读

箱线图利用数据中的5个统计量，上限、下四分位值、中位数、上四分位值和下限来描述数据的一种方法，如图 4-14 所示。

- IQR=上四分位值-下四分位值，即箱体长度。
- 上限=上四分位值+1.5*IRQ。
- 下限=下四分位值-1.5*IRQ。

从箱线图中可以粗略地看出数据是否具有对称性分布的分散程度等信息。箱线图还提供了识别异常值的经验值，异常值被定义为大于上限或小于下限值。

Pyplot 模块提供了 boxplot 函数绘制散点图，函数使用方法如下：

matplotlib.pyplot.boxplot(x, widths=None, patch_artist=None, boxprops=None, meanline=None, showmeans=None, showcaps=None, showbox=None, showfliers=None, labels=None, flierprops=None, medianprops=None, meanprops=None, capprops=None, whiskerprops=None...)

常用参数如下：

- x：指定要绘制镶嵌图的数据。
- widths：指定箱线图的宽度，默认为0.5。
- patch_artist：布尔类型参数，是否填充箱体的颜色，默认为 False。
- boxprops：设置箱体的属性，如边框色，填充色等。
- meanline：布尔类型参数，是否用线的形式表示，均值，默认为 False。
- showmeans：布尔类型参数，是否显示均值，默认为 False。
- showcaps：布尔类型参数，是否显示镶嵌图顶端和末端的两条线，默认为 True。
- showbox：布尔类型参数，是否显示镶嵌图的箱体，默认为 True。
- showfliers：布尔类型参数，是否显示异常值，默认为 True。
- labels=None：为箱体图添加标签。
- flierprops：设置异常性异常值的属性。
- medianprops：设置中位数的属性。
- meanprops：设置均值属性。
- capprops：设置箱线图顶端和末端线条的属性。
- whiskerprops：设置上下限线条的属性。

【例 4-10】 打开 race.txt 文件，读取6位运动员近5年的马拉松竞赛成绩(时间化为秒)，绘制箱线图，对比6位运动员的比赛成绩

```
import pandas as pd
import numpy as np
import matplotlib.pyplot as plt
```

```
plt.rcParams['font.sans-serif']=['Simsun']
plt.rcParams['axes.unicode_minus']=False
#读取数据
race=pd.read_csv("racedata.txt",sep="\t",encoding="gbk")
#print(race)
#将每位运动员的5个成绩作为子列表,添加到score列表,作为箱线图数据
score=[]
for name in race.columns[1:]: #race.columns[1:]运动员名字
                score.append(race[name].astype(np.int))
plt.boxplot(x=score,                         #数据
            labels=race.columns[1:], #运动员名字,x轴标签
            showmeans=True,              #显示均值
            #设置中位数、异常点、均值的格式
            medianprops={'linestyle':'--','color':'orange'},
            flierprops={'marker':'o','markerfacecolor':'red','markersize':10},
            meanprops={'marker':'D','markerfacecolor':'indianred','markersize':5},
            #设置箱体格式
            patch_artist=True,
            boxprops={'color':'black','facecolor':'gray'},

                 )
plt.ylabel('秒')
plt.title("运动员近5年马拉松成绩对比")
plt.grid()
plt.show()
```

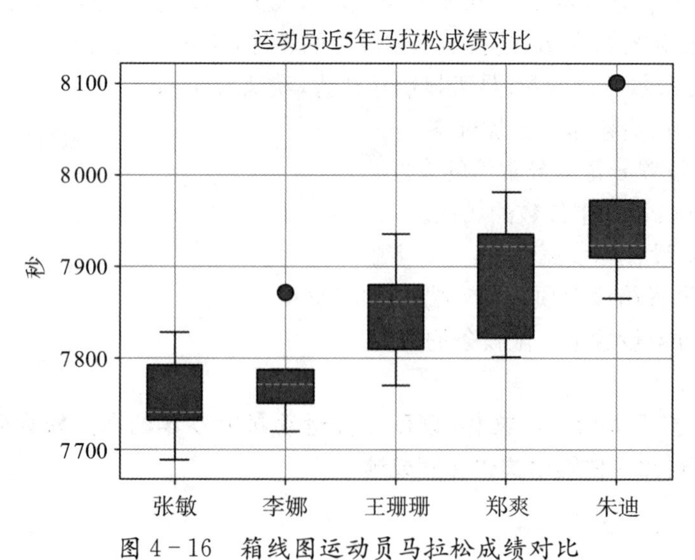

图4-16　箱线图运动员马拉松成绩对比

图中六位运动员的实力一目了然。需要关注的有：出现了两个异常点；有的运动员的箱体为什么不对称？就需要研究者进一步去寻找答案。

4.3.7　综合实例

本节将通过一个综合实例，学习图形的综合应用，本例包括散点图、折线图、直方图、饼图、柱形图。如图 4 - 17 所示。

【例 4 - 11】　随机生成男子身高、体重数据的可视化分析

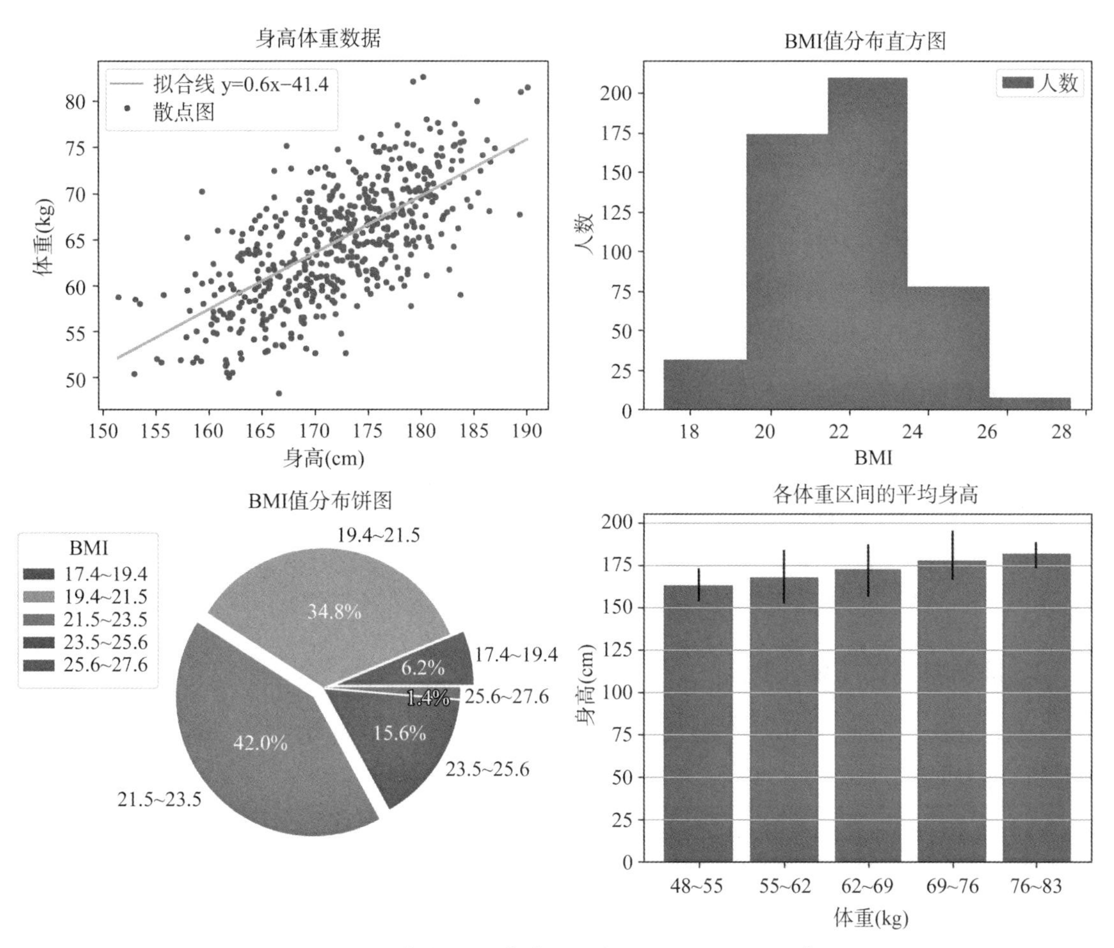

图 4 - 17　某地男子身高、体重数据的可视化分析*

1. 准备数据

采样 500 条符合男子身高和体重特征的二元正态分布的数据。np. random 模块提供的 multivariate_normal 函数可以随机生成一个多元正态分布矩阵。多元正态分布或高斯分布是将一维正态分布推广到更高维度的方法。这种分布由其均值和协方差矩阵指定。这些参数类似于一维正态分布的均值(平均值或"中心")和方差(标准偏差或"宽度"的平方)。

函数的使用方法如下:

np. random. multivariate_normal(mean, cov, size=None, check_valid='warn', tol=1e-8)

其中:

- mean:mean 是多维分布的均值。
- cov:协方差矩阵。
- size:指定生成的正态分布矩阵的维度。

采样 500 条符合男子身高和体重特征的二元正态分布的数据的代码为:

```
data=np.random.multivariate_normal([172,65],[[55,35],[35,45]],500)
heights=data[:,0]
weights=data[:,1]
```

其中:

- [172,65]是期望男子身高和体重的均值。
- [[55,35],[35,45]]是协方差矩阵。
- 500 是数据的组数。

data 是由 500 组身高和体重列表构成的数组。heights 是一维身高数据的数组,weights 是一维体重数据的数组,数量都是 500 个。

2. 设置画布框架

本例包含 4 个子图,且图表标题显示为中文,设置画布属性如下:

```
fig,((ax1,ax2),(ax3,ax4))=plt.subplots(2,2)
fig.set_size_inches(8,8)
plt.rcParams['font.sans-serif']=['SimHei']#显示中文
```

3. 绘制身高体重散点图

matplotlib. pyplot. scatter 函数与 Axes. scatter 方法具有相同功能。Axes 对象绘制身高体重散点图代码如下:

```
ax1.scatter(heights,weights,marker=".",label='散点图')
```

欲直观地从整体上观察身高和体重的关系,则需将离散点拟合成最简单的直线,此时可以利用 numpy 模块的多项式拟合、求解功能,并将结果通过 matplotlib 绘制成形。

所需步骤:

(1) 使用 numpy 随机函数生成身高和体重的数据。

(2) 根据数据调用 numpy. polyfit()函数,获取多项式各项系数(此次为 1 阶多项式——直线)。

$$体重=f(身高)$$

(3) 根据多项式系数调用 numpy. poly1d()函数构造多项式对象。

(4) 通过类似函数调用的手法调用多项式对象，获得直线上各点的数据。

(5) 根据直线上各个点的数据使用 matplotlib. pyplot. plot()函数绘制直线。

多项式的形式为：$y=a_1x^n+a_2x^{n-1}+...+a_nx+a_{n+1}$

本例 x 为身高，y 为体重，a_1，a_2，…，a_{n+1} 是多项式的系数。np. polyfit 函数是 NumPy 中提供的多项式拟合方法的函数，原理是最小二乘多项式拟合。函数的使用方法如下：

```
numpy.polyfit(x,y,deg,rcond=None,full=False,w=None,cov=False)
```

返回：通过 $y=f(x)$ 关系中大量 x 和 y 的对应数据，以数组类型返回拟合后的多项式系数。

常用参数：

- x,y：多项式 $y=f(x)$ 中大量实际 x 值和 y 值，以类似数组方式提供。
- deg：设定多项式中所希望的最高阶数。

使用 NumPy 提供的 poly1d(多项式系数)函数根据拟合多项式的系数生成拟合多项式对象。函数使用方法如下：

```
numpy.poly1d(c_or_r,r=False,variable=None)
```

根据多项式系数，封装并返回多项式对象，以便进一步根据多项式计算更多的 x 值所对应的 y 值。

返回：多项式对象。如要算出真正的多项式的值，需要将多项式对象当作函数使用，参数可以是多个 x 值的序列，可得到多个多项式的结果值。

常用参数：

- c_or_r：多项式的系数，类数组型。以幂次递减，或者如果 r 参数的值为 True，则表示为多项式的根(多项式的值为 0 时 x 的值)。例如：

poly1d([1,2,3])代表 x^2+2x+3。

poly1d([1,2,3],True)代表 $(x-1)(x-2)(x-3)=x^3-6x^2+11x-6$。

- r：布尔型，可选如果为 True，则 c_or_r 指定多项式的根。默认值为 False。

多项式对象属性。

- c：多项式的各个系数。
- r：多项式的根(多项式的值为 0 时 x 的值)。
- o：多项式的阶数(最高幂次数)。

本例求身高和体重的拟合线，因为拟合数据的是直线，这里参数中多项式最高阶数设为 1。绘制拟合线实现语句如下：

```
cof=np.polyfit(heights,weights,1)
des="拟合线 y=%.1fx%+.1f"%tuple(cof)   #图例中拟合公式文字
p1=np.poly1d(cof)   #按系数构建多项式对象
y1=p1(heights)   #根据身高算出拟合多项式的计算值,
#2. 绘制拟合线
ax1.plot(heights,y1,color="orange",label=des)
```

4. 绘制 BMI 值的直方图

本例通过直方图可以看出 BMI 数据在分段范围内的分布情况。而 BMI 值可以从一个角度衡量人们的健康情况。实现代码如下：

```
BMI=weights/((heights/100) * * 2)   #BMI 值
n,bins,patches=ax2.hist(
            x=BMI, bins=5,
            histtype="bar",label='人数')
```

5. 绘制 BMI 值的饼图

本例中，饼图的分区与直方图的分区相同，n 为每个分区的数据频数数组，bins 是分界点数组，可以从直方图的返回值获取。实现代码如下：

```
labels=["%.1f~%.1f"%(bins[i],bins[i+1])
             for i in range(len(bins)-1)]
explode=(0.1,0.,0.1,0.,0.)   #离开中心距离
ax3.pie(n,explode=explode,labels=labels,
             autopct='%.1f%%',shadow=False)
ax3.set(title='BMI 值分布饼图')
ax3.legend(title='BMI',
                loc='lower right',#右下角
                bbox_to_anchor=(0,0.5),#图例的右下角坐标占比
                )
```

6. 绘制各体重区间的平均身高

最后一幅图使用柱图表示各个体重区间的平均身高值，并绘制误差线。本例首先要按体重的数据范围划分为 5 个区间，再统计对应体重区间身高的平均值，最大值、最小值。根据统计值计算误差线数组；最后绘制柱图和误差线。

第一步：准备体重区间。

```
start=int(weights.min())
#最大的步长整数(区域长度)
step=int(np.ceil((np.ceil(weights.max())-start)/5))
#各区域分界线列表(能包含最大值和最小值)
weightbins=list(range(start,start+5 * step+1,step))
#5 段区域的图例文字
legend=['%d~%d'%(weightbins[i],weightbins[i+1])
             for i in range(len(weightbins)-1)]
```

第二步　获取数据。

```
#放入三个列表,每个列表 5 个值
avg_bins,max_bins,min_bins=[],[],[]
for i in range(1, len(weightbins)):
```

```
        lower=weightbins[i-1]
        upper=weightbins[i]
        #in_bounds 列表中存放符合本次体重区间的下标值
        in_bounds=np.where((weights>=lower)&(weights<upper))
        hMemb=heights[in_bounds]  #范围中的身高
        avg_bins.append(hMemb.mean())
        max_bins.append(hMemb.max())
        min_bins.append(hMemb.min())
    avg_bins=np.array(avg_bins)
    max_bins=np.array(max_bins)
    min_bins=np.array(min_bins)
    #误差线数组:最大值与平均值的差值,最小值与平均值的差值
    err=np.array([max_bins-avg_bins,avg_bins-min_bins])
```

第三步 绘制图形。

```
    xTicks=np.arange(avg_bins.size)  #x 轴上数值以及刻度
    ax4.bar(xTicks,avg_bins,yerr=err,color='green')
    #设置 x 轴刻度线、标签,旋转 30 度,水平对其方式为右对齐
    ax4.set_xticks(xTicks)
    ax4.set_xticklabels(legend,rotation=30,ha='right')
    ax4.set(title='各体重区间的平均身高',
            ylabel='身高(cm)',xlabel='体重(kg)')
    ax4.grid(axis='y')  #在 y 轴添加网格线
```

7. 绘制身高、体重、BMI 值的散点矩阵图

本例首先要创建一个 DataFrame 对象,包括前面身高、体重、BMI 三列数据,然后调用 scatter_matrix 函数绘制散点矩阵图,观察三者之间的相关性。

```
matrixDatas=pd.DataFrame(data,columns=['height','weight'])
matrixDatas['BMI']=BMI
#pd.plotting.scatter_matrix(matrixDatas)
pd.plotting.scatter_matrix(matrixDatas,diagonal='kde',color='y')
plt.show()
```

8. 完整代码

本节实例完整实现代码:

```
import numpy as np
import matplotlib.pyplot as plt
import pandas as pd
#500 条符合男子身高和体重特征的二元正态分布的数据
```

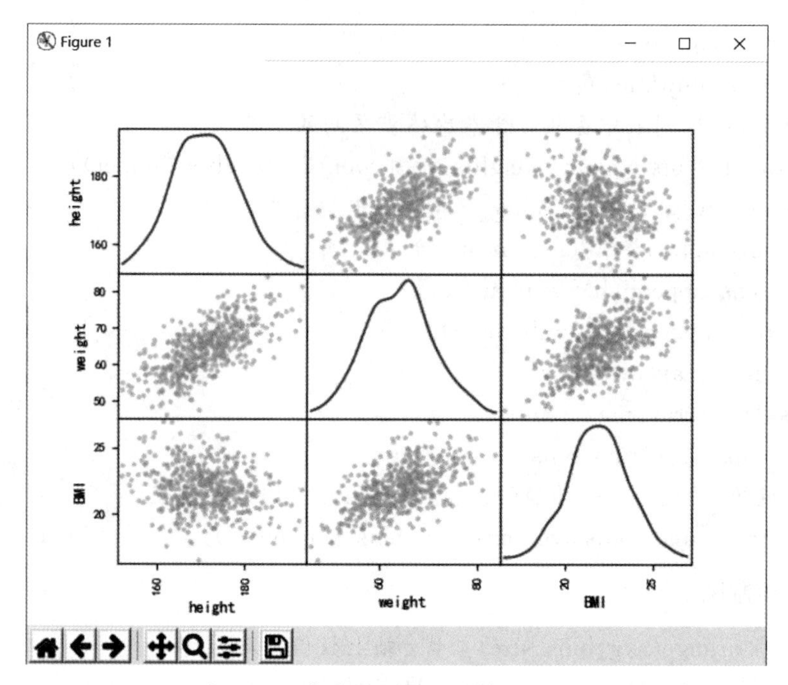

图 4-18　某地男子身高、体重、BMI数据的散点矩阵图*

```
data=np.random.multivariate_normal([172,65],[[55,35],[35,45]],500)
heights=data[:,0]  #获得身高
weights=data[:,1]  #获得体重
fig,((ax1,ax2),(ax3,ax4))=plt.subplots(2,2)  #生成2行2列4个子图
fig.set_size_inches(10,8)  #设置画布尺寸
plt.rcParams['font.sans-serif']=['Simsun']  #修改缺省字体,用来正常显示中文标签
plt.rcParams['axes.unicode_minus']=False  #用来正常显示负号

#第一张子图:散点图、拟合线条
#1. 绘制散点图
ax1.scatter(heights,weights,marker=".",label='散点图')
#拟合线计算
#根据多个身高x和体重y,拟合出多项式的各项系数
cof=np.polyfit(heights,weights,1)  #最高阶为1,直线
des="拟合线 y=%.1fx%+.1f"%tuple(cof)  #图例中拟合公式文字
p1=np.poly1d(cof)  #按系数构建多项式对象
y1=p1(heights)  #根据身高算出拟合多项式的计算值,
#2. 绘制拟合线
ax1.plot(heights,y1,color="orange",label=des)
ax1.set(title='身高体重数据',xlabel='身高(cm)',ylabel='体重(kg)')
ax1.legend()  #使用绘图区中各自的label
```

```
#第二张子图:BMI 直方图
#直方图,将所有数据分成5个区段
BMI=weights/((heights/100) * *2)   #BMI 值
n,bins,patches=ax2.hist(
            x=BMI,bins=5,
            histtype="bar",label='人数')
ax2.set(title='BMI 值分布直方图',xlabel='BMI',ylabel='人数')
ax2.legend()

#第三张子图:BMI 饼图
#根据直方图生成的 n、bins 绘制饼图
#制作标签文字(BMI 值的区段)
labels=["%.1f~%.1f"%(bins[i],bins[i+1])
             for i in range(len(bins)-1)]
explode=(0.1,0.,0.1,0.,0.)  #离开中心距离
ax3.pie(n,explode=explode,labels=labels,
            autopct='%.1f%%',shadow=False)
ax3.set(title='BMI 值分布饼图')
ax3.legend(title='BMI',
              loc='lower right',#右下角
              bbox_to_anchor=(0,0.5),#图例的右下角坐标占比
              )
#第四张子图:各体重区间的平均身高柱状图
#体重分区间
#包围最小值的整数(最小整数)
start=int(weights.min())
#最大的步长整数(区域长度)
step=int(np.ceil((np.ceil(weights.max())-start)/5))
#各区域分界线列表(能包含最大值和最小值)
weightbins=list(range(start,start+5 * step+1,step))
#5段区域的图例文字
legend=['%d~%d'%(weightbins[i],weightbins[i+1])
              for i in range(len(weightbins)-1)]
#计算5个区域中的身高平均值、最大值和最小值
#放入三个列表,每个列表5个值
avg_bins,max_bins,min_bins=[],[],[]
for i in range(1,len(weightbins)):
      lower=weightbins[i-1]
      upper=weightbins[i]
      #in_bounds 列表中存放符合本次体重区间的下标值
```

```
        in_bounds=np.where((weights>=lower)&(weights<upper))
        hMemb=heights[in_bounds]  #范围中的身高
        avg_bins.append(hMemb.mean())
        max_bins.append(hMemb.max())
        min_bins.append(hMemb.min())
avg_bins=np.array(avg_bins)
max_bins=np.array(max_bins)
min_bins=np.array(min_bins)
#误差线数组:最大值与平均值的差值,最小值与平均值的差值
err=np.array([max_bins-avg_bins,avg_bins-min_bins])
xTicks=np.arange(avg_bins.size)  #x轴上数值以及刻度
ax4.bar(xTicks,avg_bins,yerr=err,color='green')
#设置x轴刻度线、标签,旋转30度,水平对其方式为右对齐
ax4.set_xticks(xTicks)
ax4.set_xticklabels(legend,rotation=30,ha='right')
ax4.set(title='各体重区间的平均身高',
        ylabel='身高(cm)',xlabel='体重(kg)')
ax4.grid(axis='y')  #在y轴添加网格线
#绘制身高、体重、BMI值的散点矩阵图
matrixDatas=pd.DataFrame(data,columns=['height','weight'])
matrixDatas['BMI']=BMI
#pd.plotting.scatter_matrix(matrixDatas)
pd.plotting.scatter_matrix(matrixDatas,diagonal='kde',color='y')

plt.tight_layout()  #按紧凑格式显示子图,防止文字之间的重叠
plt.show()
```

4.4　习题

1. "Apple"、"Samsung"、"Huawei"、"Mi"、"OPPO"五个公司在 2019 年四个季度的手机出货量(单位:百万),如下表所示,其中数据为随机产生的实验数据。按下面要求绘制图表,要求合理设置适当的图表格式,例如标题、坐标轴标签、图例、网格线等等。

季度 公司	第一季度	第二季度	第三季度	第四季度
Apple	51.9	57.9	48.7	50.4
Samsung	69.7	64.6	41.7	51.7
Huawei	31.7	58.6	59.2	47.9
Mi	41.7	38.6	58.0	58.9
OPPO	69.8	31.1	58.7	30.4

(1) 绘制 Huawei 公司各季度手机出货量饼图。

(2) 绘制各公司第一季度手机出货量柱形图。

(3) 任选 2 个公司,绘制 4 个季度手机出货量对比折线图。

(4) 绘制各公司全年手机出货量折线图。

2. 读取 studentInfo. xlsx 文件,完成第 3 章习题第 3 题第 1～3 步后,按下面要求绘制图表,要求合理设置适当的图表格式,例如标题、坐标轴标签、图例、网格线等等。

(1) 绘制散点图显示学生身高和体重之间的关系。

(2) 绘制散点图矩阵显示学生身高、体重、成绩、课程兴趣之间的关系。

(3) 绘制年龄分布直方图。

(4) 绘制不同省份生活费均值前五的柱形图。

(5) 绘制不同省份同学成绩对比箱线图。

PART **05**

第5章 机器学习基础

<本章摘要>

人工智能的涵盖范围很广，所包含的技术众多，而其中最为核心的部分就是机器学习。在人工智能发展的过程中，机器学习一直扮演主要角色。就当下这一波人工智能热潮而言，推动它的主要力量便是机器学习中最受关注之一的深度神经网络，即深度学习。作为一门学科，机器学习是专门研究计算机如何模拟或者实现人类的学习行为，以获取新的知识和技能，从而重新组织已有的知识结构使之不断改善自身的性能。简单来说，机器学习就是算法，但是与一般计算机算法不同的是，机器学习算法具备从经验中不断学到用以提升自身的能力。

本章将介绍机器学习的基本概念、基础知识以及几个典型机器学习算法，包括K近邻算法、线性回归、逻辑回归、支持向量机、K均值算法、DBSCAN算法等等，通过大量实例剖析来提升将算法应用于实际问题的能力，为大家后面深入学习机器学习、深度学习、计算机视觉、自然语言处理以及其他人工智能方法打好基础。

<学习目标>

当完成本章的学习后，要求：

1. 掌握机器学习的基础知识，包括：分类、回归和聚类问题，有监督和无监督学习，模型的各种评价指标以及数据的预处理等等
2. 理解线性回归的原理以及求解方法、理解非线性映射和正则化技术
3. 掌握逻辑回归算法的原理，并能应用到实际问题
4. 理解支持向量机中的间隔最大化、凸优化、铰链损失、拉格朗日对偶以及VC维等技术和理论；能用支持向量机解决实际问题
5. 理解K均值算法和DBSCAN算法的原理，学会使用其他聚类算法

5.1 机器学习基础知识

机器学习(machine learning)在当下已经成为非常热门的话题。从它的名字和固有的黑盒子模式,让人觉得充满一种神秘感。在本节开始,让我们一起来学习机器学习中的基本概念、基础知识以及常见算法模型,来慢慢揭开它神秘的面纱。

5.1.1 要解决的问题

首先,来看一个简单的例子。由于疫情,超市、图书馆、观光景点等公共场所需要识别顾客或游客是否佩戴口罩。如图 5-1 所示,左边是没有戴口罩的,右边是戴口罩的。这是机器学习中所要解决的一个非常典型的二分类问题。它需要将戴口罩的和不戴口罩的区分开来。在其他场景中,要区分的类别可能远远不止两类。比如,邮政编码的识别,需要识别 0～9 的阿拉伯数字,因此它是一个十分类的问题;再比如,要对海洋中的几百种鱼进行识别,那么它就是一个几百类别的问题。这些问题在机器学习中,统称为分类问题(classification problem)。

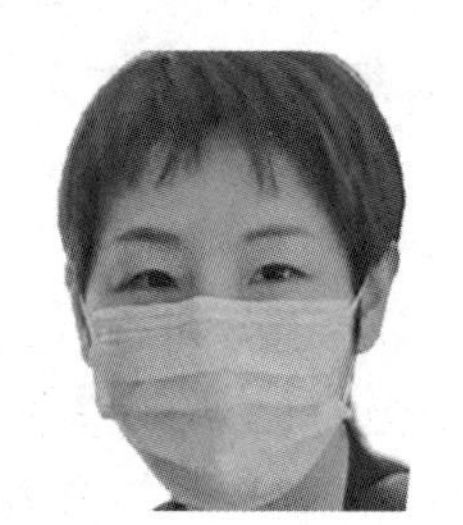
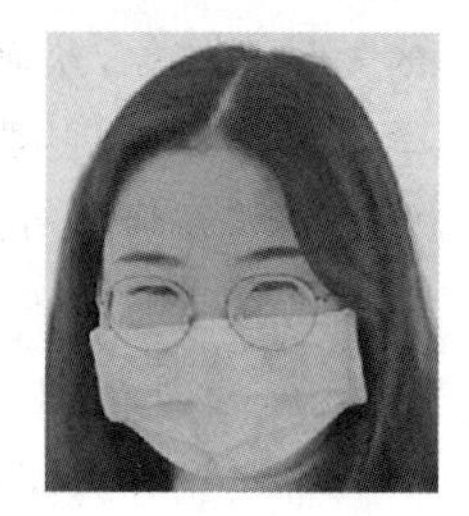

图 5-1　戴口罩和不戴口罩的识别

机器学习要解决的另一类问题是回归问题(regression problem)。比如,预测房价的走势,预测商店的销售额以及天气预报等等。不难看出,这类问题的共同特点是预测的结果不是类别的标签,而是具体的数值。如果说分类问题要解决的是"是什么"的问题,那么回归问题就是要解决"是多少"的问题。除了分类和回归两大主要问题,机器学习里面还有关于"谁在前"的排序问题,关于"怎么分"的聚类问题,关于"怎么压"的数据降维问题,以及关于"怎么做"的强化学习问题等等。

虽然机器学习只是要解决以上几类问题,那为什么机器学习在人工智能中会有如此重要的位置呢?其实,在非常广泛的人工智能应用领域中,都需要用机器学习的技术。比如:在智能医疗诊断中,要判断患者的肿瘤是良性还是恶性,这就是一个二分类的问题;在语音识别系统中,最基本的任务就是对于 20 种基础声音结构的识别;在金融分析系统中,预测某一金融产品的价格走势,实际上就是一个回归预测问题;在自动驾驶系统中,更是需要用到多种机器学习技术,包括道路标识符的目标检测技术、车道线的实例分割技术、周围车辆的目标跟踪技术等等,这些也都是机器学习以及深度学习中高阶段的技术。可以说机器学习技术在绝大部分人工智能应用领域都有涉及(如图 5-2 所示)。

图 5-2 机器学习的应用领域

5.1.2 一般工作流程

本节介绍一个机器学习应用系统是如何工作的。虽然机器学习算法众多,应用领域如此广泛,但绝大部分的算法应用系统都可以用图 5-3 的流程来进行描述。

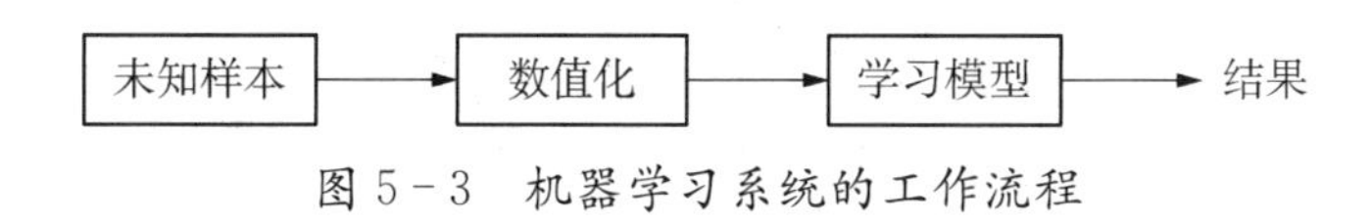

图 5-3 机器学习系统的工作流程

首先,需要准备好数据。在机器学习中,这个数据通常称之为样本。样本可以来自公开数据集,也可以通过爬虫程序获取得到,当然更多实际应用场景中,需要自己去收集和需求相关的样本。样本的类型可以是结构化数据,比如一张关系数据表,也可以是非结构化数据,比如文本、图形、图像、音频、视频、电波信号、基因序列、甚至气味等等。在各种各样的样本送入机器学习模型之前,需要对样本进行数值化,也就是将样本处理成为计算机以及学习算法能够操作的形式。为了高效地进行计算,一般数值化之后的数据都以向量或矩阵的形式存在,因此,这个数值化的过程,通常又称之为向量化。举个例子,假设有一张 20×20 灰度图像(如图 5-4 左边所示),它的每个像素点的取值范围是 0~255,那么这张图像的像素值可以被一行行地提取出来,然后再拉平成为图中右边所示的一个维度为 400 的向量 $\boldsymbol{x}$。注意,这里的 T 表示转置,因此向量 $\boldsymbol{x}$ 是一个 400×1 的竖向量。当然,这个图像也不一定要数值化为一个向量,比如,在后面章节学到卷积神经网络的时候,通常会把这张图像数值化为一个 20×20 的矩阵。在实际工程中,这个向量或矩阵还需要进行归一化或标准化等处理。除了图像,其他类型的样本也都有各自的数值化方法来进行从抽象到具体的转换。

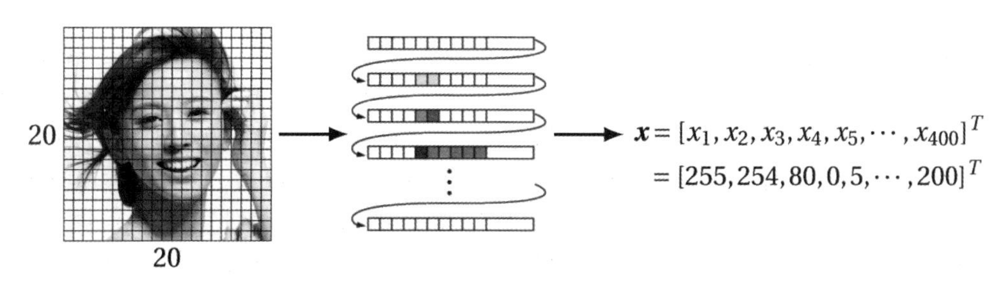

图 5-4 图像的数值化

数值化之后的数据送入学习模型，模型便可以计算并输出“是什么”或者“是多少”等等的结果。那么问题来了，这个学习模型是从哪里来的呢？其实，学习模型是各种各样的机器学习算法通过样本的训练所得到的。本书之后的内容，大部分篇幅将介绍如何通过使用不同的机器学习算法来得到模型。机器学习发展到现在，科学家们已经并且还一直在提出各种各样的学习算法，常见的算法有：线性回归、逻辑回归、决策树、随机森林、主成分分析、奇异值分解、支持向量机、朴素贝叶斯、K 近邻算法、K 均值算法、密度聚类、神经网络、隐马尔可夫模型、条件随机场等等(更多算法见图 5－5)。这些学习算法各有优劣，有自己特定的应用场景。有些算法用于解决分类问题，有些用于进行回归分析，有些既可以进行分类又可以进行回归，还有些用于排序、聚类、降维以及强化学习等等。同样的算法在不同的应用场景中它的效果也不尽相同。因此，根据具体情况如何选择合适的算法，是机器学习工程师所必须具备的基本素养。

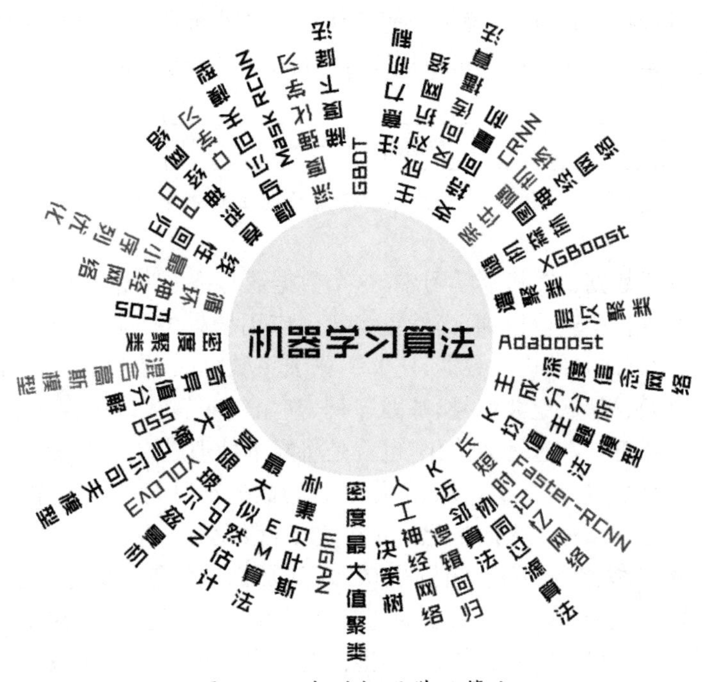

图 5－5　各种机器学习算法

5.1.3　有监督学习与无监督学习

机器学习算法根据对样本的使用情况主要可分为有监督学习(supervised learning)与无监督学习(unsupervised learning)。来看一个简单的二分类问题的例子，表 5－1 中是某相亲节目中关于男嘉宾的一些基本情况。第一列是代号，没有实际意义，因此不使用它；从第二列至第五列是男嘉宾的基本资料(简单起见，这里只列出四个信息)；最后一列是女嘉宾做出的最后决定。注意，前面五行(除标题栏)是根据以往节目收集的数据，因此包含了是否灭灯的信息，最后一行是本次节目某男嘉宾的基本资料，因此对于是否灭灯的情况是未知的。那么，现在的问题就是要根据以往收集到的样本，来预测第 6 号男嘉宾是否会被灭灯。

表5-1　男嘉宾的基本情况

代号	年龄	年收入(万元)	长相	IT男	灭灯情况
1	28	2	帅	否	灭
2	27	25	中	否	亮
3	29	15	丑	否	灭
4	37	80	丑	否	亮
5	25	35	帅	是	灭
6	29	40	中	否	?

表5-1中，标题栏的年龄、年收入、长相以及IT男这四个字段，在机器学习中称之为特征。那么，这些特征所对应的值，就称之为特征值。比如：第1号男嘉宾的特征值为“年龄=28，年收入=2，长相=帅，IT男=否”。用数学的语言来进行描述，男嘉宾的特征值可以写成：$\boldsymbol{x}_1=[28,2,2,0]^T$。注意，上一节我们讲过，样本需要数值化，假设“长相”中的“丑、中、帅”分别用0，1，2表示，“IT男”中的“是、否”分别用1和0表示，因此$\boldsymbol{x}_1$中的后两个分量是2和0。表5-1的最后一列，称之为标签。本例子是一个二分类问题，标签的值为“灭”或“亮”，通常用0和1(或者用-1和1)表示。比如，第1号男嘉宾的标签值可以写成：$y_1=0$。到此，表5-1中的样本，我们可以写成数学的形式：

$$\{(\boldsymbol{x}_i,y_i)\mid\boldsymbol{x}_i\in\boldsymbol{R}^m,y_i\in\{0,1\}\}_{i=1}^n,\qquad(式5-1)$$

这里，m表示特征维度。$m=4$，因为本例子中的特征是由四个字段组成的，所以$\boldsymbol{x}_i$是一个四维空间的向量，换句话说，样本的特征空间是四维的。n表示样本的数量。$n=5$，因为已收集到的带标签的样本一共有5个。

要预测第6号男嘉宾是否会被灭灯，需要针对前面5个包含特征值$\boldsymbol{x}$和标签值$\boldsymbol{y}$的样本进行建模，即选择一种机器学习算法来训练模型，然后去预测第6号男嘉宾的标签值。这种既用到了特征值$\boldsymbol{x}$，又用到了标签值$\boldsymbol{y}$的机器学习算法，统称为有监督学习。

在实际应用中，收集到的样本很多时候是没有标签信息的。一种办法是进行人工标注。但这需要花费大量的人力物力，而且有些特殊的领域要进行人工标注是非常困难的。比如：医疗诊断中的医学影像图，如果不是专业人士，是无法对它进行标注的。如何利用没有标签值$\boldsymbol{y}$的样本进行建模，就要用到机器学习中的另一大类算法，叫无监督学习。把上面这个例子稍微修改一下，假设在第一期相亲节目中，一共来了6位男嘉宾，他们的基本情况如表5-2所示。对比表5-1，可以发现这里没有“灭灯情况”这一列标签信息。现在，需要将这些男嘉宾分成两组，潜在对应是否会被灭灯的两种情况。这就是一个无监督学习要解决的问题。

这时，表5-2中的样本，可以写成数学的形式：

$$\{\boldsymbol{x}_i,\boldsymbol{x}_i\in\boldsymbol{R}^m\}_{i=1}^n\qquad(式5-2)$$

这里，$m=4$、$n=6$。

上节中提到的K均值算法和密度聚类就属于无监督学习。在学术界，无监督学习一直是非常重要的研究方向，如何设计出更好的无监督算法，这个意义是毋庸置疑的。不过，在工业

表 5-2　第一期男嘉宾的基本情况

代号	年龄	年收入(万元)	长相	IT 男
1	28	2	帅	否
2	27	25	中	否
3	29	15	丑	否
4	37	80	丑	否
5	25	35	帅	是
6	29	40	中	否

界无监督学习相对用得比较少。因为,带标签信息的有监督学习算法往往可以获得更好的性能,尽管需要付出更多成本。

除了有监督学习和无监督学习,还有一种叫半监督学习。顾名思义,半监督学习就是在样本一部分有标签一部分没有标签的情况下所设计的学习算法。另外,随着深度学习的兴起,强化学习也取得长足进步。由于其学习模式不同于监督学习和无监督学习,被认为是机器学习中的另一大分支。

5.1.4　训练集、测试集和验证集

机器学习就是从已知的样本中学习有用的信息,从而去预测未知。那么,这些样本是如何被用来进行模型训练的呢?上文表 5-1 的例子中,把前 5 个男嘉宾作为已知样本,然后选择某种机器学习算法,训练出来一个模型,最后用模型去预测第 6 个男嘉宾是否会被灭灯。这里,前 5 个样本就是机器学习里面常说的训练集(training set)。

实际问题中的样本集往往是规模很大的,少则几百几千个样本,多则上万上百万个样本。以有监督学习为例,假设有 1000 个包含标签信息的样本,如果这 1000 个样本都被用来训练模型,那么这个模型的效果要如何衡量呢?显然,不能把全部 1000 个样本都拿来训练,需要留一部分用作测试。这部分样本就叫测试集(test set)。那么,问题是该如何划分这 1000 个样本分别进行训练和测试呢?这没有标准答案,一般需要根据实际情况、选择的算法以及经验来定。不过,机器学习中最常见的做法是随机地把样本按一定比例划分为训练集和测试集,比如 7∶3。很多实际应用中,样本是非常宝贵的。为了能从有限的样本中发掘更多信息,往往希望更多样本参与训练,因此训练集的规模一般要大于测试集的规模。

对于大部分机器学习算法来说,模型的效果在训练过程中是不断变化的,而且不一定是训练越久越好,因此需要在训练的时候用一定数量的样本去测试模型,从而选出效果更好的模型。这些在训练过程中用来测试模型的样本,称之为验证集(validation set)。因此,有时候会把一个样本集按一定比例随机地划分为训练集,测试集和验证集,比如 6∶1∶3。

在样本数量不是很充足的时候,按照上面这些方式,在测试集上得到的性能指标(比如分类问题的正确率)有时候会波动很大。比如对两次随机划分得到的训练集和测试集进行实验得到的指标,可能存在很大的差异。一种工程上实用的做法是将测试集当作验证集使用,这样可以节省样本。不过在统计学中,有一种更加稳定可靠的做法,叫交叉验证(cross validation)。它是机器学习中构建和验证模型的最常用方法之一。

简单交叉验证:上面提到要把样本集随机划分为训练集和测试集,如果多次重复这个操作,就可以得到多组训练集和测试集。这样,可以在每组训练集上训练模型,并在测试集上得到一个结果。最后将所有结果综合起来(比如计算平均值),对模型进行评估。可以看到,某次训练集中的某些样本在下次可能成为测试集中的样本,这就是所谓的"交叉"。

k 折交叉验证:这是最常用的交叉验证方式。首先将样本集 $\boldsymbol{S}$ 随机划分为 k 个大小相同的互斥子集,即:

$$\boldsymbol{S}=\{S_i\}_{i=1}^{k}, S_i \cap S_j=\varnothing(i \neq j) \qquad \text{(式 5-3)}$$

然后,选择 $k-1$ 份作为训练集,剩下一份作为测试集。这一轮结束之后,再选择另外 $k-1$ 份作为训练集,剩下的一份测试集显然是和上一轮不同的。这样一共操作 k 次,最后可以得到一个平均结果。这个结果往往会比前面介绍的方法更稳定可靠,当然前提是需要选择一个比较合适的 k 值。图 5-6 中演示了一种 7 折交叉验证的做法。

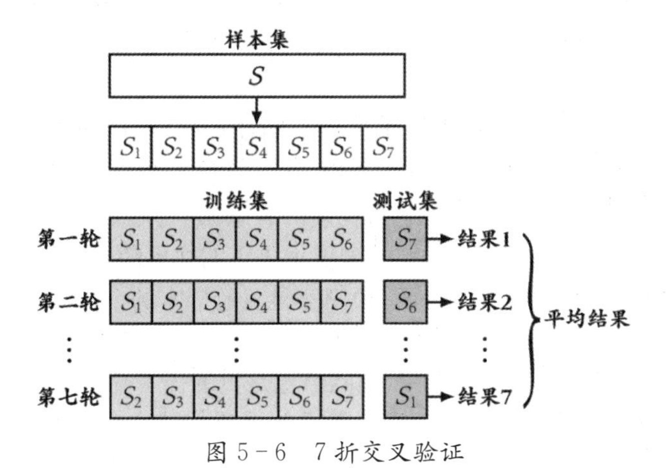

图 5-6　7 折交叉验证

思考与练习:

(1) 为什么在样本划分的时候要打乱样本,或者说为什么要随机划分样本?

(2) 在样本量非常小的情况下,比如不到 50 时,应该如何设计交叉验证?

5.1.5　模型评估

上文说到训练好的模型需要在测试集上进行评估。注意,测试集是包含标签信息的,这个信息在机器学习中通常称之为真实值(ground truth)。但是,送入模型的测试样本(如图 5-3)只需要特征值部分,然后模型会给出结果,这个结果称之为预测值(predicted value)。对模型进行评估,就是要衡量真实值和预测值之间的差异或者接近程度。一般认为,这个差异越小或越接近,就说明训练得到的模型就越好。

根据要解决的问题的不同,模型的评估方法是有差异的。在统计学中,评价指标可以说是五花八门,但大部分指标只能反映模型的一部分性能。选择合适的评价指标,可以发现模型存在的问题,从而避免得出错误的结论。因此,评价指标的运用也是一项机器学习工程师所必须具备的基本素养。以下,围绕分类和回归问题来介绍几种常见的评估方法以及评价指标。

1. 分类问题

对于一般的分类问题,假设 n_t 表示测试集的样本总数,n_c 表示预测值和真实值一致的样本的个数。那么,就有一个非常简单直观的评价指标,叫正确率(accuracy),即:

$$A=\frac{n_c}{n_t} \tag{式 5-4}$$

这里用 A 表示正确率。正确率反映的是分类正确的样本个数占总样本数的比例,不过这个指标在样本类别不平衡的时候会存在明显的缺陷。以二分类问题为例,如式 5-1 中,假设 $y_i=1$ 的样本称为正样本(positive samples),$y_i=0$ 的样本称为负样本(negative samples)。那么,当负样本占 99%,正样本只有 1%的时候,如果模型把所有样本都预测为负样本(也就是一个正样本都没预测出来),也可以获得 99%的正确率。这显然是有问题的。可以看到,类别不平衡的时候,大的类别会对正确率指标产生更大的影响;类别极不平衡的话,正确率就很难准确评估模型的性能。为避免这个问题,一个比较直接的做法是用平均正确率来进行评估。平均正确率是指每个类别中的样本的正确率的算术平均值。可以发现,上面这个问题的平均正确率只有 50%。

其实,统计学中有很多评价指标可以来评估上面这种情况,比如精确率(precision)、召回率(recall)和 F-score 等等。还是以二分类为例,在一次模型测试中,可以得到四个基础的底层指标 TP、FN、FP 和 TN。这些指标各自代表的意思如下。

TP(true positive):指真实值是正的,预测值也是正的样本的个数。

FN(false negative):指真实值是正的,预测值是负的样本的个数。

FP(false positive):指真实值是负的,预测值是正的样本的个数。

TN(true negative):指真实值是负的,预测值也是负的样本的个数。

这四个指标组成的表格就是机器学习中常说的混淆矩阵(confusion matrix),如图 5-7 所示。从它们的定义可知,TP 与 TN 之和是正确分类的样本个数,而 FN 与 FP 之和是错误分类的样本个数。因此,式 5-4 的正确率也可以表示为:

		真实值	
		正	负
预测值	正	TP	FP
	负	FN	TN

图 5-7 混淆矩阵

$$A=\frac{TP+TN}{TP+FN+FP+TN} \tag{式 5-5}$$

来看精确率的定义。从中文的字面意思看,它和正确率似乎没什么区别。但是,精确率和正确率是两个完全不同的概念。精确率是指全部预测为正的样本中实际为正样本的概率,可以表示为:

$$P=\frac{TP}{TP+FP} \quad \text{（式 5-6）}$$

精确率表示对正样本结果中的预测准确程度，而准确率则表示整体的预测准确程度。

召回率是指实际为正的样本中被模型预测为正样本的概率，它可以表示为：

$$R=\frac{TP}{TP+FN} \quad \text{（式 5-7）}$$

精确率是针对预测结果而言的，而召回率是针对原样本而言的。

举个例子，假设有 100 首歌曲，其中有 50 首是你喜欢的。现在有两个训练好的模型，第一个模型找到了 80 首歌曲，其中 48 首是你喜欢的。这时，可以计算得到精确率为 60%，召回率为 96%。第二个模型找到了 30 首歌曲，其中 27 首是你喜欢的。这时，可以计算得到精确率为 90%，而召回率只有 54%。当然，最希望的是模型能够找到 50 首歌曲刚好都是喜欢的，那样精确率和召回率都是 100%，但是实际工程中经常会遇到精确率高召回率低或者精确率低召回率高的情况。因此，只用精确率或召回率来衡量模型，都是片面的。F-score 就是一个在精确率与召回率之间寻求权衡的指标，它的表达式为：

$$\text{F-}score=\frac{(a^2+1)*P*R}{(a^2*P)+R} \quad \text{（式 5-8）}$$

这里，$\boldsymbol{a}$ 是可调节的系数。在有些情况下，如果希望模型更加注重精确率，可设置 $\boldsymbol{a}<\mathbf{1}$；相反，如果希望模型更加注重召回率，则可设置 $\boldsymbol{a}>\mathbf{1}$。当 $\boldsymbol{a}=\mathbf{1}$，就是最常用的 $F1$ 指标，它可以写成：

$$F1=\frac{2*P*R}{P+R} \quad \text{（式 5-9）}$$

【例 5-1】　计算各种分类问题的评价指标

```
from sklearn import metrics
import numpy as np

#假设真实标签值和预测值如下
y_true=np.array([[0,1,1],[0,1,0]]).reshape(-1)
y_pred=np.array([[1,1,1],[0,0,1]]).reshape(-1)

#计算混淆矩阵
Confusion_Matrix=metrics.confusion_matrix(y_true,y_pred)

#计算正确率、精确率、召回率和 F1
A=metrics.accuracy_score(y_true,y_pred)
P=metrics.precision_score(y_true,y_pred)
R=metrics.recall_score(y_true,y_pred)
F1=metrics.f1_score(y_true,y_pred)
```

```
#打印
print(f'The confusion matrix is \n {Confusion_Matrix}.')
print(f'The accuracy is {100 * A:.2f}%.')
print(f'The precision is {100 * P:.2f}%.')
print(f'The recall is {100 * R:.2f}%.')
print(f'The F1 is {100 * F1:.2f}%.')
```

2. 回归问题

最常见的回归评价指标有均方误差(mean square error, MSE)、均方根误差(root mean square error, RMSE)、平均绝对误差(mean absolute error, MAE)和平均绝对百分比误差(mean absolute percent error, MAPE)等等。

分类问题是要解决"是什么"的问题,它的标签是用离散值来表示的。而回归问题要解决"是多少"的问题,它的标签是连续值,这时的测试样本集可以写成:

$$\{(x_i, y_i) \mid x_i \in R^m, y_i \in R\}_{i=1}^{n_t} \quad (式 5-10)$$

和式 5-1 不同的是上式中的 $\boldsymbol{y}_i$ 代表连续型的真实值。

假设用$\{\hat{\boldsymbol{y}}_i, \hat{\boldsymbol{y}}_i \in \boldsymbol{R}\}_{i=1}^{n_t}$ 代表回归模型的预测值,那么均方误差的定义如下:

$$MSE = \frac{1}{n_t} \sum_{i=1}^{n_t} (y_i - \hat{y}_i)^2 \quad (式 5-11)$$

从式 5-11 可见,均方误差是真实值和预测值之差的平方的期望值。它可以评价数据的变化程度,均方误差越小,说明回归模型的预测结果具有更好的精确度。均方误差在很多机器学习算法中被用来构建损失函数,不过作为评价指标它存在量纲不一致的问题。假设现在要预测房价走势,房价的单位是万元,那么均方误差表示的则是平方万元,而实际希望估计的房价偏差的单位是万元,这就产生了量纲不一致的问题。因此,在评估真实值和预测值的偏差时,用的更多的是均方根误差。它的定义如下:

$$RMSE = \sqrt{\frac{1}{n_t} \sum_{i=1}^{n_t} (y_i - \hat{y}_i)^2} \quad (式 5-12)$$

它是均方误差的算术平方根。从定义可见,加了根号之后可以保持原来的量纲。

均方误差和均方根误差由于平方放大的关系,对于特大的误差反映非常敏感。在有些工程问题中,这种敏感反映是有帮助的,不过在另外一些场合可能会希望不要因为个别异常点而导致指标居高不下。一种更加反映实际误差的评价指标是平均绝对误差,它的定义如下:

$$MAE = \frac{1}{n_t} \sum_{i=1}^{n_t} | y_i - \hat{y}_i | \quad (式 5-13)$$

平均绝对误差是绝对误差的平均值。不过,它对于异常值虽然没有均方根误差敏感,但是它的鲁棒性还是偏弱。在统计学中,有很多评价指标可以更好地降低异常点所带来的影响。比如,平均绝对百分比误差，它的定义如下：

$$MAPE=\frac{100}{n_t}\sum_{i=1}^{n_t}\left|\frac{y_i-\hat{y}_i}{y_i}\right| \quad （式 5-14）$$

从定义可见，平均绝对百分比误差相当于把每个点的误差进行了一次归一化操作，因此降低了个别异常点所带来的绝对误差的影响。

【例5-2】　计算各种回归问题的评价指标

```
from sklearn import metrics
import numpy as np

#假设真实标签值和预测值如下
y_true=np.array([1.0,5.0,4.0,3.0,2.0,5.0,-3.0])
y_pred=np.array([1.0,4.5,3.5,5.0,8.0,4.5,1.0])

#计算均方误差、均方根误差和平均绝对误差
MSE=metrics.mean_squared_error(y_true,y_pred)
RMSE=np.sqrt(MSE)
MAE=metrics.mean_absolute_error(y_true,y_pred)

#打印
print(f'The MSE is {MSE:.2f}.')
print(f'The RMSE is {RMSE:.2f}.')
print(f'The MAE is {MAE:.2f}.')
```

思考与练习：

(1) 请举例实际问题中什么时候存在样本类别极不平衡的情况。
(2) 举例说明，什么时候更注重精确率，什么时候更注重召回率。
(3) 既然绝对值误差能更好反映实际的偏差，为什么还要平方误差？
(4) 请编写代码，计算平均绝对百分比误差。

5.1.6　第一个算法

先睹为快，让我们来看一个非常简单的机器学习算法，它就是K近邻算法（K-nearest neighbor，KNN）。以分类问题为例，该算法的基本思路是：在特征空间中，如果一个样本的K个最相似的样本中的大多数属于某一个类别，那么该样本也应该属于这个类别。最直接的做法是用距离来衡量这个相似度，那么算法就是要分析最邻近的K个样本，因此叫做K近邻算法。

举个例子。假设有二分类问题的样本集如图5-8所示，样本的特征空间是二维的，正样本用“●”表示，负样本用“■”表示。那么，现在的任务是要预测一个未知的样本（图中用“×”

表示)属于哪个类别。这里,选择欧氏距离(euclidean distance)作为相似度衡量工具,定义如下:

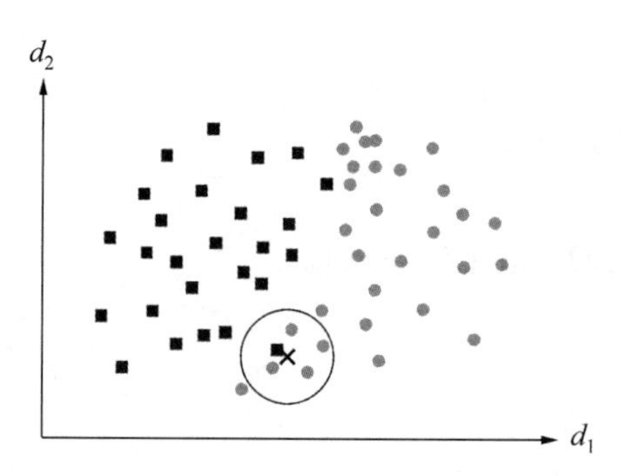

图 5-8　分类问题的 K 近邻算法

$$E(\boldsymbol{x}_1,\boldsymbol{x}_2)=\sqrt{\sum_{j=1}^{m}(x_{1j}-x_{2j})^2} \quad \text{(式 5-15)}$$

本例中,$m=2$。如果设置 $K=5$,那么从这个未知样本出发,可以找到离它最近的 5 个样本为图 5-8 中圈内所示。5 个样本中有 4 个是正样本,1 个是负样本,因此这个未知样本就被预测为正的。

K 近邻算法的一般步骤如下:

(1) 选择参数 K;

(2) 计算未知样本与所有已知样本的相似度;

(3) 根据相似度对样本进行排序,并选择最近 K 个已知样本;

(4) 根据少数服从多数的投票法则,预测未知样本为 K 个最邻近样本中最多数的类别。

K 近邻算法是一种贪心算法,非常易于理解。在众多机器学习算法中,它是为数不多的不需要使用训练集进行训练的算法。不过,这种算法存在着几个明显的缺点。1)需要大量空间去存储所有的已知样本。在数据量大的时候,特别是处理图像和视频这些样本的时候,容易导致内存不足。2)由于每次预测需要计算未知样本和所有已知样本的相似度,因此算法的计算复杂度和样本集中的样本数量成正比。如果是规模较小的样本集,可以尝试使用 K 近邻算法,但是对于上万甚至更大规模的样本集,该算法就可能执行缓慢,失去实际应用价值。3)在样本分布密度不平衡的区域,密度大的这一类样本容易占据主导,导致未知样本被错分到该类别。如图 5-9 所示,未知样本明显属于负样本一类,但是由于邻近的 5 个样本当中有 3 个属于正样本,因此该未知样本将被预测为正的。要减少这类问题的发生,这里介绍一个改进方法如下。

既然已经计算得到未知样本到其他样本的距离,那么可以考虑将距离作为权重进行加权。假设得到 K 个近邻点,按它们到未知样本的距离从小到大排列,即 $d_1,d_2,\cdots,d_k$,第 i 个靠近的近邻点的权重为:

$$w_i=\begin{cases}\dfrac{d_k-d_i}{d_k-d_1}, & d_k\neq d_1\\ 1, & d_k=d_1\end{cases} \quad \text{(式 5-16)}$$

从式 5-16 可知权重的取值范围为[0,1],距离最近的近邻点的权重为 1,距离越远权重

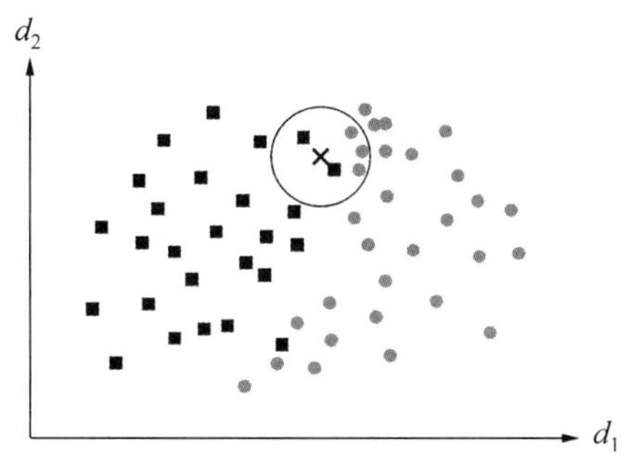

图 5-9　被错分的未知样本

越小，最远的为 0。这样，在预测未知样本应该属于哪一类的时候，不再是按照邻近点的个数来决定类别，而是要加权每个点的权重，最后按照加权求和值的大小来决定类别。

K 近邻算法也可以用来解决回归问题。如图 5-10 所示，样本的特征空间是一维的，样本标签值对应于 **y** 轴。思路和分类问题是类似的，也是找到最近邻的 K 个点（这里是 5 个），然后根据这 K 个近邻点，计算它们对应的标签值的平均值，即为最后的预测值。

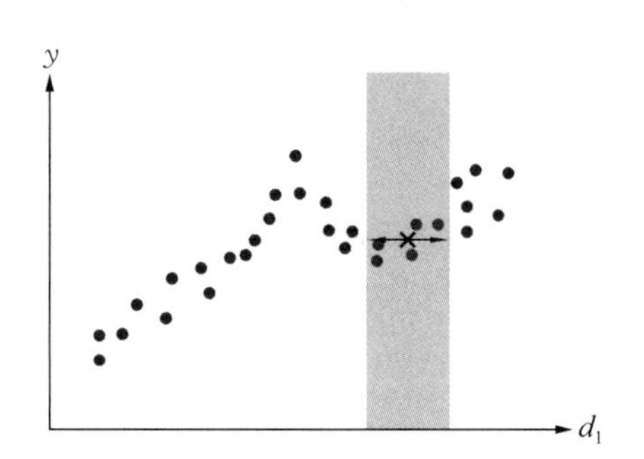

图 5-10　回归问题的 K 近邻算法

到此，读者应该会有一个疑问，这个参数 K 是如何确定的呢？如果随意选择一个正整数作为 K 的值，或许能得到一个不错的结果，但不一定是最好的结果。那么，如何选出最佳的 K 值呢？需要说明的是，在大部分机器学习算法中，包括 K 近邻算法，所谓最佳参数都是相对而言的，比如相对于当前的测试集，因此并不存在真正意义上的最佳参数。机器学习中为了选出最佳参数，最常用的办法是遍历搜索结合交叉验证。下面的实例演示了这种方法。

【例 5-3】　遍历搜索结合交叉验证选择最佳参数

```
from sklearn import neighbors
from sklearn import datasets
from sklearn.model_selection import cross_val_score
#获取鸢尾花数据集
iris=datasets.load_iris()
for k in range(3,16,2):
    #执行K近邻算法
    knn=neighbors.KNeighborsClassifier(n_neighbors=k)
```

```
#5 折交叉验证
scores=cross_val_score(knn,iris.data[:150],iris.target[:150],cv=5)
print(f'K={k}:the mean score is {100 * scores.mean():.2f}%.')
```

该实例使用 sklearn 自带的经典鸢尾花数据集，在不同的 K 值下，分别得到 5 折交叉验证的结果。通过结果对比，发现 K 为 7 和 11 时，得分最高。

思考与练习:

(1) 为什么 K 近邻算法的参数 K 一般选择奇数?

(2) 请查阅除了欧氏距离，还有其他什么相似度衡量方法，并了解它们的应用场景。

(3) 请不要使用 sklearn 库，编写代码实现 K 近邻算法。

5.1.7 归一化和标准化

作为本节内容的结束，来探讨机器学习中最常用的特征值预处理技术：归一化和标准化。为什么需要这些预处理技术？先来看一个例子。假设选用表 5-1 中的年龄和年收入这两个特征(注意，很多时候使用所有特征不一定最好，如何选取部分特征进行学习是机器学习中的另一大课题之特征工程中的内容)来预测是否会被灭灯。那么，参加节目的男嘉宾的年龄一般是在 20～40 岁之间，而年收入可能是在 0～1000 万元之间。很显然，如果使用 K 近邻算法以及欧氏距离来进行预测，那么结果会倾向于数值差别比较大的年收入特征。这是由于不同特征之间量纲的不同所引起的。对特征进行归一化或标准化处理可以将有量纲的数值转换为无量纲的数值，即纯量。

1. 归一化

对原始样本的特征值按每个维度进行线性变换，使结果映射到[0,1]的范围，实现等比缩放。归一化的变换公式如下：

$$x' = \frac{x - x_{\min}}{x_{\max} - x_{\min}} \qquad (式 5-17)$$

这里，x 为一个维度上的原始特征值，$x_{\min}$ 和 $x_{\max}$ 分别是最小和最大的特征值。另外，工程中也有将结果映射到[-1,1]之间的做法，同样称之为归一化。

【例 5-4】 样本特征值的归一化操作

```
from sklearn import preprocessing
import numpy as np

#构造训练样本
X_train=np.array([[28,2],[27,25],[29,15],[37,80],[25,35]])

#归一化
min_max_scaler=preprocessing.MinMaxScaler()
```

```
X_train_minmax=min_max_scaler.fit_transform(X_train)
np.set_printoptions(precision=2)
print(f'The scaled training data is \n {X_train_minmax}.')

# 构造测试样本
X_test=np.array([[29,40]])
# 进行与训练样本一样的归一化操作
X_test_minmax=min_max_scaler.transform(X_test)
print(f'The scaled test data is \n {X_test_minmax}.')
```

注意：训练样本和测试样本的归一化操作需要保持一致。

2. 标准化

先计算得到原始样本各特征值的均值和标准差，然后将特征值映射到均值为 0，标准差为 1 的标准正态分布上。标准化的公式如下：

$$x'=\frac{x-\mu}{\sigma} \quad (式 5-18)$$

这里，μ 表示均值，σ 表示标准差。

【例 5-5】 样本特征值的标准化操作

```
from sklearn import preprocessing
import numpy as np

# 构造训练样本
X_train=np.array([[28,2],[27,25],[29,15],[37,80],[25,35]])

# 标准化
standard_scaler=preprocessing.StandardScaler()
X_train_standard=standard_scaler.fit_transform(X_train)
np.set_printoptions(precision=2)
print(f'The scaled training data is \n {X_train_standard}.')

# 构造测试样本
X_test=np.array([[29,40]])
# 进行与训练样本一样的标准化操作
X_test_standard=standard_scaler.transform(X_test)
print(f'The scaled test data is \n {X_test_standard}.')

# 打印均值和标准差
```

```
print(f'The mean is {standard_scaler.mean_}.')
print(f'The std is {standard_scaler.scale_}')
```

除了消除量纲，归一化和标准化在机器学习中还有很多其他作用，比如在后面章节要学到的梯度下降法中，使用归一化的数据能更容易快速地找到全局最优解或局部最优解。线性回归、逻辑回归、支持向量机以及神经网络等通常是需要对样本进行归一化预处理的，但是决策树这种根据信息增益比等来进行树节点分裂的模型，则无需对样本进行归一化。希望读者能够学完本书后面的内容之后，再来回顾并加深理解本节内容。

思考与练习：

(1) 如果要将特征值归一化到[−1,1]的范围，公式应该怎么写？

(2) 查阅资料，了解除归一化和标准化之外的其他特征预处理技术。

(3) 请不要使用 sklearn 库，自行编写归一化和标准化的代码。

5.2　线性回归和逻辑回归

图 5－3 中介绍了一般机器学习应用系统的工作流程，实际上这个流程是如何用已训练好的模型去预测未知样本或测试集的过程。它接受输入样本，输出预测结果，如同一个黑盒子，用户似乎不需要知道盒子里面装得是什么。但是不了解黑盒子里面的一些东西，要想玩转它并非易事。本书后面内容的重点是要介绍黑盒子是如何训练出来模型的。前面学习过的 K 近邻算法，它是没有模型的，因此就没有所谓的训练过程。从这个角度看，K 近邻算法更像是一般的计算机贪心算法，而不是真正意义上的学习算法。机器学习中的绝大部分算法是需要训练的，而且可以不断地从训练样本中学习到经验，来提升自身的性能。一般的机器学习模型的训练流程如图 5－11 中虚线框内所示。这就是学习算法的主要工作。它不断地从训练集中获取到数值化后的训练样本，然后根据这些样本进行训练并产生学习模型。注意，上节实例中也提到过，这里测试集和训练集的数值化必须遵循同一种方式，而且要使用同一套参数。在训练集上训练模型，在测试集上测试模型并选出最终的模型，这就是一般机器学习算法的基本流程。

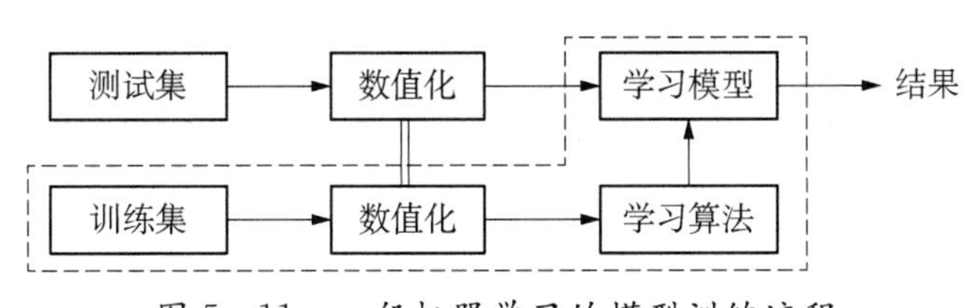

图 5－11　一般机器学习的模型训练流程

5.2.1　初识线性回归

线性回归（linear regression）是一种有监督的学习算法。上文介绍过回归问题就是根据样本的特征值去预测连续型的标签值。用统计学的话来说，回归就是寻找自变量 $\boldsymbol{x}$ 和因变量 $\boldsymbol{y}$ 之间的关系，通常称之为拟合。那么，本节介绍的线性回归就是用线性的模型去拟合这种关系。为避免先入为主，形成错觉，必须说明的是线性回归并不是只能拟合线性的关系。为说明简单，先从线性关系的拟合出发，然后再介绍如何用线性模型拟合非线性的关系。

首先，来看什么是线性。在二维空间中的一条直线是线性的，在三维空间中的一个平面也是线性的，而在更高维度的空间中用超平面来泛指这种线性关系。超平面的一般表示形式如下：

$$h_\theta(\boldsymbol{x})=\sum\nolimits_{j=1}^{m}\theta_j x_j+\theta_0 \qquad （式 5－19）$$

这里，m 表示特征维度，θ_j 和 θ_0 是超平面的系数。特别要注意的是，这个超平面所在的空间是 $m+1$ 维的，它就是线性回归的模型，而这些系数就是模型的待估参数。

从最简单的一元线性回归说起。举个例子，大学连锁便利店的管理人员认为每家便利店的月销售额是和所在学校的学生人数成正比的，现在他们收集了10家已开连锁店的相关数据（如表5-3所示），希望能够建立模型并预测新开连锁店的月销售额情况。

表5-3 大学连锁便利店的相关数据

代号	学生人数(千)	月销售额(万元)
1	5.2	50
2	20.1	208
3	12.6	140
4	26.5	243
5	17.7	195
6	8.7	80
7	11.4	115
8	23.2	218
9	30.3	270
10	9.4	108

该例子中，只有学生人数一个特征，自变量 ***x*** 是一维的，因此使用一元线性回归。因变量 ***y*** 这里是月销售额，也就是标签。特征值和对应的标签值可以投影到一个二维空间（如图5-12左边所示）。那么，一元线性回归要做的是找到一条直线（如图5-12右边所示），可以去拟合这十个点。这条直线可以写成：

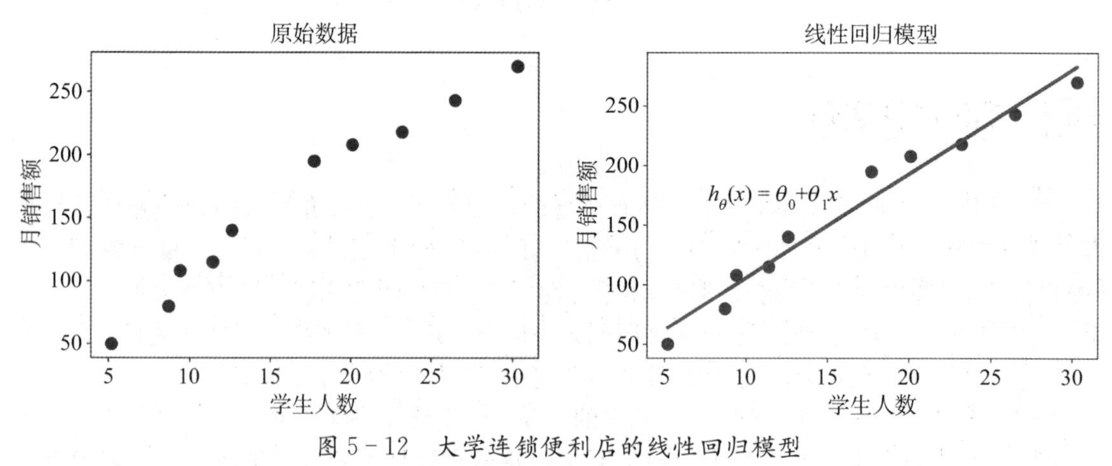

图5-12 大学连锁便利店的线性回归模型

$$h_\theta(x)=\theta_0+\theta_1 x \quad \text{(式 5-20)}$$

这里，θ_0 一般称之为截距或偏差，θ_1 是斜率。显然，这条直线是由斜率和截距决定的。这两个参数取值不同的时候，拟合的效果也是不同的。因此，接下来要解决的问题是如何来决定这两个参数，使之拟合得更好。

假设有 n 个训练样本如下：

$$\{(x_i, y_i) \mid x_i \in R, y_i \in R\}_{i=1}^{n} \tag{式 5-21}$$

为了衡量拟合出来的直线的好坏，线性回归中最常见的是采用均方误差。上文介绍过均方误差可以作为评价指标用来评估已训练好的回归模型，它是针对测试样本而言的。在建模的时候，我们针对训练样本，利用均方误差来构建损失函数。损失函数，又叫代价函数，或目标函数，是机器学习中最基础也是最为关键的要素之一。绝大部分机器学习算法都是通过构建损失函数，并且优化损失函数，来找到好的参数，从而最终找到性能良好的模型。针对式 5-21 的训练样本，用均方误差构建的损失函数如下：

$$J(\theta_0, \theta_1) = \frac{1}{2}\sum\nolimits_{i=1}^{n}(h_\theta(x_i) - y_i)^2 \tag{式 5-22}$$

这里，y_i 是真实值，$h_\theta(x_i)$是模型的预测值。注意，这个损失函数就是针对所有训练样本的真实值和预测值之间的误差的平方和之半。而作为评价指标的均方误差则是误差平方的期望值。显然，如果这个损失函数的值越大，表示预测结果与实际结果相差越大，也就是当前模型的拟合效果越差，所以需要最小化这个损失函数。这样，模型训练的优化目标就是：

$$\theta_0^*, \theta_1^* = \arg\min_{\theta_0, \theta_1} J(\theta_0, \theta_1) \tag{式 5-23}$$

这里，θ_0^* 和 θ_1^* 表示损失函数达到最优时的参数取值。需要说明的是，根据均方误差构建损失函数的理论依据来源于概率论中的最大似然估计，背后隐含着样本符合正态分布的假设。

以上讨论局限于一元线性回归，当在三维空间中用平面去进行拟合的时候，就是一个二元线性回归问题。而在更高维度的空间中，则需要更一般化的多元线性回归。这时，训练样本如下：

$$\{(\boldsymbol{x}_i, y_i) \mid \boldsymbol{x}_i \in R^m, y_i \in R\}_{i=1}^{n} \tag{式 5-24}$$

用式 5-19 的超平面去拟合该样本，那么，式 5-22 的损失函数可以一般化为：

$$J(\boldsymbol{\theta}) = \frac{1}{2}\sum\nolimits_{i=1}^{n}(h_\theta(\boldsymbol{x}_i) - y_i)^2 \tag{式 5-25}$$

同样，模型训练的优化目标可以写成：

$$\boldsymbol{\theta}^* = \arg\min_{\boldsymbol{\theta}} J(\boldsymbol{\theta}) \tag{式 5-26}$$

这里，$\boldsymbol{\theta}^*$ 表示损失函数达到最优时的一组参数取值。

思考与练习：

(1) 为什么式 5-22 的损失函数中要除以 2?

(2) 为什么作为评价指标的均方误差要采用期望值?

(3) 请查阅最大似然估计的原理，理解用均方误差构建损失函数的统计学意义。

5.2.2　最小二乘法

上文说到线性回归的优化任务，就是要求式 5-25(损失函数)最小时的 $\boldsymbol{\theta}$ 的取值。这是高等数学中一个非常典型的优化问题，基本思路是：将目标函数(损失函数)当作多元函数进行处理，然后采用多元函数求偏导为零的方法来计算目标函数的极值。线性回归的损失函数是用误差的平方构建的，这个优化任务是机器学习中为数不多的可以直接用方程求解的，这种求解方法数学上称之为最小二乘法(least square method)。对于一般的多元线性回归，用多元函数求偏导的推导过程比较繁琐，这里介绍用矩阵求解的推导过程。

式 5－19 的线性回归模型用矩阵表示如下：

$$h_\theta(\boldsymbol{x})=\boldsymbol{X\theta} \tag{式 5－27}$$

其中，$\boldsymbol{\theta}=[\theta_0,\theta_1,\cdots,\theta_m]^T$ 是一个$(m+1)\times1$ 的向量，$\boldsymbol{X}$ 是一个 $n\times(m+1)$的矩阵如下：

$$\boldsymbol{X}=\begin{bmatrix}1 & x_{11}\cdots & x_{1m}\\ \vdots & \ddots & \vdots\\ 1 & x_{n1}\cdots & x_{nm}\end{bmatrix} \tag{式 5－28}$$

这个矩阵存放了所有训练样本的特征值，并且为推导简单，增加第一列(全 1 列)以对应偏差项 θ_0。另外，所有的标签值也可以向量化为：$\boldsymbol{Y}=[y_1,y_2,\cdots,y_n]^T$。这样，损失函数可以表示为：

$$J(\boldsymbol{\theta})=\frac{1}{2}(\boldsymbol{X\theta}-\boldsymbol{Y})^T(\boldsymbol{X\theta}-\boldsymbol{Y}) \tag{式 5－29}$$

接下去，对式 5－29 求导如下：

$$\begin{aligned}\nabla_{\boldsymbol{\theta}}J(\boldsymbol{\theta})&=\nabla_{\boldsymbol{\theta}}\left(\frac{1}{2}(\boldsymbol{X\theta}-\boldsymbol{Y})^T(\boldsymbol{X\theta}-\boldsymbol{Y})\right)\\&=\nabla_{\boldsymbol{\theta}}\left(\frac{1}{2}(\boldsymbol{\theta}^T\boldsymbol{X}^T-\boldsymbol{Y}^T)(\boldsymbol{X\theta}-\boldsymbol{Y})\right)\\&=\nabla_{\boldsymbol{\theta}}\left(\frac{1}{2}(\boldsymbol{\theta}^T\boldsymbol{X}^T\boldsymbol{X\theta}-\boldsymbol{\theta}^T\boldsymbol{X}^T\boldsymbol{Y}-\boldsymbol{Y}^T\boldsymbol{X\theta}+\boldsymbol{Y}^T\boldsymbol{Y})\right)\\&=\frac{1}{2}(2\boldsymbol{X}^T\boldsymbol{X\theta}-\boldsymbol{X}^T\boldsymbol{Y}-(\boldsymbol{Y}^T\boldsymbol{X})^T)\\&=\boldsymbol{X}^T\boldsymbol{X\theta}-\boldsymbol{X}^T\boldsymbol{Y}\end{aligned} \tag{式 5－30}$$

令式 5－30 等于 0，即可求得目标函数的解为：

$$\boldsymbol{\theta}=(\boldsymbol{X}^T\boldsymbol{X})^{-1}\boldsymbol{X}^T\boldsymbol{Y} \tag{式 5－31}$$

这里，-1 表示逆矩阵。显然，这个解存在的充分必要条件是方阵 $\boldsymbol{X}^T\boldsymbol{X}$ 是可逆的。从线性代数的角度可以证明方阵 $\boldsymbol{X}^T\boldsymbol{X}$ 是半正定的，因此不能保证一定可逆。从工程的角度来看，引起这种不可逆的常见原因有两种。第一种是多余的特征。假如在表 5－3 的数据中新增加二个特征，分别是男生人数和女生人数。因为学生人数是男生人数和女生人数之和，那么这时候学生人数这个特征实际上是多余的。因此解决办法之一就是删除学生人数这个特征。第二种是太多的特征。所谓“太多”是指当样本的特征维度大于等于样本数量，即 $m\geqslant n$。比如，现在有 10 个样本，但是每个样本的特征维度是 100 维，这个时候要用 101 个参数去拟合 10 个样本，这种做法不一定不行，但不是一种好的做法，因为容易引起不可逆问题。一种解决办法是进行特征选择以降低特征维度，另一种常见的办法是使用正则化技术，这是又一项机器学习工程师必备的技能，将在后面内容中介绍。

虽说式 5－31 这个解析式不一定成立，但是大部分时候还是可解的。特别要说明的是，当使用一些编程语言的数学工具的时候，其实程序员已经考虑到这个问题，就算不可逆，还可以

用求伪逆的方法解决。

【例5-6】 不使用sklearn,用最小二乘法拟合表5-3的样本

```
import matplotlib.pyplot as plt
import pandas as pd
import numpy as np

#可视化结果
def visualization(x,y,y_predict):

    #解决中文显示问题
    plt.rcParams['font.sans-serif']=['KaiTi']
    #绘出已知样本的散点图
    plt.scatter(x,y,color='#006837',s=100)
    #绘出预测直线
    plt.plot(x,y_predict,color='#c62828',linewidth=3)
    #绘图设置
    plt.xticks(fontproperties='Times New Roman',size=18)
    plt.yticks(fontproperties='Times New Roman',size=18)
    plt.title('线性回归模型',size=20)
    plt.xlabel('学生人数',size=20)
    plt.ylabel('月销售额',size=20)
    plt.show()

#最小二乘法求解
def least_square(X,Y):
    B=X.T.dot(Y)
    A=np.linalg.inv(X.T.dot(X))
    theta=A.dot(B)
    return X.dot(theta)

def main():
    #用pandas读取csv
    data=pd.read_csv("students_and_sales.csv")
    x=data['students'].values
    y=data['sales'].values
    Y=y.reshape(-1,1)
    #增加全1项
    ones=np.ones((len(x),1))
```

```
    x=x.reshape(-1,1)
    X=np.hstack((ones,x))
    #最小二乘法求解
    Y_hat=least_square(X,Y)
    #可视化结果
    visualization(x,y,Y_hat)

if __name__=='__main__':
    main()
```

这个实例中,只用区区四行代码便可以实现最小二乘法,其余代码为数据读取和结果的可视化。执行该代码可以得到如图 5-12 右边的结果。

思考与练习:

(1) 推导最小二乘法的多元函数求偏导形式的求解过程。

(2) 创建一些测试样本,评估例 5-6 得到的模型的性能。

5.2.3 梯度下降法

用最小二乘法可以得到线性回归问题的解析解,不过这个求解过程中需要求方阵 $\boldsymbol{X}^T\boldsymbol{X}$ 的逆矩阵。方阵 $\boldsymbol{X}^T\boldsymbol{X}$ 是一个 $n\times n$ 的矩阵,n 代表样本的数量。因此当样本的规模很大的时候,求解逆矩阵将会非常耗时。矩阵求逆的计算时间复杂度为 $O(n^2)$。一般来说,当 n 小于 10000 的时候,这个计算时间还是可以接受的,但是如果再大,就需要用迭代的方法来求解。其中,梯度下降法(gradient descent)是最常见的一种。

梯度下降法是最优化方法的基础,是一种经典的求极值的算法,在很多机器学习算法中都有应用,比如:线性回归、逻辑回归、支持向量机以及神经网络等等。它的基本思想可以类比为一个英雄下山救美的过程。假设有个英雄在山上某处收到消息说有位美人被困山谷,因此他要从山上来到山谷。但由于整座山起了浓雾,导致能见度很低,因此无法确定下山的路径。现在,他需要根据周围的信息去找到下山的路径。梯度下降算法就是一种可以帮助这位英雄找到下山路径的方法。具体来说,就是以他当前所处的位置为基准,找到一个最陡峭的方向,往下走一步,然后再寻找方向。这样,反复按照最陡峭的方向往下走,最终就能成功抵达山谷。这个过程如图 5-13 所示,最高处的绿色圆点代表初始位置,最低处的红色圆点代表山谷所在位置。

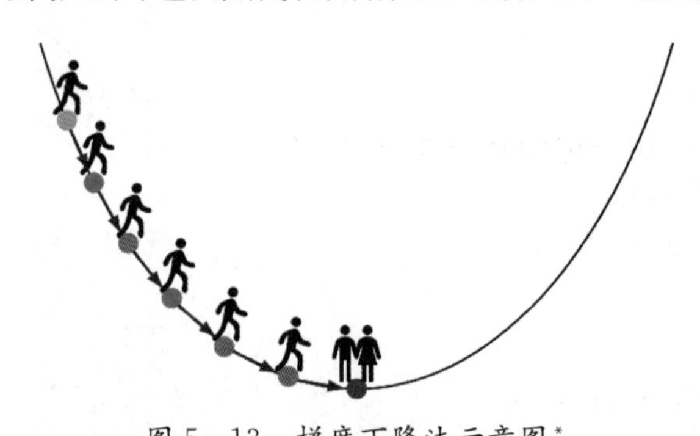

图 5-13 梯度下降法示意图*

回到线性回归问题，这个例子中的山就是要优化的目标函数式 5 - 25。由平方项之和可知，该目标函数不但是个凸函数，而且是开口朝上的抛物线(一元线性回归的话)，因此不存在局部最小值问题。这样，山的最低点对应的就是目标函数的最小值，也就是美人所在的位置。从图中可以发现，要想成功抵达山谷，取决于两个因素：下山的方向和每次的步长。这两个因素分别对应了梯度下降法中的梯度和学习率。

先来看什么是梯度。在微积分中，对于一元函数来说，函数某个位置的梯度就是该位置的切线的斜率；而对于多元函数来说，梯度是函数在该位置的偏导数组成的向量。无论切线还是向量都是有方向的，那么梯度的方向就指出了函数在该位置的上升最快的方向。在梯度下降法中，使用梯度的反方向，也就是函数在该位置的下降最快的方向。那么，这个英雄只要每次往梯度的反方向移动，就能抵达山谷救出美人。这时，实际上就是找到了函数最小值所在的位置。

再来讨论学习率。试想，这个英雄虽然知道了每次要往哪个方向走，但是他每次小心翼翼地只移动很小一步，就又要重新开始寻找方向。那么，或许太阳下山了，他还没能救出美人。梯度下降法中有个重要的参数，可以控制每次移动步伐大小，它就是学习率。对于算法来说，每次移动一小步，不但整体需要更多的迭代次数，而且每走一步又要重新计算梯度，这个计算也是非常耗时的。图 5 - 14 左边演示的就是这种学习率过小的情况。相反，还有一种情况是这个英雄救美心急，每次移动步伐过大，也就是学习率过大。这样他就有可能偏离最陡峭的方向，甚至在抵达山谷之后没有能够停下来，从而跨过了最低点，导致永远无法抵达山谷。图 5 - 14 右边演示了这种情况。因此，无论学习率过小或者过大，都是不利于算法收敛的，如何选择合适的学习率也是机器学习工程师的一项必备技能，需要丰富的实战经验。

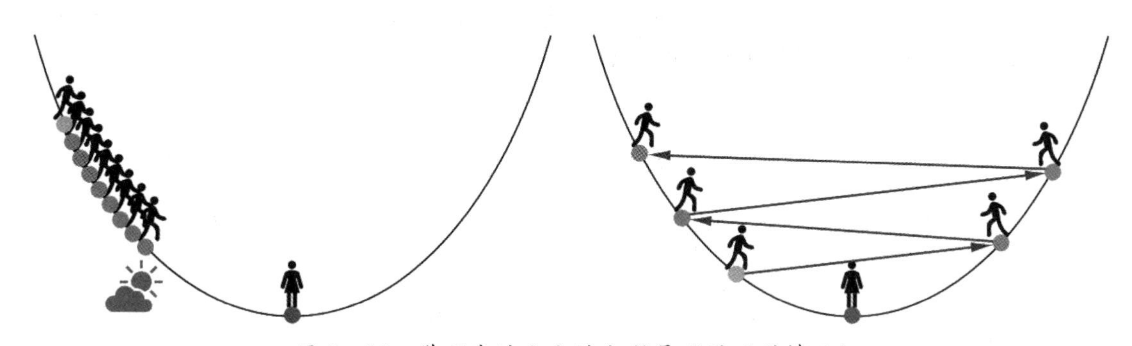

图 5 - 14　学习率过小和过大所导致的两种情况*

上面直观地介绍了梯度下降法的原理，以下探讨如何用梯度下降法求解线性回归的优化问题。针对目标函数 $J(\boldsymbol{\theta})$，求 $J(\boldsymbol{\theta})$ 最小时的 $\boldsymbol{\theta}$。首先，随机初始化 $\boldsymbol{\theta}$。然后，让 $\boldsymbol{\theta}$ 沿着梯度的反方向迭代，迭代公式如下：

$$\boldsymbol{\theta} := \boldsymbol{\theta} - \alpha \nabla_{\boldsymbol{\theta}} J(\boldsymbol{\theta}) \quad \text{(式 5—32)}$$

这里，$\boldsymbol{\theta}=[\theta_0,\theta_1,\cdots,\theta_m]^T$，$\alpha$ 是学习率。只要学习率选择适当，每一轮更新之后的 $\boldsymbol{\theta}$ 都会使 $J(\boldsymbol{\theta})$ 变得更小。为了简便，采用和上节最小二乘法一样的操作，将式 5 - 19 写成：

$$h_\theta(\boldsymbol{x}) = \sum_{j=0}^{m} \theta_j x_j \quad \text{(式 5 - 33)}$$

其中，$x_0=1$ 对应于截距 θ_0。观察任意一个参数 θ_j，对目标函数求偏导可得：

$$\frac{\partial}{\partial\theta_j}J(\boldsymbol{\theta})=\frac{\partial}{\partial\theta_j}\frac{1}{2}\sum\nolimits_{i=1}^{n}(h_\theta(\boldsymbol{x}_i)-y_i)^2$$
$$=\sum\nolimits_{i=1}^{n}(h_\theta(\boldsymbol{x}_i)-y_i)\frac{\partial}{\partial\theta_j}(h_\theta(\boldsymbol{x}_i)-y_i)\qquad（式 5－34）$$
$$=\sum\nolimits_{i=1}^{n}(h_\theta(\boldsymbol{x}_i)-y_i)x_{ij}$$

因此，θ_j 的更新公式如下：

$$\theta_j:=\theta_j-\alpha\sum\nolimits_{i=1}^{n}(h_\theta(\boldsymbol{x}_i)-y_i)x_{ij}\qquad（式 5－35）$$

注意，$h_\theta(\boldsymbol{x}_i)$中包含 $\theta_0,\theta_1,\cdots,\theta_m$，因此实际执行的时候，所有参数应该根据上一次的状态同步更新。

来看一个最简单的一元线性回归的情况。假设 $\theta_0=0$，即要拟合的直线经过原点，因此只有 θ_1 一个参数需要估计，且目标函数为 $J(\theta_1)$。那么，此时 θ_1 的更新公式为：

$$\theta_1:=\theta_1-\alpha\frac{dJ(\theta_1)}{d\theta_1}\qquad（式 5－36）$$

这里，$dJ(\theta_1)/d\theta_1$ 表示导数，也就是切线斜率。假设学习率为 $\alpha=0.1$。以下讨论两种基本的更新方式。先看图 5－15 左边所示，A 点对应的 $\theta_1=0.5$，该点的切线斜率为 $-1/2$。斜率为负，因此 θ_1 更新之后会变大，计算可得从 A 点到 A'点，θ_1 增加了 0.05，而 $J(\theta_1)$相应减小。再看图 5－15 右边，B 点对应的 $\theta_1=0.95$，该点的切线斜率为 2。斜率为正，因此 θ_1 更新之后会变小，计算可得从 B 点到 B'点，θ_1 减少了 0.2，$J(\theta_1)$也相应减小。从这两种情况可以看到：1）不管在什么位置，只要朝着梯度的负方向，进行适当的移动，目标函数都会朝着更低的位置移动；2）在斜率较大的位置，参数更新幅度相对更大。

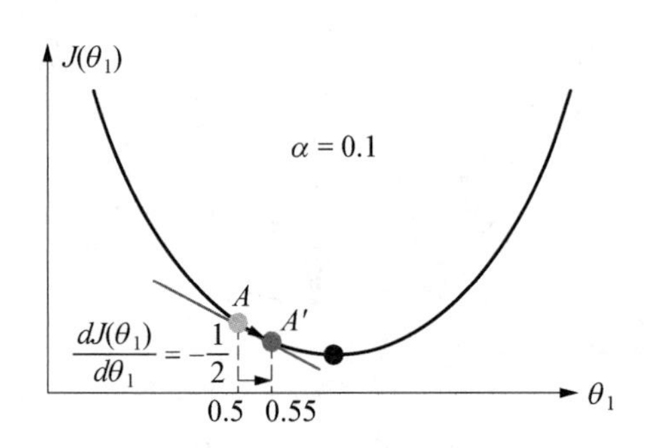

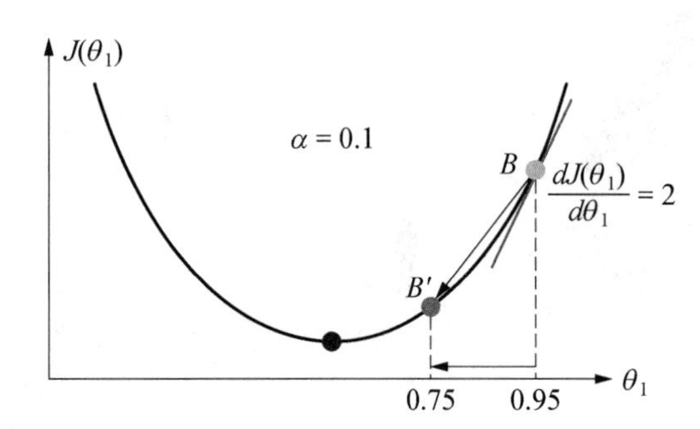

图 5－15　梯度下降法之参数更新*

梯度下降法的一般步骤如下：

（1）给定可微分的目标函数 $J(\boldsymbol{\theta})$，学习率 α，初始值 $\boldsymbol{\theta}^t=[\theta_0,\theta_1,\cdots,\theta_m]^T$ 以及终止条件参数 ε，设 $t=0$；

（2）计算目标函数在 $\boldsymbol{\theta}^t$ 处的梯度 $\nabla_{\boldsymbol{\theta}^t}J(\boldsymbol{\theta}^t)$；

（3）计算梯度向量的模 $\|\nabla_{\boldsymbol{\theta}^t}J(\boldsymbol{\theta}^t)\|$，如果小于等于 ε，算法结束；如果大于，继续下一步；

（4）更新参数 $\boldsymbol{\theta}^{t+1}=\boldsymbol{\theta}^t-\alpha\nabla_{\boldsymbol{\theta}^t}J(\boldsymbol{\theta}^t)$；

（5）令 $t:=t+1$，并返回到第（2）步。

以上为梯度下降法的一般算法框架，不但适用于线性回归，同样适用于其他采用梯度下降法进行优化的机器学习算法。不过，实际应用中应该根据情况灵活使用。如果要寻找目标函数的极大值，应该沿着梯度方向移动，因此更新公式中的减号应改为加号，那么这时的算法应该叫梯度提升法。另外，算法的终止条件也可以采用其他指标，比如前后两次迭代目标函数值的变化程度、相对熵等等，还可以直接设置迭代次数。

在求解线性回归模型的时候，只要设置得当，梯度下降法可以无限接近问题的最优解，但是不能保证一定能够抵达最优解。而上文介绍的最小二乘法则可以直接求解得到最优解。尽管如此，梯度下降法相比最小二乘法，还是具有很多优势。表5-4列举了两个方法的对比情况。

表5-4　梯度下降法与最小二乘法的对比

梯度下降法	最小二乘法
需要设置学习率	不需要设置学习率
需要反复迭代	一次运算得到结果
样本数量和样本特征维度增大时也能很好适用	需要计算$(\boldsymbol{X}^T\boldsymbol{X})^{-1}$，样本数量和样本特征维度增大时运算代价大
适用于其他机器学习模型	只适用于线性回归

【例5-7】　不使用 sklearn，用梯度下降法拟合表5-3的样本

```
import matplotlib.pyplot as plt
import numpy as np

#解决中文显示问题
plt.rcParams['font.sans-serif']=['KaiTi']

#可视化损失函数的变化
def visualiztion_cost(cost_list):
    #绘制损失函数值
    plt.plot(cost_list,color='#0d47a1',linewidth=3)
    #绘图设置
    plt.xticks(fontproperties='Times New Roman',size=18)
    plt.yticks(fontproperties='Times New Roman',size=18)
    plt.title('损失函数变化曲线',size=20)
    plt.xlabel('迭代次数',size=20)
    plt.ylabel('损失函数值',size=20)
    #显示图并暂停几秒
    plt.show()
    plt.pause(2)
```

```
#可视化拟合结果
def visualization_fitting(x,y,y_predict):
    #绘出已知样本的散点图
    plt.scatter(x,y,color='#006837',s=100)
    #绘出预测直线
    plt.plot(x,y_predict,color='#c62828',linewidth=3)
    #绘图设置
    plt.xticks(fontproperties='Times New Roman',size=18)
    plt.yticks(fontproperties='Times New Roman',size=18)
    plt.title('线性回归模型',size=20)
    plt.xlabel('学生人数',size=20)
    plt.ylabel('月销售额',size=20)
    #显示图
    plt.show()

#计算损失函数值
def calculate_cost(theta,theta_zero,points):
    total_cost=0
    M=len(points)
    for i in range(M):
        x=points[i,0]
        y=points[i,1]
        total_cost+=(y-theta*x-theta_zero)**2
    return total_cost/M

#梯度下降法的每一轮更新
def gradient_descent_step(current_theta,current_theta_zero,alpha,points):
    sum_grad_theta=0
    sum_grad_theta_zero=0
    M=len(points)
    #每个点代入公式求和
    for i in range(M):
        x=points[i,0]
        y=points[i,1]
        sum_grad_theta+=(current_theta*x+current_theta_zero-y)*x
        sum_grad_theta_zero+=current_theta*x+current_theta_zero-y
    #计算当前梯度
    grad_theta=2/M*sum_grad_theta
    grad_theta_zero=2/M*sum_grad_theta_zero
```

```
    #更新当前的theta和theta0
    updated_theta=current_theta-alpha * grad_theta
    updated_theta_zero=current_theta_zero-alpha * grad_theta_zero
    return updated_theta,updated_theta_zero

#梯度下降法
def gradient_descent(points,initial_theta,initial_theta_zero,alpha,num_iter):
    theta=initial_theta
    theta_zero=initial_theta_zero
    #保存每一轮的损失函数值
    cost_list=[]
    for i in range(num_iter):
        cost_list.append(calculate_cost(theta,theta_zero,points))
        theta,theta_zero=gradient_descent_step(theta,theta_zero,alpha,points)
    return [theta,theta_zero,cost_list]

def main():
    #用numpy读取csv
    points=np.genfromtxt("students_and_sales.csv",delimiter=",",
                         skip_header=1,usecols=(1,2))
    #提取points中的两列数据,分别作为x,y
    x=points[:,0]
    y=points[:,1]

    #学习率设置
    alpha=0.0001
    #初始化
    init_theta=0
    init_theta_zero=0
    num_iter=70

    #梯度下降法求解
    theta,theta_zero,cost=gradient_descent(points,init_theta,init_theta_zero,
                                           alpha,num_iter)
    #可视化损失函数的变化
    visualiztion_cost(cost)
    #计算预测值
    y_hat=theta * x+theta_zero
    #可视化拟合结果
    visualization_fitting(x,y,y_hat)
```

```
if__name__=='__main__':
    main()
```

执行该代码同样可以得到如图 5-12 右边的结果。同时,代码保存了每次迭代之后的损失函数值,并且可视化了它的变化,如图 5-16 所示。可以看到,初始位置梯度比较大,损失值下降比较快,但随着迭代的继续,损失值逐渐趋于稳定,这意味着模型也趋于稳定。

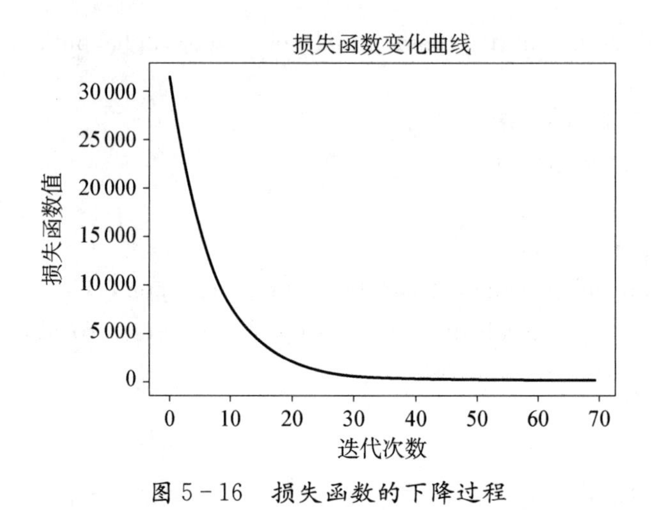

图 5-16 损失函数的下降过程

虽然,sklearn 库中提供了梯度下降法的调用接口,对于初学者来说,建议自己编写或细读实现代码以加深理解,因为很多机器学习算法中都会用到梯度下降法。理解它,非常重要。

思考与练习:

(1) 分别用最小二乘法和梯度下降法对不同规模的样本进行建模,对比两种方法的计算时间复杂度。

(2) 式 5-34 的公式中,需要对所有样本进行偏差计算,有没有更快的办法?

(3) 图 5-15 右边所示,在陡峭的地方,参数更新幅度较大,容易偏离梯度。试想下,有什么办法解决这个问题?

5.2.4 非线性拟合

上文介绍的线性回归模型似乎只能用直线、平面或超平面去拟合数据。在实际应用中,更多时候自变量 $\boldsymbol{x}$ 和因变量 $\boldsymbol{y}$ 之间的关系是非线性相关的。那么,线性回归模型是否可以拟合这种非线性关系呢? 答案是肯定的。

展开式 5-19 如下:

$$h_\theta(\boldsymbol{x})=\theta_0+\theta_1 x_1+\theta_2 x_2+\cdots+\theta_m x_m \qquad (式 5-37)$$

这里,所有 x 都是一次项,也就是说每个特征与标签之间的关系都是线性的。那么,如果想要表示其中有一个特征(比如 x_2)与标签之间的关系是非线性的(比如二次项关系),可以修改如下:

$$h_\theta(\boldsymbol{x})=\theta_0+\theta_1 x_1+\theta_2 x_2^2+\cdots+\theta_m x_m \qquad (式 5-38)$$

这时，式 5-38 已经不再是一个超平面，而是超曲面了。不过，这个模型仍旧叫做线性模型。因为线性回归中待估参数是 $\boldsymbol{\theta}$，所谓线性是针对 $\boldsymbol{\theta}$ 而言的。这时的线性模型就可以拟合非线性的关系。实现起来也很简单，只需要将某些认为是非线性相关的特征进行二次项(x_2^2)、三次项(x_2^3)、交叉项(x_1x_2)或指数项(e^{x_2})等等转换，然后替换原先模型中的相应项或者直接新增加入这些项，最后用前文介绍的最小二乘法或梯度下降法进行求解即可。

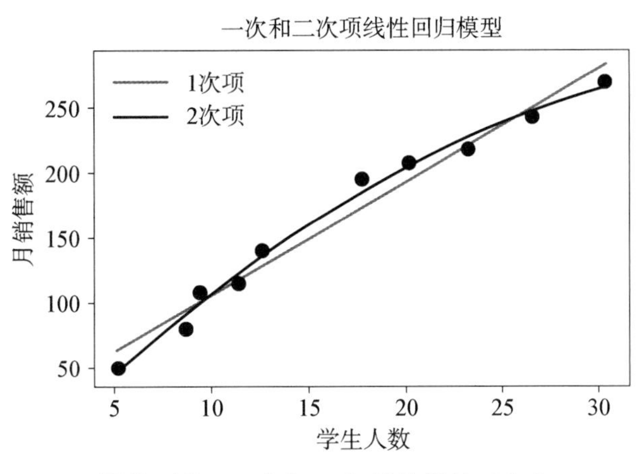

图 5-17　一次和二次项的线性回归*

还是以表 5-3 的样本为例，进行一元线性回归。这次加入二次项，拟合样本后得到的结果如图 5-17 所示。红线为用式 5-20 拟合的直线，而蓝线是 $h_\theta(x)=\theta_0+\theta_1x+\theta_2x^2$ 拟合得到的曲线。可见，线性回归模型是可以拟合非线性相关关系的。现在的问题是：已知样本在手，要如何去预设这种非线性转换以达到好的拟合效果呢？这是机器学习中的特征工程的重要内容之一。以下介绍三种常见的特征处理方法。

特征选择：从原始 m 个特征中选择 $l(l<m)$ 个子特征。有时候收集到的样本中有一些特征可能和要预测的标签无关，剔除这些特征则能提升模型的效果。另外，为了降维，有时候需要剔除一些不那么重要的特征。上文提到的最小二乘法求可逆矩阵的时候，有时候也需要用到特征选择。

特征提取：通过函数映射从原始特征中提取新特征。假设已知样本有 m 个原始特征 a_1，a_2，…，a_m，那么通过一组预定义的映射函数可以得到新的特征 b_1，b_2，…，b_l，其中 $b_i=f_i(a_1, a_2, \cdots, a_m)$，$i\in[1,l]$。注意，特征提取后，在训练的时候就不再使用原始特征。另外，一般来说 $l<m$，这样在创建出来新特征的同时，又实现了降维。

特征构建：从原始特征中推断或构建额外的特征。和特征提取相同的是，也是通过一组映射函数进行特征创建；不同的是，创建的特征会加入到原始特征中一起参与后面的训练。因此，特征构建之后的特征维度一般大于原始特征维度。

通过特征提取或特征构建可以来预设上面说的非线性拟合，特征选择虽然和非线性拟合没有直接联系，但是三种处理方式有时候会混合使用，因此也是间接相关的。虽然有特征工程来构建这种非线性关系，但具体这种函数映射是如何确定的，依然是个难题。机器学习工程师需要根据实战经验去判断，比如：某商品的售价与总体利润的相关性可能是二次函数的关系；年龄与买健康保险的需求可能是指数函数的关系。

在线性回归的特征提取或特征构建中，一种常见的做法还是采用多次项的遍历搜索，这和前面介绍K近邻算法的时候如何确定K值是类似的。以下通过一个实例来学习这种做法。

【例5-8】 用多次项线性回归对随机样本进行拟合

```
import numpy as np
from sklearn.linear_model import LinearRegression
from sklearn.preprocessing import PolynomialFeatures
import matplotlib.pyplot as plt
from sklearn.pipeline import Pipeline
import matplotlib as mpl

#多次项线性回归
def linear_regression(x,y,d):
    #创建多次项模型
    model=Pipeline([('poly',PolynomialFeatures()),
                    ('linear',LinearRegression(fit_intercept=False))])
    #设置次数
    model.set_params(poly__degree=d)
    #拟合
    model.fit(x,y)
    coef=model.get_params('linear')['linear'].coef_.ravel()
    coef=[round(c,2) for c in coef]
    print(f'{d}次项的系数为:{coef}')
    #预测结果
    x_hat=np.linspace(x.min(), x.max(), num=100).reshape(-1,1)
    y_hat=model.predict(x_hat)
    return x_hat,y_hat

#可视化
def fit_and_plot(x,y):
    #设置中文显示
    mpl.rcParams['font.sans-serif']=['KaiTi']
    mpl.rcParams['axes.unicode_minus']=False
    #设置从1次项到9次项
    pool=np.arange(1,10)
    #设置线条颜色和粗细
    colors=[]
    for c in np.linspace(16711680,255,pool.size):
        colors.append('#%06x' % int(c))
```

```
    line_width=np.linspace(5,2,pool.size)
    print('*'*39,'多次项回归','*'*39)

    #绘制原始数据
    plt.scatter(x,y,color='#006837',s=100,zorder=5)

    #绘制9条拟合曲线
    for i,d in enumerate(pool):
        x_hat,y_hat=linear_regression(x,y,d)
        order=9 if d==2 else 0
        plt.plot(x_hat,y_hat,color=colors[i],lw=line_width[i],
                 label=(f'{d}次项'),zorder=order)
    #常规绘图项
    plt.legend(loc='upper left',fontsize=14)
    plt.xticks(fontproperties='Times New Roman',size=18)
    plt.yticks(fontproperties='Times New Roman',size=18)
    plt.title('多次项线性回归模型',size=20)
    plt.xlabel('x',size=24)
    plt.ylabel('y',size=24)
    plt.tight_layout()
    plt.show()

def main():
    np.random.seed(0)
    #创建样本
    x=np.sort(np.linspace(0,7,9)+np.random.randn(9))
    y=x**2-5*x-3+np.random.randn(9)
    x=x.reshape(-1,1)
    y=y.reshape(-1,1)

    #进行拟合并可视化
    fit_and_plot(x,y)

if __name__=="__main__":
    main()
```

这个实例中，首先创建了一组二次相关关系为：

$$y = x^2 - 5x - 3 \tag{式 5-39}$$

的随机样本集。然后，分别用一次到九次项的模型去进行拟合。拟合的结果如图 5-18 所示。可以看到，随着次数的增加，曲线的拟合程度越来越高，尤其是在八次项和九次项时，曲线几乎穿越了每个样本点。如果将原始数据代入模型预测，然后计算均方误差或者均方根误差，显然这时的误差几乎为 0。那么是不是八次项和九次项的模型就是希望的最合适的模型呢？其实不然。假如现在有一个测试样本 $x=4$，代入式 5 - 39，可得 $y=-7$。从图 5 - 18 中不难发现，如果用九次项的蓝线的模型预测，结果约为 -8.5；而如果用二次项的褐红色的模型预测，结果约为 -7。这说明，虽然对于训练样本来说，九次项比二次项拟合得更好，但是对于未知的测试样本来说，更希望的是二次项的模型。这就是机器学习里非常重要的“过拟合”(overfitting)的概念。对于该实例的样本来说，九次项这个模型已经过度拟合了原始数据，失去了对于未知样本的预测能力，或者说模型不具备泛化能力。从图 5 - 18 中，分别抽取出一次项、二次项和九次项的拟合线，如图 5 - 19 所示。对比发现，用一次项去拟合这些样本，显然模型过于简单，而无法捕捉到数据的基本关系，因而不能很好地拟合数据，这种现象叫做“欠拟合”(underfitting)。产生欠拟合的原因是模型在训练样本上的输出与真实值之间的误差过大，从统计学角度来说就是偏差过高。而对于图 5 - 19 最右边的过拟合模型来说，统计学上属于方差过高。而对于一个好的模型，如图 5 - 19 中间的二次曲线，它的偏差和方差相对来说都是比较小的。

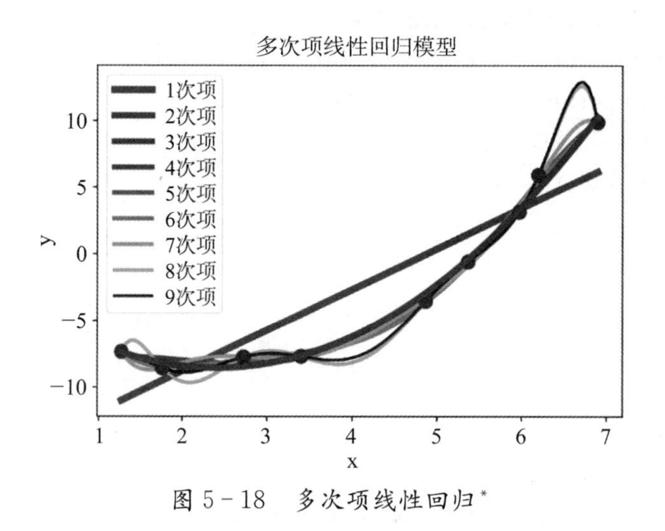

图 5 - 18　多次项线性回归*

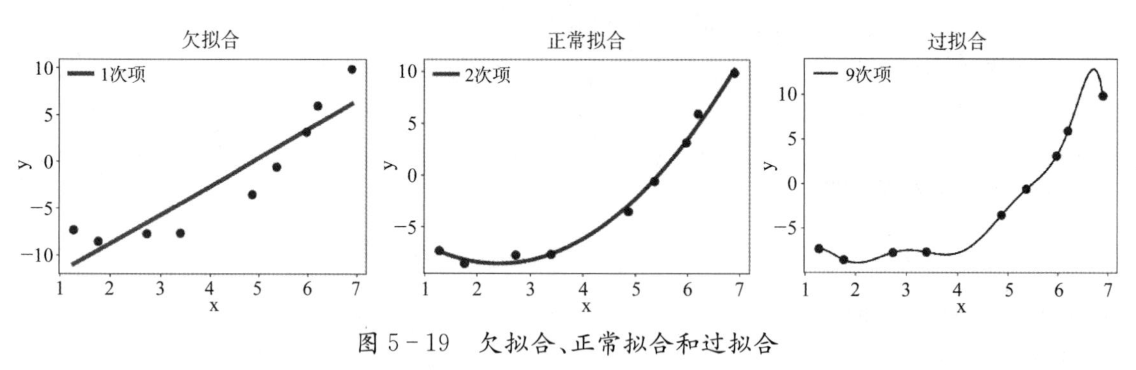

图 5 - 19　欠拟合、正常拟合和过拟合

通过本实例的学习，了解了多次项的次数对于线性回归模型拟合程度的影响。实际上，欠拟合和过拟合的问题存在于绝大部分机器学习算法中，而导致欠拟合或过拟合的原因一般都是和设置的参数相关的。如何调节参数又是一项需要丰富实战经验的技能。机器学习扎根于数学，却成功于工程实践。

思考与练习：

(1) 修改例 5－8 的代码，观察不同样本下不同多次项的拟合情况。

(2) 偏差高低和方差高低对于模型有什么影响？

5.2.5 正则化技术

细心的读者可能已经发现，在例 5－8 中，程序打印输出了每组拟合得到的多次项的优化参数，如图 5－20 所示。这些就是式 5－19 中待估参数 $\boldsymbol{\theta}$ 的取值。对比各多次项的这些数值，可以发现这些数值的绝对值整体随着次数的增大而趋势性地变大。数值分析的理论告诉我们，大数值的系数容易产生震荡，进而引起过拟合的问题。而实验结果也正好显示高次项的时候曲线过拟合了。因此，为了防止过拟合，一种常用的手段就是把待估参数单独作为一项加入到目标函数之中，同时进行优化，这就是机器学习中常说的正则化技术。

```
**************************************** 多次项回归 ****************************************
1次项的系数为：[-14.88, 3.05]
2次项的系数为：[-3.19, -4.47, 0.93]
3次项的系数为：[-3.75, -3.91, 0.78, 0.01]
4次项的系数为：[-10.39, 5.18, -3.25, 0.72, -0.04]
5次项的系数为：[11.37, -31.59, 19.06, -5.47, 0.75, -0.04]
6次项的系数为：[24.09, -58.36, 40.64, -14.03, 2.53, -0.22, 0.01]
7次项的系数为：[139.33, -338.43, 313.0, -151.95, 42.06, -6.67, 0.57, -0.02]
8次项的系数为：[-778.48, 2137.51, -2441.45, 1504.67, -549.87, 122.61, -16.37, 1.2, -0.04]
9次项的系数为：[-78.98, 124.79, -3.69, -133.72, 126.81, -56.34, 14.07, -2.02, 0.16, -0.01]
```

图 5－20　多次项模型的优化参数

最常见的正则化技术有一次项正则（L1 正则）和二次项正则（L2 正则）。L1 和 L2 来源于数学中的范数。线性回归的损失函数式 5－25 中加入 L1 正则之后如下：

$$J(\boldsymbol{\theta})=\frac{1}{2}\sum_{i=1}^{n}(h_{\theta}(\boldsymbol{x}_i)-y_i)^2+\lambda\sum_{j=1}^{m}|\theta_j| \qquad \text{（式 5－40）}$$

这里，$\lambda\geqslant 0$，是一个可以设置的参数，$\sum_{j=1}^{m}|\theta_j|$ 是所有待估参数的绝对值之和。正则项又叫惩罚项，实际上就是希望在优化均方误差的同时优化 θ_j，使 θ_j 不至于过大，因此起到惩罚 θ_j 的作用，从而减少过拟合的发生。如果 $\lambda=0$，问题就退化为没有正则项的情况；而如果 λ 过大，算法就会把主要精力用于优化正则项，最坏的结果是导致所有 θ_j 趋向于 0，也就是趋向于欠拟合。因此，λ 起到了欠拟合与过拟合之间的权衡作用。加入 L1 正则后的线性回归，称之为 Lasso 回归（least absolute shrinkage and selection operator）。

加入 L2 正则后的线性回归损失函数如下：

$$J(\boldsymbol{\theta})=\frac{1}{2}\sum_{i=1}^{n}(h_{\theta}(\boldsymbol{x}_i)-y_i)^2+\lambda\sum_{j=1}^{m}\theta_j^2 \qquad \text{（式 5－41）}$$

与 L1 正则不同的是，这里使用的是待估参数的平方项。这种线性回归称之为岭回归（Ridge Regression）或 Ridge 回归。

L1 正则和 L2 正则都能起到降低过拟合的作用，不过两者各有特点。L2 正则可求导，理论相当完美。对式 5－41 求偏导，并令偏导为零，得到的结果用矩阵的形式表示如下：

$$\boldsymbol{\theta}=(\boldsymbol{X}^T\boldsymbol{X}+\lambda\boldsymbol{I})^{-1}\boldsymbol{X}^T\boldsymbol{Y} \quad (式 5-42)$$

这里，$\boldsymbol{I}$ 为单位阵。对比式 5-31，发现只是在 $\boldsymbol{X}^T\boldsymbol{X}$ 之后多了 $\lambda\boldsymbol{I}$。只要 $\lambda>0$，那么方阵 $\boldsymbol{X}^T\boldsymbol{X}+\lambda\boldsymbol{I}$ 就一定是正定的，也就是可逆的。实际上，在工程上使用最小二乘法的时候，往往也会加入 $\lambda\boldsymbol{I}$，并称之为扰动项。这样，便解决了 $\boldsymbol{X}^T\boldsymbol{X}$ 不一定可逆，无法求解的困境。到此，微积分和线性代数用不同的方式向我们诠释了过拟合的成因及解决之道。

L1 正则由于绝对值符号的存在，不可以直接求导，因此优化求解的时候往往需要通过近似的方法，推导比较复杂。不过，相比 L2 正则，L1 正则能使模型更具有稀疏性，因此如果追求轻量级模型，可以采用 L1 正则。所谓稀疏性，就是模型的参数中有很多为 0，这在某种程度上相当于对样本进行了一次特征选择，保留了相对重要的特征，从而降低了模型的复杂度，提高了泛化能力。之所以 L1 正则比 L2 正则更容易产生稀疏解，可以从概率论的贝叶斯先验、高等数学的函数曲线叠加以及解空间形状等等角度来进行解释。简单起见，这里介绍最为形象的解空间形状，来一探究竟。

假设截距 $\theta_0=0$，待估参数只有 θ_1 和 θ_2。那么，在二维空间中 L1 正则和 L2 正则的解空间分别如图 5-21 中蓝色的菱形和圆形所示。图中椭圆的等高线表示目标函数。如果目标函数的解位于蓝色区域，就没有稀疏解一说。但是，当解位于蓝色区域之外，由于解空间的约束，那么解必须位于区域的边缘。试想一下，如果在三维空间，把损失函数看作一个气球，而 L2 正则的解空间看作一个球体。用这个球体去撞击气球，那么球体上的每一个位置撞到气球的概率是一样的，而且不容易撞破气球。但是，如果把 L1 正则的解空间看作是一个立方体，再去撞击气球，气球很容易被撞破。为什么？因为立方体的尖角更容易撞到气球，也就是尖角处成为解的概率更高。图 5-21 中的红色圆点代表可能的解(θ_1^*,θ_2^*)，可以发现 L1 正则时(θ_1^*，θ_2^*)更容易位于尖角处，也就是坐标轴上。而此时 $\theta_1^*=0$，这就是所谓的稀疏性，意味着模型中 θ_1 这一项可以消除。一般的机器学习模型中，往往有很多参数，因此解空间的维度很高。随着维度增加，L1 正则的解空间会逐渐呈现刺猬状的形体，因此优化解中容易产生稀疏，这样便容易得到轻量化的模型。

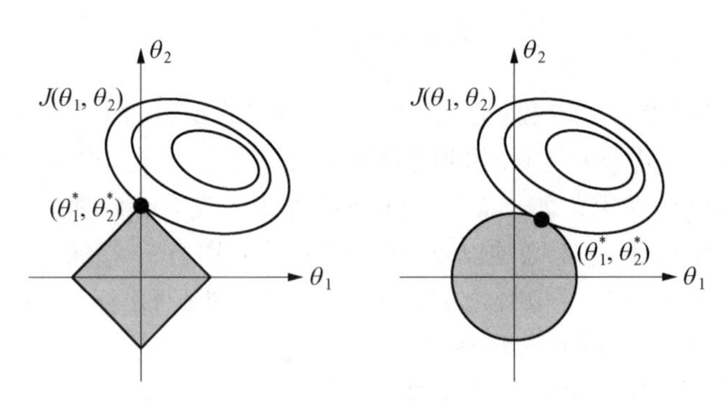

图 5-21　L1 正则和 L2 正则对应的解空间*

【例 5-9】　用 Lasso 回归和 Ridge 回归对随机样本进行拟合

```
import numpy as np
from sklearn.linear_model import LassoCV,RidgeCV
from sklearn.preprocessing import PolynomialFeatures
```

```
import matplotlib.pyplot as plt
from sklearn.pipeline import Pipeline
import matplotlib as mpl
from matplotlib.pyplot import MultipleLocator
import warnings

warnings.filterwarnings("ignore")

def linear_regression(x,y,d,j):
    #创建 L1 正则化模型
    model_lasso=Pipeline([('poly',PolynomialFeatures()),
        ('linear',LassoCV(alphas=np.logspace(-4,1,100),fit_intercept=False))])
    #创建 L2 正则化模型
    model_ridge=Pipeline([('poly',PolynomialFeatures()),
        ('linear',RidgeCV(alphas=np.logspace(-3,2,100),fit_intercept=False))])
    model=[model_lasso,model_ridge][j]
    #设置次数
    model.set_params(poly__degree=d)
    #拟合
    model.fit(x,y)
    linear=model.get_params('linear')['linear']
    coef=[round(c,2) for c in linear.coef_.ravel()]
    print(f'{d}次项,alpha={linear.alpha_:.3f}时,系数为:{coef}')
    #预测结果
    x_hat=np.linspace(x.min(),x.max(),num=100).reshape(-1,1)
    y_hat=model.predict(x_hat)
    return x_hat,y_hat

#可视化
def fit_and_plot(x,y):
    #设置中文显示
    mpl.rcParams['font.sans-serif']=['KaiTi']
    mpl.rcParams['axes.unicode_minus']=False
    #设置从 1 次项到 9 次项
    pool=np.arange(1,10)
    #设置线条颜色和粗细
    colors=[]
    for c in np.linspace(16711680,255,pool.size):
        colors.append('#%06x' % int(c))
    line_width=np.linspace(5,2,pool.size)
```

```
    #开始绘图
    plt.figure(figsize=(13,4.8),facecolor='w')
    titles=('Lasso 回归','Ridge 回归')
    for j in range(2):
        print('*'*41,titles[j],'*'*41)
        #绘制子图
        plt.subplot(1,2,j+1)
        #绘制原始数据
        plt.scatter(x,y,color='#006837',s=100)

        #绘制 9 条拟合曲线
        for i,d in enumerate(pool):
            x_hat,y_hat=linear_regression(x,y,d,j)
            order=9 if d==2 else 0
            plt.plot(x_hat,y_hat,color=colors[i],lw=line_width[i],
                     label=(f'{d}次'),zorder=order)

        #常规绘图项
        plt.legend(loc='upper left',fontsize=14)
        y_major_locator=MultipleLocator(5)
        plt.gca().yaxis.set_major_locator(y_major_locator)
        plt.xticks(fontproperties='Times New Roman',size=18)
        plt.yticks(fontproperties='Times New Roman',size=18)
        plt.title(titles[j],size=20)
        plt.xlabel('x',size=24)
        plt.ylabel('y',size=24)
        print()

    plt.tight_layout()
    plt.subplots_adjust(wspace=0.25)
    plt.show()

def main():
    np.random.seed(0)
    #创建样本
    x=np.sort(np.linspace(0,7,9)+np.random.randn(9))
    y=x**2-5*x-3+np.random.randn(9)
    x=x.reshape(-1,1)
    y=y.reshape(-1,1)
```

```
    #进行拟合并可视化
    fit_and_plot(x,y)

if __name__=="__main__":
    main()
```

运行以上代码可得到在不同次项下的 Lasso 回归和 Ridge 回归的结果，如图 5-22 所示。从图中不难发现以下两个结论：1)对比图 5-19，加入正则项之后，有效地降低了过拟合的风险。无论是 Lasso 回归还是 Ridge 回归，在八次项和九此项时都没有明显的过拟合发生。2)相对 Ridge 回归，Lasso 回归的模型更加简单，特别是在高次项的时候。这印证了 L1 正则容易产生稀疏性的说法。代码打印出来的两个回归的优化参数更加清晰地证明了上面两个结论。如图 5-23 所示，优化参数的取值由于正则项的约束，没有随着次数的增加而增大。另外，从 Lasso 回归的优化参数中可以发现存在很多 0，尤其是次数越大的时候。

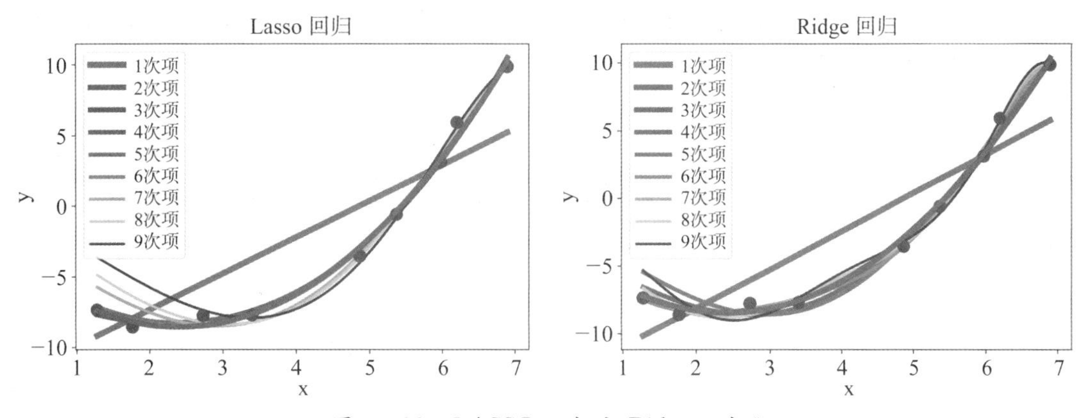

图 5-22　LASSO 回归和 Ridge 回归

```
**************************************** Lasso回归 ****************************************
1次项, alpha=0.343时, 系数为: [-12.45, 2.56]
2次项, alpha=0.001时, 系数为: [-3.2, -4.46, 0.93]
3次项, alpha=0.001时, 系数为: [-5.41, -2.29, 0.34, 0.05]
4次项, alpha=0.038时, 系数为: [-4.99, -2.5, 0.36, 0.05, -0.0]
5次项, alpha=0.067时, 系数为: [-3.9, -3.04, 0.32, 0.07, 0.0, -0.0]
6次项, alpha=0.008时, 系数为: [-4.62, -2.66, 0.3, 0.05, 0.0, 0.0, -0.0]
7次项, alpha=0.242时, 系数为: [-1.41, -3.6, -0.0, 0.13, 0.0, -0.0, -0.0, -0.0]
8次项, alpha=0.486时, 系数为: [-0.0, -4.02, -0.0, 0.12, 0.01, -0.0, -0.0, -0.0, -0.0]
9次项, alpha=1.097时, 系数为: [-0.0, -2.4, -0.49, 0.09, 0.02, 0.0, -0.0, -0.0, -0.0, -0.0]

**************************************** Ridge回归 ****************************************
1次项, alpha=0.118时, 系数为: [-13.77, 2.84]
2次项, alpha=0.167时, 系数为: [-2.96, -4.51, 0.93]
3次项, alpha=0.066时, 系数为: [-3.68, -3.8, 0.72, 0.02]
4次项, alpha=0.298时, 系数为: [-3.09, -2.46, -0.57, 0.33, -0.02]
5次项, alpha=1.353时, 系数为: [-1.87, -1.93, -1.2, 0.44, -0.02, -0.0]
6次项, alpha=0.003时, 系数为: [-2.43, -4.18, -1.75, 2.35, -0.79, 0.12, -0.01]
7次项, alpha=0.148时, 系数为: [-2.55, -2.4, -1.51, -0.03, 0.73, -0.28, 0.04, -0.0]
8次项, alpha=0.335时, 系数为: [-2.15, -2.13, -1.52, -0.27, 0.71, -0.19, 0.01, 0.0, -0.0]
9次项, alpha=2.154时, 系数为: [-1.09, -1.25, -1.22, -0.8, 0.01, 0.55, -0.26, 0.05, -0.0, 0.0]
```

图 5-23　Lasso 回归和 Ridge 回归的优化参数

思考与练习:

(1) 修改例 5-6 的代码,加入正则化。

(2) 查阅资料,从贝叶斯先验和函数叠加角度理解 L1 正则产生稀疏性的原因。

5.2.6 逻辑回归

上文介绍了用线性回归解决回归预测的问题,那么它可以解决分类问题吗? 来看简单的二分类问题。假设有 8 个样本:$\boldsymbol{x}=[-7,-5,-3,-1,1,3,5,7]^T$,$\boldsymbol{y}=[0,0,0,0,1,1,1,1]^T$。这里,$\boldsymbol{x}$ 表示维度为 1 的特征向量,$\boldsymbol{y}$ 表示标签值,正样本为 1,负样本为 0。这是完全对称的一组样本。尝试用一次项和四次项的线性回归进行拟合,可以得到图 5-24 左边所示的结果。由于分类问题希望输出的结果是 0 或 1 的离散值,需要对线性回归预测出来的连续值的结果设置一个阈值,进行转换。如果设置阈值为 0.5,那么左图中的直线 $h_\theta^1(x)$ 转换之后可以将正负样本完美地分开。这时,

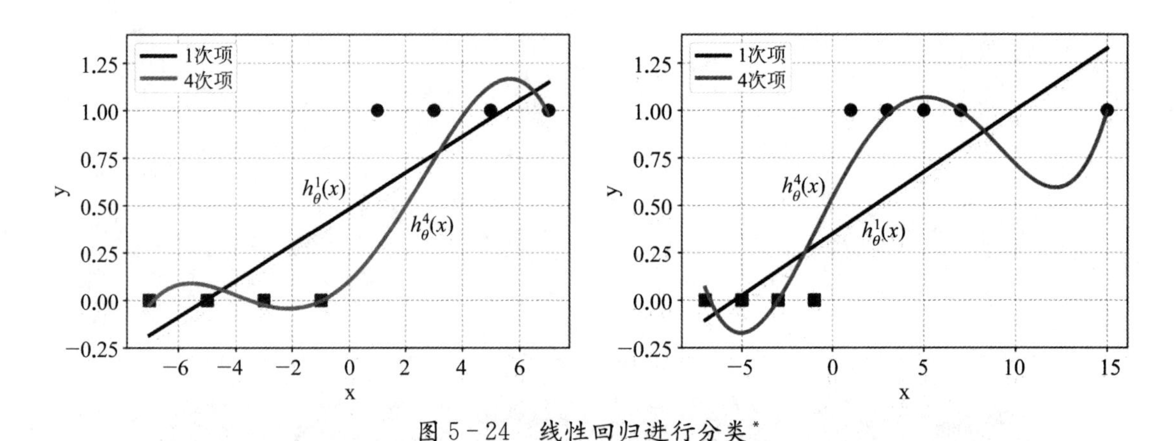

图 5-24 线性回归进行分类*

$$f(h_\theta^1(x))=\begin{cases}0,h_\theta^1(x)<0.5\\1,h_\theta^1(x)\geqslant 0.5\end{cases} \qquad \text{(式 5-43)}$$

不过,如果是四次项这条曲线的话,用同样的阈值设置却会把 $x_5=1$ 这个样本错分,因为这时 $h_\theta^4(x_5)<0.5$。

接下去,增加一个正样本 $x_9=15$。还是用一次项和四次项的线性回归进行拟合,结果如图 5-24 右边所示。在阈值同样为 0.5 的情况下,发现 $f(h_\theta^1(x))$会错分 x_5 这个样本,而 $f(h_\theta^5(x))$却可以将两类样本分开。

可见,线性回归的确是能用来解决分类问题的。不过,它存在一些问题。首先,直线拟合对于样本不够对称的情况容易出错。本例子,加入一个比较远的离群点,直线就无法分开两类样本。实际问题中,样本是不可能完全对称的。其次,采用特征提取或特征构建等手段拟合出来的多次项曲线能够更好地拟合一般的非对称的样本。但是特征工程是相当复杂的,要通过不断地组合多次项以及交叉项来找到合适的曲线,并不容易。最后,拟合出来的曲线,必须要

有一个合适的阈值，才能成功转换去进行分类。这个阈值设置多少合适，没有通用手段可以确定。那么，有没有更好的办法呢？答案就是采用逻辑函数(Logistic Function)。

逻辑函数又叫 Sigmoid 函数，它的公式如下：

$$\sigma(x)=\frac{1}{1+e^{-x}} \tag{式 5-44}$$

这里，e 是自然常数。将图 5-24 的样本重新用逻辑函数拟合可以得到图 5-25 的结果。可以发现，无论是对称的，还是非对称的样本，逻辑函数都能很好地拟合，而且阈值始终设置为 0.5 即可。该函数将$(-\infty,+\infty)$范围的输入映射到$(0,1)$的开区间内，可以用来表示概率的大小。除了将样本分成正负两类，它还可以提示可能性大小。如果输出接近于 1，说明样本为正的概率很大；相反，如果接近于 0，说明样本为负的概率很大。如果输出在 0.5 附近，说明样本介于正负样本空间的分界位置附近，这种结果不是非常可靠。

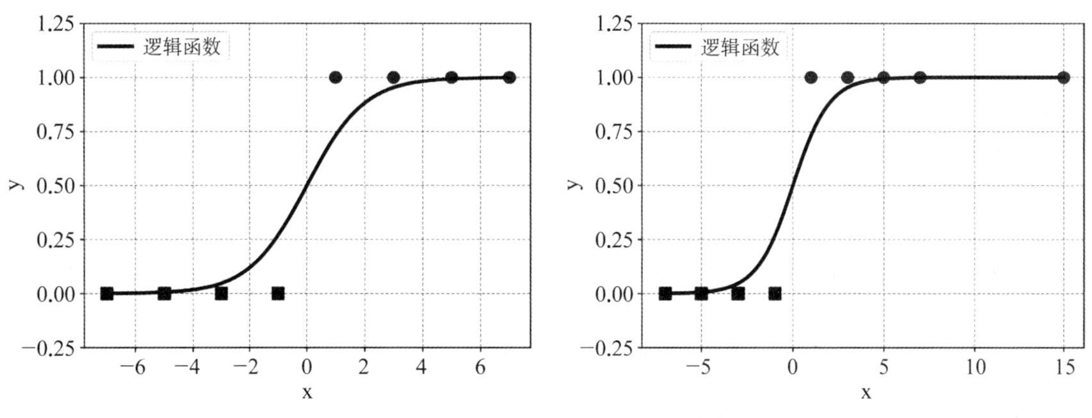

图 5-25　逻辑函数拟合分类样本*

维度为 1 的特征空间的样本分类，只要进行简单平移处理，就可以用逻辑函数解决。但对于一般特征空间的样本，就需要使用逻辑回归(Logistic Regression)。不要顾名思义认为逻辑回归是用来做回归的，实际上它是一种分类算法。给定式 5-1 的一般分类问题的样本，将逻辑函数式 5-44 中的变量 x 替换为 $\boldsymbol{\theta}^T\boldsymbol{x}$ 可得：

$$h_{\theta}(\boldsymbol{x})=\sigma(\boldsymbol{\theta}^T\boldsymbol{x})=\frac{1}{1+e^{-\theta^T x}} \tag{式 5-45}$$

其中，$\boldsymbol{\theta}=[\theta_0,\theta_1,\cdots,\theta_m]^T$，$\boldsymbol{x}=[1,x_1,\cdots,x_m]^T$。这就是逻辑回归的分类模型。在分类问题的时候，这个模型函数通常叫做分类器(classifier)。

有了模型，接下去要构建损失函数，并且优化损失函数，从而确定 $\boldsymbol{\theta}$ 的优化解。线性回归的损失函数是根据均方误差构建的，前面介绍过它是一个凸函数，因此可以用梯度下降法找到最优解。然而，如果用式 5-45 和真实值的均方误差构建的损失函数，很明显它将不再是个凸函数。对于一个非凸函数，在使用梯度下降法优化的时候，很容易陷入局部的极值或鞍点，这将导致算法效果下降。因此，构建凸损失函数就显得尤为重要。以下将用直观的方式来介绍逻辑回归是怎样构建它的损失函数的。

这个损失函数应该具有下面的性质。式 5-45 的模型的输出为(0,1)区间的数值。对于

正样本 $y=1$，输出值 $h_\theta(\boldsymbol{x})$ 接近 1 时损失函数的值应该逐渐变小，$h_\theta(\boldsymbol{x})$ 远离 1 时，损失函数的值应该逐渐变大。而对于负样本 $y=0$，这一过程应该正好相反。能满足这种性质的函数很多，而逻辑回归采用的是负对数函数的形式，具体如下：

$$f(h_\theta(\boldsymbol{x}))=\begin{cases}-\ln h_\theta(\boldsymbol{x}), & y=1\\ -\ln(1-h_\theta(\boldsymbol{x})), & y=0\end{cases} \qquad \text{（式 5-46）}$$

后续推导简洁起见，这里使用自然对数，其他对数同样有效。该函数的形状如图 5-26 所示。不难发现，该函数符合上面描述的性质。而且错误分类在损失上体现的是一种非线性关系。比如：左图中，当 $h_\theta(\boldsymbol{x})$ 无限接近 0 的时候，损失将会无限放大，这样通过优化就可以更好地抑制这种错误。

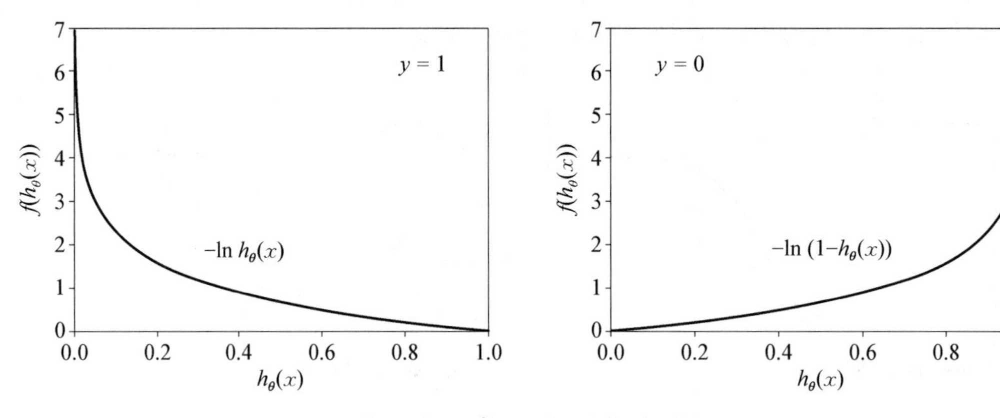

图 5-26　式 5-26 函数的形状

逻辑回归的损失函数就是全部样本用式 5-46 计算出来的损失的总和，具体如下：

$$J(\boldsymbol{\theta})=-\sum_{i=1}^{n}(y_i\ln h_\theta(\boldsymbol{x}_i)+(1-y_i)\ln(1-h_\theta(\boldsymbol{x}_i))) \qquad \text{（式 5-47）}$$

注意，方便起见，$y=0$ 和 $y=1$ 两种情况合起来用一个式子表示。对损失函数求偏导可得：

$$\begin{aligned}\frac{\partial}{\partial\theta_j}J(\boldsymbol{\theta})&=-\sum_{i=1}^{n}\left(\frac{y_i}{h_\theta(\boldsymbol{x}_i)}-\frac{1-y_i}{1-h_\theta(\boldsymbol{x}_i)}\right)\frac{\partial}{\partial\theta_j}h_\theta(\boldsymbol{x}_i)\\&=-\sum_{i=1}^{n}\left(\frac{y_i}{h_\theta(\boldsymbol{x}_i)}-\frac{1-y_i}{1-h_\theta(\boldsymbol{x}_i)}\right)h_\theta(\boldsymbol{x}_i)(1-h_\theta(\boldsymbol{x}_i))\frac{\partial}{\partial\theta_j}\boldsymbol{\theta}^T\boldsymbol{x}_i\\&=-\sum_{i=1}^{n}(y_i(1-h_\theta(\boldsymbol{x}_i))-(1-y_i)h_\theta(\boldsymbol{x}_i))x_{ij}\\&=\sum_{i=1}^{n}(h_\theta(\boldsymbol{x}_i)-y_i)x_{ij}。\end{aligned}$$

（式 5-48）

因此，在用梯度下降法求解时，θ_j 的更新公式如下：

$$\theta_j:=\theta_j-\alpha\sum_{i=1}^{n}(h_\theta(\boldsymbol{x}_i)-y_i)x_{ij}。 \qquad \text{（式 5-49）}$$

细心的读者已经发现式 5-48、5-49 和式 5-34、5-35 在形式上是一样的，唯一不同的是线性回归的时候 $h_\theta(\boldsymbol{x}_i)$ 是线性函数，而这里的 $h_\theta(\boldsymbol{x}_i)$ 是逻辑函数。

如果对式 5-48 继续求偏导,可得损失函数的二阶偏导如下:

$$\begin{aligned}\frac{\partial^2}{\partial\theta_j^2}J(\boldsymbol{\theta}) &= \sum\nolimits_{i=1}^{n} h_\theta(\boldsymbol{x}_i)(1-h_\theta(\boldsymbol{x}_i))x_{ij}\frac{\partial}{\partial\theta_j}\boldsymbol{\theta}^T\boldsymbol{x}_i \\ &= \sum\nolimits_{i=1}^{n} h_\theta(\boldsymbol{x}_i)(1-h_\theta(\boldsymbol{x}_i))x_{ij}^2 > 0。\end{aligned} \qquad (式 5-50)$$

这里,二阶偏导恒大于 0,说明逻辑回归的损失函数是凸函数,那么使用梯度下降法就可以得到全局最优解。可以发现,线性回归和逻辑回归的算法框架非常相似,线性回归一般用来解决回归问题,而逻辑回归通过逻辑函数进行非线性映射能更好地解决分类问题。两个算法都可以使用梯度下降法求得问题的最优解,也都可以使用 L1 正则和 L2 正则来降低过拟合的风险。不过,逻辑回归无法通过最小二乘法求解。

以上直观地介绍了逻辑回归的损失函数,但其背后的理论依据与线性回归用均方误差构建损失函数一样,都来源于概率论中的最大似然估计。而且逻辑回归的损失函数还可以用信息论中的熵的概念来解释,它其实就是机器学习中经常听到的交叉熵损失。

【例 5-10】 用逻辑回归对随机样本进行分类

```
import numpy as np
import matplotlib.pyplot as plt
import matplotlib as mpl
from sklearn.pipeline import Pipeline
from sklearn.preprocessing import PolynomialFeatures
from sklearn.preprocessing import StandardScaler
from sklearn.linear_model import LogisticRegression
from matplotlib.colors import ListedColormap

#绘制决策边界以及等高图形
def plot_decision_boundary(model,axis):
    x0,x1=np.meshgrid(
        np.linspace(axis[0],axis[1],int((axis[1]-axis[0])*100)).reshape(-1,1),
        np.linspace(axis[2],axis[3],int((axis[3]-axis[2])*100)).reshape(-1,1)
    )
    x_new=np.c_[x0.ravel(),x1.ravel()]
    y_predict1=model.predict_proba(x_new)[:,1].reshape(x0.shape)
    y_predict2=model.predict(x_new).reshape(x0.shape)
    color_map=ListedColormap(['#000000'])
    plt.contourf(x0,x1,y_predict1,200,cmap='coolwarm_r',alpha=0.8)
    plt.contour(x0,x1,y_predict2,cmap=color_map,alpha=0.2)

def fit_and_plot(X,y):
    #设置中文显示
```

```
    mpl.rcParams['font.sans-serif']=['KaiTi']
    mpl.rcParams['axes.unicode_minus']=False
    plt.figure(figsize=(14,4.7),facecolor='w')

    for i in range(2):
        #设置模型
        model=Pipeline([
            ('poly',PolynomialFeatures(degree=i+1)),
            ('std_scaler',StandardScaler()),
            ('log_reg',LogisticRegression(solver='liblinear'))
        ])
        #运行逻辑回归算法
        model.fit(X,y)
        #绘图
        titles=('一次项逻辑回归','二次项逻辑回归')
        print(f'{titles[i]}的正确率为{model.score(X,y)*100:.1f}%.')
        plt.subplot(1,2,i+1)
        plot_decision_boundary(model,axis=[-2,4,-3,4])
        plt.scatter(X[y==0,0],X[y==0,1],marker='o',color='#ff0000',s=20)
        plt.scatter(X[y==1,0],X[y==1,1],marker='s',color='#0000ff',s=20)
        plt.title(titles[i],size=24)
        plt.xlim(-2,4)
        plt.ylim(-3,4)
        plt.xticks([])
        plt.yticks([])

    plt.tight_layout()
    plt.show()

def main():
    #创建样本
    np.random.seed(0)
    X=np.random.normal(1,1.5,size=(400,2))
    y=np.array(X[:,0]**2+X[:,1]**2<4,dtype=int)
    #进行拟合并可视化
    fit_and_plot(X,y)

if __name__=="__main__":
    main()
```

该实例中，随机生成了一个椭圆分布的二分类样本，然后分别将一次项和二次项的组合特征送入逻辑回归算法。分类的结果如图 5－27 所示。图中的黑线就是将正负两类样本分开的决策边界，又叫分割面。它的一侧是正区域，另一侧是负区域，而它正好对应分类器的分值为 0.5 的时候。分类器的分值越接近 1，该区域的颜色就趋向于红色，而分值越接近于 0，则颜色趋向于蓝色。逻辑回归本质上还是线性模型，如果原始特征只使用线性的组合而未经转换为高次特征，那么逻辑回归只能解决线性可分的分类问题，如本实例中的线性不可分样本它就无能为力，见左图所示。不过，与线性回归模型进行非线性拟合如出一辙，可以通过多次项、交叉项等特征提取或特征构建的手段，使逻辑回归能够解决线性不可分的问题。如右图所示，由于随机生成的样本来源于椭圆公式，因此采用二次项的逻辑回归很好地完成了这个分类任务。

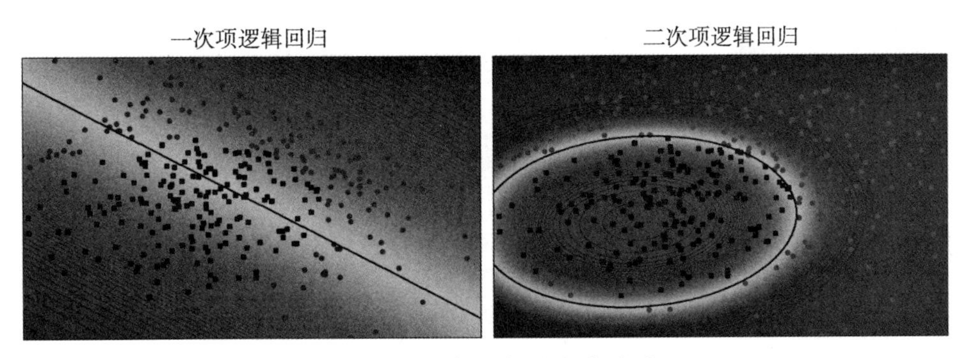

图 5－27 逻辑回归的分类结果*

由此可见，逻辑回归能解决本节开头提出的样本不对称以及阈值不容易确定的问题，不过它仍旧非常依赖于良好的特征工程。要减少这种依赖，可以使用机器学习中的一种核函数技术，具体将在后面的支持向量机中介绍。最后，需要说明的是单个逻辑回归模型只能解决二分类问题。在多分类的情况下，常见的有两种办法。(1)采用一对一或一对多的多模型组合以及少数服从多数的投票方法。这也将在后面的支持向量机中介绍。(2)使用 Softmax 回归。它也是从最大似然估计推导出来的式 5－47 的多分类扩展版本。在现阶段的神经网络的末端采用 softmax 进行分类几乎是一种标配。这种技术将在后面的神经网络中介绍。

思考与练习：

(1) 如果正负样本用 1 和－1 表示，请推导逻辑回归的损失函数以及参数更新公式。

(2) 为什么逻辑回归无法用最小二乘法求解？

(3) 请查阅资料，了解关于交叉熵的概念，加深对逻辑回归的理解。

5.3 支持向量机

在众多的机器学习算法中，支持向量机(support vector machine，简称 SVM)是一颗耀眼的明星。在 2012 年深度学习出现之前，SVM 由于其强大的学习能力，一统江湖十几年，被认为是当时最成功、表现最好的算法。SVM 最早是由俄罗斯统计学家弗拉基米尔·万普尼克和亚历克塞·泽范兰杰斯于 1963 年提出的。而现在版本的 SVM 是万普尼克和他的同事于 1995 正式发表的，在之后的很长一段时间里吸引了大量研究者的关注。SVM 是一种有监督的学习算法，它可以用于分类、回归以及聚类等等任务。它的理论博大精深，涵盖了机器学习中很多方面的知识，包括间隔最大化、凸优化、正则化、铰链损失、拉格朗日对偶、VC 维、核函数映射、次梯度下降法、序列最小优化等等，是在机器学习路上需要迈过的一道坎。

5.3.1 线性支持向量机

SVM 理论基于两个类别的线性可分的分类问题。所谓线性可分，在上文逻辑回归的实例中有所涉及，这里我们再来明确它的含义。给定二分类样本如下：

$$\{(\boldsymbol{x}_i, y_i) \mid \boldsymbol{x}_i \in \boldsymbol{R}^m, y_i \in \{-1, 1\}\}_{i=1}^n \quad (式 5-51)$$

这里，正样本用 1 表示，负样本用 −1 表示。如果样本分布如图 5-28 左边所示，可以用一个超平面将两类样本完全分开，那么就说这样的分类问题是完全线性可分的。注意，这里超平面的表示方式和上文的在标记上略有不同：

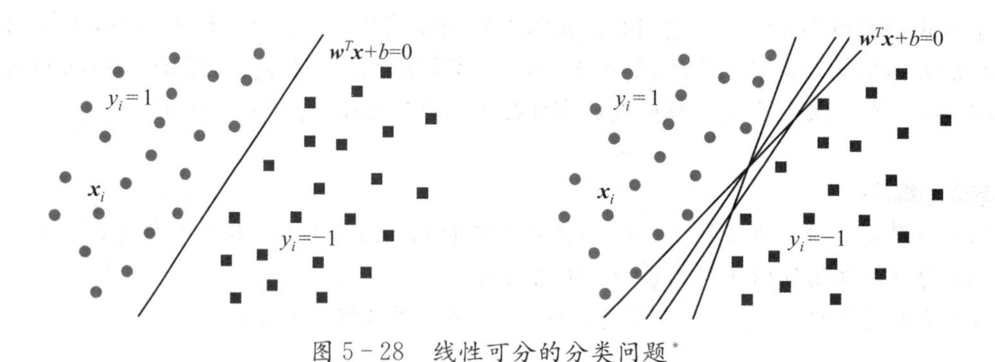

图 5-28　线性可分的分类问题*

$$\boldsymbol{w}^T\boldsymbol{x} + b = 0 \quad (式 5-52)$$

其中，$\boldsymbol{w} = [w_1, w_2, \cdots, w_m]^T$ 是超平面的法向量，通常称之为权重向量，而 b 就是截距。之所以用这些标记是为了和相关论文和书籍保持一致。假如已经得到了这个超平面(一般称之为决策边界或分割面)，那么分类器可以表示如下：

$$f(\boldsymbol{x}) = \text{sgn}(\boldsymbol{w}^T\boldsymbol{x} + b) \quad (式 5-53)$$

其中，sgn表示符号函数。当 $\boldsymbol{w}^T\boldsymbol{x}+b>0$ 时，函数值为1，代表正样本区域，而 $\boldsymbol{w}^T\boldsymbol{x}+b<0$ 时，函数值为−1，代表负样本区域。

现在观察图5-28右边所示，发现存在无数个可以将样本完全分开的分割面。但很明显，分割的效果是有差异的。那么，究竟哪个分割面是最佳选择呢？如果从距离分割面最近的正负样本点分别画两个与之平行的超平面(如图5-29的虚线所示)，可以得到一个通道(如图5-29的绿色部分)。对比图中左右两种情况，发现两个通道的宽度是不一样的。显然，左边的通道更加宽敞，而对比右边，左边的这个分割面可以将两类样本分得更开，特别是对于边界附近的样本能够更正确地分类。因此可以得出结论：对应更宽通道的分割面所形成的分类器更好，而且在同一通道中，位于正中间的分割面比所有其他与之平行的分割面更好。

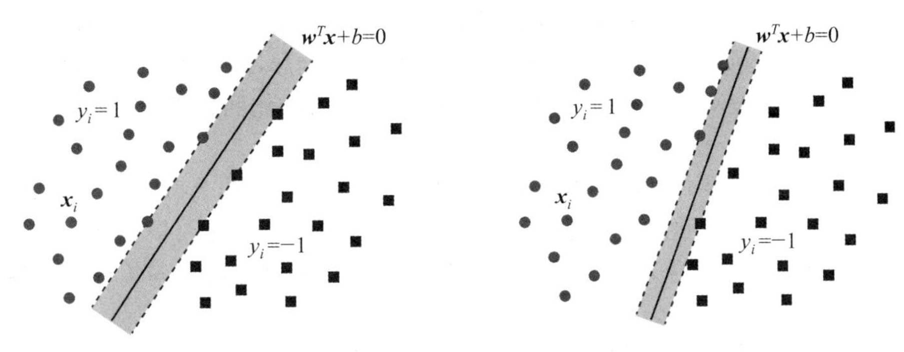

图5-29 分割面的优劣*

这个通道的宽度在SVM理论中被称之为间隔(Margin)，而距离分割面最近的这些点称之为支持向量(support vectors, SVs)。可以发现支持向量决定了这个分割超平面或者说这个通道，这便是该算法叫支持向量机的由来。

接下来的问题是如何定量这个间隔。如图5-30所示，任意一个点 $\boldsymbol{x}_i$ 到一个超平面的距离公式如下：

$$r=\frac{|\boldsymbol{w}^T\boldsymbol{x}_i+b|}{\|\boldsymbol{w}\|} \qquad (式5-54)$$

图中用虚线圈起来的点表示支持向量，那么所有支持向量到分割面的距离都相等且为：

$$r_{sv}=\frac{|\boldsymbol{w}^T\boldsymbol{x}_{sv}+b|}{\|\boldsymbol{w}\|} \qquad (式5-55)$$

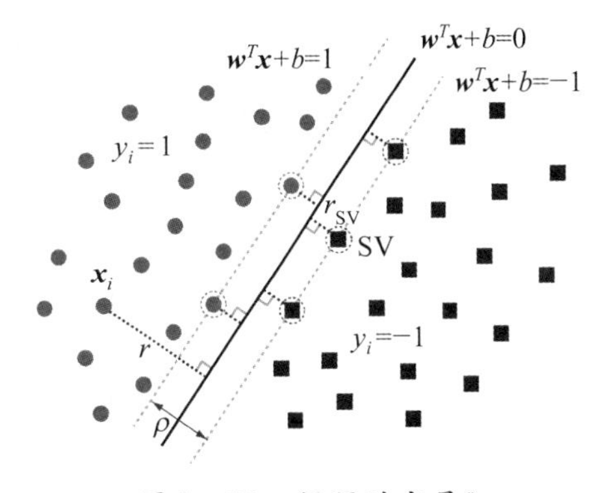

图5-30 间隔的定量*

由于分割面是由 $\boldsymbol{w}$ 和 b 决定的，而 $\boldsymbol{w}$ 和 b 同时放大或者缩小，不会改变分割面本身。因此可以令经过支持向量的上下两个平行超平面分别为：$\boldsymbol{w}^T\boldsymbol{x}+b=1$ 和 $\boldsymbol{w}^T\boldsymbol{x}+b=-1$。这意味所有正样本应该满足 $\boldsymbol{w}^T\boldsymbol{x}_i+b\geqslant 1$，而所有负样本应该满足 $\boldsymbol{w}^T\boldsymbol{x}_i+b\leqslant -1$。也就是不但要将两类样本分开，而且要让它们都位于通道之外。此时，支持向量到分割面的距离可以简化为：

$$r_{sv}=\frac{\mathbf{1}}{\|\boldsymbol{w}\|} \qquad (式5-56)$$

由于间隔是该距离的两倍，因此可知间隔为：

$$\rho = \frac{2}{\|\boldsymbol{w}\|} \quad (式 5-57)$$

显然,要得到最佳的分割面,需要求解关于 $\boldsymbol{w}$ 和 $\boldsymbol{b}$ 的最优解,使得这个间隔最大。

通过以上分析,有了 SVM 的最基本的一个优化问题如下:

问题 1:

$$最小化:\frac{1}{2}\boldsymbol{w}^T\boldsymbol{w} \quad (式 5-58)$$

$$约束条件:y_i(\boldsymbol{w}^T\boldsymbol{x}_i + b) \geqslant 1, i = 1, 2, \cdots, n \quad (式 5-59)$$

注意,目标函数就是式 5-57 的间隔的倒数,因此这里用最小化式 5-58 替代最大化间隔。而仅仅最大化间隔是不够的,前提当然是要能够将两类样本分开,而且还要位于通道之外,因此需要式 5-59 所表示的 n 个条件进行约束。逻辑回归中的优化问题是无约束的,而 SVM 是有约束的。

求解问题 1,意味着要将样本完全分开。但是实际样本中往往会有一些异常值或者噪声点存在,如果一定要严格分割,一来问题 1 所能求得的线性模型未必可以做到,二来就算能够求得,也比较容易产生过拟合。因此,我们希望模型可以更好地适应异常值存在的情况,使之不要对异常值过度敏感。

细心的读者可能已经发现问题 1 的目标函数其实就是前面介绍的 L2 正则项。SVM 中间隔最大化其实是一个正则化问题。按照统计学理论,L1 正则和 L2 正则都属于结构风险。而通常机器学习除了优化结构风险之外,还需要优化另一种经验风险,比如线性回归的均方误差损失和逻辑回归的交叉熵损失都属于经验风险。而 SVM 中引入的是另一种铰链损失(Hinge Loss),其公式如下:

$$\xi_i = \max(0, 1 - y_i(\boldsymbol{w}^T\boldsymbol{x}_i + b))。 \quad (式 5-60)$$

由于它的形状很像铰链(如图 5-31 所示),因而得名铰链损失。式 5-60 和图 5-31 表示:对位于 $\boldsymbol{w}^T\boldsymbol{x}_i + b \geqslant 1$ 的正样本和位于 $\boldsymbol{w}^T\boldsymbol{x}_i + b \leqslant -1$ 的负样本(即边界上和边界外的所有样本)来说,损失为 0;如果正样本在 $\boldsymbol{w}^T\boldsymbol{x}_i + b < 1$ 一侧,离得越远,损失越大;如果负样本在 $\boldsymbol{w}^T\boldsymbol{x}_i + b > -1$ 一侧,离得越远,损失越大。

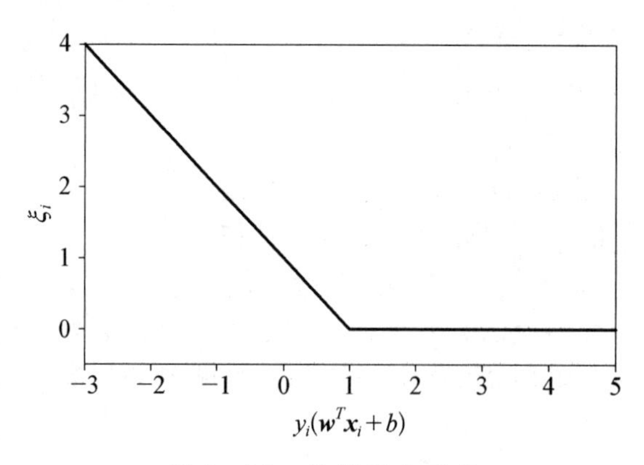

图 5-31 铰链损失函数

引入铰链损失后，不再严格要求分割面将两类样本分开。这种损失相当于给予不同的样本不同程度的松弛，因此在 SVM 中通常将 ξ_i 称之为松弛变量或松弛因子。图 5－32 显示了两种典型异常值的情况。左图中，淡红色样本位于 $0 \leqslant \boldsymbol{w}^T\boldsymbol{x}_i + b < 1$ 区域，因此 $0 < \xi_i \leqslant 1$；而右图中，淡蓝色样本位于 $\boldsymbol{w}^T\boldsymbol{x}_i + b > 0$ 区域，因此 $\xi_i > 1$。

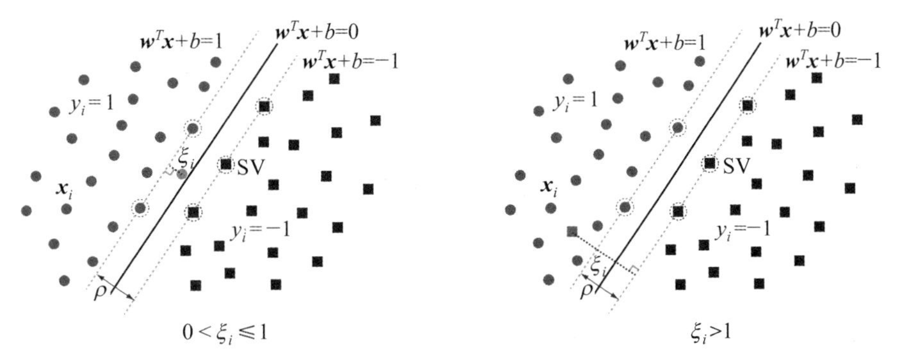

图 5－32　松弛变量*

由于这个时候不需要完全分开样本，因此通常将这种情况的间隔被称之为软间隔。而对应于软间隔，之前图 5－30 中的间隔称之为硬间隔。加入铰链损失或者说松弛变量后，那么问题 1 将转化为新的优化问题如下：

问题 2：

$$最小化：\frac{1}{2}\boldsymbol{w}^T\boldsymbol{w} + C\sum\nolimits_{i=1}^{n}\xi_i \qquad (式\ 5-61)$$

$$约束条件：y_i(\boldsymbol{w}^T\boldsymbol{x}_i + b) \geqslant 1 - \xi_i, i = 1, 2, \cdots, n \qquad (式\ 5-62)$$

$$\xi_i \geqslant 0, i = 1, 2, \cdots, n \qquad (式\ 5-63)$$

这里参数 C 的倒数相当于前文介绍正则化时的 λ，用于权衡模型复杂度和线性不可分样本的数量，称之为惩罚参数。显然，如果 C 趋向于无穷大，那么 ξ_i 就会趋向于 0，这样就退化为完全线性可分的情况，也就是过拟合；而如果 C 过于小，那么对于更多的样本所对应的 ξ_i 可以不为 0，因此样本无法被很好地划分，从而造成欠拟合。所以，SVM 中的这个参数 C 是非常重要的，只有根据样本的情况，选择适当的参数 C，才能得到正常拟合的结果。

思考与练习：

(1) 为什么一般逻辑回归正负样本用 0 和 1 表示，而 SVM 用 −1 和 1 表示？

(2) 为什么说支持向量决定了分割超平面？

(3) 证明问题 1 和问题 2 的目标函数是凸函数。

5.3.2　对偶问题

上节中得到了问题 2 的优化问题。显然，它是一个凸二次优化问题。因此可以用前文介绍的梯度下降法求解并得到全局最优解。具体实现的时候，由于铰链损失（如图 5－31 中的折点处）不是完全可导的，因此需要在函数的次梯度中选出一个方向前进，这种做法称之为次梯度下降法。不过，标准的 SVM 算法中并不是直接求解问题 2 的，而是要将问题转化为它的对偶问题再求解。本节中，先来看对偶问题是如何得到的，然后通过对比就可以理解这样做的好处。

针对问题 2，根据拉格朗日理论，假设 $\boldsymbol{\alpha}=\{\alpha_1,\alpha_2,\cdots,\alpha_n\}$ 和 $\boldsymbol{\mu}=\{\mu_1,\mu_2,\cdots,\mu_n\}$ 分别表示式 5－62 和式 5－63 对应的拉格朗日乘子。注意，拉格朗日乘子大于等于 0。那么，可以得到拉格朗日函数如下：

$$\mathcal{L}(\boldsymbol{w},b,\boldsymbol{\xi},\boldsymbol{\alpha},\boldsymbol{\mu})=\frac{1}{2}\boldsymbol{w}^T\boldsymbol{w}+C\sum\nolimits_{i=1}^{n}\xi_i+\sum\nolimits_{i=1}^{n}\alpha_i[1-\xi_i-y_i(\boldsymbol{w}^T\boldsymbol{x}_i+b)]-\sum\nolimits_{i=1}^{n}\mu_i\xi_i$$

（式 5－64）

分别对该函数求关于 $\boldsymbol{w}$，b 和 $\boldsymbol{\xi}$ 的偏导数，并令所有偏导数为 0，可得：

$$\frac{\partial\mathcal{L}}{\partial\boldsymbol{w}}=0\Rightarrow\boldsymbol{w}=\sum\nolimits_{i=1}^{n}\alpha_i y_i\boldsymbol{x}_i \quad \text{（式 5－65）}$$

$$\frac{\partial\mathcal{L}}{\partial b}=0\Rightarrow\sum\nolimits_{i=1}^{n}\alpha_i y_i=0 \quad \text{（式 5－66）}$$

$$\frac{\partial\mathcal{L}}{\partial\xi}=0\Rightarrow C=\alpha_i+\mu_i \quad \text{（式 5－67）}$$

将式 5－65，5－66 和 5－67 代入拉格朗日函数，消去 $\boldsymbol{w}$ 和 b，可得问题 2 的对偶问题如下：

问题 3：

$$\text{最大化：}\sum\nolimits_{i=1}^{n}\alpha_i-\frac{1}{2}\sum\nolimits_{i=1}^{n}\sum\nolimits_{j=1}^{n}\alpha_i\alpha_j y_i y_j\boldsymbol{x}_i^T\boldsymbol{x}_j \quad \text{（式 5－68）}$$

$$\text{约束条件：}\sum\nolimits_{i=1}^{n}\alpha_i y_i=0 \quad \text{（式 5－69）}$$

$$0\leqslant\alpha_i\leqslant C,i=1,2,\cdots,n \quad \text{（式 5－70）}$$

注意，问题 3 中的变量为 $\boldsymbol{\alpha}$，目标函数仍旧是一个凸二次函数。根据拉格朗日理论，对于凸优化问题，得到的解为原始问题和对偶问题的最优解等价于满足如下的 KKT 条件（karush-kuhn-tucker condition）：

$$\begin{cases}\boldsymbol{w}=\sum\nolimits_{i=1}^{n}\alpha_i y_i\boldsymbol{x}_i & (1)\\ \sum\nolimits_{i=1}^{n}\alpha_i y_i=0 & (2)\\ C=\alpha_i+\mu_i & (3)\\ 0\leqslant\alpha_i\leqslant C & (4)\\ \xi_i\geqslant 0 & (5)\\ y_i(\boldsymbol{w}^T\boldsymbol{x}_i+b)-1+\xi_i\geqslant 0 & (6)\\ \mu_i\geqslant 0 & (7)\\ \mu_i\xi_i=0 & (8)\\ \alpha_i(y_i(\boldsymbol{w}^T\boldsymbol{x}_i+b)-1+\xi_i)=0 & (9)\end{cases} \quad \text{（式 5－71）}$$

式 5－71 的这些条件中，(1)～(3)为令拉格朗日函数偏导数为 0 所得，即式 5－65、5－66 和 5－67，(4)～(6)为原始问题和对偶问题的约束条件，(7)是拉格朗日乘子为非负的约束。从(9)可

知，必须满足 $y_i(\boldsymbol{w}^T\boldsymbol{x}_i+b)=1-\xi_i$ 或者 $\alpha_i=0$。如果前者成立，这时 $0<\alpha_i\leqslant C$。根据(3)，如果 $\alpha_i=C$，那么 $\mu_i=0$。由(8)可知，$\mu_i=0$ 时，$\xi_i>0$，也就是铰链损失不为 0，这意味着样本为图 5-32 所示的两种情况之一。如果 $0<\alpha_i<C$，同理可知 $\xi_i=0$，那么样本正好位于边界上，也就是支持向量。再看后者成立的情况，由于 $\alpha_i=0$，根据(3)，那么 $\mu_i=C$。又根据(8)，那么必须 $\xi_i=0$。因为 $y_i(\boldsymbol{w}^T\boldsymbol{x}_i+b)-1+\xi_i>0$，所以 $y_i(\boldsymbol{w}^T\boldsymbol{x}_i+b)>1$，这意味着此时样本位于间隔边界之外。以上分析可得表 5-5 中的结论。

表 5-5　α_i 的值对应的样本情况

α_i 的值	所在位置	对应样本
$\alpha_i=0$	间隔边界外	正确划分的样本
$0<\alpha_i<C$	间隔边界上	支持向量
$\alpha_i=C$	间隔内或错误一侧	异常值

假设求解问题 3 得到的最优解为 $\boldsymbol{\alpha}^*$，根据式 5-65，可得问题 2 的 $\boldsymbol{w}$ 的最优解为：

$$\boldsymbol{w}^*=\sum_{i=1}^{n}\alpha_i^* y_i\boldsymbol{x}_i \qquad \text{(式 5-72)}$$

在 $\boldsymbol{\alpha}^*$ 中选择任意一个分量 α_j^* 满足条件 $0<\alpha_j^*<C$。从表 5-5 可知，该分量对应的样本 $\boldsymbol{x}_j$ 位于间隔边界上，即 $y_j(\boldsymbol{w}^{*T}\boldsymbol{x}_j+b)=1$。这样可得 b 的最优解为：

$$b^*=y_j-\sum_{i=1}^{n}\alpha_i^* y_i\boldsymbol{x}_i^T\boldsymbol{x}_j \qquad \text{(式 5-73)}$$

将式 5-72 代入式 5-52，得到最优分割超平面为：

$$\sum_{i=1}^{n}\alpha_i^* y_i\boldsymbol{x}_i^T\boldsymbol{x}+b^*=0 \qquad \text{(式 5-74)}$$

以上，介绍了问题 2 的拉格朗日对偶问题，知道通过求解对偶问题可以得到原始问题的解。之所以要将原始问题转化为对偶问题，主要有以下几个好处：1)对偶问题将原始问题中的不等式约束转为了对偶问题中的等式约束，方便求解；2)由求权重向量 $\boldsymbol{w}$ 转化为求拉格朗日乘子 $\boldsymbol{\alpha}$。在原始问题下，求解的复杂度与样本的维度有关，而在对偶问题下，只与样本数量有关。因此，克服了其他机器学习算法中经常遇到的维度灾难的问题。3)对偶问题中，$\boldsymbol{x}_i^T\boldsymbol{x}_j$ 成对出现，这样就方便引入核函数，从而实现从线性到非线性的转化。这将在下一小节介绍。

思考与练习：

(1) 请完整推导问题 2 到问题 3 的转化。

(2) 查阅资料，了解什么是维度灾难。

5.3.3　非线性支持向量机

前面介绍了通过间隔最大化构建超平面将两类样本分开，虽然考虑了异常值，但还是属于线性可分的情况。实际问题中绝大部分情况都是线性不可分的，需要构建的并非平面而是曲面。SVM 本质上是一种线性模型，它解决非线性问题的思路基于强大的核函数技术和 VC 维

(vapnik-chervonenkis dimension)理论,实现起来相当方便。简单来说,就是将输入空间(样本所在的原始空间)的样本映射到一个特征空间,在特征空间中通过间隔最大化构建超平面。一般来说,特征空间的维度要远高于输入空间的维度,因此这是一个将样本从低维空间映射到高维空间的过程,图 5-33 演示了这个过程。

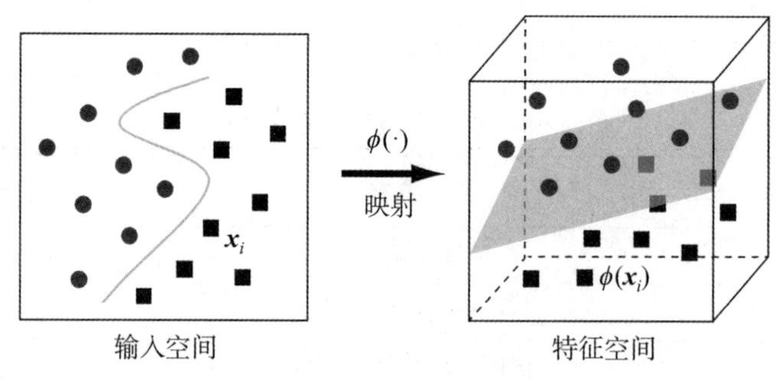

图 5-33 输入空间到特征空间的映射*

接下去要弄清楚两个问题。第一、为什么映射到高维空间,样本可以线性可分。第二、什么样的映射可以达到这种效果。要回答这两个问题,需要了解 VC 维和核函数。

1. VC 维

VC 维并不是维度的概念。它的直观定义为:对一个指示函数集,在样本空间中如果存在 h 个样本能够被函数集中的函数按所有可能的 2^h 种形式分开,则称函数集能够把 h 个样本打散。那么,函数集在该样本空间的 VC 维就是它能打散的最大样本数目 h。若对任意数目的样本都有函数能将它们打散,则该函数集的 VC 维为无穷大。

SVM 使用超平面将样本分开,即打散,那么这个指示函数集就是一个线性函数集。图 5-34 演示了二维空间中线性函数的 VC 维的情况。只有 1 个点时,直线可以有 2 种形式打散样

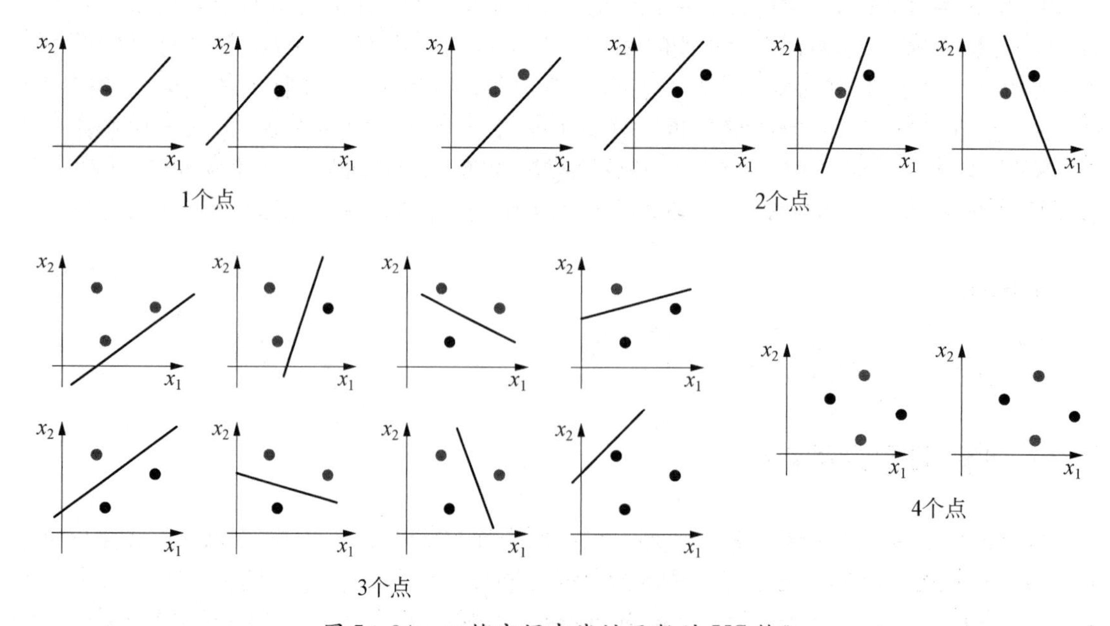

图 5-34 二维空间中线性函数的 VC 维*

本;2 个点时,有 $2^2=4$ 种形式打散样本;3 个点时,有 $2^3=8$ 种形式打散样本;而 4 个点时,共有 14 种形式,如图中所示的两种情况是直线无法打散的。因此,在二维空间直线可以打散的最大样本数目为 3,那么这时的 VC 维为 3。

实际上,在 m 维空间中,线性函数的 VC 维为 $m+1$。一种简单直观的证明如下。

假设 $\boldsymbol{X}$ 是一个 $n\times(m+1)$ 的矩阵(如式 5 - 28),代表样本;$\boldsymbol{y}$ 是一个 $n\times 1$ 的向量,对应标签;$\boldsymbol{w}=[b, w_1, w_2, \cdots, w_m]^T$,可以代表 m 维空间中的一个超平面。如果超平面能够将样本 $\boldsymbol{X}$ 打散,那么 $\boldsymbol{w}$ 应该满足 $\boldsymbol{Xw}=\boldsymbol{y}$。对于 $n=m+1$ 的情况,这时 $\boldsymbol{X}$ 是一个 $(m+1)\times(m+1)$ 的方阵。只要 $\boldsymbol{X}$ 是可逆的,那么 $\boldsymbol{w}$ 就一定有解。需要补充的是,在 VC 维理论中,对于线性函数集并不需要考虑几点成一线的情况。比如:上面讨论二维空间中三个点的情况,如果三点成一线,如图 5 - 35 所示,这时线性函数是无法打散的。但是,就算不考虑这种情况,也已经能够以 2^3 种形式打散样本,因此认为是可以打散 3 个点的。实际上,图 5 - 35 中,样本之间存在线性相关性,因此无法打散。而图 5 - 34 中 3 个点的情况下样本之间都是线性不相关的,是可以打散的。排除了这种样本之间的线性相关性,那么 $\boldsymbol{X}$ 是可逆的,也就是 $\boldsymbol{X}$ 是一个满秩矩阵,因此 $\boldsymbol{w}$ 就有解。这样,在 $n=m+1$ 的情况下,是存在一个超平面能将 m 维空间的 $m+1$ 个点打散的。

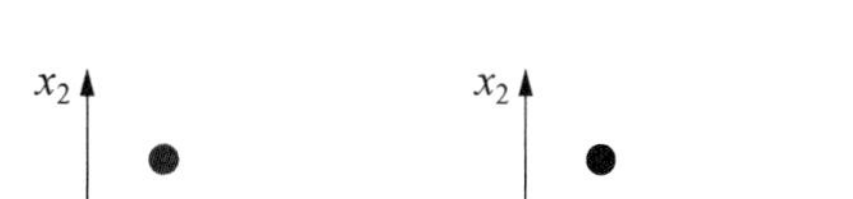

图 5 - 35　三点成一线的情况*

再来看 $n=m+2$ 的情况。这时,$\boldsymbol{X}$ 是一个 $(m+2)\times(m+1)$ 的矩阵。显然,$\boldsymbol{X}$ 的秩最大为 $m+1$,意味着所有向量不是完全线性无关,因此不存在可逆矩阵,也就是说 $\boldsymbol{w}$ 无解。因此,不存在一个超平面能将 m 维空间的 $m+2$ 个点打散。

到此,我们知道一个超平面最多只能将 m 维空间的 $m+1$ 个点打散,因此此时的 VC 维为 $m+1$。证明完毕。

VC 维理论告诉我们,如果可以将 n 个样本映射到大于等于 $n-1$ 维度的特征空间,那么在特征空间就可以用超平面将它们分开。这就解释了上面的第一个问题。

2. 核函数

核函数要解决的是另一个如何映射的问题。图 5 - 33 中的 $\phi(\cdot)$ 代表一个映射函数,它可以将样本从输入空间映射到特征空间。不过,一般机器学习中不直接使用 $\phi(\cdot)$,而是通过一个核函数隐式地进行映射。核函数的定义是:

$$K(\boldsymbol{x}, \boldsymbol{x}')=\phi^T(\boldsymbol{x})\phi(\boldsymbol{x}') \tag{式 5 - 75}$$

它就是映射函数的内积。以下是几种常见的核函数。

多项式核函数:

$$K(\boldsymbol{x}, \boldsymbol{x}')=(\boldsymbol{x}^T\boldsymbol{x}'+1)^P \tag{式 5 - 76}$$

这里,P 为正整数,即多项式的次数。当 $P=1$ 时,多项式核退化为线性核。它主要用于线性可分的情况下,需要进行特征提取或特征构建的场合,比如 $m\gg n$。线性核不是这里要讨论的核技巧。当 $P>1$ 时,多项式核就可以将样本映射到更高维度的空间。假设有一维空间的线性不可分样本如图 5 - 36 左边所示。使用二次多项式如下:

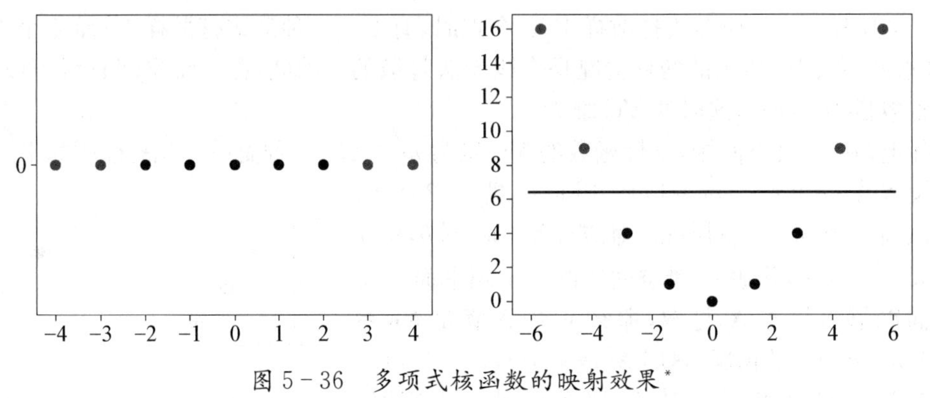

图 5-36 多项式核函数的映射效果*

$$K(x,x')=(xx'+1)^2=x^2x'^2+2xx'+1=\begin{pmatrix}\sqrt{2}x\\x^2\\1\end{pmatrix}^T\begin{pmatrix}\sqrt{2}x'\\x'^2\\1\end{pmatrix} \quad (式 5-77)$$

可见,二次多项式将一维空间的样本映射到了三维空间。其中所使用的映射函数为:

$$\phi(x)=(\sqrt{2}x,x^2,1) \quad (式 5-78)$$

由于第三个维度为常数 1,因此将映射后的样本显示在一个二维空间如图 5-36 右边所示。显然,这时可以用一个平面将样本分开。

多项式核函数的映射空间复杂度直接和参数 P 相关。为了保证样本一定能线性可分,又希望模型不要过于复杂,需要设置适当的 P 值。另外,当 P 很大时,会导致计算不稳定。

高斯核函数:

$$K(\boldsymbol{x},\boldsymbol{x}')=e^{-\frac{\|x-x'\|^2}{2\sigma^2}} \quad (式 5-79)$$

这里 $\sigma>0$ 是函数的宽度参数,控制函数的径向作用范围,因此又叫径向基函数。将式 5-79 泰勒展开可得:

$$K(\boldsymbol{x},\boldsymbol{x}')=1+\left(-\frac{\|x-x'\|^2}{2\sigma^2}\right)+\frac{\left(-\frac{\|x-x'\|^2}{2\sigma^2}\right)^2}{2!}+\cdots+\frac{\left(-\frac{\|x-x'\|^2}{2\sigma^2}\right)^n}{n!}+\cdots \quad (式 5-80)$$

由此可知,高斯核将样本映射到无穷高的维度。这时线性函数的 VC 维为无穷大,因此,无论有多少样本,一定存在超平面可以将样本分开。不过,使用高斯函数无法如同多项式函数那样可以将具体的映射情况解析出来。因此,大部分时候并不知道 $\phi(\cdot)$的具体形式。

高斯函数在机器学习中常被用来计算样本间的相似程度。若两点的相似程度很大,则距离 $\|\boldsymbol{x}-\boldsymbol{x}'\|^2$ 越小,使得函数值越大,这意味着高斯函数具有局部特征,只有相对邻近的样本点会对测试点的分类产生较大作用。σ 越大,意味着两个点只有非常接近时才会被认为相似,这样决策边界只取决于较少的几个样本点,会变得较为扭曲,容易过拟合。相反,σ 越小,大量的点被认为近似,从而可以影响模型,因此导致模型变得简单,容易欠拟合。

同样,将上面一维空间的线性不可分样本经过高斯核函数映射之后可以得到图 5-37 右

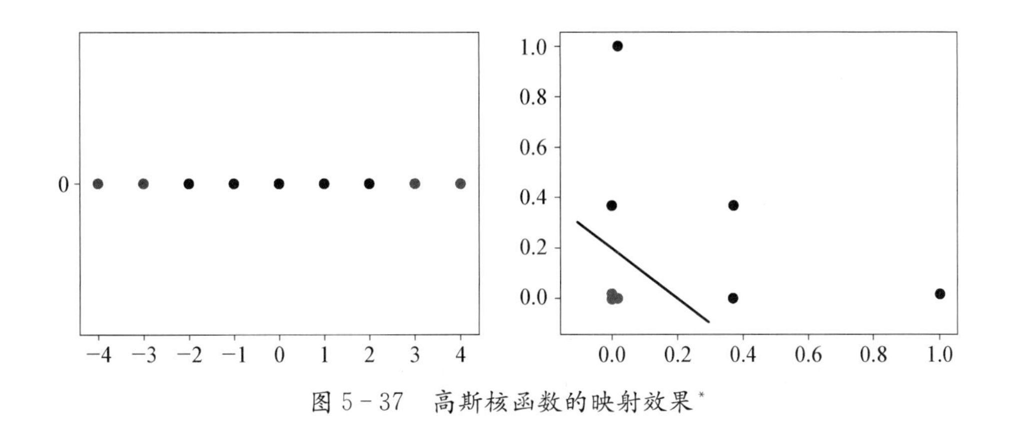

图5-37　高斯核函数的映射效果*

边所示的结果。这时，在高维空间样本也变得线性可分。

需要说明的是除了以上的核函数，还有拉普拉斯核函数，逻辑核函数等等，其实只要是满足 Mercer 定理的函数都可以作为核函数。

到此，我们理解了只要将样本 $\boldsymbol{x}$ 映射到一个合适的高维空间变为 $\phi(\boldsymbol{x})$，那么在该高维空间中又可以用线性支持向量机的理论来对 $\phi(\boldsymbol{x})$进行分类。此时，问题3就转化为：

问题4：

$$\text{最大化：}\sum_{i=1}^{n}\alpha_i-\frac{1}{2}\sum_{i=1}^{n}\sum_{j=1}^{n}\alpha_i\alpha_j y_i y_j \phi^T(\boldsymbol{x}_i)\phi(\boldsymbol{x}_j) \quad (\text{式 }5-81)$$

$$\text{约束条件：}\sum_{i=1}^{n}\alpha_i y_i=0 \quad (\text{式 }5-82)$$

$$0\leqslant\alpha_i\leqslant C, i=1,2,\cdots,n \quad (\text{式 }5-83)$$

可以发现，问题3和问题4仅有的区别就在样本映射这个部分。由于具体映射往往是无法得知的，而且恰好在对偶问题以及分类器式5-74中映射函数都是以内积形式成对出现的，因此，可直接用核函数替换内积部分，得到 SVM 的一般优化问题如下：

问题5：

$$\text{最小化：}\frac{1}{2}\sum_{i=1}^{n}\sum_{j=1}^{n}\alpha_i\alpha_j y_i y_j K(\boldsymbol{x}_i,\boldsymbol{x}_j)-\sum_{i=1}^{n}\alpha_i \quad (\text{式 }5-84)$$

$$\text{约束条件：}\sum_{i=1}^{n}\alpha_i y_i=0 \quad (\text{式 }5-85)$$

$$0\leqslant\alpha_i\leqslant C, i=1,2,\cdots,n \quad (\text{式 }5-86)$$

注意，一般为了描述更加直观，给目标函数增加负号，从而将最大化转化为最小化，问题实质不变。假设问题5的最优解为 $\boldsymbol{\alpha}^*$，最后可求得最优分割超平面为：

$$\sum_{i=1}^{n}\alpha_i^* y_i K(\boldsymbol{x}_i,\boldsymbol{x}_j)+b^*=0 \quad (\text{式 }5-87)$$

思考与练习：

(1) 请尝试画出在二维空间中用直线打散4个点的14种形式。

(2) 请查阅关于用 Mercer 定理证明核函数的充要条件。

5.3.4 问题的延续

以上介绍了 SVM 要求解的优化问题是如何演化而来的。然而，要将算法应用于更一般的实际问题的时候，还有后续待解决的问题，需要以下一些典型的技术。

1. 快速求解

问题 5 是一个二次凸优化问题，可以直接用很多程序语言提供的工具求解。不过，该问题的变量 $\boldsymbol{\alpha}$ 的个数等于给定训练样本的数量，这意味着当样本数量增大时求解所需时间和空间也急剧增大。一般经验来看，在小于 10000 个样本的情况下，普通的计算机还能直接求解问题 5，但更多样本的时候，求解会相当困难。因此，在实际算法执行时，往往不是直接去求解问题 5，而是采用分解优化算法，以达到快速求解的目的。

分解优化算法的基本步骤如下：

(1) 判断终止条件，如果成立，算法结束；如果不成立，执行下一步。

(2) 从 $\boldsymbol{\alpha}$ 的 n 个分量中选择 k 个分量作为待更新的变量，其余 $n-k$ 个变量临时作为常量。

(3) 求解含有 k 个变量的子问题，用得到的解更新当前 k 个变量，并返回第一步。

算法的基本思路是将大规模的优化问题，分解为一个个子问题，通过快速求解子问题，迭代更新参数，求得问题的最优解（如图 5-38 所示）。要执行该算法，需要明确两个问题。

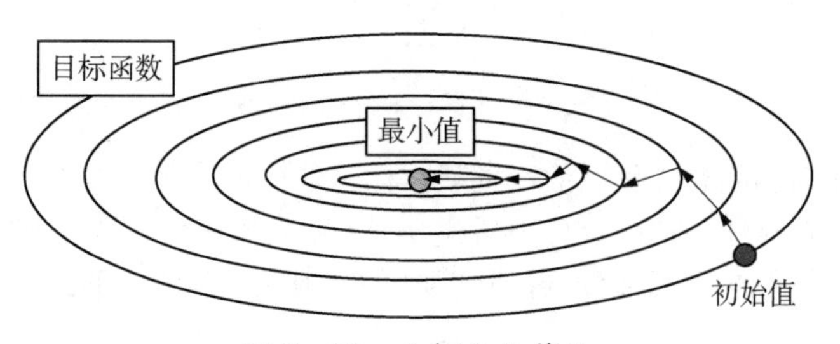

图 5-38 分解优化算法

第一，终止条件是什么？根据 KKT 条件，可以严格推导出算法的终止条件。不过，也可以根据每次参数更新前后目标函数的变化程度决定是否终止。

第二，如何选择 k 个变量？每次选中的 k 个变量被称之为工作集。首先，k 必须大于 1。如果 $k=1$，即选择 $\boldsymbol{\alpha}$ 的 1 个变量，这属于传统的坐标下降法。这时，由于其他 $n-1$ 个变量被固定，根据式 5-71 的条件(2)，被选择的 1 个变量是无法更新的，因此不可行。其次，一般 k 应该远小于 n。如果 k 接近于 n，那么分解就意义不大。k 越小，单次更新越快，虽然需要更多的迭代次数，但总体时间还是比较短的。最极端的情况是使 $k=2$，这时的算法便是 SVM 中非常有名的序列最小优化算法(sequential minimal optimization algorithm，简称为 SMO 算法)。它的终止条件推导相对更加简单。最后，确定好 k 值，在所有可能的组合中，一般选择梯度最大的一组变量作为工作集，这便是所谓的最急梯度下降法。这种分解优化算法已经被严格证明可以收敛并求得问题的最优解。

2. 多分类问题

到目前为止，讨论的都是二分类问题。间隔最大化的做法也可以扩展到多分类问题。但对于一个 K 分类问题，优化问题的变量的个数等于样本数目的 K 倍。因此，在类别很多的情况下，求解这种优化问题非常耗时。实际上，解决多分类问题时，SVM 还是基于二分类的优化问题，采用一对多或者一对一的方式。

一对多(one-versus-rest, OVR)。在训练时，先将第一个类别的样本归为正类，其他剩余的 K－1 类样本归为负类，训练得到一个分类器；然后，将第二个类别归为正类，剩余的归为负类，再训练得到一个分类器；以此类推，一共可以得到 K 个 SVM 分类器。在测试时，未知样本将被送入 K 个分类器，分别计算分值，最后将其归为具有最大分值的那类。这种做法的优点是只需要训练 K 个分类器，个数相对较少，分类的速度相对较快。缺点是每个分类器的训练都需要使用全部的样本，这样单个优化问题求解的速度会随着训练样本的增加而急剧减慢。与此同时，由于负样本要远远多于正样本，容易出现样本不平衡的情况，而且随着样本类别的增加不平衡问题更趋严重。一种解决办法是对于不同类别的样本引入不同的惩罚参数 C，不过如此一来，参数优化或调节的压力必然加大。

一对一(one-versus-one, OVO)。在 K 类样本中任选两个类别的样本进行训练，这样一共可以得到 K(K－1)/2 个分类器。测试时，未知样本将送入所有分类器，每个分类器会给出一个分类结果，等于投了一票，最后根据少数服从多数的原则确定类别。这种做法虽然需要训练更多的分类器，但是每次训练只需要用到二类别的样本，优化问题相对较小，整体速度往往更快。同时，这种做法不容易引起样本不平衡的问题。著名的 SVM 工具包 LIBSVM 中的多分类就是根据一对一方法实现的。不过，这种方法的缺点是当类别很多的时候，测试需要用到 K(K－1)/2 个分类器，代价不小。

3. 回归问题

SVM 也可以解决回归问题，思路也基本类似。将原始优化问题稍加修改之后，用拉格朗日理论便可以推导出解决回归问题版本的一般对偶问题如下：

问题 6：

$$\text{最小化：}\frac{1}{2}\sum_{i=1}^{n}\sum_{j=1}^{n}(\alpha_i-\alpha'_i)(\alpha_j-\alpha'_j)K(\boldsymbol{x}_i,\boldsymbol{x}_j) \quad \text{（式 5－88）}$$

$$-\sum_{i=1}^{n}y_i(\alpha_i-\alpha'_i)+\varepsilon\sum_{i=1}^{n}(\alpha_i+\alpha'_i)$$

$$\text{约束条件：}\sum_{i=1}^{n}(\alpha_i-\alpha'_i)=0 \quad \text{（式 5－89）}$$

$$0\leqslant\alpha_i,\alpha'_i\leqslant C,i=1,2,\cdots,n \quad \text{（式 5－90）}$$

与分类相比，需要多一个超参数 ε，并且问题的变量数目为样本个数的两倍。因此，解决回归问题时，优化问题相对更加复杂些。这时的支持向量机被称之为支持向量回归机(support vector regression, SVR)。

4. 实战剖析

作为本节结束，来看一个图像分类的实例。我们使用著名的 CIFAR－10 公开数据集，它包括 10 个类别的 60000 张 32×32 的彩色图像，每个类别有 6000 张图像。其中，50000 张训练图像和 10000 张测试图像。从每个类别中随机抽取 10 张图像，如图 5-39 所示。

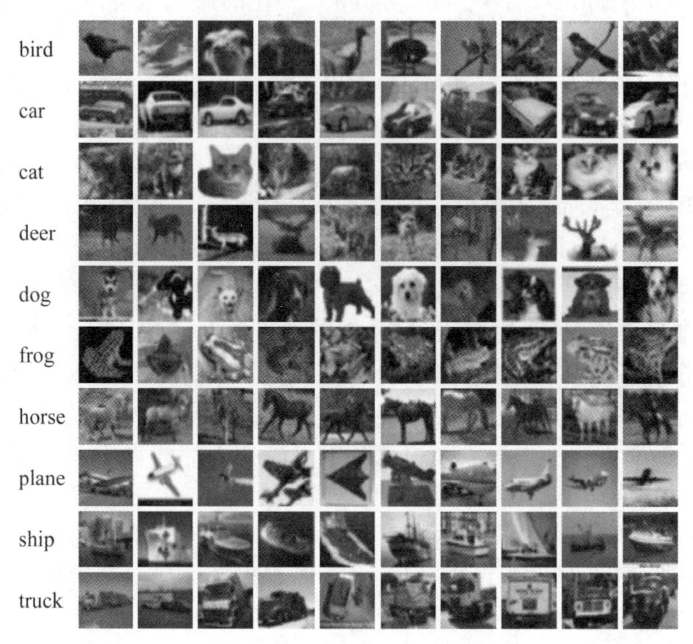

图 5-39　CIFAR-10 数据集

【例 5-11】 用 SVM 对 CIFAR-10 数据集进行分类

(1) 导入本实例所用模块。

```
import os
import cv2
import time
import numpy as np
import tqdm
import pickle
from skimage.feature import hog
from sklearn import svm
from sklearn.metrics import accuracy_score
```

(2) 载入 pickle 格式的数据集。

```
def unpickle(file):
    with open(file,'rb') as f:
        dict=pickle.load(f,encoding='bytes')
    return dict
```

注意，下载 python 版本的 CIFAR-10 数据集，解压之后得到的是 pickle 格式文件，需要使用 pickle 模块载入样本。

（3）获取训练集和测试集。

```
def get_data(filePath):
    train_data,test_data=[],[]
    for i in range(6):
        if i:
            data=unpickle(os.path.join(filePath,f'data_batch_{i}'))
            train=np.reshape(data[b'data'],(10000,3,32*32))
            labels=np.reshape(data[b'labels'],(10000,1))
            train_data.extend(zip(train,labels))
        else:
            data=unpickle(os.path.join(filePath,'test_batch'))
            test=np.reshape(data[b'data'],(10000,3,32*32))
            labels=np.reshape(data[b'labels'],(10000,1))
            test_data.extend(zip(test,labels))
    return train_data,test_data
```

（4）HOG 特征提取。

```
def feature_extract(Data):
    hog_feat=[]
    for data in tqdm.tqdm(Data):
        image=np.reshape(data[0].T,(32,32,3))
        gray=cv2.cvtColor(image,cv2.COLOR_BGR2GRAY)/255.
        features=hog(gray,9,[8,8],[2,2])
        features=np.concatenate((features,data[1]))
        hog_feat.append(features)
    hog_feat=np.array(hog_feat)
    return hog_feat
```

送入算法前，先进行特征提取。常见的方法有主成分分析 PCA、线性判别分析 LDA、方向梯度直方图 HOG 以及尺度不变特征转换 SIFT 等等。本实例中采用 HOG 的方法。

（5）SVM 分类。

```
def svm_classification(train_feat,test_feat):
    start_time=time.time()
    clf=svm.SVC(kernel='rbf',C=10,max_iter=-1,gamma=0.1)
    clf.fit(train_feat[:,:-1],train_feat[:,-1])
    predict_result=clf.predict(test_feat[:,:-1])
    acc=accuracy_score(predict_result,test_feat[:,-1])
    end_time=time.time()
    print(f'The accuracy is {100*acc:.2f}%.')
    print(f'The elapsed time is {end_time-start_time:.2f}s.')
```

这里，采用高斯核函数。

(6) 主程序流程。

```
if __name__=='__main__':
    file_path='./cifar-10-batches-py'
    TrainData,TestData=get_data(file_path)
    print("Start extracting training features.")
    train_hog=feature_extract(TrainData)
    print("Start extracting test features.")
    test_hog=feature_extract(TestData)
    print("Start training...")
    svm_classification(train_hog,test_hog)
```

执行以上代码，可以得到分类的正确率大约在 62.9%。

思考与练习：

(1) 请查阅资料，了解根据 KKT 推导出来的序列优化算法的终止条件。

(2) 一对一投票中，如果遇到两个类别票数一样多的情况，怎么办？

(3) 请推导 SVR 的优化问题。

(4) 修改实例中的特征提取方法、核函数以及各种参数，提高模型的性能。

5.4　聚类

前面介绍的算法都属于有监督学习，本节来学习无监督的学习算法。机器学习中的主成分分析、自编码器、最大期望算法、K 均值算法、高斯混合模型、密度聚类、一类支持向量机等等都属于无监督学习。5.1.3 中介绍过，无监督学习针对没有标签信息的样本，去发掘样本的内在联系和区别。比如：购物网站时刻都有庞大的用户群在浏览商品，但是这些用户并没有购物。对于网站来说，当然希望能有效分析如此多的用户基本信息及浏览行为，来精确地推荐商品。这时候，便需要无监督的学习算法。说到无监督学习，不得不提的便是其中最具代表的聚类算法(Clustering)。聚类是一大类算法的统称，本节将主要探讨几个常见的聚类算法。简单来说，聚类算法中，样本没有经过标注（如图 5－40 左边所示），通过算法训练希望能够“物以类聚”（如图 5－40 右边所示），并对新样本能够进行预测。

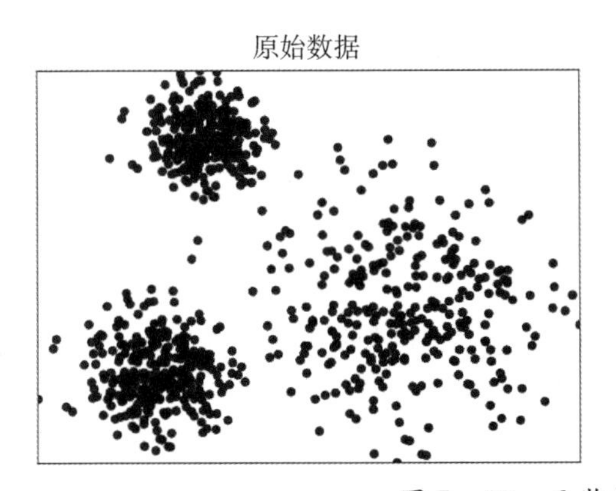

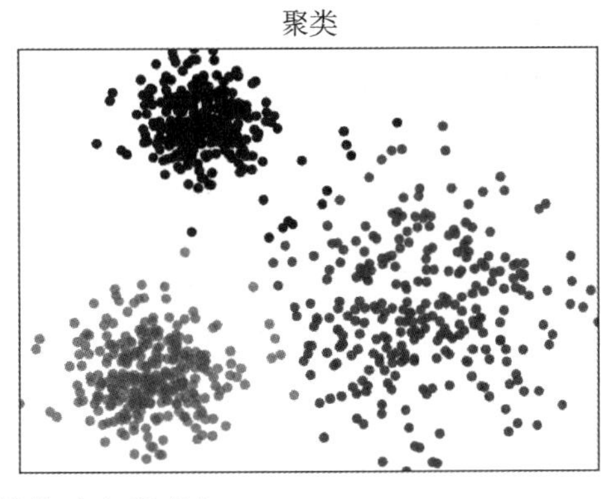

图 5－40　无监督学习之聚类*

5.4.1　初识 K 均值算法

K 均值(K-means)算法是最基础和最常用的聚类算法。算法的基本思想是将 n 个输入样本划分为 K 个类别，并使得这些类别满足：(1)同一类别中的样本相似度较高；(2)不同类别中的样本相似度较低。在 K 均值算法中，相似度衡量最常用的是欧氏距离。根据相似度，被划分到同一类的样本子集称之为簇(cluster)。

K 均值算法的一般步骤如下：

(1) 适当选择 K 个初始的簇中心，设 $t=0$；

(2) 在第 t 次迭代中，对任意一个样本，分别计算其到 K 个中心的距离，并将该样本归到距离最短的中心所在的簇；

(3) 利用均值等方法更新 K 个簇中心；

(4) 判断终止条件，如果满足，算法结束；如果不成立，$t:=t+1$，返回第(2)步。

该算法以空间中 K 个点为中心进行聚类，将样本归类到最近中心所在簇。通过不断迭代，逐次更新各聚类中心，直至出现满足条件的聚类结果。这个过程如图 5-41 所示。设置 K 为 2，图中的带圈的点为两个簇中心。首先，随机选择初始中心如左边第一张图所示。注意，簇中心并不一定为样本点。这时，根据距离簇中心的远近，将样本分别归为红蓝两类。然后，根据均值分别计算红蓝两类样本的中心位置，并继续根据新的中心将样本归类，从而得到第二张图。这样反复迭代，发现经过 3 轮迭代簇中心已经基本保持不变，算法结束。

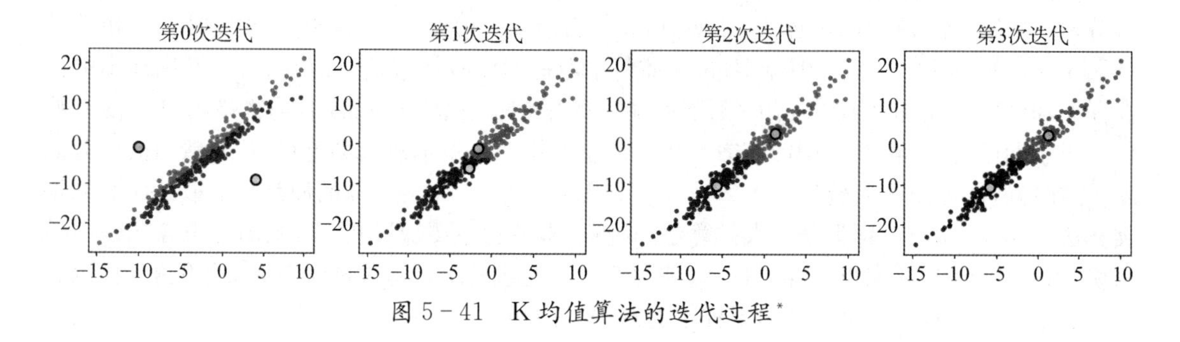

图 5-41　K 均值算法的迭代过程*

以上为 K 均值算法的直观解释，实际上算法迭代的过程就是一个函数优化的过程。K 均值算法要优化的目标函数或损失函数如下：

$$J(\boldsymbol{\mu})=\frac{1}{2}\sum\nolimits_{j=1}^{K}\sum\nolimits_{i=1}^{n_j}(\boldsymbol{x}_i-\boldsymbol{\mu}_j)^2 \qquad \text{(式 5-91)}$$

其中，n_j 表示第 j 个簇中样本的数量，$\boldsymbol{\mu}_j$ 表示第 j 个簇中心。K 是事先设定的，因此该目标函数的变量为 n_j 和 $\boldsymbol{\mu}_j$ 两组。要同时寻找两组变量来优化目标函数是非常困难的，所以算法采用的是先固定 $\boldsymbol{\mu}_j$，根据距离选出最优的 n_j，然后固定 n_j，再根据均值确定最优的 $\boldsymbol{\mu}_j$。这是非常经典的无监督学习的思想。我们不知道先有鸡还是先有蛋，但总要先确定一个才会有另一个，于是就一拍脑袋决定先有鸡(或先有蛋)吧。其实，K 均值算法也可以第一步随机将样本划分为 K 类，然后再更新中心。

式 5-91 的目标函数是根据欧氏距离构建的。当 n_j 固定时，对 $\boldsymbol{\mu}_j$ 求导并令导数等于 0，可以发现：

$$\frac{\partial}{\partial \boldsymbol{\mu}_j}J(\boldsymbol{\mu})=-\sum\nolimits_{i=1}^{n_j}(\boldsymbol{x}_i-\boldsymbol{\mu}_j)=0 \Rightarrow \boldsymbol{\mu}_j=\frac{1}{n_j}\sum\nolimits_{i=1}^{n_j}\boldsymbol{x}_i \qquad \text{(式 5-92)}$$

即 $\boldsymbol{\mu}_j$ 的最优值是第 j 个簇中的样本点的平均值。这样，每一次迭代都可以取到目标函数的极值，因此目标函数会不断地减小或保持不变，这就保证了算法最终可以到达一个极小值。但是该函数不是凸函数，因此算法不一定能得到全局最优解。

要执行 K 均值算法，还要明确它的终止条件。一般来说，有以下几种：(1)目标函数的值的变化小于某个阈值；(2)簇中心在一定范围内不再变化；3)达到指定的迭代次数。K 均值算法是一种简单高效且可伸缩性良好的算法，终止条件设置对于算法效果的影响比较小。另外，由于算法基于欧氏距离，均值和方差大的维度对聚类的结果产生更大的影响，所以必须要对数据进行归一化或统一单位等预处理。

【例5-12】 手撕K均值算法

```
import math
import matplotlib.pyplot as plt
import random
from sklearn.datasets import make_blobs
import numpy as np

#产生样本
def generate_data(n_samples,idx):
    centers=[[-0.5,-0.7],[-0.3,0.4],[0.5,-0.4]]
    stds=[0.15,0.12,0.3]
    return make_blobs(n_features=2,n_samples=n_samples,
                      cluster_std=stds[idx],centers=[centers[idx]],
                      random_state=5)[0]

#计算欧式距离
def cal_Euclidean(p1,p2):
    return math.sqrt(sum([(p1[i]-p2[i])**2 for i in range(len(p1))]))

def K_means(X,k,iter):
    num=len(X)
    #随机选择K个样本作为簇中心
    index=random.sample(list(range(num)),k)
    old_centers=[X[i] for i in index]
    labels=[-1]*num

    #根据迭代次数重复K-Means聚类过程
    for_in range(iter):
        centers=[[] for_in range(k)]
        for label_idx,item in enumerate(X):
            class_idx=-1
            min_dist=1e6
            for i,p in enumerate(old_centers):
                dist=cal_Euclidean(item,p)
                if dist<min_dist:
                    class_idx=i
                    min_dist=dist
            centers[class_idx].append(item)
            labels[label_idx]=class_idx
```

```
        for i,clusters in enumerate(centers):
            new_centers=[0]*len(X[0])
            for item in clusters:
                for j,coordinate in enumerate(item):
                    new_centers[j]+=coordinate/len(clusters)
                old_centers[i]=new_centers
    return centers,labels

#可视化结果
def visualization(centers,idx):
    colors=['g','r','b','c','k','m','y']
    plt.subplot(2,3,idx)
    for i in range(len(centers)):
        x1=[centers[i][j][0] for j in range(len(centers[i]))]
        x2=[centers[i][j][1] for j in range(len(centers[i]))]
        plt.scatter(x1,x2,marker='o',edgecolors='none',
                    s=60,color=colors[i],label=i,alpha=0.7)

    plt.title(f'K={idx+1}',size=20)
    plt.xticks(fontproperties='Times New Roman',size=18)
    plt.yticks(fontproperties='Times New Roman',size=18)
    plt.legend(loc='upper right',fontsize=14)

def main():
    X=np.vstack([generate_data(300,i) for i in range(3)])
    plt.figure(figsize=(24.5,11.6),facecolor='w')
    for K in range(2,8):
        centers,y_predict=K_means(X,K,20)
        visualization(centers,K-1)
    plt.show()

if __name__=='__main__':
    main()
```

本实例中，在不使用 sklearn 的情况下，实现了 K 均值算法。通过设置不同的 K 值，对图 5－40 左边的样本进行了聚类。结果如图 5－42 所示。

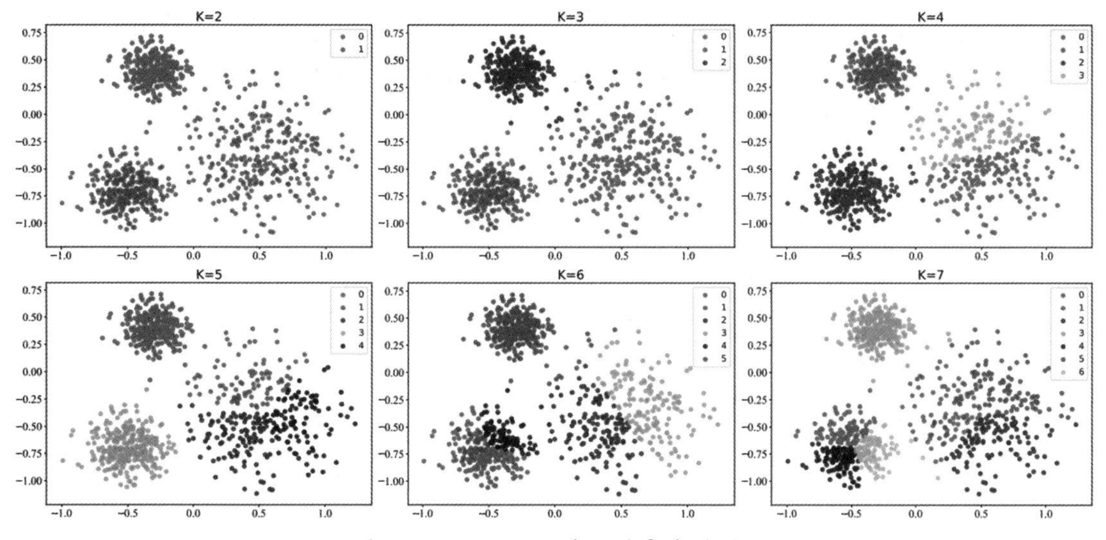

图5-42　不同K值下的聚类结果*

思考与练习:

(1) 无监督学习与聚类算法的关系是什么?

(2) 请查阅资料,学习EM算法,比较与K均值算法的异同。

(3) 举例说明,聚类算法有哪些应用场景?

(4) 修改例5-12的代码,生成不同的样本,并运行代码观察效果。

5.4.2　问题与应对

本小节分析K均值算法存在的一些问题以及相应的应对策略。

问题1:

K值是用户指定的,不同的K可能会得到非常不同的结果。从图5-42中就可以发现,K值从2到7的聚类效果是明显不同的。那么,应该如何选择适当的K值呢?一种自然的想法是计算不同K值聚类时的损失函数式5-91的值,越小就认为越好。但事实并非如此,试想如果设置K等于样本的数量,那么每个样本将会成为一个簇,而每个簇中心就是样本本身。显然,此时目标函数为最小值0。K值越大,样本划分越细,每个簇的聚合程度就越高,因而目标函数就越小。

应对1:

要确定适当的K值,一种主流的做法叫"手肘法"。给定一个样本集,客观存在L个真实簇。比如,例5-12中,样本是根据三个中心点生成的正态分布的数据集,因此客观上有3个真实簇。但是实际问题中,并不知道真实簇的个数。手肘法的做法是:让K从1开始,逐渐去逼近这个真实值L。实验发现,当K小于L时,K每增加1,每个簇的聚合程度会大幅增加,同时损失函数值的下降幅度很大;当K接近L时,K的增加所产生的聚合程度回报会逐渐变小,损失函数值的下降幅度也会减小;当K超过L并继续增大,损失函数的变化会趋于平缓。针对图5-40左边的样本,画出K从1到7时的损失函数变化趋势线,如图5-43所示。可以发现，这条趋势线非常像人的一条手臂，且手肘位置的K值恰好位于真实簇的个数附近，而本例中正好等于3(见图中红点)。通过该方法画出手肘图，将肘部对应的K值作为最佳选择，在大部分时候都是非常有效的。

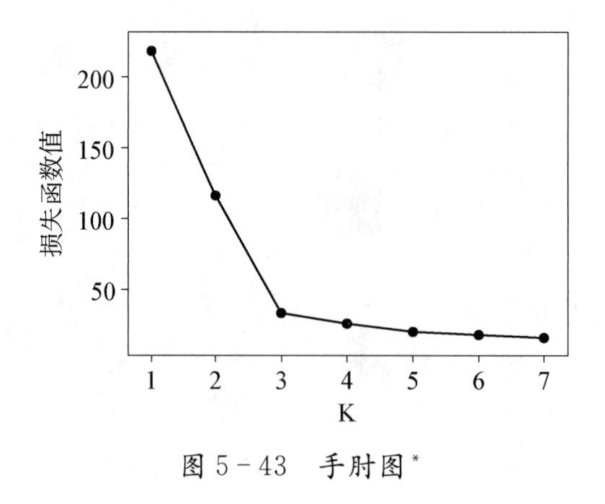

图5－43　手肘图*

问题2：

目标函数不是凸函数，容易陷入局部最小值。如图5－44所示，绿色点代表初始位置，橙色点代表局部最小值，红色点代表全局最小值。当初始位置在左右两个绿色点位置时，算法迭代之后会落入橙色点所在的局部最小值位置；只有当初始值位于中间绿色点这样的位置，才会最终到达全局最小值。而实际目标函数随着样本和类别数目的增加，会复杂得多，因此到达全局最小值的概率是很低的。

图5－44　非凸函数*

应对2：

由于问题本身是非凸的，因此没有办法破解此局，所能做的是使之尽量落入相对较低的局部最小值。二分K均值算法便是一种缓解之策。这种算法的主要思想是：先将所有点当做一个簇，且将该簇一分为二。然后选择可以最大程度降低聚类损失函数的簇划分为两个簇。按此法继续下去，直到簇的数目等于设定的K值为止。由于二分K均值算法中距离计算相对减少，因此可以加速算法的执行速度。另外，实验显示这种算法虽然不能保证完全不受K的影响到达全局最小值，但是能够找到相对较优的局部最小值。

问题3：

K均值算法将簇中所有点的均值作为新的簇中心，如果样本中含有异常点，容易导致簇中心严重偏离。例如，由一维数据组成的一个簇：1，2，3，4，100。这里，100很有可能是一个异常

点，该簇的中心应该位于大多数的样本点之间比较合理，比如位于2.5处。但是，如果按照均值计算将得到中心位于22。显然，一个异常点导致了簇中心的偏离。图5-45左边展示了计算均值时的情况。

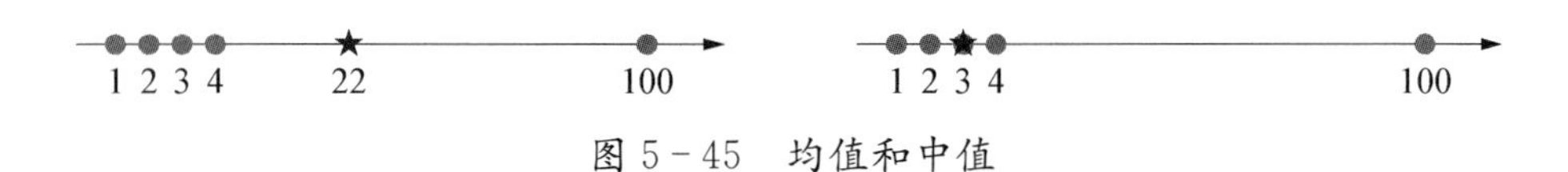

图5-45　均值和中值

应对3：

如果样本中的异常点较多，可以用中值代替均值。这种方法就叫K中值(K-Mediods)算法。它与K均值算法大体相似，只是在更新簇中心时，先在同一簇内计算每一个点到其他点的距离之和，然后再选择距离最小的点作为新的簇中心。在上面的例子中，如果采用K中值算法，可以分别计算得到每个点作为簇中心时的各点距离之和为：105，102，101，102，390。因此，簇中心将位于3，显然这样可以避免样本中的异常值带来的影响。图5-45右边展示了计算中值时的情况。

问题4：

K均值算法对初始中心非常敏感。从问题二中可看出端倪，不同的初始位置，导致损失函数最终下降到的位置可能差距很大，从而导致效果大相径庭。在图5-46中，给定左边所示的样本，如果初始中心为4个黄色点，聚类之后得到的结果如右边所示。显然，由于选择了右上的两个初始中心，导致右上这一簇样本被分为两簇。

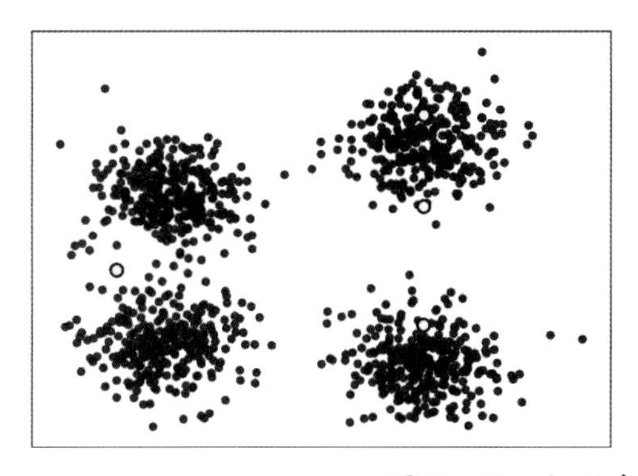
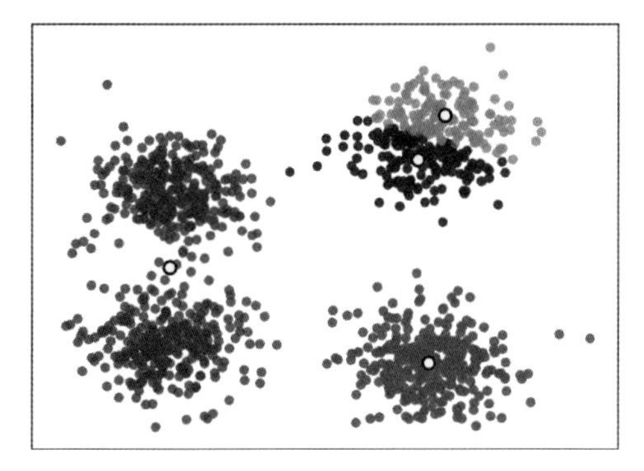

图5-46　初始中心对结果的影响*

应对4：

这个问题最常见的应对之策是：在选择初始中心时，不是纯粹地随机选择，而是在随机选择过程中加入一定的策略。这种策略的主要思想是让初始中心之间的相互距离尽可能的远。这便是K均值算法的升级版本，称之为K-Means++算法。它与原始算法的区别仅在初始中心的选择。

K-Means++算法初始中心选择的一般步骤如下：

(1) 从给定的样本中随机选择一个点作为第一个簇中心，设$k=1$。

(2) 如果$k=K$，算法结束；否则，继续下一步。

(3) 对于每个样本点，计算它与最近的已选中簇中心的距离。

(4) 选择一个新的簇中心,原则是距离越远的点被选中的概率越大。

(5) 返回第(2)步。

这个算法的关键是如何实现距离越远的点被选中的概率越大。简单起见,假设当前只有一个簇中心 $\boldsymbol{x}_i$(当前有多个簇中心时,做法基本相同),那么每个点距离该中心的距离可以表示为 d_{ij},其中 $j=1,2,\cdots,n$。这样,$\boldsymbol{x}_j$ 被选中的概率可以表示为:

$$p_{ij}=\frac{d_{ij}}{\sum_{j=1}^{n}d_{ij}} \quad (式 5-93)$$

这里,对于所有样本分母部分是相同的,因此距离远的选中概率越大。那么,代码中又该如何实现呢?其实所有概率之和为1,只要将它们摆放在0至1的数轴上(如图5-47所示),然后取一个0至1的随机数。该随机数落入哪个区域就选取哪个样本作为新的簇中心。注意,$p_{ii}=0$,因此是不可能重复选到同一个样本的。

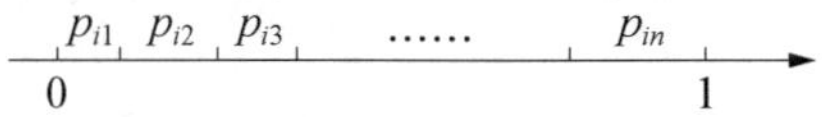

p_{i1} p_{i2} p_{i3} …… p_{in}

0 1

图 5-47 初始中心对结

【例 5-13】 用 K-Means++算法对两个样本集聚类

```
import matplotlib. pyplot as plt
from sklearn. datasets import make_blobs
import numpy as np
from sklearn. cluster import KMeans
import matplotlib as mpl

#产生样本
def generate_blobs_data(n_samples,idx):
    centers=[[-0.5,-0.4],[-0.5,0.4],[0.5,-0.5],[0.5,0.7]]
    stds=[0.15,0.15,0.15,0.15]
    return make_blobs(n_features=2,n_samples=n_samples,random_state=5,
                      cluster_std=stds[idx],centers=[centers[idx]])[0]

#可视化结果
def visualization(x,labels,idx):
    colors=['g','r','b','c','k','m','y']
    for i in range(len(labels)):
        plt. scatter(x[i][0],x[i][1],marker='o',edgecolors='none',
                     s=60,color=colors[labels[i]],alpha=0.7)
    plt. xticks(fontproperties='Times New Roman',size=18)
    plt. yticks(fontproperties='Times New Roman',size=18)
```

```
    plt.title(f'样本集{idx}',size=20)

def main():
    #产生样本集1
    X1=np.vstack([generate_blobs_data(300,i) for i in range(4)])
    #通过变换产生样本集2
    transformation=[[0.4,-0.2],[-0.6,1.2]]
    X2=np.dot(X1,transformation)
    X=(X1,X2)

    plt.figure(figsize=(14.1,5),facecolor='w')
    mpl.rcParams['font.sans-serif']=['KaiTi']
    mpl.rcParams['axes.unicode_minus']=False

    for i in range(2):
        #执行K-Means++
        y=KMeans(n_clusters=4,init='k-means++').fit_predict(X[i])
        plt.subplot(1,2,i+1)
        visualization(X[i],y,i+1)
    plt.show()

if __name__=='__main__':
    main()
```

该实例中，用K-Means++算法分别对图5-48所示的两个样本集聚类。第一个就是图5-46的样本集。实验结果显示：采用K-Means++，不需要关心初始中心的选择，每次都可以得到稳定的聚类结果。不过对于第二个样本集来说，结果却不尽如人意。这便是接下去要讨论的问题。

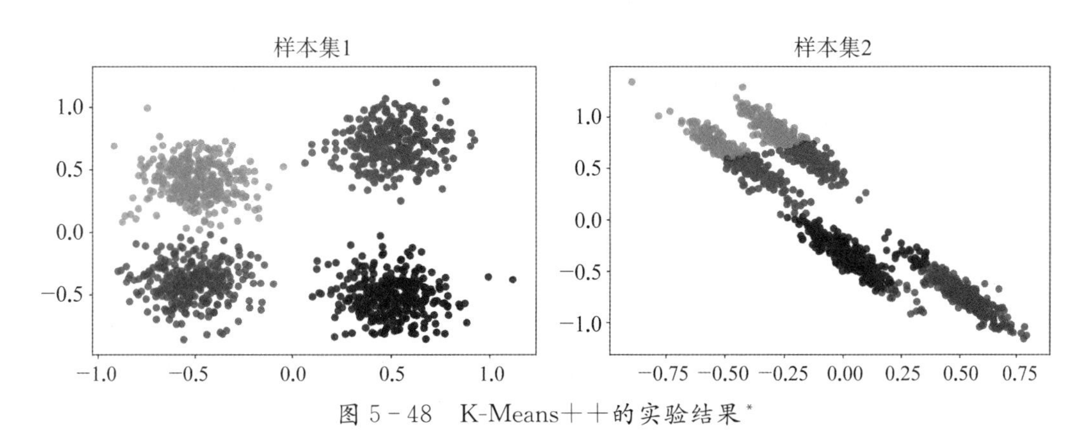

图5-48 K-Means++的实验结果*

问题 5:

K 均值算法中采用均方误差作为损失函数,本质上假设了样本集的每个簇分别符合某种高斯分布,是呈现圆形、球形或高维球形的。但实际问题中要处理的样本集未必符合这种分布。如图 5-48 右边所示,K 均值算法对于这样的样本分布显得束手无策。

对应 5:

对非球状的样本分布进行聚类时,一种方法是采用前文介绍过的核函数技术。引入核函数,可以将输入空间的样本非线性映射到高维的特征空间,使得样本点在特征空间中线性可分的概率增加。由于在高维空间中,采用距离的度量方式会逐渐失效,因此,并不是单纯采用核函数映射,然后再聚类。这种核化的做法有着非常完整的一套理论,涉及图论和拉普拉斯矩阵等等知识,它是众多聚类算法中非常出色的一员,被称之为谱聚类。面对非球状样本分布,另一类方法是基于密度的算法。我们将在下一小节来学习这种方法。

最后,需要说明的是,上面讨论的各问题的应对策略只是比较常见和典型的方法。其实,针对每一个问题,都有很多的文献提出了有效方法。读者应以这些问题为出发点,去探索和学习其他的聚类算法。

思考与练习:

(1) 修改例 5-12 代码,画出如图 5-43 的损失函数值的手肘图。
(2) K 均值算法中,为什么 K 值越大,损失函数越复杂?
(3) K 中值算法的目标函数是什么?
(4) 改写例 5-12 的代码,设置不同初始中心,观察对结果的影响。
(5) 为什么在高维空间距离度量会失效?
(6) 请举例,实际问题中哪些是凸分布样本,哪些是非凸分布样本。

5.4.3 密度聚类

前面讲到 K 均值算法这种基于中心点划分的聚类方法在面对非球状样本分布时容易失效。本节要介绍的密度聚类最大的优点恰好是可以对空间中任意形状的样本分布进行聚类。不管是哪一种聚类算法,关键点在于以什么样的规则来判断两个样本是不是属于同类,从而将所有样本划分为若干类。

顾名思义,密度聚类是基于某种定义的密度概念来进行聚类的。它假定类别由样本分布的紧密程度决定,同一类别的样本应该是紧密相连的。换句话说,在该类别中任意样本的周围不远处一定存在同类别的样本。那么,如果将紧密相连的样本划为一类,便可以得到一个聚类类别。如果将所有紧密相连的样本分别划为各个不同的类别,最终就得到了所有的聚类类别。常见的密度聚类算法有 DBSCAN 算法、OPTICS 算法、DENCLUE 算法以及 DPCA 算法等等。本节将介绍最为典型的 DBSCAN 算法。

DBSCAN 的英文全称为:density-based spatial clustering of applications with noise。从最后一个单词 Noise 可以看出这种算法是可以抗噪声或异常点的。它的基本思路是:只要样本点的密度大于预设的阈值,则将该样本添加到最近的簇中。该算法中,簇被定义为密度相连的样本的最大集合,因此它可以发现任意形状的簇。另外,位于簇边缘附近或远离簇的样本由于密度过低,将被视为噪声,因此算法具有抗噪声的能力。

要理解算法，首先需要弄清楚几个特定的概念。以下，D 代表所有样本或对象的集合；ε 和 n_s 是需要预设的参数，用来描述邻域样本分布的紧密程度。其中，ε 表示某对象的邻域距离的阈值，n_s 表示某对象的邻域中包含对象个数的阈值。

ε-邻域：以集合 D 中的某个对象为中心，半径为 ε 的区域被称为该对象的 ε-邻域。

核心对象：如果某个对象的 ε-邻域内至少包含 n_s 个对象，则称该对象为核心对象。

密度直达：如果 $\boldsymbol{x}_j$ 在 $\boldsymbol{x}_i$ 的 ε-邻域内，并且 $\boldsymbol{x}_i$ 是核心对象，那么说从 $\boldsymbol{x}_i$ 出发到 $\boldsymbol{x}_j$ 是关于 ε 和 n_s 密度直达的。如图 5-49 左边所示，假设 $\varepsilon=1$，$n_s=5$。那么 $\boldsymbol{x}_i$ 是核心对象，而 $\boldsymbol{x}_j$ 不是核心对象，因此，$\boldsymbol{x}_i$ 到 $\boldsymbol{x}_j$ 是密度直达的，而 $\boldsymbol{x}_j$ 到 $\boldsymbol{x}_i$ 是密度不直达的。

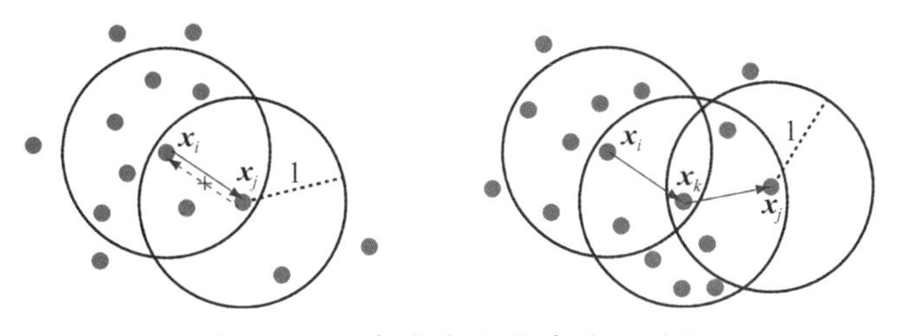

图 5-49　密度直达和密度可达*

密度可达：在集合 D 中，如果存在一个对象序列 $\boldsymbol{x}_1, \boldsymbol{x}_2, \cdots, \boldsymbol{x}_k, \boldsymbol{x}_k+1, \cdots, \boldsymbol{x}_l$，且 $\boldsymbol{x}_1=\boldsymbol{x}_i$，$\boldsymbol{x}_l=\boldsymbol{x}_j$。如果对象序列中的前后对象都满足 $\boldsymbol{x}_k$ 到 $\boldsymbol{x}_k+1$ 是关于 ε 和 n_s 密度直达的，那么就称 $\boldsymbol{x}_i$ 到 $\boldsymbol{x}_j$ 是密度可达的。如图 5-49 右边所示，可以发现，在构成密度可达的这个序列中，除了 $\boldsymbol{x}_j$，其他对象都必须是核心对象。

密度相连：如果 $\boldsymbol{x}_o$ 到 $\boldsymbol{x}_i$ 密度可达，且 $\boldsymbol{x}_o$ 到 $\boldsymbol{x}_j$ 密度可达，那么 $\boldsymbol{x}_i$ 与 $\boldsymbol{x}_j$ 是密度相连的。如图 5-50 所示，可以发现密度相连关系满足对称性，即如果 $\boldsymbol{x}_i$ 与 $\boldsymbol{x}_j$ 密度相连，那么 $\boldsymbol{x}_j$ 与 $\boldsymbol{x}_i$ 也密度相连。

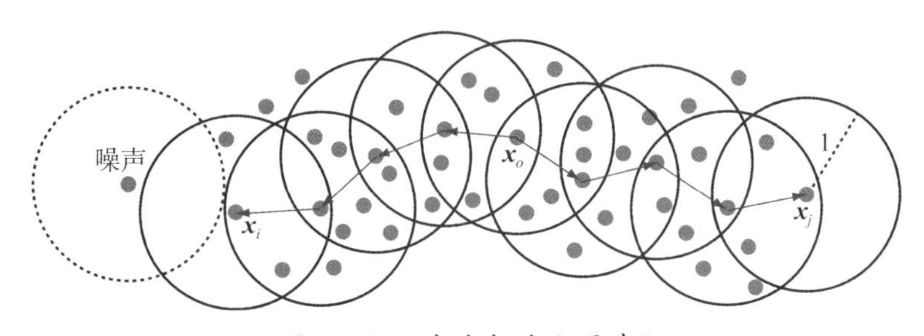

图 5-50　密度相连和噪声*

簇：最大的密度相连对象的集合。有了上述概念，很容易理解该算法中的簇的概念。簇是通过不断搜索核心对象的可密度直达对象，所形成的集合。在簇内，可以有一个或者多个核心对象。如果只有一个，那么其他所有非核心对象必然在该核心对象的 ε-邻域。如果有多个，那么簇内任意核心对象的 ε-邻域中必然有一个其他的核心对象。

噪声：不包含在任何簇中的对象称为噪声。如图 5-50 所示。

接下来还剩一个问题：如何找到簇？方法其实很简单。首先，在没有被归类的核心对象中任意选择一个作为种子；然后，搜索这个核心对象能够密度可达的所有样本，即找到一个簇。重复以上操作，直到所有核心对象都被归类。

DBSCAN算法的一般步骤如下：

(1) 初始化未访问对象集合 $\Gamma=D$，核心对象集合 $\Omega=\phi$，簇个数 $\kappa=0$，簇划分集合 $\Lambda=\phi$。

(2) 对所有对象 $\{\boldsymbol{x}_i\}_{i=1}^{n}$，找到每个对象 $\boldsymbol{x}_i$ 的 ε -邻域内的对象子集 $N_\varepsilon(\boldsymbol{x}_i)$，如果对象子集的个数满足 $|N_\varepsilon(\boldsymbol{x}_i)|\geqslant n_s$，将对象 $\boldsymbol{x}_i$ 加入核心对象集合 $\Omega:=\Omega\cup\{\boldsymbol{x}_i\}$。

(3) 如果 $\Omega=\phi$，算法结束；否则，执行下一步。

(4) 在 Ω 中，随机选择一个核心对象 $\boldsymbol{x}_o$。初始化当前簇的核心对象序列 $\Omega_{cur}=\{\boldsymbol{x}_o\}$，类别序号 $\kappa:=\kappa+1$，当前簇的对象集合 $\Lambda_\kappa=\{\boldsymbol{x}_o\}$，更新 $\Gamma:=\Gamma-\{\boldsymbol{x}_o\}$。

(5) 如果 $\Omega_{cur}=\phi$，簇 Λ_κ 生成完毕，更新 $\Lambda:=\{\Lambda_1,\Lambda_2,\cdots,\Lambda_\kappa\}$，$\Omega:=\Omega-\Lambda_\kappa$，返回第(3)步；否则，执行下一步。

(6) 从 Ω_{cur} 中取出一个核心对象 $\boldsymbol{x}_{o'}$，找到 $N_\varepsilon(\boldsymbol{x}_{o'})$，并令 $\Delta=N_\varepsilon(\boldsymbol{x}_{o'})\cap\Gamma$，更新 $\Lambda_\kappa:=\Lambda_\kappa\cup\Delta$，$\Gamma:=\Gamma-\Delta$，$\Omega_{cur}:=\Omega_{cur}\cup(\Delta\cup\Omega)-\{\boldsymbol{x}_o\}$。返回第(5)步。

上述算法最终输出簇划分集合 $\Lambda=\{\Lambda_1,\Lambda_2,\cdots,\Lambda_\kappa\}$。和K均值算法相比，DBSCAN算法的优点在于：1)可以对任意形状的样本聚类；2)对异常点不敏感，并能发现异常点。3)初始值对于结果的影响相对不大。不过，它同时也存在一些缺点：1)对于分布不是很稠密的样本，聚类效果不好；2)需要设置两个参数 ε 和 n_s，参数直接影响到最终的聚类效果。

【例5-14】 用DBSCAN算法对三个样本集聚类

```
import matplotlib.pyplot as plt
from sklearn.datasets import make_blobs
import numpy as np
from sklearn.cluster import DBSCAN
import matplotlib as mpl

#样本1
def generate_data_1(n_samples):
    centers=[[-0.5,-0.4],[-0.5,0.4],[0.5,-0.5],[0.5,0.7]]
    stds=[0.15,0.15,0.15,0.15]
    X=np.vstack([make_blobs(n_features=2,n_samples=n_samples,
                            cluster_std=stds[i],centers=[centers[i]],
                            random_state=i)[0] for i in range(4)])
    transformation=[[0.4,-0.2],[-0.6,1.2]]
    return np.dot(X,transformation)

#样本2
def generate_data_2(n_samples):
    d=np.empty((0,2))
    for i in range(1,4):
        t=np.arange(0,2*np.pi,2*np.pi/(n_samples*i))
        cos=i*np.cos(t)+0.25-0.5*np.random.rand(len(t))
```

```
        sin=i*np.sin(t)+0.25-0.5*np.random.rand(len(t))
        d=np.vstack((d,np.vstack((cos,sin)).T))
    return d

#样本3
def generate_data_3(n_samples):
    x1=np.linspace(-1.3,1.3,n_samples)
    x2=np.ones_like(x1)
    for i in range(len(x1)):
        x2[i]=np.power(abs(x1[i]),abs(x1[i]))+0.1-0.2*np.random.rand()
    d1=np.vstack((x1,x2)).T
    x3=np.linspace(-0.8,0.8,n_samples)
    x4=np.cos(x3)+0.4+0.2*np.random.rand(len(x3))
    d2=np.vstack((x3,x4)).T
    return np.vstack((d1,d2))

#可视化结果
def visualization(x,labels,idx):
    colors=['g','r','b','c','k','m','y']
    for i in range(len(labels)):
        plt.scatter(x[i][0],x[i][1],marker='o',edgecolors='none',
                    s=60,color=colors[labels[i]],alpha=0.7)
    plt.xticks(fontproperties='Times New Roman',size=18)
    plt.yticks(fontproperties='Times New Roman',size=18)
    plt.title(f'样本集{idx}',size=20)

def main():
    np.random.seed(5)
    X=(generate_data_1(300),generate_data_2(300),generate_data_3(300))
    #DBSCAN的参数
    para=[[0.055,7],[0.2,5],[0.1,8]]

    plt.figure(figsize=(18,4.7),facecolor='w')
    mpl.rcParams['font.sans-serif']=['KaiTi']
    mpl.rcParams['axes.unicode_minus']=False
    for i in range(3):
        #执行DBSCAN
        y=DBSCAN(eps=para[i][0],min_samples=para[i][1]).fit_predict(X[i])
        plt.subplot(1,3,i+1)
        visualization(X[i],y,i+1)
```

```
    plt.show()

if __name__ == '__main__':
    main()
```

本实例中，采用 DBSCAN 算法，并分别设置不同的 ε 和 n_s 参数对三个样本集进行聚类。实验结果如图 5－51 所示，图中的黄色点为异常点。最左边的样本与图 5－48 右图相同，对比 K-means++算法，明显 DBSCAN 算法对于这种非球状样本聚类能力更强。

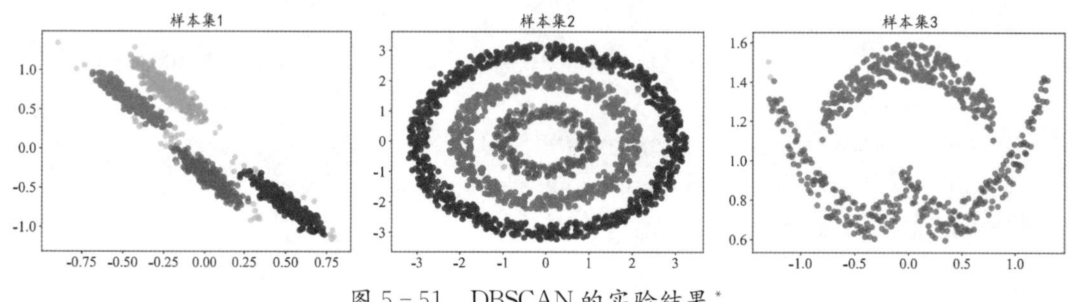

图 5－51 DBSCAN 的实验结果*

思考与练习：

(1) 例 5－14 中，用不同的参数进行聚类，对比效果差异。

(2) 了解 OPTICS 算法，思考该算法解决了 DBSCAN 算法中的什么问题。

5.4.4 性能评价

前面讲过分类和回归问题的评价指标，对于聚类，由于其特殊性，要合理评价其性能并不容易。因此，在聚类中可以看到种类繁多的评价指标。其中常见的有：混淆矩阵、均一性、完整性、V-measure、杰卡德相似系数、皮尔逊相关系数、调整兰德指数、调整互信息、Davies-Boulding 指数、Dunn 指数、闵可夫斯基距离、KL 散度、余弦相似度、轮廓系数、高斯相似度等等。当然这些指标也不是仅仅用于聚类的，比如，混淆矩阵在前面分类问题中也曾接触到过。虽然聚类属于无监督学习，但是为了更好地评估模型，很多时候需要利用一部分带标注样本。上述评价指标中，除了 Boulding 指数和 Dunn 指数，其他指标都是需要标注信息的。而像 Boulding 指数和 Dunn 指数这种指标，也往往存在明显的局限性，比如：对环状分布的样本效果很差。以下，我们选择性地介绍几种指标，并通过实例分析来学习如何使用这些指标。

1. 杰卡德相似系数

杰卡德相似系数用来度量两个集合之间的相似性，它被定义为两个集合 A 和 B 的交集元素在 A 和 B 的并集中所占的比例，公式如下：

$$J(A,B)=\frac{|A\cap B|}{|A\cup B|} \quad \text{(式 5-94)}$$

它的取值在[0,1]之间，越接近 1，说明相似度越高。与此同时，为了描述集合之间的不相似

度，还定义了杰卡德距离如下：

$$d_J(A,B)=1-J(A,B)=\frac{|A\cup B|-|A\cap B|}{|A\cup B|} \tag{式 5-95}$$

显然，杰卡德距离越大，相似度越低。

应用到聚类或者分类的时候，这个指标可以衡量模型效果。例如，标签向量 $\boldsymbol{y}$ 和模型预测得到的向量 $\hat{\boldsymbol{y}}$ 的元素取值都为 0 或 1，那么可以得到四个值：$\boldsymbol{y}$ 和 $\hat{\boldsymbol{y}}$ 的值都为 0 的元素个数 n_{00}，$\boldsymbol{y}$ 的值为 0 而 $\hat{\boldsymbol{y}}$ 的值为 1 的元素个数 n_{01}，$\boldsymbol{y}$ 的值为 1 而 $\hat{\boldsymbol{y}}$ 的值为 0 的元素个数 n_{10}，$\boldsymbol{y}$ 和 $\hat{\boldsymbol{y}}$ 的值都为 1 的元素个数 n_{11}。这样，可以得到预测值和真实值间的杰卡德相似系数为：

$$J(\boldsymbol{y},\hat{\boldsymbol{y}})=\frac{n_{11}}{n_{01}+n_{10}+n_{11}} \tag{式 5-96}$$

而杰卡德距离为：

$$d_J(\boldsymbol{y},\hat{\boldsymbol{y}})=\frac{n_{01}+n_{10}}{n_{01}+n_{10}+n_{11}} \tag{式 5-97}$$

2. 调整兰德指数

先来看兰德指数，它用于计算预测值和真实值之间的相似度。在前文图 5-7 中，对比预测值和真实值可得到四个底层指标 TP、FN、FP 和 TN。据此，可得兰德指数的定义如下：

$$RI=\frac{TP+TN}{TP+FP+TN+FN} \tag{式 5-98}$$

兰德指数值位于[0,1]之间，如果聚类结果完美，兰德指数为 1。但是，对于两个随机的划分，其对应的兰德指数值并不是一个接近于 0 的常数，因此为了提高区分度，又提出了调整兰德指数如下：

$$ARI=\frac{RI-E[RI]}{\max(RI)-E[RI]} \tag{式 5-99}$$

调整兰德指数的取值在[−1,1]之间，值越大表示预测值和真实值的相似度越高。

3. 轮廓系数

轮廓系数是对聚类结果有效性的解释和验证。聚类的目标是尽量让簇内样本的相似度高，而簇间样本的相似度低。轮廓系数正是来衡量这种内聚度和分离度的。

首先，计算样本 $\boldsymbol{x}_i$ 到同簇中其他样本的平均距离 a_i。a_i 越小，说明样本 $\boldsymbol{x}_i$ 越应该被归类到该簇。a_i 称为样本 $\boldsymbol{x}_i$ 的簇内不相似度。对于簇 Λ 来说，其所有样本的 a_i 均值称之为簇 Λ 的簇不相似度。

然后，计算样本 $\boldsymbol{x}_i$ 到其他某簇 Λ_j 的所有样本的平均距离 b_{ij}，称为样本 $\boldsymbol{x}_i$ 与簇 Λ_j 的不相似度。这样，样本 $\boldsymbol{x}_i$ 的簇间不相似度为：$b_i=\min\{b_{i1},b_{i2},\cdots,b_{iK}\}$。其中 K 表示其他簇的数目。如果 b_i 越大，说明样本 $\boldsymbol{x}_i$ 越不属于其他簇。

有了簇内不相似度 a_i 和簇间不相似度 b_i，那么样本 $\boldsymbol{x}_i$ 的轮廓系数可定义为：

$$S_i=\frac{b_i-a_i}{\max(a_i,b_i)} \tag{式 5-100}$$

考虑到 a_i 和 b_i 的小大关系，因此 S_i 可正可负，可以分为如下三种情况：

$$S_i=\begin{cases}1-\dfrac{a_i}{b_i}, a_i<b_i \\ 0, \quad a_i=b_i \\ \dfrac{b_i}{a_i}-1, a_i>b_i\end{cases} \tag{式 5-101}$$

S_i 接近 1，说明样本 $\boldsymbol{x}_i$ 归类合理；S_i 接近 -1，说明样本 $\boldsymbol{x}_i$ 更应该分类到其他簇；若 S_i 近似为 0，说明样本 $\boldsymbol{x}_i$ 在两个簇的边界上。

以上为样本 $\boldsymbol{x}_i$ 的轮廓系数，那么全体样本的 S_i 的均值就是模型聚类结果的轮廓系数。它的值介于$[-1,1]$之间，值越大说明聚类效果越好。

【例 5-15】 各种聚类算法大战“爱心”样本集

```
import matplotlib.pyplot as plt
import numpy as np
from sklearn.cluster import KMeans, DBSCAN, MeanShift
from sklearn.cluster import OPTICS, Birch
from sklearn.cluster import MiniBatchKMeans as MBK
from sklearn.cluster import SpectralClustering as SC
from sklearn.cluster import AffinityPropagation as AP
from sklearn.cluster import AgglomerativeClustering as AC
from sklearn.metrics import euclidean_distances
from sklearn import metrics

#可视化结果
def visualization(x,labels,idx,titles):
    colors=['g','r','b','c','k','m','y']
    for i in range(len(labels)):
        plt.scatter(x[i][0],x[i][1],marker='o',edgecolors='none',
                    s=60,color=colors[labels[i] % len(colors)],alpha=0.5)
    plt.xticks(fontproperties='Times New Roman',size=22)
    plt.yticks(fontproperties='Times New Roman',size=22)
    plt.title(titles[idx],size=28)

#聚类算法大作战
def clustering(X):
    print('Start clustering ...')
    dis=euclidean_distances(X,squared=True)
    #K-Means++
    y1=KMeans(n_clusters=3,init='k-means++').fit_predict(X)
```

```
    #MeanShift
    bw=np.median(dis)
    band_width=0.1*bw
    y2=MeanShift(bin_seeding=True,bandwidth=band_width).fit_predict(X)
    #DBSCAN
    y3=DBSCAN(eps=0.6,min_samples=5).fit_predict(X)
    #OPTICS
    y4=OPTICS(min_samples=5,eps=0.6,cluster_method='dbscan',
                metric='euclidean').fit_predict(X)
    #Birch
    y5=Birch(branching_factor=60,threshold=0.6).fit_predict(X)
    #Mini Batch KMeans
    y6=MBK(n_clusters=3,batch_size=50).fit_predict(X)
    #Spectral Clustering
    y7=SC(affinity='rbf',n_clusters=3,gamma=6).fit_predict(X)
    #Affinity Propagation
    preference=-np.median(dis)
    p=3*preference
    y8=AP(affinity='euclidean',preference=p,damping=0.75).fit_predict(X)
    #Agglomerative Clustering
    y9=AC(n_clusters=3).fit_predict(X)
    return (y1,y2,y3,y4,y5,y6,y7,y8,y9)

#评估结果
def evaluating(X,y,y_predict,methods):
    print('Start evaluating ...')
    for i,y_p in enumerate(y_predict):
        stars=(36-len(methods[i]))//2
        print('*'*stars,methods[i],'*'*(36-stars-len(methods[i])))
        jaccard=metrics.jaccard_score(y,y_p,average='weighted')
        ari=metrics.adjusted_rand_score(y.flatten(),y_p)
        s=metrics.silhouette_score(y,y_p)
        print(f'Jaccard score is {jaccard:.2f}.')
        print(f'Adjusted rand score is {ari:.2f}.')
        print(f'Silhouette score is {s:.2f}.')
        plt.subplot(3,3,i+1)
        visualization(X,y_p,i,methods)

def main():
    np.random.seed(1)
```

```
    #载入爱心数据
    X=np.load('love_data.npy')
    y=np.load('love_labels.npy')

    #调用聚类算法
    methods=['K-Means++','Mean-shift','DBSCAN','OPTICS',
             'Birch','Mini Batch K-Means','Spectral Clustering',
             'Affinity Propagation','Agglomerative Clustering']
    y_predict=clustering(X)
    plt.figure(figsize=(20,17),facecolor='w')
    evaluating(X,y,y_predict,methods)
    plt.show()

if __name__=='__main__':
    main()
```

本实例中，调用了 sklearn 库中九种常见的聚类算法，对“爱心”样本集进行聚类。虽然本节中只介绍了 K 均值和 DBSCAN 算法，但其他算法只需对参数设置稍作了解后，便可以在 sklearn 库中轻松使用。运行代码，可以得到每种算法聚类结果的杰卡德相似系数、调整兰德指数以及轮廓系数，如图 5-52 所示。显然，对于该实例中的非球状样本集，基于 K 均值算法的一类方法，比如：K-Means++，Mean-shift，Mini Bacth K-Means，Birch 以及 Agglomerative Clustering 等，效果并不好。而密度聚类，如：DBSCAN 和 OPTICS，效果出色。还有，谱聚类

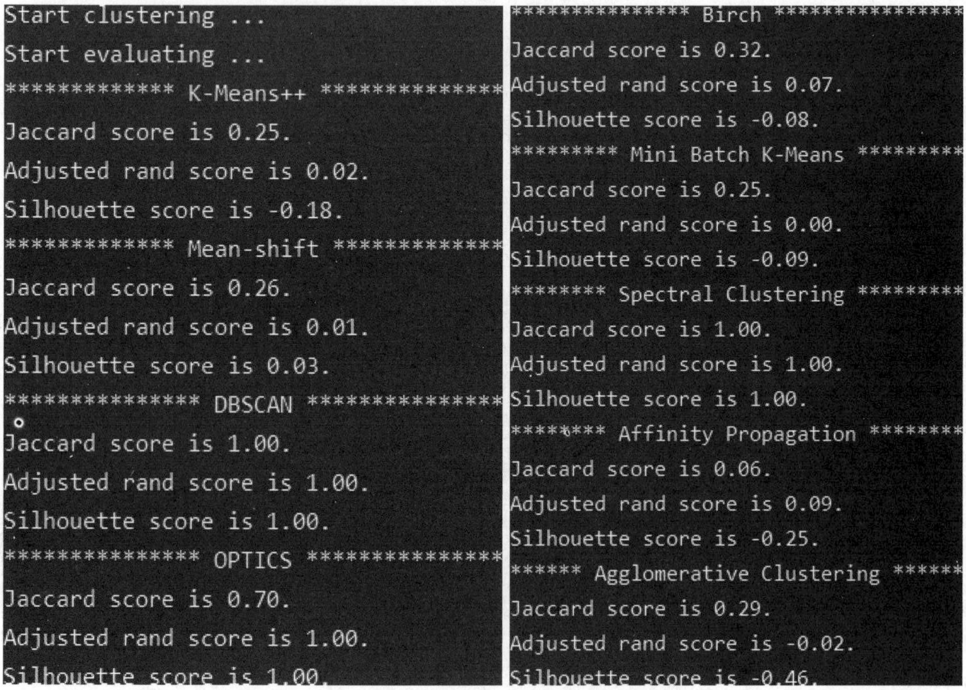

```
Start clustering ...
Start evaluating ...
************** K-Means++ **************
Jaccard score is 0.25.
Adjusted rand score is 0.02.
Silhouette score is -0.18.
************* Mean-shift *************
Jaccard score is 0.26.
Adjusted rand score is 0.01.
Silhouette score is 0.03.
*************** DBSCAN ***************
Jaccard score is 1.00.
Adjusted rand score is 1.00.
Silhouette score is 1.00.
*************** OPTICS ***************
Jaccard score is 0.70.
Adjusted rand score is 1.00.
Silhouette score is 1.00.
*************** Birch ***************
Jaccard score is 0.32.
Adjusted rand score is 0.07.
Silhouette score is -0.08.
********* Mini Batch K-Means *********
Jaccard score is 0.25.
Adjusted rand score is 0.00.
Silhouette score is -0.09.
******** Spectral Clustering ********
Jaccard score is 1.00.
Adjusted rand score is 1.00.
Silhouette score is 1.00.
******** Affinity Propagation ********
Jaccard score is 0.06.
Adjusted rand score is 0.09.
Silhouette score is -0.25.
****** Agglomerative Clustering ******
Jaccard score is 0.29.
Adjusted rand score is -0.02.
Silhouette score is -0.46.
```

图 5-52　各种算法的评价指标

(Spectral Clustering)的效果也是相当出色。注意,AP 聚类(Affinity Propagation)的参数没有设置适当,留给读者自行调节。需要说明的是,各种聚类算法并没有绝对好坏之分,只是在不同场合下,谁表现更加优秀而已。本实例最终得到的聚类效果如图 5-53 所示。

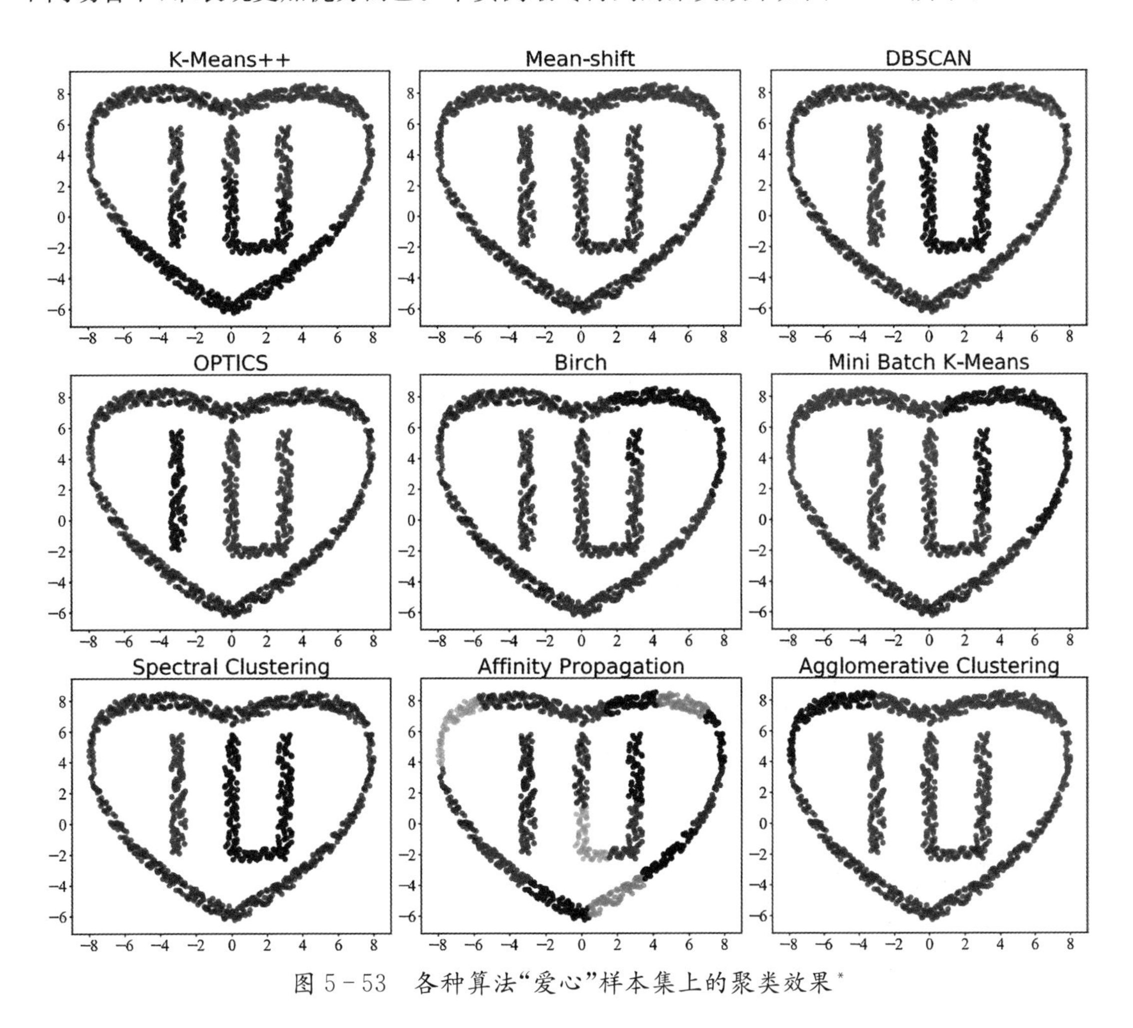

图 5-53 各种算法"爱心"样本集上的聚类效果*

思考与练习:

(1) 查阅资料,了解更多的聚类评价指标。

(2) 修改例 5-15 代码,输出每种聚类算法的训练时间并对比。

5.5 习题

1. 机器学习要解决哪些问题?
2. 用实例说明机器学习技术的应用场景。
3. 机器学习的一般工作流程是什么?
4. 什么是有监督学习? 什么是无监督学习?
5. 训练集、测试集和验证集各有什么用途?
6. 请说明交叉验证的具体步骤。
7. 分类问题和回归问题的评价指标都有哪些? 分别表示什么意思?
8. K 近邻算法有哪些优缺点? 除了欧氏距离还是其他什么距离可以使用?
9. 为什么要对样本进行标准化和归一化?
10. 线性回归和逻辑回归的优化问题有什么异同?
11. 为什么线性回归可以用最小二乘法求解,而逻辑回归不可以?
12. 请详细说明梯度下降法的原理。
13. 常见的特征处理方法有哪些?
14. L1 正则和 L2 正则各有什么特点? 分别适合在什么场合使用?
15. 支持向量机的优化目标是什么?
16. 为什么要将支持向量机的原始问题转化为对偶问题求解?
17. 为什么样本在足够高的维度就一定线性可分?
18. 核函数和映射函数的关系是什么?
19. 支持向量机如何解决多分类问题?
20. 详细说明 K 均值算法的聚类过程。
21. K 均值算法存在哪些问题,都有什么应对之策?
22. 什么时候用 K 均值算法,什么时候用密度聚类算法?
23. 为什么需要 K-Means++算法?
24. DBSCAN 算法的优缺点有哪些?
25. 聚类问题都有哪些评价指标?

PART **06**

第6章　神经网络

<本章概要>

人工神经网络(artificial neural network,简写为ANN)是20世纪80年代以来人工智能领域兴起的研究热点。它又称作连接模型(connection model),是一种模仿大脑神经突触联接的结构进行信息处理的数学模型,通过调整内部大量节点之间相互连接的关系,从而达到处理信息的目的,在工程与学术界也常直接简称为神经网络(NNs)。神经网络是目前最为火热的研究方向——深度学习的基础。深度学习实际上是深度神经网络(deep neural network, DNN),它是从ANN模型(即神经网络)发展起来的,因此,在深度学习之前,我们首先需要了解什么是神经网络。

神经网络的发展,一波三折。上世纪50年代,以感知机为代表的神经网络方法的提出拉开了人工智能发展史上第一次高潮的序幕。80年代,BP神经网络的提出,掀起了人工智能的第二次高潮。2010年后,深度学习又掀起了人工智能研究的第三次高潮。人工智能的每一次高潮都是由新的神经网络方法掀起,由此可见,神经网络是人工智能领域内一个非常重要的研究方向。

本节内容将按照神经网络的发展历程展开,详细阐述了神经网络发展史上重要的里程碑式的研究成果,从M-P模型到感知机,再到BP算法,这些研究成果由浅入深,由易到难地逐步完善了神经网络的体系。最后,通过两个实战案例分别展示了BP神经网络和多层神经网络的实现和应用。通过本节内容的学习,不仅可以使读者掌握一种强大的机器学习方法,同时还能够帮助读者更好地理解后续课程中的深度学习技术。

<学习目标>

当完成本章的学习后,要求:

1. 了解神经网络发展史
2. 掌握感知机原理
3. 了解BP算法正向、反向传播的计算
4. 了解梯度下降法原理
5. 掌握keras实现BP神经网络

6.1　神经元与 M-P 模型

6.1.1　神经元

神经网络是在现代生物学研究人脑组织成果的基础上提出的，用来模拟人类大脑神经网络的结构和行为，以期能够实现类人工智能的机器学习技术。人脑中的神经网络是一个非常复杂的组织，一个成人的大脑中约有 10^{11} 个神经元，每个神经元与其他神经元之间约有 1 000 多个连接。

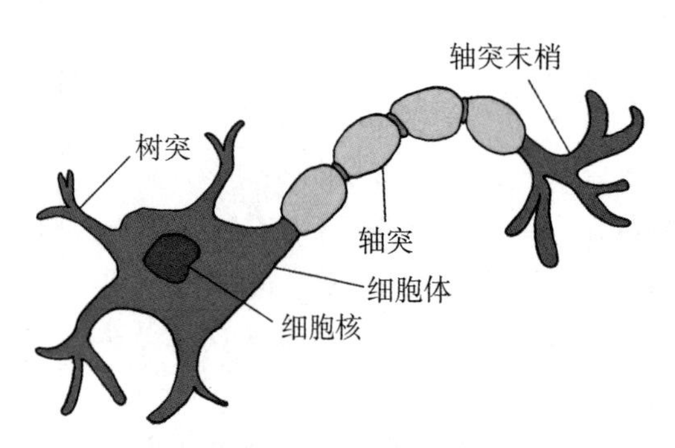

图 6-1　神经元结构示意图

人类对于神经元的研究由来已久，1904 年生物学家就已经知晓了神经元的组成结构。图 6-1 为生物神经元结构示意图，神经元的主体部分叫细胞体（soma）。细胞体由细胞核、细胞质、细胞膜等组成。每个细胞体都有一个细胞核（cell nuclear）。一个神经元通常还具有多个树突和一条轴突，轴突末端由许多分支，叫轴突末梢，一个神经元通过轴突末梢与其他神经元相连接。树突主要用来接收传入信息；轴突用来传递和输出信息；轴突末梢是信号输出端，将神经冲动传给其他神经元。神经冲动只能由前一级神经元的轴突末梢传向下一级神经元的树突或细胞体，不能做反向传递。

在生物神经网络中，每个神经元有两种状态——兴奋和抑制。平时处于抑制状态的神经元，其树突或细胞体接收其他神经元经由突触传来的兴奋电位，多个输入在神经元中叠加，如果输入兴奋总量超过某个阈值，神经元就会被激发进入兴奋状态，发出输出脉冲，并由轴突的突触传递给其他神经元。神经元被触发后会向相连的神经元发送化学物质，从而改变这些神经元内的电位；如果某个神经元的电位超过了它的“阈值”，那么它就会被激活，变成“兴奋”状态，继而向其他神经元发送化学物质。

6.1.2　M-P 模型

1943 年，心理学家麦卡洛克（McCulloch）和数学家皮茨（Pitts）参考了生物神经元的结构，发表了抽象的 M-P 神经元模型。图 6-2 是 M-P 神经元模型的示意图，在这个模型中，当前神经元有 n 个输入信号，神经元接收到的总输入值将与神经元的阈值进行比较，然后通过“激活函数”处理产生输出

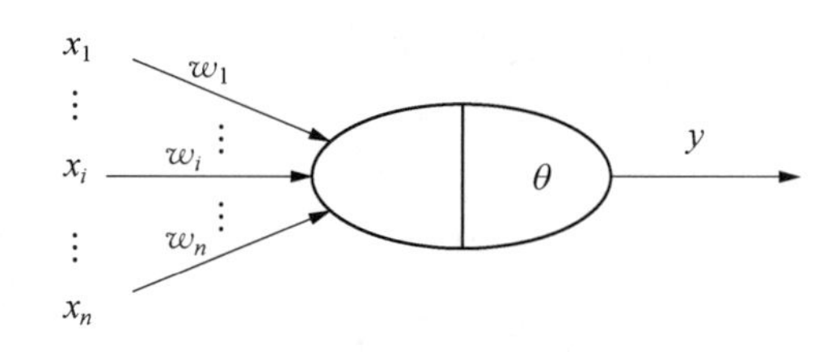

图 6-2　M-P 神经元模型示意图

信号。

图 6－2 中的箭头线，称为“连接”，连接是神经元中最重要的东西。每一个连接上都有一个权重值 w_i，每个有向箭头表示的是值的加权传递。一个神经网络的训练算法就是让权重的值调整到最佳，以使得整个网络的预测效果最好。图 6－2 中的 M-P 神经元模型可以整理为式 6－1。

$$y=f\left(\sum_{i=1}^{n}w_ix_i-\theta\right) \tag{式 6－1}$$

对于某一神经元，它同时接受了多个输入信号 $\{x_i \mid i=1,2,3\ldots n\}$，由于生物神经元具有不同的突触性质和突触强度，每个输入信号对神经元的影响也不同，因此，我们用权值 $\{w_i \mid i=1,2,3\ldots n\}$ 来表示这种影响程度，其正负模拟了生物神经元中突出的兴奋和抑制，其大小则代表了突出的不同连接强度。θ 表示神经元的阈值(threshold)或称为偏置(bias)。$f(\cdot)$ 为激活函数(activation function，详见 7.2.2 小节)。

M-P 模型采用的激活函数是 sgn 阶跃函数：

$$\mathrm{sgn}(x)=\begin{cases}1, x\geqslant 0\\0, x<0\end{cases} \tag{式 6－2}$$

当 $\sum_{i=1}^{n}w_ix_i-\theta\geqslant 0$，输出信号 $y=1$；否则，$y=0$。

表 6－1 将 M-P 模型和生物神经元的特性通过列表逐一进行了比较：

表 6－1　生物神经元与 M-P 模型比较

生物神经元	输入信号	权值	输出	总和	膜电位	阈值
M-P 模型	x_i	w_i	y	$\sum$	$\sum_{i=1}^{n}w_ix_i$	θ

由图 6－2 中的 M-P 模型结构图可看出，1943 年发布的 M-P 模型，虽然简单，但已经打好了神经网络大厦的地基。但是，在 M-P 模型中，权重的值都是预先设置的，不能学习，手动分配权重的方式非常麻烦，要获得优秀的分类效果并非易事。

1949 年心理学家赫布(Hebb)提出了 Hebb 学习规则，认为人脑神经细胞的突触(也就是连接)上的强度是可以变化的。于是计算科学家们开始考虑用调整权值的方法来让机器学习。这为后面的学习算法奠定了基础。尽管神经元模型与 Hebb 学习规则都已诞生，但限于当时的计算机能力，直到接近 10 年后，第一个真正意义的神经网络才诞生。

思考与练习：

比较神经元模型和 M-P 模型，它们有哪些相似之处？

6.2 感知机

1958 年,计算科学家弗兰克·罗森布拉特(Frank Rosenblatt)提出了由两层神经元组成的神经网络——“感知机”(Perceptron)(有的文献翻译成“感知机”,下文统一用“感知机”来指代)。感知机是当时首个可以学习的人工神经网络,由计算机自动且更加合理的设置权重,它首次把人工神经网络的研究从理论探讨付诸工程实践。罗森布拉特现场演示了其学习识别简单图像的过程,在当时的社会引起了轰动,许多学者和科研机构纷纷投入到神经网络的研究中;连美国军方也大力资助神经网络的研究,并认为神经网络比“原子弹工程”更重要。这段时间,神经网络研究的火热一直持续到 1969 年才结束,这个时期可以看作神经网络的第一次高潮。

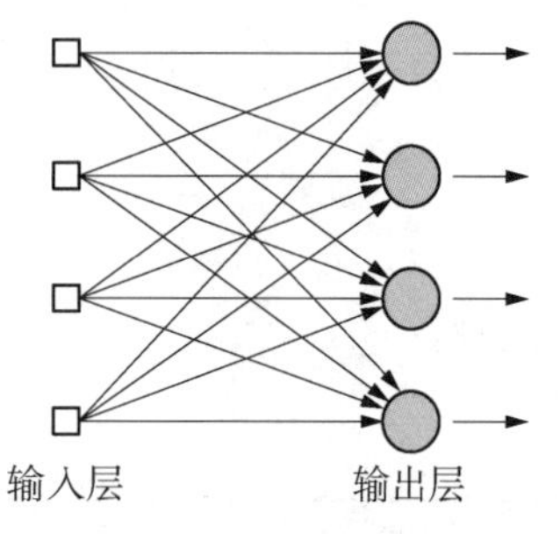

图 6-3 感知机模型示意图

感知机由两层神经元组成,如图 6-3 所示。输入层接受输入信号后传递给输出层,输出层就是 M-P 神经元。

感知机是一种线性分类器算法,利用被误分类的训练数据调整现有分类器的参数,使得调整后的分类器判断得更加准确。以二维的线性可分情况为例,图 6-4 形象地说明了在二维线性可分的情形下,感知机的训练过程。图 6-4(a)中有两个样本被错分,直线向错分样本一侧移动;图 6-4(b)中有一个错分样本被纠正,直线继续向另一个错分样本的方向移动;直到所有训练数据都被正确分类,如图 6-4(c)所示。

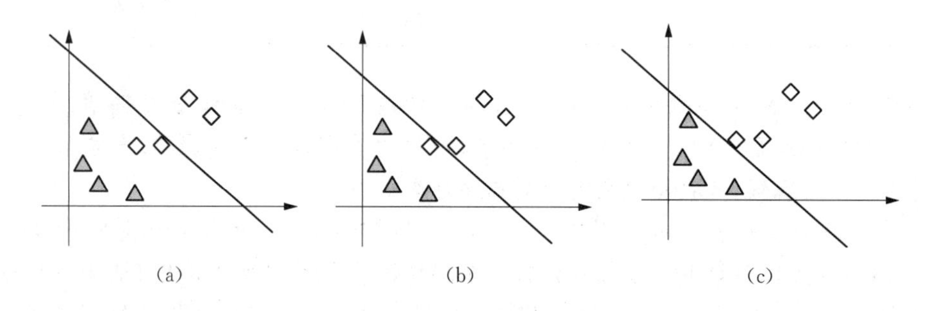

图 6-4 感知机训练过程示意图

假设共有 N 个训练数据,第 i 个训练样本的特征向量用$(x_1^{(i)}, x_2^{(i)})$表示,其标注类别用 $y^{(i)}$ 表示。要寻找的线性分类器可以表示为 $f(x_1, x_2)=w_1x_1+w_2x_2+\theta$,我们的目的是要找到合适的参数 w_1, w_2 和 θ,使得对应的分类器能够正确地将样本分为两类。使用被错分的样本来调整分类器参数,假设样本标注类别为+1,而样本 $w_1x_1+w_2x_2+\theta<0$,则是被误分类;假设样本标注类别为-1,而样本 $w_1x_1+w_2x_2+\theta\geqslant 0$,则是被误分类。假设样本真实类别为 y,若 $y(w_1x_1+w_2x_2+\theta)\leqslant 0$,则样本被错分。我们将训练过程中分类器输出错误的程度用一个函数 L 来表示,该函数称为损失函数,预测错误程度越大,损失函数的取值就越大。这里 L 定义为:

$$L(w_1, w_2, \theta) = \sum_{i=1}^{N} \max(0, -y^{(i)}(w_1 x_1^{(i)} + w_2 x_2^{(i)} + \theta)) \quad (式 6-3)$$

由式 6-3 所示，损失函数是定义在所有训练样本中被错误分类的数据上。有了损失函数衡量分类器对数据的误分类程度后，我们可以用优化的方法来调整分类器的参数，来减少分类器对数据的误分类。

优化(optimization)就是调整分类器的参数，使得损失函数最小化的过程。如图 6-5 所示，这是有两个参数的损失函数曲面，有高峰有低谷，损失函数最小的点，就是最低谷。优化的目标就是要使得损失函数值最小，即找到曲面的最低谷。优化的过程就是从一个随机初始位置走到最低谷的过程。

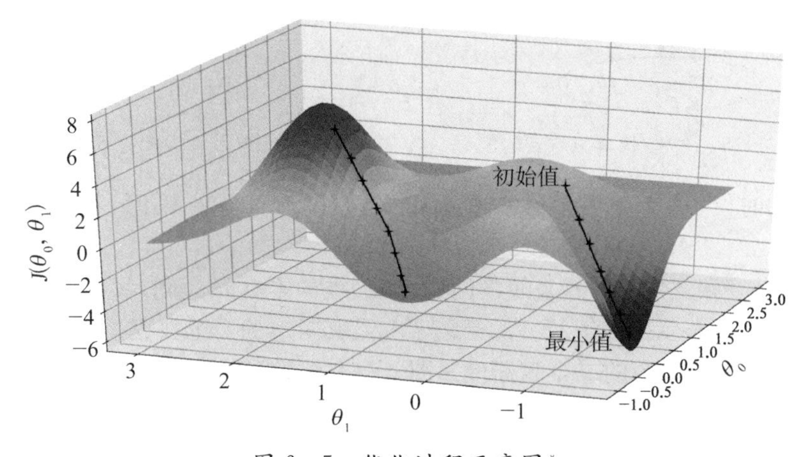

图 6-5 优化过程示意图*

感知机的学习算法如下所示：

(1) 选取初始分类器参数 w_1, w_2, θ。

(2) 在训练集中寻找一个训练数据；如果该训练集被误分类，即 $y(w_1 x_1 + w_2 x_2 + \theta) \leqslant 0$，则按照以下规则更新参数：

$$w_1 \leftarrow w_1 + \eta y x_1$$
$$w_2 \leftarrow w_2 + \eta y x_2$$
$$\theta \leftarrow \theta + \eta y$$

(3) 转至(2)，直到训练集中没有误分类数据为止。

其中，η 是学习率(learning rate)，指每次更新参数的程度大小。感知机算法流程图如图 6-6 所示。

综上所述，感知机的基本思路是，利用随机数来初始化各项参数，之后逐个计算训练样本，若实际输出与样本的标注类别相同，则参数不变；若实际输出与样本的标注类别不同，则调整参数，直到误差为 0 或者小于某个特定数值为止。通过引入优化算法，设计损失函数，使得感知机中的参数能够通过优化算法自动寻得。

感知机简单实用，但它仅对线性问题具有分类能力。什么是线性问题呢？假如我们用决策分界来形象的表达分类的效果，那么，在二维的数据平面中，可以用一条直线作为决策分界来分类(图 6-7 显示了二维平面中划出决策分界的效果，也就是感知机的分类效果)；当数据

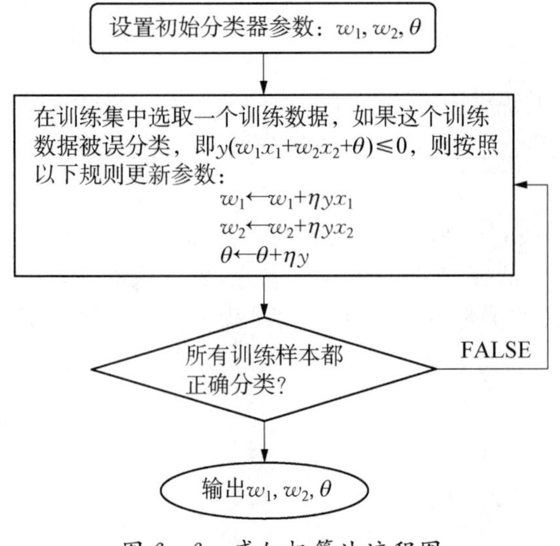

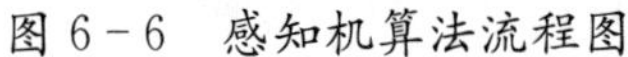
图 6-6　感知机算法流程图

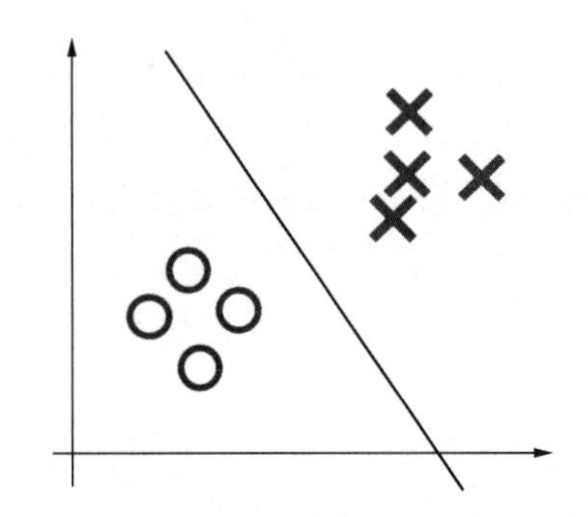

图 6-7　二维平面中感知机的分类效果

的维度是 3 维的时候，决策分界是一个平面；当数据的维度是 n 维时，是一个 n－1 维的超平面。

例如，逻辑“与”和逻辑“或”就是线性问题，以二维样本空间为例，我们可以用一条直线来分隔 0 和 1。图 6-8 显示了逻辑“与”的真值表和及其对应的二维数据坐标图；图 6-9 显示了逻辑“或”的真值表及其对应的二维数据坐标图，它们都是线性可分的。

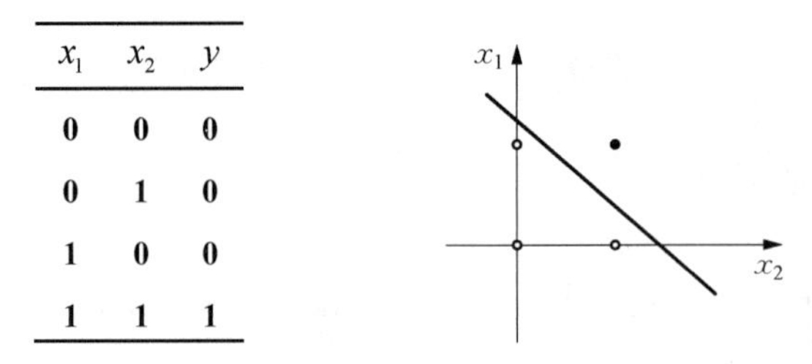

x_1	x_2	y
0	0	0
0	1	0
1	0	0
1	1	1

图 6-8　逻辑“与”真值表及其对应二维数据坐标图

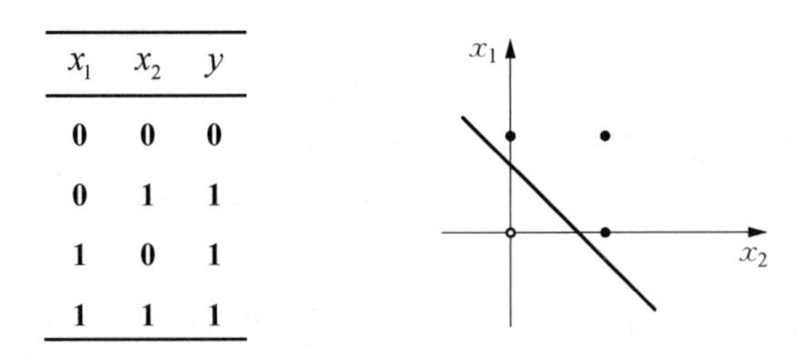

x_1	x_2	y
0	0	0
0	1	1
1	0	1
1	1	1

图 6-9　逻辑“或”真值表及其对应二维数据坐标图

如果要用感知机来处理非线性分类问题，单层感知机就无能为力了。例如，“异或”问题，图 6-10 中显示了逻辑“异或”的真值表及其对应的二维数据坐标图，显然无法用一条直线将两类数据分隔开来，因此，单层感知机网络无法实现“异或”功能。

由上面的分析可知，感知机只能做简单的线性分类任务。但是，在感知机算法提出以后，

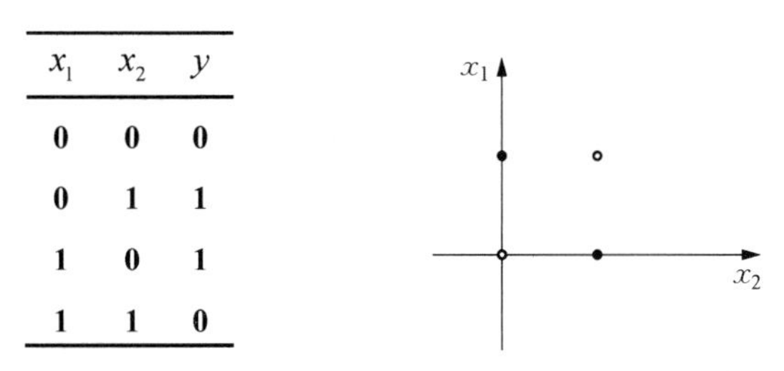

x_1	x_2	y
0	0	0
0	1	1
1	0	1
1	1	0

图 6－10 逻辑“异或”的真值表及其对应的二维数据坐标图

并没有多少人清醒地认识到这点，直到 1969 年，著名的人工智能科学家明斯基(Minsky)等人在 *Perceptron* 一书中，仔细分析了以感知机为代表的单层神经网络系统的功能及局限，证明感知机不能解决简单的“异或”等线性不可分问题；如果将计算层增加到两层，计算量则过大，而且没有有效的学习算法；所以，他认为研究更深层的网络是没有价值的，甚至做出了“基于感知机的研究注定失败”的结论。

由于罗森布拉特教授等人没能够及时推广感知机学习算法到多层神经网络上，又由于 *Perceptrons* 在研究领域中的巨大影响，及人们对书中论点的误解，让很多学者和实验室纷纷放弃了神经网络的研究。随后，人工神经网络领域的发展陷入了低潮，之后的十多年内，基于神经网络的研究几乎处于停滞状态，神经网络的研究陷入了冰河期，这个时期又被称为“AI winter”。接近 10 年以后，对于多层神经网络的研究才带来神经网络的复苏。

思考与练习：

(1) 如何衡量感知机分类器对数据的误分类程度？

(2) 如何利用误分类数据来调整分类器的参数，或者说感知机学习算法中更新参数的规则是什么？

6.3 BP 神经网络

6.3.1 多层神经网络结构

明斯基说过单层神经网络无法解决异或问题。但是当再增加一个计算层以后，神经网络不仅可以解决异或问题，而且具有非常好的非线性分类效果。不过这样的两层的神经网络的计算是一个问题，主要困难是中间的隐藏层不直接与外界联系，无法直接计算其误差。1986年，Rumelhar 和 Hinton 等人提出了反向传播(Backpropagation，BP)算法，解决了两层及多层神经网络所需要的复杂计算量问题，从而带动了业界使用两层神经网络研究的热潮。

多层神经网络结构如图 6－11 所示。假设神经网络有 N 层，第一层为输入层，第 N 层(最后一层)为输出层，中间各层称为隐藏层，它们与外界没有直接的联系，但其状态的改变，则能影响输入与输出之间的关系，每一层可以有若干个节点。假设输入层有 n 个结点或神经元，输出层有 m 个结点或神经元，输入数据为 $X=[x_1,x_2,\cdots x_n]^T$，输出数据为 $Y=[y_1^N,y_2^N,\cdots y_m^N]$；假设隐藏层与输出层的神经元的非线性输入输出关系为 $f_k(k=2,\cdots,N)$，第 $k-1$ 层的第 j 个神经元到第 k 层的第 i 个神经元的连接权值为 $w_{i,j}^k$，第 k 层的第 i 个神经元输入的总和为 u_i^k，输出为 y_i^k，则它们之间有如式 6－4 所示的关系：

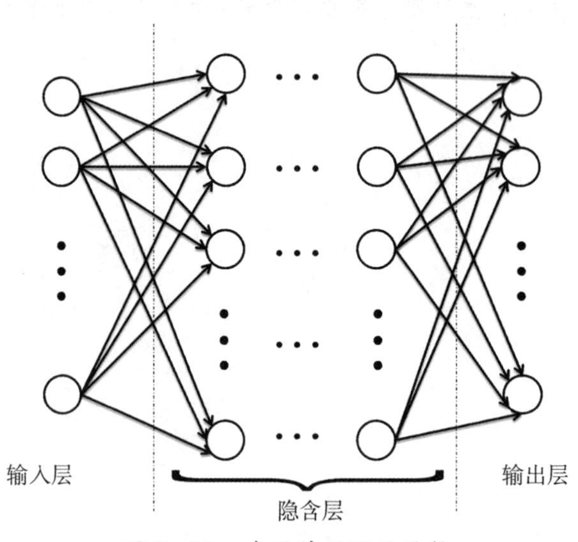

图 6－11　多层神经网络结构

$$y_i^k=f(u_i^k)$$
$$u_i^k=\sum_j w_{i,j}^{k-1}y_j^{k-1} \qquad (式 6-4)$$

输入层通常是样本的每个维度的数据直接输入，隐藏层和输出层中的各个神经元输入输

出关系一般是非线性。多层神经网络可以看作是一个从输入到输出的非线性映射,它有很强的学习能力。数学上已经证明,一个三层的神经网络可以任意精度逼近一个任意给定的连续函数。然而,多层网络的隐藏层数目及其节点数目的设置,目前仍主要靠实验的经验来设置,没有有效的理论和方法支持。在深度学习出现之前,隐藏层的层数通常为一层,即通常使用的神经网络是3层网络。

6.3.2 BP网络介绍

BP算法实现了自动调整神经网络的权值,使其输入和输出之间的关系逼近给定的训练样本,BP算法的运行流程就是根据已有的输入与输出,不停的迭代反推出参数的过程,这一过程结合了最小二乘法与梯度下降等计算方法。

我们以图6-12所示的三层神经网络结构来详细阐述BP算法的原理及实现。

图6-12中,输入层有3个节点,用特征向量来表示:$X=[x_1,x_2,x_3]^T$,假设a表示神经元的激活值,我们在数神经网络的层数时,将输入层称为第0层,输入层直接将x_1,x_2,x_3传递给隐藏层,没有激活函数,对于$a^{[0]}$,有$a^{[0]}=X=[x_1,x_2,x_3]^T$。隐藏层激活值为$a^{[1]}$,隐藏层4个节点的激活值分别为$a_1^{[1]}$,$a_2^{[1]}$,$a_3^{[1]}$,$a_4^{[1]}$,有$a^{[1]}=[a_1^{[1]},a_2^{[1]},a_3^{[1]},a_4^{[1]}]^T$。输出层为$a^{[2]}$,这里是一个数值,即为神经网络的输出$\hat{y}=a^{[2]}$。

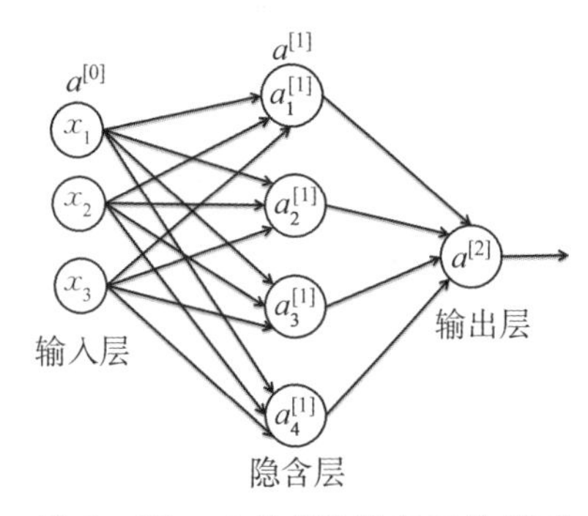

图6-12 三层BP神经网络模型

对于隐藏层和输出层的每个神经元节点的输入和输出,其关系如图6-13所示,其中w^T为权值向量,b为偏置值,z为中间变量,$\sigma(z)$激活函数为非线性的sigmoid函数(函数如式6-5所示,曲线如图6-14所示),其特点是函数本身及其导数都是连续的,在处理上十分方便。

$$\sigma(z)=\frac{1}{1+e^{-z}} \qquad \text{(式 6-5)}$$

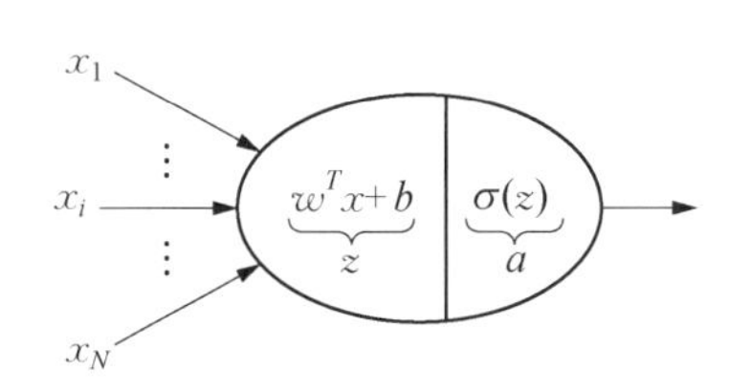

图6-13 隐藏层和输出层单个神经元节点计算模型

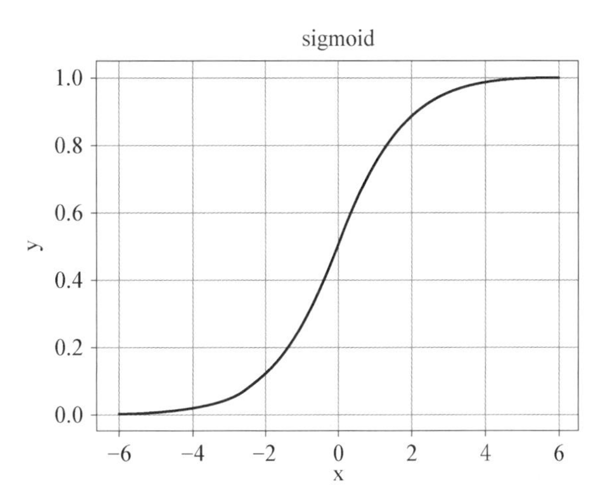

图6-14 sigmoid函数曲线图

回到BP神经网络,假设从第0层(输入层)第j个节点到第1层的第i个节点的连接权重值为$w_{i,j}^{[1]}$,定义第0层所有节点到第1层的第i个节点为向量$W_i^{[1]}$,有$W_i^{[1]}=[w_{i,1}^{[1]},w_{i,2}^{[1]},w_{i,3}^{[1]}]^T$;同理,从第1层到第2层(输出层)的连接权重有:$W_i^{[2]}=[w_{i,1}^{[2]},w_{i,2}^{[2]},w_{i,3}^{[2]},w_{i,4}^{[2]}]^T$,这里输出层只有1个节点,所以可以写为:$W^{[2]}=[w_1^{[2]},w_2^{[2]},w_3^{[2]},w_4^{[2]}]^T$。假设第1层的第$i$个节点的偏置值为$b_1^{[1]}$,那么第1层的偏置向量$b^{[1]}=[b_1^{[1]},b_2^{[1]},b_3^{[1]},b_4^{[1]}]^T$,第2层只有一个神经元节点,其偏置值为$b^{[2]}$。假设第1层第$i$个节点的中间变量值为$z_i^{[1]}$,那么第1层的中间变量,其向量形式为$z^{[1]}$,有$z^{[1]}=[z_1^{[1]},z_2^{[1]},z_3^{[1]},z_4^{[1]}]^T$,第2层输出节点的中间变量值为$z^{[2]}$。

6.3.3 BP正向传播计算

以图6-12中模型为例,已知输入向量$X=[x_1,x_2,x_3]^T$及其输出类别y,接下来将从输入层进入网络,逐一计算经过的每一层的每一个节点,直到最终输出层结果,这一过程也称为正向传播。

隐藏层第1个节点的中间变量值$z_1^{[1]}=w_{1,1}^{[1]}x_1+w_{1,2}^{[1]}x_2+w_{1,3}^{[1]}x_3+b_1^{[1]}=W_1^{[1]T}X+b_1^{[1]}$,通过激活函数的激活值$a_1^{[1]}=\sigma(z_1^{[1]})$;这样,隐藏层每个节点的计算如式6-6中所列:

$$\begin{aligned}
z_1^{[1]}&=w_{1,1}^{[1]}x_1+w_{1,2}^{[1]}x_2+w_{1,3}^{[1]}x_3+b_1^{[1]}=W_1^{[1]T}X+b_1^{[1]},a_1^{[1]}=\sigma(z_1^{[1]})\\
z_2^{[1]}&=w_{2,1}^{[1]}x_1+w_{2,2}^{[1]}x_2+w_{2,3}^{[1]}x_3+b_2^{[1]}=W_2^{[1]T}X+b_2^{[1]},a_2^{[1]}=\sigma(z_2^{[1]})\\
z_3^{[1]}&=w_{3,1}^{[1]}x_1+w_{3,2}^{[1]}x_2+w_{3,3}^{[1]}x_3+b_3^{[1]}=W_3^{[1]T}X+b_3^{[1]},a_3^{[1]}=\sigma(z_3^{[1]})\\
z_4^{[1]}&=w_{4,1}^{[1]}x_1+w_{4,2}^{[1]}x_2+w_{4,3}^{[1]}x_3+b_4^{[1]}=W_4^{[1]T}X+b_4^{[1]},a_4^{[1]}=\sigma(z_4^{[1]})
\end{aligned} \quad (式6-6)$$

若定义$W^{[1]}=[W_1^{[1]T},W_2^{[1]T},W_3^{[1]T},W_4^{[1]T}]^T$,$b^{[1]}=[b_1^{[1]},b_2^{[1]},b_3^{[1]},b_4^{[1]}]^T$,$z^{[1]}=[z_1^{[1]},z_2^{[1]},z_3^{[1]},z_4^{[1]}]^T$,$a^{[1]}=[a_1^{[1]},a_2^{[1]},a_3^{[1]},a_4^{[1]}]^T$,则隐藏层的式6-6可简化为向量形式,如式6-7所示:

$$z^{[1]}=W^{[1]T}X+b^{[1]},a^{[1]}=\sigma(z^{[1]}) \quad (式6-7)$$

输出层的计算如式6-8所示:

$$z^{[2]}=w_1^{[2]}a_1^{[1]}+w_2^{[2]}a_2^{[1]}+w_3^{[2]}a_3^{[1]}+w_4^{[2]}a_4^{[1]}+b^{[2]},a^{[2]}=\sigma(z^{[2]}) \quad (式6-8)$$

定义$W^{[2]}=[w_1^{[2]},w_2^{[2]},w_3^{[2]},w_4^{[2]}]^T$,则输出层式6-8可简化如式6-9所示:

$$z^{[2]}=W^{[2]T}a^{[1]}+b^{[2]},a^{[2]}=\sigma(z^{[2]}) \quad (式6-9)$$

最后,输出结果$\hat{y}=a^{[2]}$。

假设训练集样本数为m,定义整体训练集上的损失函数为:

$$J(W^{[1]},b^{[1]},W^{[2]},b^{[2]})=\frac{1}{m}\sum_{i=1}^{m}L(\hat{y},y) \quad (式6-10)$$

$$L(\hat{y},y)=-y\log(\hat{y})-(1-y)\log(1-\hat{y}) \quad (式6-11)$$

根据式6-11所示,这里$L(\hat{y},y)$定义为交叉熵损失函数,与逻辑回归中的损失函数相同。接下来,就是要利用优化算法来找到使损失函数达到最小或极小值的参数。

*注:关于损失函数,或者叫误差函数,用来衡量误差大小,可以定义为$loss=|\hat{y}-y|$,称作L1损失。在实际搭建的网络中,更多的用到的损失函数为均方差损失或交叉熵损失。通

常分类问题用交叉熵，回归问题用均方差，综合问题用综合损失。

6.3.4 梯度下降优化算法(Gradient Descent)

优化算法本质上是一种数学方法，常见的优化算法包括梯度下降法、牛顿法、Momentum、Nesterov Momentum、Adagrad、Adam 等。梯度下降法是最常用的一种优化算法，在优化损失函数时，梯度下降法通过一步步地迭代求解，去寻找使得损失函数更小的模型参数值。

用计算机来求解损失函数最小值的基本思想可以类比为一个人从山上要到山谷最低点，他该如何走才最快？我们可以跟着一个足球跑下山，通常来说，球会沿着山坡最陡峭的方向，向下滚去。梯度下降法，就是可以帮助计算机找到最陡峭方向的这个“足球”。

首先，我们来了解下什么是梯度？梯度是一个向量，具有大小和方向。在数学上，对于一个可微分的多变量函数 $f(x,y,z)$，向量 $grad$ 称为 $f(x,y,z)$ 的梯度向量，也称梯度：

$$grad=\left(\frac{\partial f}{\partial x},\frac{\partial f}{\partial y},\frac{\partial f}{\partial z}\right) \tag{式 6-12}$$

在单变量的函数中，梯度其实就是函数的微分，代表着函数在某个给定点的切线的斜率；在多变量函数中，梯度是一个向量，向量有方向，梯度的方向就是函数在给定点的上升最快的方向。那么梯度的反方向就是函数在给定点下降最快的方向，所以，我们只要沿着梯度的反方向一直走，就能走到最低点。在求解损失函数的最小值时，可以通过梯度下降法来一步步的迭代求解，得到最小化的损失函数和模型参数值。

我们以单变量函数为例，详细说明梯度下降法的迭代过程，假设损失函数 $J(w)$ 只有一个参数 w，迭代就是 w 按式 6-13 所示不断更新：

$$w \leftarrow w-\alpha\frac{dJ(w)}{dw} \tag{式 6-13}$$

其中，α 表示学习率(learning rate)，用来控制步长(step)，步长是在当前这一步所在位置沿着最陡峭最易下山的位置走的那一步的长度。$\frac{dJ(w)}{dw}$ 是函数 $J(w)$ 对 w 的求导(derivative)，可以用 dw 表示。对于单变量函数，导数更形象化的理解，就是斜率，即该点的导数就是这个点相切于 $J(w)$ 的小三角形的高宽比，如图 6-15(a)所示。学习率，决定了在梯度下降迭代的过程中，每一步沿梯度负方向前进的长度。

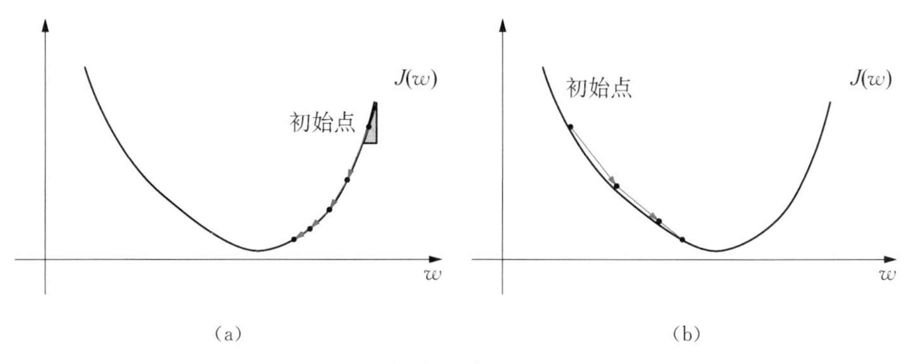

图 6-15　梯度下降法迭代过程示意图

如图 6－15(a)所示，假设初始点为最右上方的点，该点处的斜率为正值，即$\frac{dJ(w)}{dw}>0$，所以，接下来会向左走一步。梯度下降法的迭代过程就是不断地向左走，直到靠近最小值点(该点附近一般会来回震荡)。假设初始点如图 6－15(b)所示，为曲线最左上方的点，该点处斜率为负值，即$\frac{dJ(w)}{dw}<0$，那么接下来会向右走一步。梯度下降的迭代过程就是不断地向右走，直到靠近最小值点(该点附近一般会来回震荡)。

梯度下降法的计算过程就是沿梯度下降的方向求解极小值。所谓极小值，指的是局部最小值；而最小值，指的是全局的最小值。当梯度向量为零，说明到达一个极值点，这通常可以作为梯度下降算法迭代计算的终止条件。我们可以通过图 6－16 直观理解，当我们初始点在 A 点时，根据梯度下降法，会从点 A 开始，沿下降最快的方向，即梯度方向寻找到附近的最低点 B。但是，我们知道 D 点才是全局最低点。但是，从 A 沿梯度方向时寻找不到 D，只有从 C 点开始才能找到 D。也就是说，初始点不同，沿梯度方向寻找的最小点是不同的。因此，梯度下降法只能达到局部最优，而不能达到全局最优。只有当函数为凸函数时，才是全局最优。

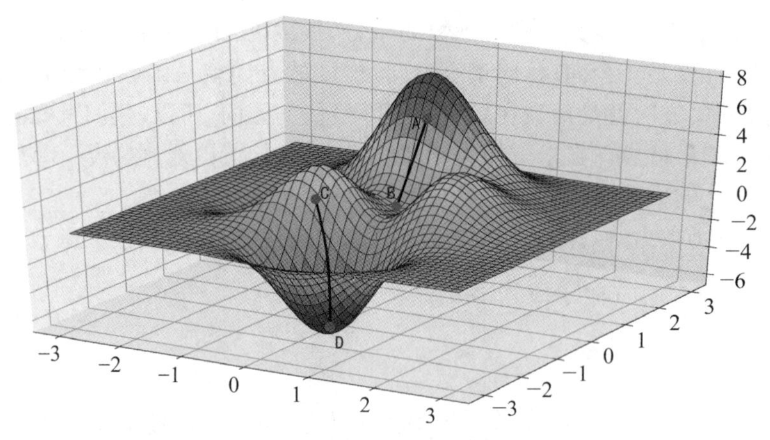

图 6－16　局部最优解与全局最优解

首先，数据归一化处理。不仅在梯度下降算法需要对数据归一化处理，在许多算法使用之前都需要对数据归一化处理。这是因为样本不同特征的量纲不一样，取值范围不一样，会导致计算量很多，从而导致计算速度很慢。这是我们首先要避免的。

其次，选择合适的学习率。学习率太大，会导致迭代过快，甚至有可能错过极小值。学习率太小，迭代速度太慢，导致训练时间过长。所以，学习率的设置需要丰富的实践经验。

最后，参数初始值的选择。对于非凸函数，梯度下降法只能达到局部最优。因此，初始值不同，获得的最优解也有所不同。

基于梯度的下降方法有很多变式，例如批量梯度下降法 BGD(batch gradient descent)、随机梯度下降法 SGD(stochastic gradient descent)和小批量梯度下降法 MBGD(mini-batch gradient descent)。

批量梯度下降法是每次使用所有样本数据进行梯度计算，这样的好处是每次迭代都顾及了全部的样本，在计算上比随机梯度下降效率更高，有更稳定的收敛；但是，它需要把整个训练数据集存储在内存以便在算法运算时使用，随着样本数量的增加，需要的内存容量也越来越大，可能内存不够。而随机梯度下降法是每次使用一个样本数据进行梯度的计算，而非计算全部数据的梯度，每次迭代的时间大大减少，频繁更新可以立即深入了解模型的性能和改进速度；但可能每次不是朝着真正最小的方向，在计算上比其他梯度下降配置更昂贵，在大型数据集上训练模型需要更长的时间。小批量梯度下降法是为了解决批梯度下降法的训练速度慢，以及随机梯度下降法的准确性综合而来，需要指出的是：对于不同问题，小批量算法中的 batch 大小也是不一样的，人工设置的，而梯度下降法对这些参数又是敏感的。

6.3.5 BP 反向传播计算

通过梯度下降法，我们知道要找到损失函数最小值时的参数，需要求解损失函数对于各参数的偏导数。根据导数的链式法则，我们可以通过计算输出层的误差，来反向推算出前面各层的神经元的误差，这就是神经网络 BP 反向传播模型的理论基础。

以图 6－12 中的 BP 神经网络模型为例，训练参数时，使用梯度下降法，每次模型中的参数将按式 6－14 所示迭代计算：

$$W^{[1]} \leftarrow W^{[1]} - \alpha \frac{dJ}{dW^{[1]}}, b^{[1]} \leftarrow b^{[1]} - \alpha \frac{dJ}{db^{[1]}}$$
$$W^{[2]} \leftarrow W^{[2]} - \alpha \frac{dJ}{dW^{[2]}}, b^{[2]} \leftarrow b^{[2]} - \alpha \frac{dJ}{db^{[2]}} \quad (式 6－14)$$

定义：

$$dW^{[1]} = \frac{dJ}{dW^{[1]}}, db^{[1]} = \frac{dJ}{db^{[1]}}$$
$$dW^{[2]} = \frac{dJ}{dW^{[2]}}, db^{[2]} = \frac{dJ}{db^{[2]}} \quad (式 6－15)$$

将式 6－14 简化为：

$$W^{[1]} \leftarrow W^{[1]} - \alpha dW^{[1]}, b^{[1]} \leftarrow b^{[1]} - \alpha db^{[1]}$$
$$W^{[2]} \leftarrow W^{[2]} - \alpha dW^{[2]}, b^{[2]} \leftarrow b^{[2]} - \alpha db^{[2]} \quad (式 6－16)$$

要计算 $dW^{[1]}$，$db^{[1]}$，$dW^{[2]}$，$db^{[2]}$，我们可以从后往前推导，先算出 $da^{[2]}$，再推算出 $dz^{[2]}$，再来计算出 $dW^{[2]}$，$db^{[2]}$；然后推算 $dz^{[1]}$，$da^{[1]}$，再来计算 $dW^{[1]}$，$db^{[1]}$。

定义：

$$da^{[2]} = \frac{dJ}{da^{[2]}}, dz^{[2]} = \frac{dJ}{dz^{[2]}}$$
$$da^{[1]} = \frac{dJ}{da^{[1]}}, dz^{[1]} = \frac{dJ}{dz^{[1]}} \quad (式 6－17)$$

(1) 首先，计算 $dW^{[2]}$，$db^{[2]}$，由式 6－9、式 6－10，根据求导的链式法则有：

$$dW^{[2]} = \frac{dJ}{dz^{[2]}} \cdot \frac{dz^{[2]}}{dW^{[2]}}$$

$$db^{[2]} = \frac{dJ}{dz^{[2]}} \cdot \frac{dz^{[2]}}{db^{[2]}}$$

$$dz^{[2]}=\frac{dJ}{da^{[2]}}\cdot\frac{da^{[2]}}{dz^{[2]}}$$ （式 6-18）

由式 6-10，可推算出：

$$\frac{dJ}{da^{[2]}}=-\frac{y}{a^{[2]}}+\frac{1-y}{1-a^{[2]}}$$ （式 6-19）

由求导规则，对于 sigmoid 函数的求导公式为：

$$\frac{d\sigma(z)}{dz}=\sigma'(z)=\sigma(z)(1-\sigma(z))$$ （式 6-20）

由式 6-5 和式 6-9 有：

$$\frac{da^{[2]}}{dz^{[2]}}=a^{[2]}(1-a^{[2]})$$ （式 6-21）

由式 6—9 中的 $z^{[2]}=W^{[2]T}a^{[1]}+b^{[2]}$，可得：

$$\frac{dz^{[2]}}{dW^{[2]}}=a^{[1]T},\frac{dz^{[2]}}{db^{[2]}}=1$$ （式 6-22）

由式 6-18～式 6-22，可推算：

$$\begin{aligned}dz^{[2]}&=a^{[2]}-y\\dW^{[2]}&=dz^{[2]}a^{[1]T}\\db^{[2]}&=dz^{[2]}\end{aligned}$$ （式 6-23）

这里，$a^{[2]}$，$da^{[2]}$，$z^{[2]}$，$dz^{[2]}$，$b^{[2]}$，$db^{[2]}$都是数值，维度为(1,1)；$W^{[2]}$，$dW^{[2]}$，$a^{[1]}$，$da^{[1]}$都是向量，维度为(1,4)。

(2) 计算 $dW^{[1]}$，$db^{[1]}$，由式 6-7 和式 6-9，根据求导的链式法则：

$$\begin{aligned}dW^{[1]}&=\frac{dJ}{dz^{[1]}}\cdot\frac{dz^{[1]}}{dW^{[1]}}\\db^{[1]}&=\frac{dJ}{dz^{[1]}}\cdot\frac{dz^{[1]}}{db^{[1]}}\\dz^{[1]}&=\frac{dJ}{da^{[1]}}\cdot\frac{da^{[1]}}{dz^{[1]}}=\frac{dJ}{dz^{[2]}}\cdot\frac{dz^{[2]}}{da^{[1]}}\cdot\frac{da^{[1]}}{dz^{[1]}}\end{aligned}$$ （式 6-24）

整理后，可得：

$$\begin{aligned}dz^{[1]}&=W^{[2]T}dz^{[2]}\cdot a^{[1]}\cdot(1-a^{[1]})\\dW^{[1]}&=dz^{[1]}X^{T}\\db^{[1]}&=dz^{[1]}\end{aligned}$$ （式 6-25）

这里 $dz^{[2]}$是数值，维度为(1,1)；$W^{[2]}$，$dW^{[2]}$，$a^{[1]}$，$da^{[1]}$是向量，维度为(1,4)；$a^{[1]}$，$da^{[1]}$，$z^{[1]}$，$dz^{[1]}$，$b^{[1]}$，$db^{[1]}$都是向量，维度为(1,4)；$W^{[1]}$，$dW^{[1]}$的维度为(4,3)。

根据式 6-18 和式 6-25，我们就可以从训练集样本的已知输入输出，算出 $dz^{[2]}$，再计算出 $dW^{[2]}$，$db^{[2]}$；然后推算 $dz^{[1]}$，$da^{[1]}$，再来计算 $dW^{[1]}$，$db^{[1]}$，这就是反向传播计算的过程。

6.3.6 BP 算法流程

综上所述,BP 算法步骤如下:

(1) 在(0,1)范围内,随机初始化网络中所有连接权重和阈值;

(2) 重复下述过程直至收敛(对各样本依次计算);

① 根据式 6-7 和式 6-9,从前向后计算各层输出:$a^{[1]}$,$a^{[2]}$,$\hat{y}$;

② 根据式 6-23 和式 6-25,从后向前计算各梯度项:$dz^{[2]}$,$dW^{[2]}$,$db^{[2]}$,$dz^{[1]}$,$dW^{[1]}$,$db^{[1]}$;

③ 根据式 6-16 来更新参数;

需要注意的是在训练神经网络时,权重随机化是非常重要的,在逻辑回归算法中,权重可以初始化为 0,但是对于一个神经网络,如果权重或参数都被初始化为 0,那么梯度下降将不会起作用。

思考与练习:

请总结一下 BP 神经网络的学习过程是什么样的。

6.4 深度神经网络

BP 算法使得曾经困扰神经网络界的异或问题被轻松解决，但是，仍然存在若干的问题：例如，一次神经网络的训练仍然耗时太久，而且困扰训练优化的一个问题就是局部最优解问题，这使得神经网络的优化较为困难。同时，隐藏层的节点数需要调参，使用不太方便。

90 年代中期，支持向量机(support vector machines, SVM)算法出现，并展现出了对比神经网络的优势：高效；全局最优解。基于以上种种理由，SVM 迅速打败了神经网络算法成为主流，神经网络的研究再次陷入了冰河期。

在长达 10 年的冰河期，加拿大多伦多大学的辛顿(Hinton)教授始终坚持研究神经网络。2006 年，辛顿在 *Science* 和相关期刊上发表了论文，首次提出了“深度信念网络”的概念。与传统的训练方式不同，“深度信念网络”有一个“预训练”(pre-training)的过程，这可以方便地让神经网络中的权值找到一个接近优化解的值，之后再使用“微调”(fine-tuning)技术来对整个网络进行优化训练。这两个技术的运用大幅度减少了训练多层神经网络的时间。辛顿给多层神经网络相关的学习方法赋予了一个新名词——深度学习(deep learning)。

很快，深度学习在语音识别领域暂露头角。接着，2012 年，深度学习技术又在图像识别领域大展拳脚。辛顿与他的学生在 ImageNet 竞赛中，用多层的卷积神经网络成功地对包含一千类别的一百万张图片进行了训练，取得了分类错误率 15%的好成绩，这个成绩比第二名高了近 11 个百分点，充分证明了多层神经网络识别效果的优越性。

神经网络模型算法繁多，根据神经网络中神经元的连接方式，可划分为前馈型和反馈型两大类神经网络。

BP 神经网络就是前馈型神经网络，各神经元接受前一层的输入，并输出给下一层，没有反馈。反馈神经网络中，部分神经元的输出经过若干神经元后，再反馈到这些神经元的输入端，例如 Hopfield 神经网络，它是全互联神经网络，即每个神经元和其他神经元都相连。

通常，我们把有一个隐藏层的网络，称为两层神经网络，不算输入层，只算隐藏层和输出层。三层及以上的网络，我们称为多层神经网络(结构如图 6-11 所示)。在多层神经网络中，最常见的隐藏层的形式就是全连接层，全连接层的各个节点与上一层中的每个节点间都有连线。而在更深层次的神经网络(深度学习神经网络)中，一般都有多个隐藏层顺序排列组成完整的神经网络。通过研究，人们已经意识到有一些函数，无法用较浅的神经网络去学习，只有非常深的神经网络才能够学会。要解决一个现实中的问题，往往很难从理论上去预测到底需要多少层神经网络，往往通过实验，从一层到两层，逐步增加到若干层，把隐藏层数量当作一个可以自由选择大小的超参数，通过多次实验找到正确率最佳的层数。

多层神经网络的前向传播和反向传播公式推导，与两层神经网络是类似的。但是，与两层神经网络不同，多层神经网络中的层数增加了很多，使得模型能够更深入的表示特征，具有更强的函数模拟能力。

随着网络的层数增加，每一层对于前一层次的抽象表示更深入。在神经网络中，每一层神经元学习到的是前一层神经元值的更抽象的表示。以图像为例：第一个隐藏层可能学习到的是“边缘”的特征，第二个隐藏层学习到的可能是由“边缘”组成的“形状”的特征，第三个隐藏层学习到的可能是由“形状”组成的“图案”的特征，最后的隐藏层学习到的可能是由“图案”组成的“目标”的特征。

同时，由于随着层数的增加，整个网络的参数就越多，而神经网络其实本质就是模拟特征与目标之间的真实关系函数的方法，更多的参数意味着其模拟的函数可以更加的复杂，可以有更高的能力去拟合真正的关系。通过研究发现，在参数数量一样的情况下，更深的网络往往具有比浅层的网络更好的识别效率。从 2012 年起，每年获得 ImageNet 冠军的深度神经网络的层数逐年增加，2014 年最好的方法 GoogleNet 是一个多达 22 层的神经网络。在 2015 年的 ImageNet 大赛上，拿到最好成绩的 MSRA 团队的方法使用的是一个深达 152 层的网络。

6.5 神经网络实战

本节将以实战案例的形式，来介绍神经网络是如何解决线性问题和非线性问题的。

6.5.1 线性问题

问题：学校要评选“优秀学生”，评选规则是通过学生的专业课成绩、德育成绩和体育成绩，计算出总评成绩，根据总评成绩来评选。总评成绩的计算规则为：

$$总评成绩 = 专业课成绩 \times 0.6 + 德育成绩 \times 0.3 + 体育成绩 \times 0.1$$

假设有两位学生，他们知道自己的专业课成绩、德育成绩、体育成绩和总评成绩，却不知道计算总评时每一项的权重，如表 6-2 所示。如何用神经网络来推算出三项成绩的权重？

表 6-2　学生成绩表

姓名	专业课成绩	德育成绩	体育成绩	总评
张博	90	80	70	85
王军	98	90	92	95

该问题实质上是解一个三元一次方程组，如式 6-26 所示。理论上只要有 3 个等式，就能通过方程组求解，但这里只有 2 个等式，无法通过解方程的方法解决。

$$\begin{cases} 90 * w1 + 80 * w2 + 70 * w3 = 85 \\ 98 * w1 + 90 * w2 + 92 * w3 = 95 \end{cases} \quad (式 6-26)$$

解题步骤：

(1) 设计一个如图 6-17 所示的神经网络模型，该模型有一个输入层，一个隐藏层，一个输出层，输入层有 3 个节点，隐藏层有 3 个节点，输出层有 1 个节点。

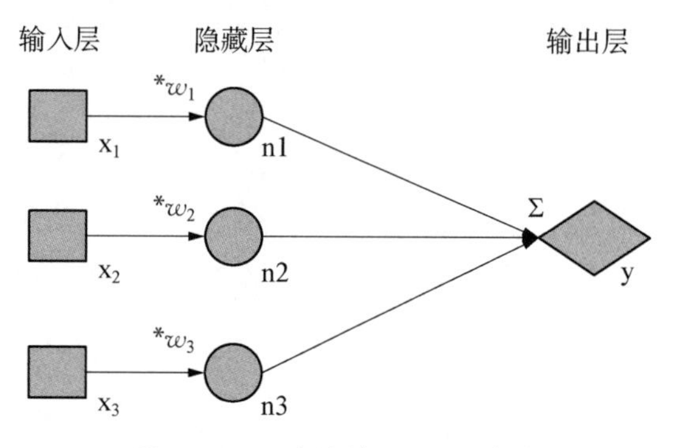

图 6-17　设计神经网络模型

(2) 用keras来搭建这样的神经网络,代码如下:

```
from keras. models import Sequentia(
from keras.  layers import Dense
import numpy as np
#训练数据和标签
x_train=np. array([[90,80,70],[98,90,92]])
y_train=np. array([85,95])

#开始搭建神经网络模型
#定义一个 model 变量,调用 Sequential 函数生成一个顺序化模型,所谓顺序化模型即一层连着一层排列的模型。
model=Sequential()

#增加一个全连接层,第一个参数为该层输出节点个数,input_num 为本层输入节点个数,init 为权值初始化参数,activation 为本层激活函数。
#输入节点3个,输出节点1个,权值初始化为均匀分布随机数,无激活函数
model. add(Dense(1,input_dim=3,init='normal',activation=None))

#在训练模型之前,通过 compile 方法配置学习过程,接收以下三个参数:
    #1. 优化器 optimizer。
    #2. 损失函数 loss。
    #3. 评估标准 metrics。
model. compile(loss="mean_absolute_error",optimizer="RMSProp",metrics=['accuracy'])

#fit 函数进行训练
#第一个参数是输入的训练数据,第二个参数是样本目标值,两者此处都是一个二维数组;
#epochs 为训练模型迭代次数;
#batch_size 为每次梯度更新的样本数。
model. fit(x_train,y_train,nb_epochs=8000,batch_size=1)

#输出最终的权值
weights=model. get_weights()    #获取整个网络模型的全部参数
print(weights[0])   #第一层的 w
```

输出结果如下:

```
Train on 2 saM-Ples
Epoch 1/8000
2/2[==============================]-0s 79ms/saM-Ple-loss:
169. 5557-acc:0. 0000e+00
Epoch 2/8000
```

```
2/2[==============================]—0s 2ms/saM-Ple-loss:168.2806-
acc:0.0000e+00
……
Epoch 7999/8000
2/2[==============================]—0s 6ms/saM-Ple-loss:0.1485-
acc:0.0000e+00
Epoch 8000/8000
2/2[==============================]—0s 6ms/saM-Ple-loss:0.1450-
acc:0.0000e+00
[[0.50639814]
 [0.43009934]
 [0.07369269]]
```

由运行结果看出，随着迭代次数的增加，损失误差越来越小，最后得出的权值也与真实情况 w1=0.6，w2=0.3，w1=0.1 更加接近。

6.5.2 非线性问题

问题：身份证号码第 17 位的数字，如果是奇数，则持有该号码的人是男性；如果是偶数，则为女性。假设我们不知道这一规则，但是收集了一堆身份证，且知道持有者的性别。如何通过神经网络来寻找规律？

该问题有两个结果，且显然不是一个线性问题。为了简化问题，我们取身份证最后 3 位数字作为输入，每个数字的取值范围为[0,9]。输出 1 代表男性，输出 0 女性。

(1) 将网络模型改为全连接网络。输入层有 3 个节点，3 个隐藏层，隐藏层 1 有 32 个节点，激活函数为 tanh；隐藏层 2 有 32 个节点，激活函数为 sigmoid；输出层有两个节点 y1，y2，应用了 softmax 函数来进行二分类，类别标签：[0,1]代表女性，[1,0]代表男性。

前面一个例子中，计算误差使用的是平均绝对误差“mean_absolute_error”，这种方式适合计算数值范围较大的情况。均方误差计算的是向量中各数据偏离目标值的距离平方和的平均数。例如，计算结果是[0.2,0.8]，目标值为[1,0]，那么均方误差为((0.2−1)2+(0.8−0)2)/2=0.64。对于二分类问题，均方误差一般会把误差缩小，但误差仍然在[0,1]范围内。

激活函数 tanh 函数(曲线如图 6-18 所示)与 sigmoid 函数一样，在横轴接近 0 附近，y 值会有一个急剧变化的过程。不同的是急剧变化的范围不是[0,1]之间，而是[−1,1]。Softmax 函数，又称归一化指数函数。Softmax 函数的计算公式如式 6-27：

$$f(x)=\frac{e^{x_i}}{\sum_{j=0}^{k} e^{x_j}},(i=0,1,2,\ldots k) \qquad \text{(式 6-27)}$$

式中：x 为输入，$f(x)$为函数输出。从式 6-27 可以看出：计算出的概率将在 0 到 1 的范围内，所有概率的和等于 1。Softmax 作为激活函数，就是将原来的输出通过 softmax 函数映射成为(0,1)的值，且这些值的累和为 1(满足概率的性质)。我们就可以将它理解成概率，在最后选取输出结点的时候，我们就可以选取概率最大(也就是值对应最大的)结点，作为我们的

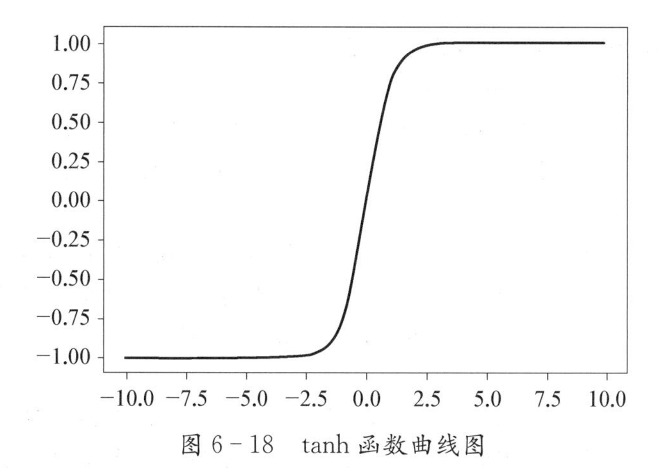

图 6－18　tanh 函数曲线图

预测目标。

代码实现：

```
from keras.models import Sequential
from keras.layers import Dense
import numpy as np
import random

#构造训练数据及标签
random.seed()
rowSize=3
rowCount=8192
xDataRandom=np.full((rowCount,rowSize),5,dtype=np.float32)
yTrainDataRandom=np.full((rowCount,2),0,dtype=np.float32)
for i in range(rowCount):
    for j in range(rowSize):
        xDataRandom[i][j]=np.floor(random.random()*10)
        if xDataRandom[i][1] % 2==0:
            yTrainDataRandom[i][0]=0
            yTrainDataRandom[i][1]=1
        else:
            yTrainDataRandom[i][0]=1
            yTrainDataRandom[i][1]=0

#搭建神经网络模型
#定义一个 model 变量,调用 Sequential 函数生成一个顺序化模型,所谓顺序化模型即一层连着一层排列的模型。
model=Sequential()
#定义 3 个全连接层并顺序增加到模型中。第一个参数为该层输出节点个数,input_num 为
```

本层输入节点个数,activation 为本层激活函数。

```
model.add(k.layers.Dense(32,input_dim=3,activation='tanh'))
model.add(k.layers.Dense(32,input_dim=32,activation='sigmoid'))
model.add(k.layers.Dense(2,input_dim=32,activation='softmax'))

#compile 函数是来设置误差函数和优化器等;设置 loss 函数为“mean_squared_error”,均方误差;优化器为“RMSProp”;metrics 为训练指标,一般指定为 accuracy,精确度。
model.compile(loss='mean_squared_error',optimizer="RMSProp",metrics=['accuracy'])

#fit 函数进行训练;第一个参数是输入的训练数据,第二个参数是样本目标值,两者此处都是一个二维数组;epoch 用于指定训练多少轮次;batch_size 用于指定训练多少批次后,变参数调节的梯度更新,主要影响可变参数的调整速度,因此会影响整个训练过程的速度,默认值为 32;verbose 用于指定 Keras 在训练过程中输出信息的频繁程度,0 代表最少的输出信息,一般用 2 表示尽量多一点输出信息。
model.fit(xDataRandom,yTrainDataRandom,epochs=1000,batch_size=64,verbose=2)
```

输出结果:

```
Train on 8192 saM-Ples
Epoch 1/1000
8192/8192-0s-loss:0.2472-acc:0.5430
Epoch 2/1000
8192/8192-0s-loss:0.2441-acc:0.5533
……
Epoch 999/1000
8192/8192-0s-loss:4.3553e-10-acc:1.0000
Epoch 1000/1000
8192/8192-0s-loss:4.3651e-10-acc:1.0000
```

由输出结果可见,最后正确率已经达到近 100%。

(2) 接下来进行预测,预测代码:

```
xTestData=np.array([[4,5,3],[2,1,2],[9,8,7],[0,2,9],[3,3,0]],dtype=np.float32)
print(len(xTestData))
for i in range(len(xTestData)):
    resultAry=model.predict(np.reshape(xTestData[i],(1,3)))
    print("x:%s,y:%s" %(xTestData[i],resultAry))
```

在上面预测的代码中,用 np.array 生成了一个测试用的二维数组 xTestData,然后用循环来把 xTestData 中每行的数据送入神经网络预测,predict 函数用来预测。

预测结果:

```
5
x:[4. 5. 3. ],y:[[9.9997318e-01   2.6865391e-05]]
```

```
x:[2. 1. 2. ],y:[[9.9998748e-01  1.2462876e-05]]
x:[9. 8. 7. ],y:[[2.6527829e-05  9.9997342e-01]]
x:[0. 2. 9. ],y:[[2.2814635e-05  9.9997723e-01]]
x:[3. 3. 0. ],y:[[9.9998188e-01  1.8142011e-05]]
```

结果可见，通过 Keras 建立的多层网络模型能够很好地解决我们的问题。

6.6 习题

1. 尝试改变 5.4.5 节线性问题案例中的可变参数 w1,w2,w3 的初始值,观察执行后的结果。

2. 假设有两位学生的 3 科成绩和总评成绩如表 6-3 所示,试用 5.4.5 节线性问题的方法,求解总评成绩的运算规则。

表 6-3 学生成绩表

学号	科目 1	科目 2	科目 3	总评成绩
101	90	98	92	92
102	95	97	93	95

3. 试用 5.4.5 节非线性问题的方法,求解下列非线性问题:

输入[0,0,1],输出 1

输入[0,1,1],输出 1

输入[1,2,2],输出 2

PART 07

第7章 计算机视觉

<本章摘要>

在人工智能众多应用领域中，计算机视觉（computer vision，简称CV）无疑是最受关注和值得期待的课题之一。从人脸识别到无人驾驶，从文本理解到医学诊断，无一不用到这一领域中的技术。对于人类来说非常简单的任务，对于机器来说却并不那么容易，因此在过去的几十年一直吸引着学术界和工业界致力于该领域。随着深度学习的兴起，这一领域的研究取得了长足的进步，各种成果层出不穷，但还是存在很多尚待解决的难题，值得我们去探索和研究。

本章在前面学习内容的基础上，介绍深度学习的一些基本概念和方法，特别是它在计算机视觉之图像分类方面的一些最新的应用技术；通过实例剖析，加强培养把方法应用于实际问题的能力，从而使理论和实践两方面的素养都得到一定的提升。

<学习目标>

当完成本章的学习后，要求：

1. 了解计算机视觉的概念、发展、主要任务以及图像分类的概况
2. 理解卷积原理，熟悉卷积神经网络的基本结构
3. 掌握用Python+Keras搭建卷积神经网络，并进行模型训练和测试
4. 熟悉VGGNet、ResNet和GoogLeNet模型的构成以及各自特点
5. 掌握如何选择、使用现存的模型去解决实际应用问题

7.1 计算机视觉概述

简单来说，计算机视觉是指运用技术手段让机器理解数字图像或视频所含的内容。在日常生活和学习中，人们所面对的信息大部分是通过视觉感知到的。除了文本，大量的图像和视频已成为不可或缺的信息来源。智能手机随时随地可以方便地拍摄照片或视频并发布于社交媒体，各种视频网站每分每秒都在上传和播放丰富的内容，公共安防设备遍布大街小巷及楼宇过道以守护财物和人身的安全，种种这些都使得互联网时代的数据量以前所未有的速度不断增长。这些激增的数据，特别是图像和视频数据，如果没有足够先进的技术来进行处理、加工、分析和利用，仅仅通过人工操作，代价非常昂贵甚至根本无法完成。如何有效地从中获取到有价值的东西，就是计算机视觉所关心的问题。

7.1.1 几个易混淆的概念

在谈到计算机视觉的时候，常常可以听到图像处理、机器视觉这些术语。那么它们的区别到底是什么呢?

首先，计算机视觉和图像处理是完全不同的两个概念。图像处理是从原有的图像创建新的图像的一个过程。它一般通过对图像执行某种特定的算法以达到简化、增强或修改原有内容的效果。比如，在使用 Adobe Photoshop 软件的滤镜时，每执行一次特效操作，实际上就是对当前图像进行了一次图像处理。严格来说，图像处理属于一种数字信号处理，它不涉及对于图像内容的理解。计算机视觉则不同，它的主要任务是要看懂图像或视频。但是，它又往往离不开图像处理。在很多情况下，它需要对输入计算机视觉系统的图像进行预处理，以使得系统性能可以更好。

其次，计算机视觉和机器视觉的区别在于技术上的侧重点不一样。这两者比较容易混淆。计算机视觉是对质的分析。比如：医疗诊断，要判断一个肿瘤是恶性还是良性；指纹识别，要判断该指纹是否属于同一个人；垃圾分类，要识别该垃圾属于干垃圾、湿垃圾、有害垃圾还是可回收物。而机器视觉是对量的分析。比如：在工厂里，通过机器人感知去测量一个零部件的尺寸；在军事上，通过无人机视觉去测量地标的大小。但有时候，需要同时进行定性和定量的分析，那么两者的技术就会融合在一起。

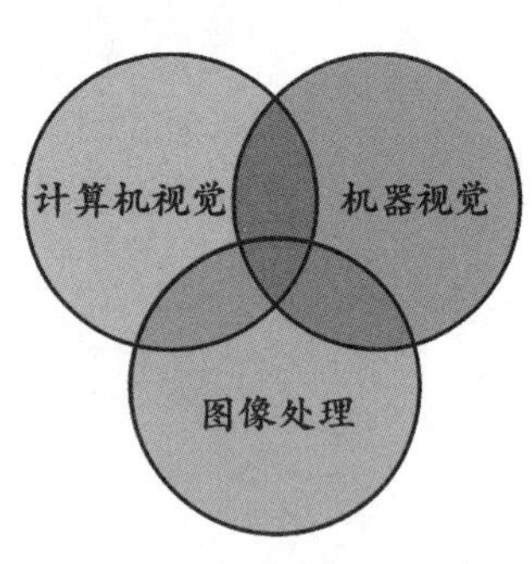

图 7－1 计算机视觉、机器视觉和图像处理之间的区别

综上所述，计算机视觉、机器视觉和图像处理是三个不同概念，但是它们之间又存在一定的联系(如图 7－1 所示)。

7.1.2 计算机视觉的发展

自人工智能诞生起，计算机视觉就是科学家们努力追求和亟待解决的课题。本书前面章节讲到的早期神经网络模型之感知机就应用于英文字母识别，属于该领域中的基础问题。

计算机视觉的起源可以追溯到1963年美国科学家拉里·罗伯茨在麻省理工学院的博士毕业论文。在该论文中，他根据加拿大科学家大卫·休伯尔和瑞典科学家托斯坦·维厄瑟尔对猫视觉皮层的研究，提出了计算机模式识别与生物识别相类似，即边缘是描述物体形状最为关键的信息。这篇论文研究如何理解图像内容，这种思想已经跳出传统图像处理的范畴，因此算得上是最早的关于计算机视觉的研究。

计算机视觉作为研究项目出现，最早应该是在1966年。作为人工智能奠基人之一的美国科学家马文·明斯基，当时在麻省理工学院人工智能实验室牵头组织了一个"暑期视觉项目"，致力于计算机视觉问题的探究。自此，计算机视觉相关的研究逐渐展开。在最初的十多年中，很多研究采取化整为零的方法。比如一个人可分为头部、身体、胳膊等，而头部又可以分为眼睛、鼻子、嘴巴等。这些研究延续拉里的思路，通过对部分的认知和重构，以达到对整体的理解。

到了20世纪70年代，计算机视觉领域的重量级人物登场，他就是英国人戴维·马尔。作为一名神经生理学家和心理学家的他于1972年转向于研究视觉处理，之后在明斯基的邀请下进入麻省理工学院人工智能实验室。1979年，他完成了视觉计算理论框架的梳理，初步整理成书。不幸的是，1980年马尔因白血病逝世，年仅35岁。1982年，马尔的书《视觉计算理论》在他的学生帮助下正式出版。至此，这一学科正式开启。

计算机视觉的发展一直受到神经网络发展的影响。自从明斯基证明感知机无法解决异或问题之后，神经网络的研究陷入停顿的二十年。直到1982年，美国生物物理学家霍普菲尔德提出了一种基于物理学原理的神经网络，使神经网络的研究得以复兴。该网络被称为霍普菲尔德网络，它可以解决模式识别以及求解组合优化问题。计算机视觉正赶上这一波研究热潮，它与神经网络相结合，得到了很好的发展。

在20世纪90年代，机器学习算法层出不穷，成为计算机视觉中不可或缺的工具。这一时期，支持向量机(support vector machine)快速发展，在当时小样本的情况下，无论是理论还是性能都超越了神经网络，使得神经网络走向低谷。当时计算机视觉的研究更多分散在各种机器学习和图像处理算法。特别是特征工程成为当时热门课题，如何描述和设计特征，很大程度上决定了计算机视觉系统的最终性能。

21世纪之后，互联网高速发展产生的大量数据，引发对于数据处理的新需求，也推动技术进入到大数据时代。2006年，加拿大多伦多大学教授杰弗里·辛顿在《科学》上发表了一篇论文，开启了深度学习的大门。深度学习其实就是多层的神经网络，以前认为不能够被训练的多层神经网络，在高性能硬件和大数据时代背景下成为可能。2012年，辛顿课题组的深度学习模型在ImageNet图像识别比赛中碾压第二名的支持向量机夺得冠军，更是推升了深度学习的研究浪潮，使神经网络再次成为计算机视觉研究的必备工具。其中不得不提的是，作为当下深度学习主要组成部分的卷积神经网络(convolutional neural network，简称CNN)发挥着巨大作用。它替代人工特征提取，能够自动获得比人工表达更好的特征，从而使得计算机视觉的性能得到极大的提升。目前，在图像分类问题上，机器的识别正确率已经超过人的视觉。

7.1.3 计算机视觉的主要任务

计算机视觉的主要任务是对采集得到的图像或视频进行处理，以获得场景中所包含的信息。具体来说，它的任务类型主要有以下几种。

1. 图像分类(image classification)

图像分类，顾名思义就是要判断输入的图像属于哪个类别。如图 7-2 所示，经过训练的模型对给定的图像进行判断之后分别输出了狗、猫和羊的类别标签。注意，模型在识别第三张图像的时候误把驴当成了羊。图像分类是计算机视觉的基础和核心，实际应用非常广泛。

图 7-2 图像分类的例子

2. 目标定位(object localization)

如果说图像分类是要解决是什么的问题，那么目标定位就是要解决在哪里的问题。一般目标在图像中的位置是以包围框(bounding box)的形式表示的。如图 7-3 所示，通过目标定位算法，可以把图像中的人脸用包围框标记出来。目标定位在安防、自动驾驶等等领域有着非常重要的应用价值。

图 7-3 目标定位的例子

3. 目标检测(object detection)

目标检测不但要解决在哪里的问题,也要解决是什么的问题,它要同时完成目标定位和图像分类的任务。如图7-4所示,目标检测算法要用包围框标出感兴趣的物体的位置,同时还要给出物体的类别标签(猫或狗)。由于不同物体有着特有的外观,形状,姿态,加上光照,遮挡等干扰因素,因此一直是计算机视觉中很有挑战性的任务。

图7-4 目标检测的例子

4. 语义分割(semantic segmentation)

目标检测只需要一个包围框去框住物体位置,语义分割的任务更进一步,它需要判断图像中每个像素点属于哪个类别。一般的做法是让模型最终输出与输入相应的感兴趣区域的掩模。如图7-5所示,不但狗和猫,而且背景的每个像素都会被标记出来,从而在分割图像的同时解析出图像的含义。语义分割在地质检测、服装分类、精准农业等领域有着很广泛的应用。

图7-5 语义分割的例子

5. 实例分割(instance segmentation)

语义分割中，一张图像中如果遇到同一类别的目标就无法区分了。例如，图 7－5 中的两只猫(两个实例)相应的全部像素都会判别为猫的类别，因此无法将它们分割出来。实例分割的任务就是要能区分属于相同类别的不同实例。如图 7－6 所示，实例分割算法可以区分像素是属于第一只猫还是第二只猫。实例分割是目前计算机视觉中最有挑战性的任务，还需要解决很多问题，以提升整体算法的性能。

图 7－6　实例分割的例子

计算机视觉中的这些任务一直吸引着众多的研究者，特别是深度学习兴起之后，新提出的各种模型在解决这些任务的时候，性能上有了极大的提升。每种任务的背后都可以列举出一长串最新的解决方法，同时也还存在很多难点亟待解决。

7.1.4　图像分类简介

图像分类是计算机视觉中最基本的任务。上一小节提到，图像分类就是根据给定的图像，对该图像的所属类别进行判断。传统的方法主要有两个步骤：特征提取和分类器训练。

在特征提取阶段，根据实际需求、硬件条件以及个人经验等因素，使用通用的或者自行设计的方法对图像进行特征提取。特征选择的优劣至关重要，应在确保速度的同时选择尽量好的特征。特征提取需要不断尝试，非常费时费力。

在特征提取之后，就需要选择合适的分类算法来进行分类器训练。传统的机器学习算法，如 K 紧邻、朴素贝叶斯、逻辑回归、决策树、随机森林、多层感知机、支持向量机等，都可以用来训练分类器。在选择时，一般要考虑计算量和准确率两大指标。另外，各种算法对于调参能力的要求不同，使用者需根据自身情况而定。一种好的特征提取方法、一个合适的分类模型、以及丰富的实战经验是解决这类问题的关键。

当深度学习在各大图像处理与识别比赛中脱颖而出之后，目前图像处理相关的任务大部分偏向于采用深度学习，也就是多层的神经网络。前面章节中，我们学过神经网络是由很多神经元构建而成的网络，它采用激活层来使得模型具备很强的非线性拟合能力。这种模型与其他机器学习方法不同的是，网络通过不断地调节输入与输出之间的映射关系，能够自动地学习

到样本的特征。也就是说，特征提取这一环节由人工转为自动完成。这不但大大节省了人力物力，而且能够更有效地提取到更优的特征，从而极大提升了模型性能。

本章后面内容将围绕图像分类展开，详细介绍计算机视觉领域必备的卷积神经网络，以及目前常见的卷积神经网络模型，并且通过很多实例来深入理解卷积神经网络的原理，以及在实际图像分类任务中的使用。

7.2 卷积神经网络

前面章节学过的神经网络一般称之为全连接神经网络，也就是前后两层的所有神经元之间都存在着加权连接，这样对于高维度的样本来说，网络所需要的权重系数就会相当庞大。特别是处理图像样本的时候，网络就会不堪重负，甚至于在现有硬件条件下无法驱动模型的训练。因此，在图像相关的任务中，我们往往使用卷积神经网络。相比全连接神经网络，卷积神经网络不但大幅减少了权重系数，而且更加符合现代人类视觉理论的观点。

7.2.1 卷积原理

说到卷积神经网络，首先需要理解什么是卷积(convolution)。卷积并不是深度学习特有的，事实上，它在统计学、概率论、声学、物理学、信息学等学科中都有出现。卷积是一种数学运算，和减加乘除没有本质的区别。

在连续域的情况，假设 $f(x)$ 和 $g(x)$ 是两个可积的函数，那么卷积就是作如下积分：

$$f(x)*g(x)=\int_{-\infty}^{+\infty}f(\tau)g(x-\tau)d\tau \quad \text{(式 7-1)}$$

注意，“*”是卷积符号。

在离散域的情况，假设 $f(n)$ 和 $g(n)$ 是两个序列，那么卷积操作如下：

$$f(n)*g(n)=\sum_{i=-\infty}^{+\infty}f(i)g(n-i) \quad \text{(式 7-2)}$$

上面的表达式是在一维空间的连续和离散卷积运算。而我们要讨论的图像处理中进行的是二维空间的离散卷积运算。一张图像可以看成一个二维函数，它的自变量是图像的像素坐标 (x,y)，函数值是像素的颜色值(以 RGB 图像为例，三个通道取值范围都为 0～255)。

下面以常见的图像模糊处理为例，来看一下图像中的二维卷积是如何进行的。卷积过程简单来说就是：从上到下，从左到右，对输入图像中的每个像素以及周围像素的颜色值乘以一个权重矩阵(即卷积核，kernel，又称为过滤器，filter，或滑窗，sliding window)并求和，然后让输出图像中相应的像素点等于该求和值。如图 7-7 所示，用一个尺寸为 3×3、所有权重值为

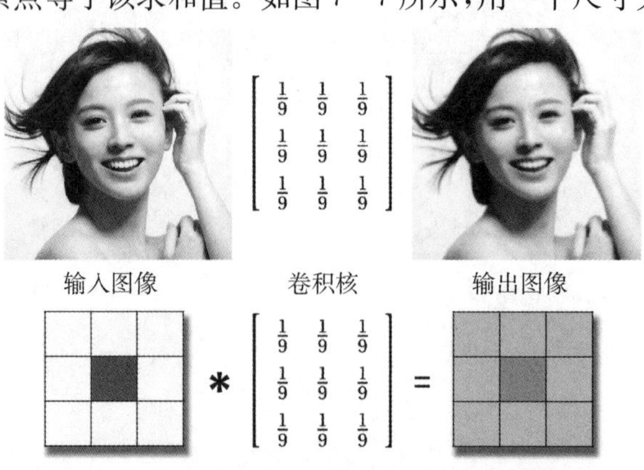

图 7-7　用卷积算子实现图像模糊处理

1/9 的卷积核，对输入图像进行卷积操作。可以发现，由于中间像素(如图 7－7 左下方的深灰色格子)只有 1/9 的部分被表达在输出像素中，剩余 8/9 被周围像素所融合，因此到达了平滑和模糊图像的效果。

【例 7－1】 用 Python 代码来实现上面的卷积操作

```
import cv2
import numpy as np

def conv(image,kernel):
    conv_b=convolve(image[:,:,0],kernel)
    conv_g=convolve(image[:,:,1],kernel)
    conv_r=convolve(image[:,:,2],kernel)
    output=np.dstack([conv_b,conv_g,conv_r])
    return output

def convolve(image,kernel):
    h_kernel,w_kernel=kernel.shape
    h_image,w_image=image.shape
    h_output=h_image-h_kernel+1
    w_output=w_image-w_kernel+1

    output=np.zeros((h_output,w_output),np.uint8)
    for i in range(h_output):
        for j in range(w_output):
            output[i,j]=np.multiply(image[i:i+h_kernel,
                                          j:j+w_kernel],kernel).sum()
    return output

if __name__=='__main__':
    path='./data/7-7.jpg'  #自己的图片请修改这里的位置
    input_img=cv2.imread(path)
    kernel=np.ones((3,3))*1/9   #卷积核
    output_img=conv(input_img,kernel)
    cv2.imwrite(path.replace('.jpg','-processed.jpg'),output_img)
    cv2.imshow('Output Image',output_img)
    cv2.waitKey(0)
```

运行该代码可以得到模糊处理之后的图像。

思考与练习:

(1) 修改代码,使之可以进行多次模糊处理,并且观察效果。

(2) 调研图像处理都有哪些常用的卷积核,并尝试使用不同的卷积核运行以上代码,观察结果并分析原因。

7.2.2 卷积神经网络基本结构

前面提到过,上世纪 60 年代休伯尔和托斯坦对猫视觉皮层细胞进行了研究。他们首次提出了感受野(Receptive Field)这个概念,并且因发现视觉系统的信息处理是分级的,获得了 1981 年诺贝尔医学奖。所谓分级处理,是指视觉系统从低层次的边缘特征,到基本形状或局部目标,再到高层次的整体目标这样的一个信息处理过程。上世纪 80 年代,日本科学家福岛邦彦在感受野概念的基础之上提出了神经认知机,这被认为是卷积神经网络的第一次实现。该网络把一个视觉特征分解成多个子特征,然后在分层递阶式相连的特征平面上进行处理以使得视觉系统模型化。卷积神经网络真正的出现,是法国人,纽约大学终身教授杨立昆在 1989 年提出的 LeNet-5。该网络完美解决了手写数字的识别,使得卷积神经网络从理论走向实际应用。杨立昆也因此被称为卷积神经网络之父。

一个典型的卷积神经网络主要由输入层、卷积层、激活层、池化层、全连接层组成(如图 7-8 所示,网络共有 8 个模块)。在每个卷积层或全连接层后会紧跟一个激活层(也可没有),这样组成一个子模块。在图 7-8 中,在输入层(图中 1)后是两个卷积层+激活层的子模块,之后加上一个池化层,就组合成为一个模块(图中 2)。图中 3 是和 2 具有相同结构,但尺寸和通道数不同的模块。4 和 5 相比 2 和 3 分别增加了一个卷积层+激活层的子模块。6-8 是三个全连接层+激活层的模块,其中 8 的长度需对应最后的输出。另外,最新的一些模型中常见的还有标准化层、Dropout 层等等。

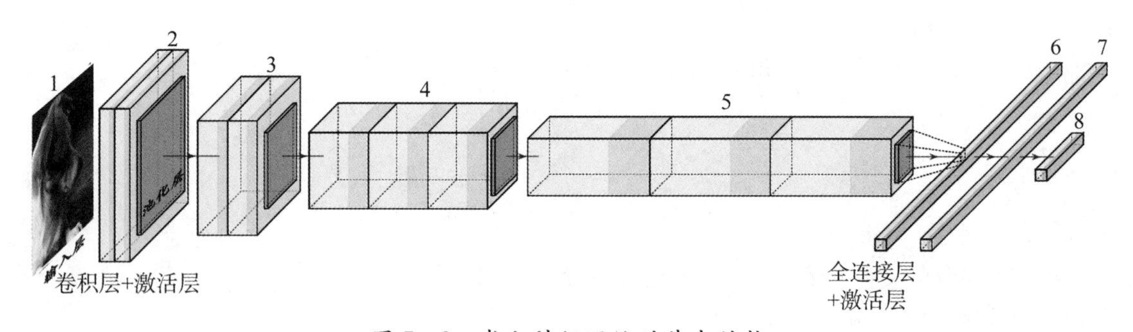

图 7-8 卷积神经网络的基本结构

下面介绍各层的细节。

输入层:这是网络的入口,是接受数据输入的层。一般输入的数据需要根据情况进行预处理。常见的有去均值、归一化、降维、白化等。在计算机视觉的应用中,输入的是图像或视频,预处理有所不同。常见的有灰度变换、尺寸调整、翻转、平移、旋转、加噪、光线调节、加亮点等等。这些操作有时候可用来弥补训练样本的不足,甚至增加样本的质量,从而大幅提高模型的性能。

卷积层:这是网络最重要的部分。通过多次卷积运算可提取出图像不同层级的特征,并增

强原始图像的某些特征。具体来说，就是每次对输入图像(或上层)中的一小块区域进行卷积运算，来提取这小块区域的特征，然后滑动卷积窗口，不断重复这一卷积过程，直至遍历到整张图像。

卷积过程如图7-9所示。假设输入为32×32×3的图像(3代表通道数，比如R、G、B通道)，设计一个5×5×3卷积核，那么卷积过程就是这个卷积核从上到下、从左到右在图像上滑动并进行计算(如图7-9左图所示)。与上一小节模糊处理的操作类似，经过整个滑动将会得到一张新的图像，这个便是卷积神经网络中常提到的特征图(feature map)。与模糊处理不同的是，这样的卷积核可以根据需要设置多个，然后重复滑动过程可以得到不同深度的特征图(如图7-9右图所示，卷积之后得到一个深度为8的特征图)。

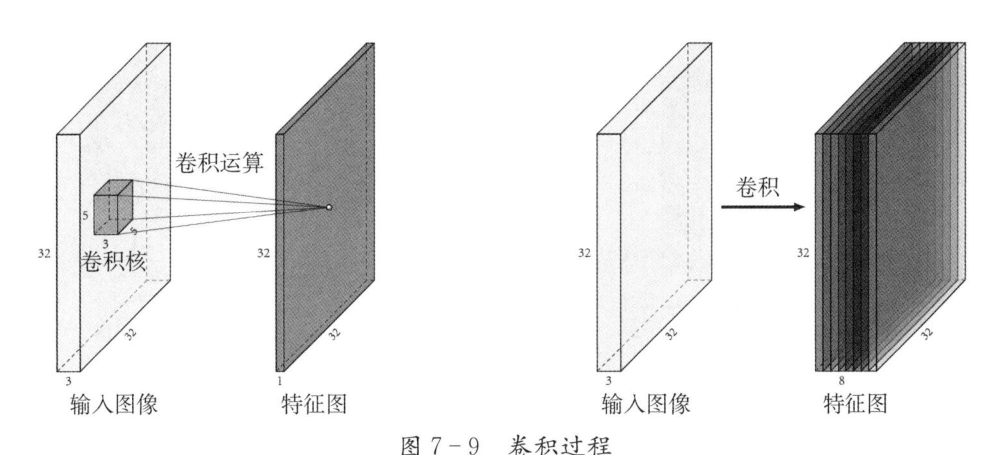

图7-9 卷积过程

如图7-8所示，这些卷积操作会不断重复，最终输出一个很深的特征图。输出的特征图往往能更好地表达原始图像的整体特征，因此为后续的分类网络减轻压力。可见，这个卷积操作取代了人工特征提取。

下面来介绍卷积的具体计算过程。如图7-10所示，简单起见，假设输入图像大小为6×6(这里只考虑一个通道)，卷积核尺寸为3×3。为了滑动，还需要设置一个重要参数步长(stride)。图7-10中，设置步长为1。这样，输入图像在卷积完成之后可输出如图7-10最右边所示的特征图。

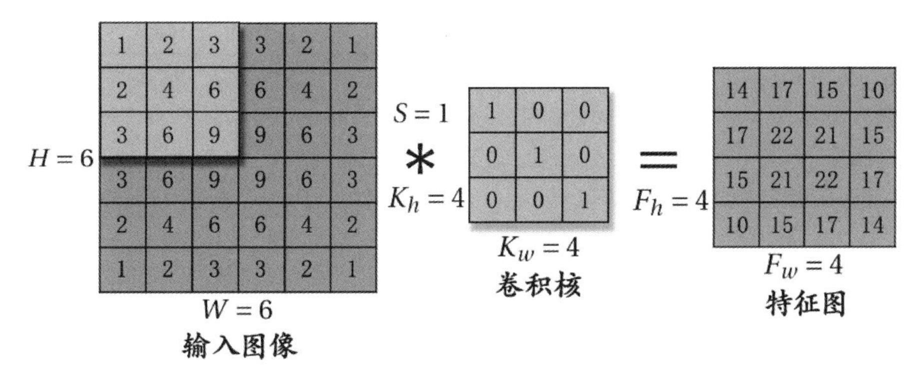

图7-10 卷积计算

这里,我们发现两个问题。一是卷积之后图像变小了,这不利于构建层数很多的网络。另一问题是输入图像边缘的像素点仅被计算过一次,而中间的像素点被卷积计算多次,这意味着图像角落信息容易丢失。

思考:如果步长为2滑动的时候,又会产生什么样的问题呢?

为了解决这些问题,卷积中还引入了另一个重要参数填充(padding)。最为常见的填充方法为0值填充(zero-padding)。如图7-11所示,如果我们在输入图像四周填充1圈空白像素,然后进行与上面同样的卷积计算,就可以得到和输入图像尺寸一样的特征图。在实际应用中,根据不同情况,可以设置多圈填充或无填充。

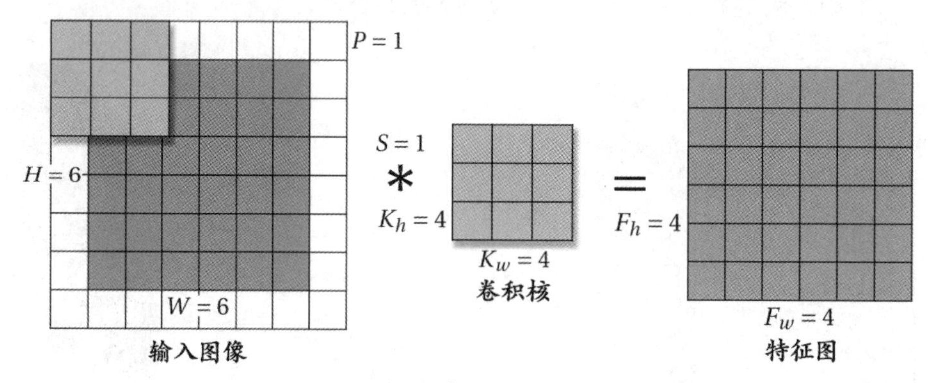

图7-11 增减填充之后的卷积计算

到此为止,我们介绍了卷积中的几个重要概念:卷积核、通道数、步长和填充。现在,给定一张输入图像并设置好参数,我们可以用下面的公式来计算特征图的大小。

$$F_w = \left\lfloor \frac{W - K_w + 2 \times P}{S} \right\rfloor + 1 \quad (式7-3)$$

$$F_h = \left\lfloor \frac{H - K_h + 2 \times P}{S} \right\rfloor + 1 \quad (式7-4)$$

注意,这里"$\lfloor\ \rfloor$"表示向下取整。这个公式同样可以根据上层特征图的情况计算下层特征图的大小。

思考:如果知道下层特征图的大小,又该如何计算上层特征图的大小呢?

激活层:在卷积层(或全连接层)之后,一般都会加上一个激活层。激活层实际上就是将输出的结果送入到某个函数进行非线性映射。随着深度学习的兴起,近些年有很多研究致力于激活函数的研究,提出了新型的激活函数。目前,常用的激活函数有Sigmoid、Tanh、ReLU、PReLU/Leaky ReLU和ELU等等函数。

1. Sigmoid函数

Sigmoid函数的公式和曲线如图7-12所示。

由图可见,该函数的输出在(0,1)的开区间内,这很像概率。Sigmoid函数作为激活函数曾经非常流行,因为可以把它想象成神经元的放电率,在中间斜率较大的地方是神经元的敏感区,在两边斜率很平缓的地方是神经元的抑制区。但是它自身存在几个缺陷。

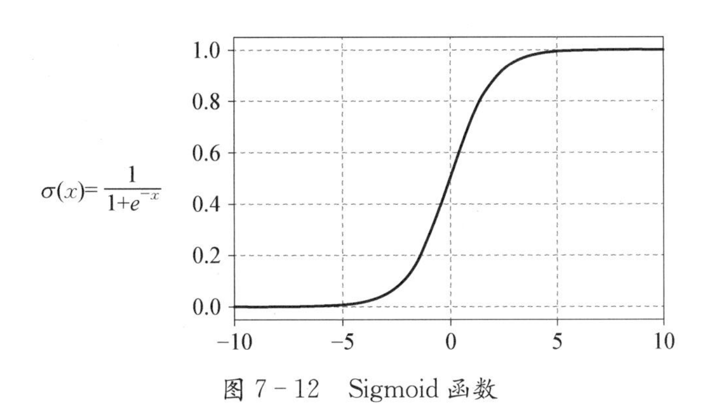

图 7－12　Sigmoid 函数

(1) 前面章节中学过神经网络的训练是利用反向传播算法，通过链式求导法则来更新权重的。那么，如果输入非常大或非常小的时候，求偏导的值(即梯度)就会很小，甚至几乎为零。这样整个链条上的值很小很小，最终导致权重几乎不会更新，从而网络训练陷入停滞。这就是常说的梯度消失问题(又称梯度弥散或梯度饱和)。

(2) Sigmoid 函数的输出不是以 0 为中心的。虽然第一层的输入数据可以通过均值化使之为 0，但是经过激活函数之后，神经元的输出均值变成非 0。经过多次之后，输出会越加偏离坐标原点，这样也就更容易导致梯度消失。

(3) Sigmoid 函数需要进行指数运算，对于大规模运算来说，会明显影响整体速度。

2. Tanh 函数

Tanh 函数的公式和曲线如图 7－13 所示。

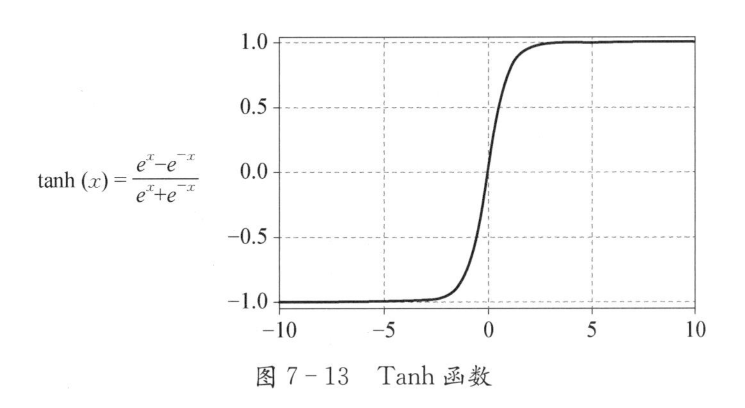

图 7－13　Tanh 函数

Tanh 函数又叫双曲正切函数。从曲线形态上看，它和 Sigmoid 函数很像，因此同样容易导致梯度消失。不同的是，它的输出区间在(−1，1)之间，整个函数以 0 为中心，因此可以避免上面提到的 Sigmoid 函数的第 2 个缺陷。但其他缺陷依然存在。

3. ReLU 函数

ReLU(rectified linear unit)函数的公式和曲线如图 7－14 所示。

ReLU 函数是目前非常流行的一个激活函数。相比 Sigmoid 函数和 Tanh 函数它的优点如下。

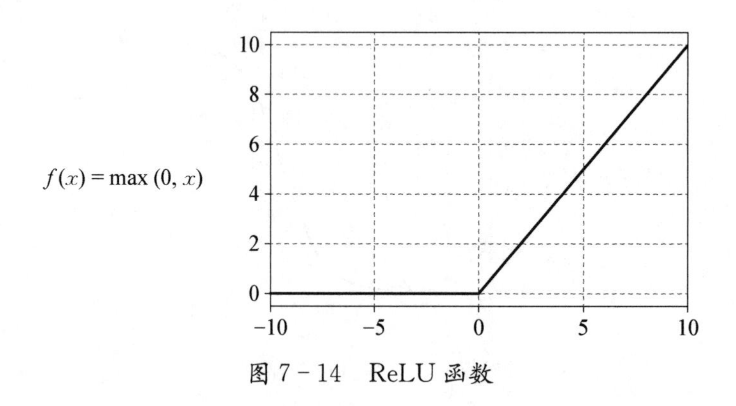

图 7－14 ReLU 函数

（1）当输入为正数时，不存在梯度消失问题。

（2）由于它只有线性关系，只需要一个阈值就可以得到激活值，因此计算速度很快。实验证明，ReLU 进行训练的时候通常更加容易收敛。

当然，ReLU 函数的缺点也显而易见。

（1）当输入为负数时，神经元就会完全“死掉”。这和 Sigmoid 函数和 Tanh 函数导致梯度消失是一样的。

（2）它的均值中心同样也不在坐标原点。

4. PReLU/Leaky ReLU 函数

PReLu 函数的公式和曲线如图 7－15 所示。

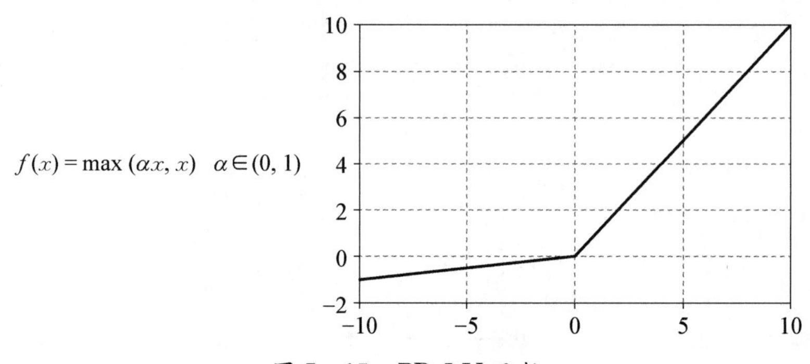

图 7－15 PReLU 函数

由 PReLU 函数的公式可见，它是对 ReLU 函数的一个改进。它在负数区域有一个比较小的斜率，这样就避免了神经元“死掉”的问题。同时，它保持了线性运算，因此速度上的优势依旧保持。

公式中的 $\boldsymbol{\alpha}$ 一般取值较小。当 $\boldsymbol{\alpha=0.01}$ 时，把 PReLU 称之为 Leaky ReLU。也就是说 Leaky ReLU 是 PReLU 的一个特例。

5. ELU 函数

ELU 函数的公式和曲线如图 7－16 所示。

这里，$\boldsymbol{\alpha}$ 是一个可调节的系数。从 ELU 函数的曲线形态来看，它是 ReLU 函数的一个改

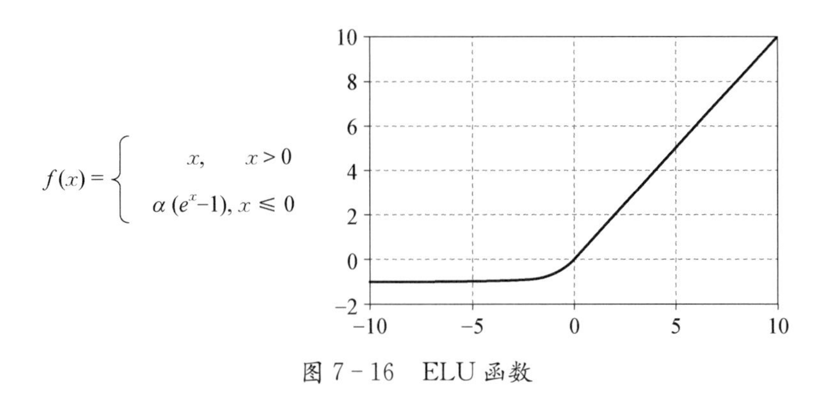

图 7-16 ELU 函数

进。它右侧是线性的，和 ReLU 一样可以缓解梯度消失；左侧具有软饱和性，这样对输入的变化和噪声更具有鲁棒性。ELU 的另一个优势是它的输出均值更接近于零，实验显示，ELU 比 ReLU 或 PReLU 更容易收敛。不过，从公式可以发现，它需要指数运算，因此要根据实际情况考虑是否选择使用。

除了以上常用激活函数，近来还不断有新的激活函数出现。每个激活函数都有自己的优缺点，不能说哪个是好的，哪个是不好的，最好的办法是在实验中反复尝试。经验告诉我们，在卷积神经网络中，Sigmoid 函数尽量要少使用，而 ReLU 往往是首选（速度快，一个训练缓慢的网络会让人难以忍受）。当 ReLU 失效的时候，可以尝试 Leaky ReLU、PReLU 或者其他最新的一些激活函数。

池化层：前面我们称卷积层＋激活层为子模块，在连续几个这样的子模块之后，一般会添加一个池化层。池化层是对图像进行下采样。常见的池化操作有最大值池化和平均值池化，具体操作如图 7-17 所示。假设过滤器的大小为 2×2，步长为 2，那么卷积后的特征图被最大值池化后会得到图中右上所示的结果，而如果采用平均值池化的话，会得到图中右下的结果（注意，对结果进行了四舍五入）。池化层有时候也会进行填充，所以整个操作与卷积非常类似。不同的是，池化时过滤器（即卷积中的卷积核）是不带权重的。另外，池化后得到的特征图尺寸可用下面的公式计算。

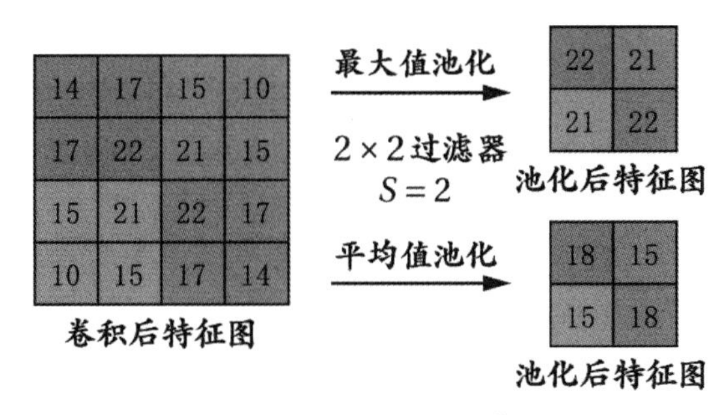

图 7-17 池化操作

$$F_w=\left\lceil\frac{W-K_w+2\times P}{S}\right\rceil+1 \quad (式 7-5)$$

$$F_h=\left\lceil\frac{W-K_h+2\times P}{S}\right\rceil+1 \quad (式 7-6)$$

注意，这里"⌈ ⌉"表示向上取整。一般网络设计的时候，池化操作总是使之为整数，所以无所谓取不取整。但有一个例外的是 GoogLeNet，它的池化需要向上取整，因此和卷积操作的公式有点不同。

池化层主要有以下几个作用。

(1) 它可以减少数据处理量，通过丢弃一些重复的数据，把重要的特征保留下来。

(2) 下采样可达到混淆特征具体位置的目的，使之更注重特征之间的相对位置，以应对扭曲和形变等引起的同类目标的变化。

(3) 降低或减缓过拟合发生的风险。

思考：假设输入 600×800 的灰度图像，依次经过两个卷积层(3×3 卷积核，P=1，S=2)，一个池化层(2×2 过滤器，无填充，S=1)，请问输出的特征图尺寸为多少？

全连接层：在卷积神经网络的末端一般会有若干个全连接层。如果把前面的卷积模块看作是特征提取的话，那么后面的全连接层是为了完成具体的分类等任务的。全连接层在前面章节介绍过，这里不再赘述。

另外，卷积神经网络的训练也和全连接神经网络相似，在选择或设计好损失函数之后，采用 BP 算法，遵循链式求导法则，并利用梯度下降不断迭代和更新权重。在图像相关的应用中，卷积神经网络发挥着重大的作用，与一般的神经网络相比它具有以下优点。

(1) 卷积核共享，减少训练参数，对于高维数据的处理压力较小，尤其是图像。

(2) 取代人工选取特征，训练好权重，自动得到特征。

(3) 深层次设计可以抽取图像更深层次的信息，表达效果优异。

(4) 出色的泛化能力，能够处理背景知识复杂，环境信息复杂，推理规则不明情况下的问题，允许样本有较大的缺损或畸变。

(5) 支持并行处理。

另外，需要注意的是卷积神经网络的训练一般需要大量样本，因此如果条件允许，最好使用 GPU。对于小样本的任务不建议采用卷积神经网络，因为网络极强的表达能力，容易发生过拟合。

7.3 手写数字识别

本节将利用Python来搭建一个简单的卷积神经网络，并实现对手写数字的识别。本章所有实例采用Keras深度学习框架。它是一个用Python编写的高度模块化的神经网络库，能够以TensorFlow，CNTK或Theano作为后端运行（本书使用TensorFlow为后端）。Keras使用简单，能够以最少的时间把想法转换为实验结果，并且能够在CPU和GPU上实现无缝运行。

本实例所用的手写数字样本采用机器学习领域非常经典的MNIST数据集，它来自美国国家标准与技术研究所。该样本集由250个不同的人手写的数字构成，其中一半是高中学生，另一半来自人口普查局的工作人员。样本集包含60000个训练样本和10000个测试样本。每个样本都是一张28×28的灰度图像，黑底白字，部分选取的样本如图7-18所示。每一张图像代表了0～9之中的一个数字，而且这些数字基本位于图像正中间。

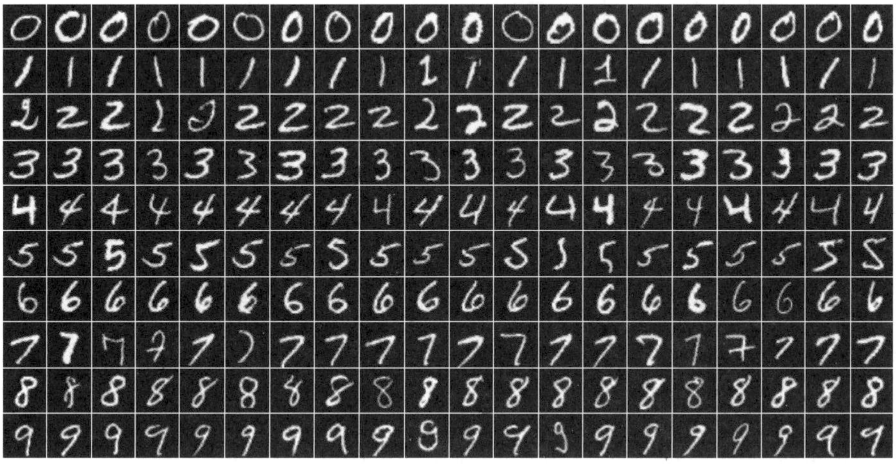

图7-18 MNIST样本

7.3.1 样本的获取和预处理

MNSIT数据集可以从官网[①]自行下载。不过Keras提供了更加方便的办法，只要直接调用下面语句即可自动下载到样本集。

(x_train,y_train),(x_test,y_test)=mnist.load_data()

这里，x_train和y_train分别是训练集的样本和标签，而x_test和y_test分别是测试集的样本和标签。执行完这个语句，不但已经分好了训练集和测试集，而且得到的样本已经完成从

① http://yann.lecun.com/exdb/mnist/

图像到数值的转换，以便送入网络学习。灰度图像每个像素点的取值范围是 0～255，这里对 x_train 和 x_test 除以 255，以使取值范围位于 0～1 之间，即归一化。并且转换数据类型为 GPU 也支持的 float32 类型。y_train 和 y_test 是属于 0～9 之间的整数值标签，对于多分类的问题，一般采用 Softmax 损失函数，所以需要对 y_train 和 y_test 进行 one-hot 编码。Keras 中也提供了非常方便的 one-hot 编码接口如下：

```
y_train=to_categorical(y_train,10)
y_test=to_categorical(y_test,10)
```

这个调用需要设置类别的数目（这里为 10）。

到此，经过简单的归一化和 one-hot 编码，预处理完成。

7.3.2 模型的搭建与训练

本节要搭建的网络模型的基本结构如下：

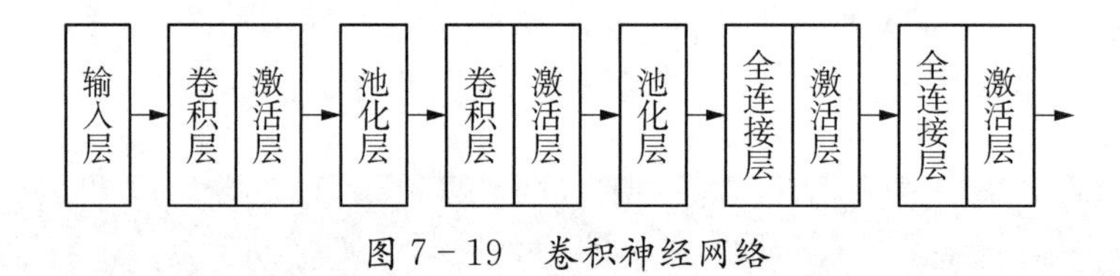

图 7－19 卷积神经网络

这里，主要使用了两个卷积层和两个全连接层。前三个激活层采用 ReLU 函数，进行非线性变换。最后一个激活层采用 Softmax 函数，实现多分类目的。具体超参数设置可参考后文的完整代码。

Keras 提供了有两种模型搭建方式，分别是 Sequential 方式和 Module 方式。这个例子中，将以 Sequential 方式来搭建模型。这种方式非常简单，只需要调用 model. add()这个接口就可以完成。比如：

```
model.add(Conv2D(64,kernel_size=(5,5),activation='relu'))
```

这个语句的意思是增加一个二维卷积层，卷积核大小为 5×5，通道数为 64，激活函数为 ReLU 函数。注意，这里没有指定步长，即使用默认值为 1×1。

```
model.add(MaxPool2D(pool_size=(2,2),strides=(2,2)))
```

这个语句是用于增加一个最大值池化层，过滤器大小为 2×2，步长为 2×2。

```
model.add(Dense(10,activation='softmax'))
```

这个语句的意思是增加一个全连接层，神经元的数目为 10，激活函数为 Softmax 函数。

另外，所有带权重层的初始化均采用 Xavier 方式，它的标准差为：

$$\text{stddev}=\text{sqrt}\left(\frac{2}{\text{fan}_{\text{in}}+\text{fan}_{\text{out}}}\right) \quad （式 7－7）$$

其中，fan_in 和 fan_out 分别表示输入单元的结点数和输出单元的结点数。

模型结构搭建完毕之后，需要为网络的训练进行一些设置。比如：

```
model.compile(optimizer='adam',loss='categorical_crossentropy',metrics=['accuracy'])
```

这个语句的意思是采用 Adam 优化器，损失函数为多类别交叉熵，评价指标为准确率。

接下去，就是模型的训练。和很多机器学习算法包一样，Keras 提供采用 fit 方法来进行训练。比如：

model. fit(x，y，batch_size=BATCH_SIZE，epochs=EPOCH)

这里，除了要送入训练样本和标签之外，需要设置 batch_size 和 epoch。

batch_size 是指每次送入网络进行前向传播的样本数量。也就是，当这一批次的样本前向传播完成之后，才会进行一次反向传播，以更新权重。设置多少合适，要根据内存和样本量大小而定。如果出现内存溢出，一般应该首先考虑减小 batch_size。从经验上来说，在样本量大的时候，batch_size 设置相对大些，能够更快达到收敛。

epoch 一般是指需要对全体样本进行多少轮次的迭代。对于本实例的 MNIST 数据集来说，任务比较简单，设置 10 个轮次，已经能够获得不错的测试准确率了。但是，如果数据集的难度较大，就需要更多轮次。因此，要视情况而定。

最后，训练结束之后，可以调用 model. evaluate()进行测试。

7.3.3 完整代码

【例 7-2】 本实例的完整代码如下

```
from keras.models import Sequential
from keras.layers import Conv2D,MaxPool2D,Dense,Flatten
from keras.utils import to_categorical
from keras.datasets import mnist
import os

def train(x,y):
    #定义模型
    model=Sequential()
    model.add(Conv2D(32,kernel_size=(5,5),activation='relu',
                     input_shape=(28,28,1)))
    model.add(MaxPool2D(pool_size=(2,2),strides=(2,2)))
    model.add(Conv2D(64,kernel_size=(5,5),activation='relu'))
    model.add(MaxPool2D(pool_size=(2,2),strides=(2,2)))
    model.add(Flatten())
    model.add(Dense(1000,activation='relu'))
    model.add(Dense(10,activation='softmax'))

    #编译模型
    model.compile(optimizer='adam',loss='categorical_crossentropy',
                  metrics=['accuracy'])
```

```
    #训练模型
    model.fit(x,y,batch_size=BATCH_SIZE,epochs=EPOCH)
    return model

def main():
    #加载数据
    path=os.getcwd()+'/data/mnist.npz'   #请注意样本集存放的位置
    (x_train,y_train),(x_test,y_test)=mnist.load_data(path)

    #数据预处理
    x_train=x_train.reshape(x_train.shape[0],28,28,1)
    x_test=x_test.reshape(x_test.shape[0],28,28,1)
    x_train=x_train.astype('float32')/255
    x_test=x_test.astype('float32')/255
    y_train=to_categorical(y_train,10)
    y_test=to_categorical(y_test,10)

    #训练模型
    model=train(x_train,y_train)
    #测试模型
    score=model.evaluate(x_test,y_test)
    print('Accuracy is {}.'.format(score[1]))

if __name__=='__main__':
    BATCH_SIZE=128
    EPOCH=10
    main()
```

为了方便,MNIST 数据集已经提前下载好,并放置在当前目录的/data/下面,文件名为 mnist.pnz。该文件为 Keras 数据读取接口的专用格式。如果自行从官网下载的数据集,可以用其他相应接口进行读取。

7.3.4 运行分析

训练开始后,如果看到模型的准确率持续上升,说明模型在不断地学习和优化。一般情况下,在第 1 个 Epoch,模型的准确率以较快速度上升,如图 7-20 所示。

在模型训练到第 2 个 Epoch 时,准确率已经超过 98%,如图 7-21 所示。

之后,准确率缓慢上升,在第 10 个 Epoch 结束时,准确率超过 99%,如图 7-22 所示。

```
Epoch 1/10

  128/60000 [..............................] - ETA: 3:18 - loss: 2.3137 - acc: 0.0781
  256/60000 [..............................] - ETA: 2:02 - loss: 2.2766 - acc: 0.2031
  384/60000 [..............................] - ETA: 1:36 - loss: 2.2135 - acc: 0.2526
  512/60000 [..............................] - ETA: 1:23 - loss: 2.1700 - acc: 0.2656
  640/60000 [..............................] - ETA: 1:15 - loss: 2.1067 - acc: 0.3391
  768/60000 [..............................] - ETA: 1:10 - loss: 2.0305 - acc: 0.3984
  896/60000 [..............................] - ETA: 1:06 - loss: 1.9407 - acc: 0.4498
 1024/60000 [..............................] - ETA: 1:03 - loss: 1.8747 - acc: 0.4639
 1152/60000 [..............................] - ETA: 1:01 - loss: 1.7904 - acc: 0.4931
 1280/60000 [..............................] - ETA: 59s - loss: 1.7039 - acc: 0.5258
 1408/60000 [..............................] - ETA: 58s - loss: 1.6314 - acc: 0.5490
 1536/60000 [..............................] - ETA: 57s - loss: 1.5566 - acc: 0.5690
 1664/60000 [..............................] - ETA: 56s - loss: 1.4799 - acc: 0.5907
 1792/60000 [..............................] - ETA: 55s - loss: 1.4068 - acc: 0.6116
 1920/60000 [..............................] - ETA: 54s - loss: 1.3591 - acc: 0.6240
 2048/60000 [>.............................] - ETA: 54s - loss: 1.3000 - acc: 0.6416
 2176/60000 [>.............................] - ETA: 53s - loss: 1.2483 - acc: 0.6572
 2304/60000 [>.............................] - ETA: 52s - loss: 1.1999 - acc: 0.6714
 2432/60000 [>.............................] - ETA: 52s - loss: 1.1574 - acc: 0.6813
 2560/60000 [>.............................] - ETA: 51s - loss: 1.1119 - acc: 0.6937
```

图 7-20 网络训练过程之 Epoch 1

```
Epoch 2/10

  128/60000 [..............................] - ETA: 45s - loss: 0.0341 - acc: 0.9844
  256/60000 [..............................] - ETA: 46s - loss: 0.0247 - acc: 0.9922
  384/60000 [..............................] - ETA: 45s - loss: 0.0313 - acc: 0.9870
  512/60000 [..............................] - ETA: 45s - loss: 0.0324 - acc: 0.9863
  640/60000 [..............................] - ETA: 46s - loss: 0.0349 - acc: 0.9859
  768/60000 [..............................] - ETA: 46s - loss: 0.0331 - acc: 0.9870
  896/60000 [..............................] - ETA: 45s - loss: 0.0420 - acc: 0.9855
```

图 7-21 网络训练过程之 Epoch 2

```
59264/60000 [============================>.] - ETA: 0s - loss: 0.0075 - acc: 0.9977
59392/60000 [============================>.] - ETA: 0s - loss: 0.0076 - acc: 0.9977
59520/60000 [============================>.] - ETA: 0s - loss: 0.0076 - acc: 0.9977
59648/60000 [============================>.] - ETA: 0s - loss: 0.0076 - acc: 0.9977
59776/60000 [============================>.] - ETA: 0s - loss: 0.0076 - acc: 0.9977
59904/60000 [============================>.] - ETA: 0s - loss: 0.0077 - acc: 0.9977
60000/60000 [==============================] - 50s 830us/step - loss: 0.0077 - acc: 0.9977
```

图 7-22 网络训练过程之 Epoch 10

注意，训练过程中显示的准确率为验证集上的结果。训练结束后，在测试集上进行评估，结果如图 7-23 所示。最后得到的测试准确率为 99.11%。整个训练过程样本是随机送入的，因此每一次运行的结果会有一定的差异。可以看到的是，一个如此简单的卷积神经网络就可以完美地解决手写数字识别的问题，足见网络能力之强大。

思考与练习：

（1）尝试不同的 BATCH_SIZE、EPOCH 以及优化器，观察网络在准确率、训练速度上的差异，并分析原因。

```
 8864/10000 [=========================>....] - ETA: 0s
 9056/10000 [==========================>...] - ETA: 0s
 9248/10000 [==========================>...] - ETA: 0s
 9440/10000 [===========================>..] - ETA: 0s
 9632/10000 [===========================>..] - ETA: 0s
 9824/10000 [============================>.] - ETA: 0s
10000/10000 [==============================] - 3s 280us/step
Accuracy is 0.9911.
```

图 7-23 网络测试结果

(2) 修改各层的设置,如:卷积核尺寸、过滤器尺寸、步长、激活函数、初始化方式以及全连接层的神经元数量等,然后观察训练结果。

(3) 增加或减少卷积层、池化层以及全连接层的数量,分析对结果的影响。

7.4　常见网络模型

前文介绍过，卷积神经网络的开山之作是杨立昆于 1989 年提出的 LeNet-5。但是直到 2012 年辛顿课题组提出的 AlexNet 在图像识别挑战赛中获得成功，才进入真正的爆发阶段。此后，各种卷积神经网络模型频频出现，不断地在标准数据集上刷新记录。其中，常见的模型有：ZFNet、Maxout Network、VGGNet、MSRANet、Network in Network、GoogLeNet、ResNet、ResNeXt、Xception、SENet、DenseNet、Shake-Shake、NASNet 等等。以下我们详细介绍 VGGNet、ResNet 和 GoogLeNet。这几个网络模型目前不但在图像分类问题中，而且在很多计算机视觉的任务中作为骨干网络被广泛使用。

7.4.1　VGGNet

这是 2014 年牛津大学计算机视觉组和谷歌 DeepMind 公司的研究员共同研发的深度卷积神经网络。虽然在当年 ILSVRC 比赛的图像分类上效果略差于 GoogLeNet，但是它作为骨干网络应用于其他诸如目标定位、目标检测等任务的时候，效果奇好。VGGNet 其实是一系列不同深度的卷积神经网络，常用的是 VGG－16 和 VGG－19，分别有 16 和 19 个带权重的层。下面以 VGG－16 为例，来剖析它的结构。如图 7－24 所示，Conv 表示卷积层，Pooling 表示池化层，FC 表示全连接层，后面序号表示模块编号。这个网络中反复堆叠了 3×3 的卷积核和 2×2 的最大值池化层，成功地把卷积神经网络的深度构筑到了如此多层。网络细节如下。

（1）所有卷积层采用 3×3 的卷积核，步长为 1，填充为 SAME（意思是卷积后保持上下层图像大小不变）。

（2）所有池化层采用 2×2 的过滤器，最大值池化，步长为 2，无填充。

（3）最后 1 个全连接层的神经元数目为 1000，对应 1000 个分类类别。

（4）除最后 1 层，其他激活函数都采用 ReLU 函数。

（5）随着网络层次增加，通道数从 64 逐渐加深到 512。

（6）共有 1.38 亿权重参数。

VGGNet 系列的网络结构基本一样，只是层数不一样。这种设计基于对感受野（具体见本小节的扩展知识）的思考，采用更小的 3×3 卷积核，而且两个或三个连续出现。两个连续的 3×3 卷积可以获得相当于一个 5×5 卷积的感受野，三个 3×3 相当于一个 7×7 的感受野。以三个 3×3 卷积为例，每个卷积之后使用 ReLU 激活函数，相比一个 7×7 卷积，增加了非线性。同时，三个 3×3 卷积所需参数更少。假设输入和输出的通道数都为 512，那么，使用三个 3×3 卷积所需参数为 3×3×3×512×512，而如果使用一个 7×7 卷积，则需要 7×7×512×512。这种设计从机器学习理论的角度来看，是将 7×7 卷积

Softmax	
FC8	1000
FC7	4096
FC6	4096
Pooling	2×2
Conv5-3	3×3, 512
Conv5-2	3×3, 512
Conv5-1	3×3, 512
Pooling	2×2
Conv4-3	3×3, 512
Conv4-2	3×3, 512
Conv4-1	3×3, 512
Pooling	2×2
Conv3-3	3×3, 256
Conv3-2	3×3, 256
Conv3-1	3×3, 256
Pooling	2×2
Conv2-2	3×3, 128
Conv2-1	3×3, 128
Pooling	2×2
Conv1-2	3×3, 64
Conv1-1	3×3, 64
Input	

图 7－24　VGG－16 结构

进行了正则化，分解为了三个 3×3 卷积。综上所述，连续的小卷积操作在保持感受野的同时，增强了模型的非线性，又减少权重参数。

VGGNet 成功地向人们展示了网络深度与性能之间的联系，强调卷积神经网络必须足够深才能更好表达视觉数据的层次特征。同时它的结构又相当简单，虽然深但能够较快地收敛，因此引起了相当大的关注，也为后续网络向更深方向发展提供了重要可参照物。

【例 7-3】 VGG-16 的网络结构代码如下

```
def VGG16(input_shape,classes):
    model=Sequential()
    #Block 1
    model.add(Conv2D(64,kernel_size=(3,3),activation='relu',
                     input_shape=input_shape,padding='same'))
    model.add(Conv2D(64,kernel_size=(3,3),activation='relu',padding='same'))
    model.add(MaxPool2D(pool_size=(2,2),strides=(2,2)))

    #Block 2
    model.add(Conv2D(128,kernel_size=(3,3),activation='relu',padding='same'))
    model.add(Conv2D(128,kernel_size=(3,3),activation='relu',padding='same'))
    model.add(MaxPool2D(pool_size=(2,2),strides=(2,2)))

    #Block 3
    model.add(Conv2D(256,kernel_size=(3,3),activation='relu',padding='same'))
    model.add(Conv2D(256,kernel_size=(3,3),activation='relu',padding='same'))
    model.add(Conv2D(256,kernel_size=(3,3),activation='relu',padding='same'))
    model.add(MaxPool2D(pool_size=(2,2),strides=(2,2)))

    #Block 4
    model.add(Conv2D(512,kernel_size=(3,3),activation='relu',padding='same'))
    model.add(Conv2D(512,kernel_size=(3,3),activation='relu',padding='same'))
    model.add(Conv2D(512,kernel_size=(3,3),activation='relu',padding='same'))
    model.add(MaxPool2D(pool_size=(2,2),strides=(2,2)))

    #Block 5
    model.add(Conv2D(512,kernel_size=(3,3),activation='relu',padding='same'))
    model.add(Conv2D(512,kernel_size=(3,3),activation='relu',padding='same'))
    model.add(Conv2D(512,kernel_size=(3,3),activation='relu',padding='same'))
    model.add(MaxPool2D(pool_size=(2,2),strides=(2,2)))

    #分类的全连接 Top 层
```

```
model.add(Flatten())
model.add(Dense(1000,activation='relu'))
model.add(Dropout(0.5))
model.add(Dense(1000,activation='relu'))
model.add(Dropout(0.5))
model.add(Dense(classes,activation='softmax'))
return model
```

思考与练习：

(1) 在 VGG－16 中，假设输入的图像大小为 224×224×3，那么在每个池化层之后得到的特征图的大小分别为多少？

(2) 修改上节代码模型构建的部分，用 VGG－16 模型来进行 MNIST 数据集的训练。分析为什么用原模型的时候会出现问题，应该如何修改，并说明原因。

7.4.2 ResNet

这是 2015 年提出的卷积神经网络模型，它在当年 ILSVRC 的 ImageNet 数据集上的分类、检测和定位任务，以及 COCO 2015 数据集上的检测、图像分割任务上均斩获第一名，因此一举成名，成为目前非常通用的网络框架。VGGNet 将网络深度扩展到 19 层，但是当继续增加深度的时候，却发现预测精度在到达饱和之后迅速下降，这就是所谓的“退化现象”(如图 7－25 所示)。

ResNet 中文叫深度残差网络。它在网络中引入了残差网络结构，如图 7－26 所示。与之前不同的是，该结构在输入与输出之间增加了恒等映射，等于建立了一条捷径通道。这样，在增加网络深度的同时，减轻误差的不断叠加，从而使网络可以设计得更深。这种恒等映射的思想，就是 ResNet 的灵感来源。

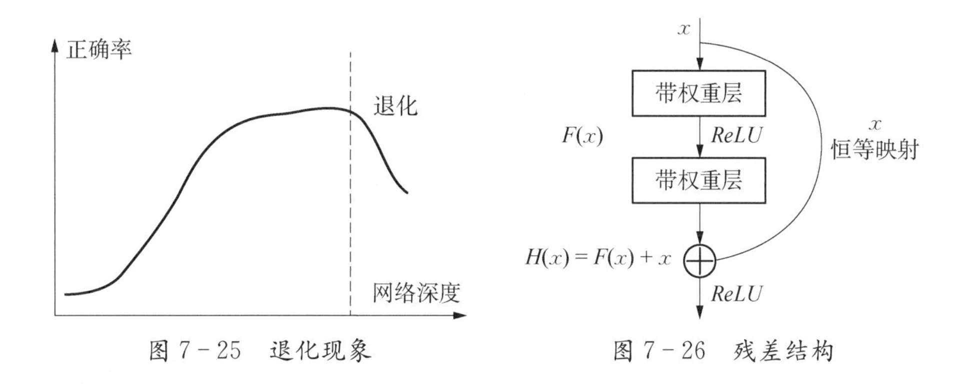

图 7－25　退化现象　　　　图 7－26　残差结构

在图 7－26 中，假设输入为 $\boldsymbol{x}$，期望输出为 $\boldsymbol{H}(\boldsymbol{x})$。一般来说，网络越深，要学习好模型就越难。加入恒等映射后，将输入 $\boldsymbol{x}$ 直接传给输出作为初始结果，那么 ResNet 的学习目标不再是学习完整的输入与期望间的关系，而是学习期望与输入之间的差值，也就是所谓的残差 $\boldsymbol{F}(\boldsymbol{x}):=\boldsymbol{H}(\boldsymbol{x})-\boldsymbol{x}$。前面章节讲到过 BP 算法，如果只有一条通路的反向传播，不断地连乘容易导致梯度消失，但 ResNet 中有两条通路，这样就变成求和的形式，避免梯度消失。更重要的是，输入对于后面的层是可见的，这样就不会因为信息损失而失去学习能力。

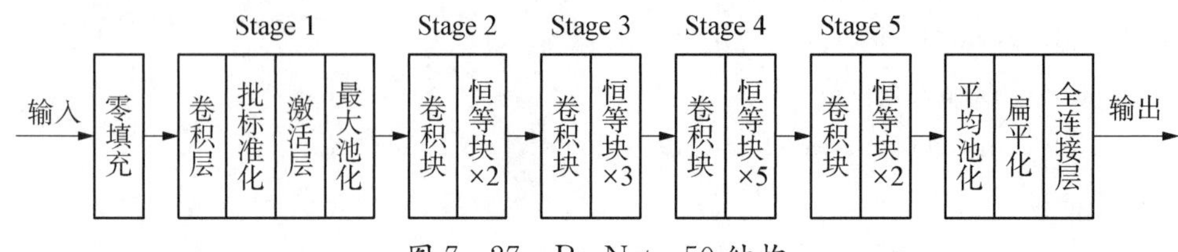

图 7－27　ResNet－50 结构

深度学习是一门实验科学，通过不断地尝试，目前最多可以将 ResNet 实现到超过 1 000 层。常见的 ResNet 有 18、34、50、101 和 152 层。下面以 ResNet－50 为例，来介绍它的结构（如图 7－27 所示）。在这个结构中，批标准化（Batch Normalization）是用来防止中间数值落入导数的饱和区，从而加速收敛。它的本质是通过改变方差大小和均值位置，以使新的分布更切合数据的真实分布，从而保证模型的非线性表达能力。另外，扁平化的意思是将二维空间（以图像为例）的数据拉平到一维空间，以进行最后的分类。这两个操作其实在 VGGNet 中也经常可以见到。与 VGGNet 不同的是，这里主要增加了恒等块（Identity block）。注意，在 2、3、4 和 5 阶段恒等块被连续使用的次数不同。不同层数的 ResNet，主要的不同就在恒等块的堆叠次数。

作为 ResNet 中最主要的 2 种结构，卷积块（Convolutional block）和恒等块，它们的区别在于捷径通道上是否添加了卷积层，如图 7－28 所示。在卷积块的捷径通道上需要加上卷积核大小为 1×1 的卷积层。因为，卷积块中设计的卷积层，它的输入和输出的通道数是不一致的，这样就无法直接与捷径通道上的特征向量串联相加。这种卷积核为 1×1 的卷积层，通过设置通道数就可以任意改变输出的维度，从而达到与主干网路中的维度相一致。而恒等块的设计中，输入和输出维度是保持一致的，因此可以直接相连。

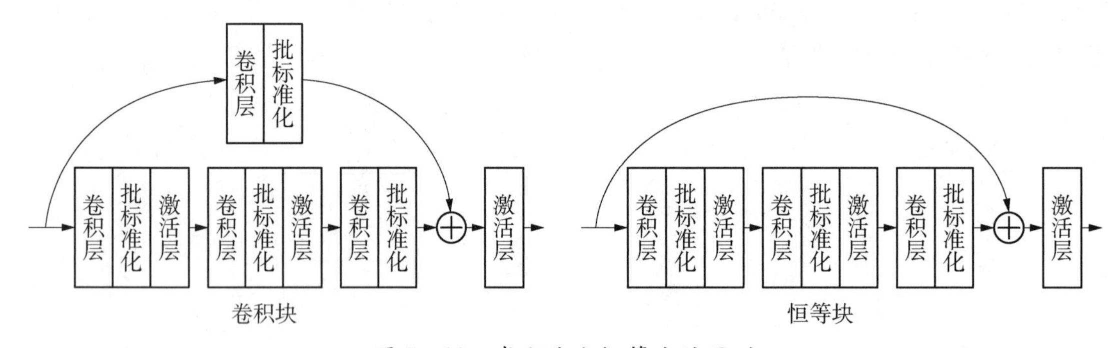

图 7－28　卷积块和恒等块的区别

下面从 Keras 代码模块来了解 ResNet－50 的详细参数配置以及网络构建。注意，该代码搭建网络的方式与之前不同，这里采用 Keras 框架的 Module 方式。这种方式对于复杂的网络搭建更加方便灵活。

【例 7－4】　ResNet 的主要结构

恒等块：该模块与图 7－28 右边所示完全对应。具体调用参数见主网络代码。

```
def identity_block(X,f,filters,stage,block):
    #定义基本名称
    conv_name_base="res"+str(stage)+block+"_branch"
    bn_name_base="bn"+str(stage)+block+"_branch"

    F1,F2,F3=filters
    X_shortcut=X

    #模块一:卷积、批标准化、激活函数
    X=Conv2D(filters=F1,kernel_size=(1,1),strides=(1,1),
             padding="valid",name=conv_name_base+"2a",
             kernel_initializer=glorot_uniform(seed=0))(X)
    X=BatchNormalization(axis=3,name=bn_name_base+"2a")(X)
    X=Activation("relu")(X)

    #模块二:卷积、批标准化、激活函数
    X=Conv2D(filters=F2,kernel_size=(f,f),strides=(1,1),
             padding="same",name=conv_name_base+"2b",
             kernel_initializer=glorot_uniform(seed=0))(X)
    X=BatchNormalization(axis=3,name=bn_name_base+"2b")(X)
    X=Activation("relu")(X)

    #模块三:卷积、批标准化
    X=Conv2D(filters=F3,kernel_size=(1,1),strides=(1,1),
             padding="valid",name=conv_name_base+"2c",
             kernel_initializer=glorot_uniform(seed=0))(X)
    X=BatchNormalization(axis=3,name=bn_name_base+"2c")(X)

    #与捷径通道相加、激活函数
    X=Add()([X,X_shortcut])
    X=Activation("relu")(X)
    return X
```

卷积块:该模块与图7-28左边所示完全对应。具体调用参数见主网络代码。

```
def convolutional_block(X,f,filters,stage,block,s=2):
    #定义基本名称
    conv_name_base='res'+str(stage)+block+'_branch'
    bn_name_base='bn'+str(stage)+block+'_branch'

    F1,F2,F3=filters
```

```
    X_shortcut=X

    #模块一:卷积、批标准化、激活函数
    X=Conv2D(F1,(1,1),strides=(s,s),name=conv_name_base+'2a',
             padding='valid',kernel_initializer=glorot_uniform(seed=0))(X)
    X=BatchNormalization(axis=3,name=bn_name_base+'2a')(X)
    X=Activation('relu')(X)

    #模块二:卷积、批标准化、激活函数
    X=Conv2D(F2,(f,f),strides=(1,1),name=conv_name_base+'2b',
             padding='same',kernel_initializer=glorot_uniform(seed=0))(X)
    X=BatchNormalization(axis=3,name=bn_name_base+'2b')(X)
    X=Activation('relu')(X)

    #模块三:卷积、批标准化
    X=Conv2D(F3,(1,1),strides=(1,1),name=conv_name_base+'2c',
             padding='valid',kernel_initializer=glorot_uniform(seed=0))(X)
    X=BatchNormalization(axis=3,name=bn_name_base+'2c')(X)

    #捷径通道上的卷积,批标准化
    X_shortcut=Conv2D(F3,(1,1),strides=(s,s),
                      name=conv_name_base+'1',padding='valid',
                      kernel_initializer=glorot_uniform(seed=0))(X_shortcut)
    X_shortcut=BatchNormalization(axis=3,name=bn_name_base+'1')(X_shortcut)

    #与捷径通道相加、激活函数
    X=layers.add([X,X_shortcut])
    X=Activation('relu')(X)
    return X
```

网络主体结构:如下为 ResNet-50 的主网络模块,它与图 7-27 所示结构完全对应。

```
def ResNet50(input_shape=(64,64,3),classes=6):
    #定义输入张量的形状
    X_input=Input(input_shape)

    #零填充
    X=ZeroPadding2D((3,3))(X_input)

    #Stage 1
    X=Conv2D(filters=64,kernel_size=(7,7),strides=(2,2),name="conv",
```

```
            kernel_initializer=glorot_uniform(seed=0))(X)
X=BatchNormalization(axis=3,name="bn_conv1")(X)
X=Activation("relu")(X)
X=MaxPooling2D(pool_size=(3,3),strides=(2,2))(X)

#Stage 2
X=convolutional_block(X,f=3,filters=[64,64,256],stage=2,block="a",s=1)
X=identity_block(X,f=3,filters=[64,64,256],stage=2,block="b")
X=identity_block(X,f=3,filters=[64,64,256],stage=2,block="c")

#Stage 3
X=convolutional_block(X,f=3,filters=[128,128,512],stage=3,block="a",s=1)
X=identity_block(X,f=3,filters=[128,128,512],stage=3,block="b")
X=identity_block(X,f=3,filters=[128,128,512],stage=3,block="c")
X=identity_block(X,f=3,filters=[128,128,512],stage=3,block="d")

#Stage 4
X=convolutional_block(X,f=3,filters=[256,256,1024],stage=4,block="a",s=2)
X=identity_block(X,f=3,filters=[256,256,1024],stage=4,block="b")
X=identity_block(X,f=3,filters=[256,256,1024],stage=4,block="c")
X=identity_block(X,f=3,filters=[256,256,1024],stage=4,block="d")
X=identity_block(X,f=3,filters=[256,256,1024],stage=4,block="e")
X=identity_block(X,f=3,filters=[256,256,1024],stage=4,block="f")

#Stage 5
X=convolutional_block(X,f=3,filters=[512,512,2048],stage=5,block="a",s=2)
X=identity_block(X,f=3,filters=[512,512,2048],stage=5,block="b")
X=identity_block(X,f=3,filters=[512,512,2048],stage=5,block="c")

#平均值池化
X=AveragePooling2D(pool_size=(2,2),padding="same")(X)

#扁平化
X=Flatten()(X)

#全连接层、输出
X=Dense(classes,activation="softmax",name="fc"+str(classes),
          kernel_initializer=glorot_uniform(seed=0))(X)

#创建模型
```

```
model=Model(inputs=X_input,outputs=X,name="ResNet50")
return model
```

思考与练习:

(1) 请分别计算 VGG-16 和 ResNet-50 最后一个池化层的感受野,对比不同感受野并分析各自在解决什么样的图像分类问题上有其优势。

(2) 参考以上代码模块,补充完整代码,以实现 ResNet-50 对 CIFAR-10 数据集的图像识别任务。(提示:可用 cifar10. load_data()语句自动下载数据集)

7.4.3 GoogLeNet

前面提到在 2014 年 ILSVRC 比赛的图像分类任务上 GoogLeNet 胜于 VGGNet 获得第一。在卷积神经网络发展的历程中,GoogLeNet 也是不得不提的一种重要模型。它是由谷歌公司成员提出的,最大的亮点是一种叫 Inception 的基础神经模块。GoogLeNet 这个名字的后半部分是为了向杨立昆的 LeNet 致敬。Inception 模块很快在 2017 年已经发展到第 4 代,同时还有与 ResNet 相结合的 Inception-ResNet 模块。

前文提到一味地增加网络深度,最终会遭遇到性能退化问题。越深的网络意味着越多的参数,从而容易增加过拟合的风险,特别是在训练数据不是很多的情况。另外,如果扩充的网络结构利用不够充分,或者很多权重趋向于零而使得数据变得稀疏,就会造成计算的大量浪费。解决这些问题的基本思路是将全连接或卷积连接改为稀疏连接。回想一下,上文中曾提到过的 Dropout 和 ReLU 函数,其实从本质上看都是利用了稀疏性来提高模型的泛化能力。然而,计算机更擅长稠密数据计算,而对于不规则分布的稀疏数据,计算效率很差。

不过通过大量实验发现,利用稀疏矩阵聚类得到的相对稠密子矩阵,能够大幅提升稀疏矩阵的乘法性能。Inception 结构的提出,就是借鉴了这个思想。

1. Inception V1

先来看如图 7-29 所示的结构。这里将 1×1、3×3、5×5 大小不同的卷积核抽取到的子特征空间,通过级联的形式进行融合。由于每个子特征空间都是稀疏的,那么这种融合就相当于得到一个相对稠密的空间。通过前面的学习,我们知道这三个卷积操作可以通过设置步长以及填充,使得输出的特征维度保持一致,因此简单的级联就可以将其融合。另外,实验证明

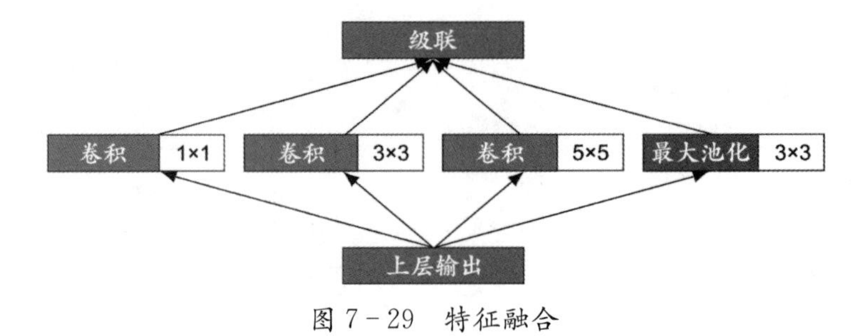

图 7-29 特征融合

池化层可以提高卷积神经网络的效果，而且一般最大值池化效果要优于平均值池化，因此还加上了一条最大值池化通路。从生物学角度来理解，这种结构就是将视觉信息通过不同尺度的变换再聚合起来作为下一阶段的特征。

现在还剩下一个问题，这个结构的参数量是比较惊人的。以 5×5 的卷积为例，假设上层的输出为 32×32×128 的特征图，期望的输出的通道数为 256，步长为 1，填充为 2。那么，这个 5×5 卷积层的参数量为 128×5×5×256＝819 200。

为了使用较少的参数达到不同尺度特征融合的目的，于是就设计了如图 7－30 所示的第 1 代 Inception 模块。该模块中主要增加了几个卷积核为 1×1 的卷积层。上一小节中介绍过，利用 1×1 的卷积，可以调节输出的通道数，使之与期望得到的通道数相匹配。这里，设计的 1×1 的卷积可以在调节通道数的同时，又极大地减少网络参数量。还是以上面的 5×5 的卷积为例，假设在它之前增加的 1×1 卷积的输出通道数为 32，那么这两层的参数总量可以计算得到为 128×1×1×32＋32×5×5×256＝208896。可见，参数量约为原来的 1/4，且达到了同样的效果。这个 1×1 的卷积操作实质上是起到了降维的作用，这种设计在很多网络结构中都有出现。

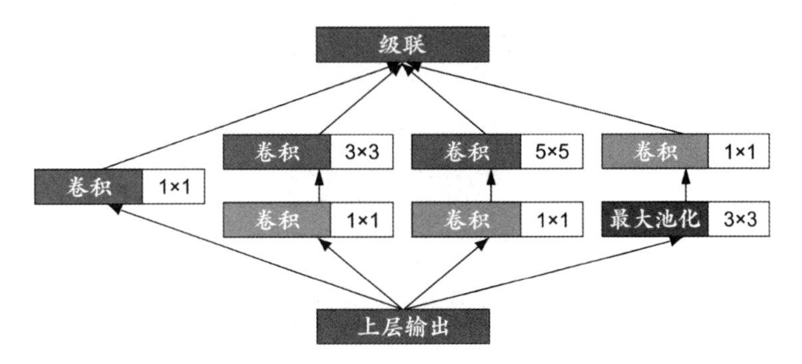

图 7－30　Inception V1 模块

GoogLeNet 主要是由这样的 Inception 模块搭建而成的，基本结构如图 7－31 所示。图中，1×1、3×3、5×5 和 7×7 分别代表卷积核的大小，＋1 和＋2 代表步长，S 表示填充并使输入和输出的特征图大小保持一致，V 表示不填充，所有卷积层使用 ReLU 激活函数，Inception 是指图 7－30 的结构(步长为 1，填充为 S)，局部响应归一化层是指对输入的局部区域进行归一化(具体见本小节的扩展知识)。

在网络的第 3 个和第 6 个 Inception 模块后有两个中间分支，用于输出中间过程的分类结果。该结果乘以 0.3 的权重之后加到最后的分类结果中，相当于对模型做了融合，又增加了反向传播的梯度信号，可以有效地防止梯度消失，起到正则化的作用。这两个分支在训练的时候使用，测试的时候不使用。网络最后部分用平均池化层来替代一个全连接层，实验证明这样可以提高准确率。最后一层的全连接层是为了便于对输出进行调整。

网络结构的细节如表 7－1 所示，它一共有 22 个带参数层。假设输入图像尺寸为 224×224×3，那么可以得到的每层输出的特征图尺寸如表中的第 3 列所示。后 6 列为 Inception 模块中各层的详细设置，♯3×3 降维和♯5×5 降维分别是指 3×3 和 5×5 卷积之前使用的 1×1 卷积的数量。

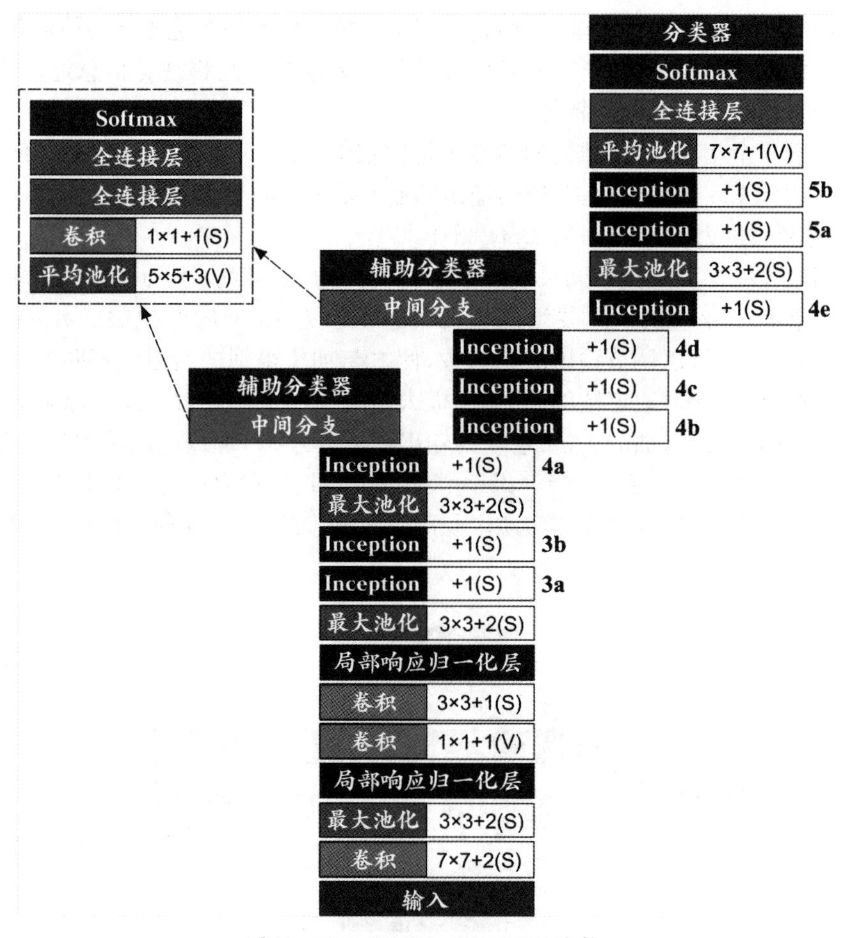

图 7-31 GoogLeNet 网络结构

表 7-1 GoogLeNet 网络结构细节

类型	窗口尺寸/步长	输出尺寸	深度	#1×1	#3×3降维	#3×3	#5×5降维	#5×5	池化
卷积	7×7/2	112×112×64	1						
最大池化	3×3/2	56×56×64	0						
卷积	3×3/1	56×56×192	2		64	192			
最大池化	3×3/2	28×28×192	0						
Inception(3a)		28×28×256	2	64	96	128	16	32	32
Inception(3b)		28×28×480	2	128	128	192	32	96	64
最大池化	3×3/2	14×14×480	0						
Inception(4a)		14×14×512	2	192	96	208	16	48	64
Inception(4b)		14×14×512	2	160	112	224	24	64	64
Inception(4c)		14×14×512	2	128	128	256	24	64	64

续表

类型	窗口尺寸/步长	输出尺寸	深度	#1×1	#3×3 降维	#3×3	#5×5 降维	#5×5	池化
Inception(4d)		14×14×528	2	112	144	288	32	64	64
Inception(4e)		14×14×832	2	256	160	320	32	128	128
最大池化	3×3/2	7×7×832	0						
Inception(5a)		7×7×832	2	256	160	320	32	128	128
Inception(5b)		7×7×1024	2	384	192	384	48	128	128
平均池化	7×7/1	1×1×1024	0						
Dropout(40%)		1×1×1024	0						
全连接层		1×1×1000	1						
Softmax		1×1×1000	0						

2. Inception V2

又准又快始终是网络设计追求的目标。要更准，就希望用更深的网络来提高表达能力，但是更深的网络往往意味着更大的计算量。在第 1 代 GoogLeNet 取得成功之际，谷歌团队很快就提出了第 2 代 Inception 模块，旨在不增加过多计算量的情况下，提升网络表达能力。提出的解决方案是修改模块的内部计算逻辑。简单来说，和 VGGNet 中用连续 3×3 卷积的思路一样，在 Inception V2 中采用了两个连续的 3×3 卷积来替代 5×5 卷积，如图 7－32 所示。前面学过，这种结构可以在保持感受野的同时减少参数量。另外，其实还有一个所谓的第 1.5 代的 GoogLeNet，主要是提出了批标准化的方法，以加速网络收敛。该方法在上一小节的 ResNet(该版本的 GoogLeNet 之后提出的)中也有被使用。

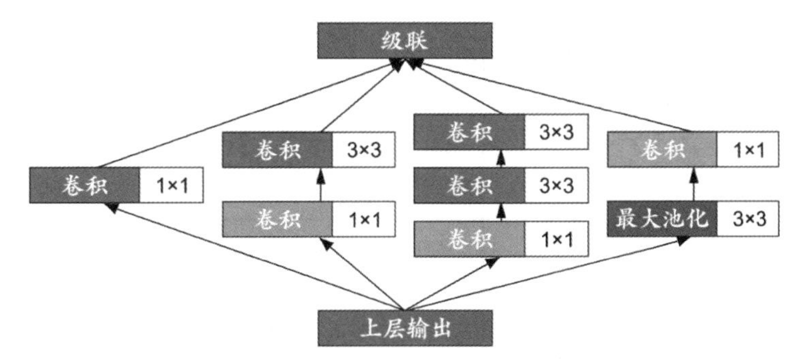

图 7－32 Inception V2 模块

3. Inception V3

第 3 代 Inception 模块继续改进内部结构。最重要的一个改进是卷积分解。它使用连续的 1×n 和 n×1 的卷积来代替 n×n 的卷积，如图 7－33 所示。这样做的好处是，即可以加速计算，又可以加深网络。很明显，如果 n＝3，计算性能可以提升 1－(3＋3)/9＝33%。

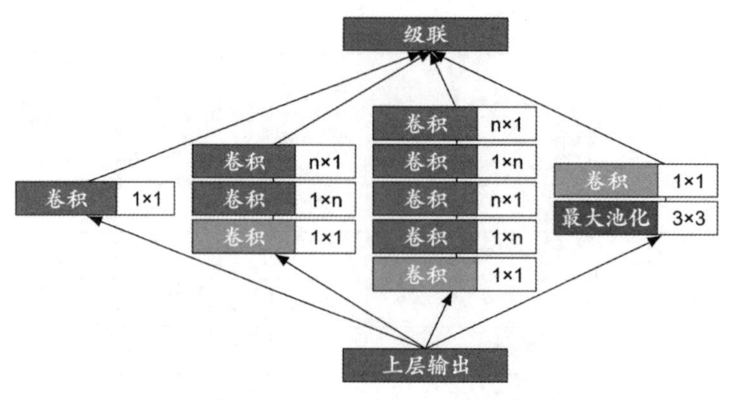

图 7-33　Inception V3 模块

除了模块的改进，在第 3 代的 GoogLeNet 中还采用了平滑样本标注。前面学过，一般对于多分类的样本标注要进行 one-hot 编码，比如：[0，0，0，1]。这会使得模型训练对于真实标签分配过于置信的概率，而且由于标签之间的多元逻辑值差距过大，导致更容易出现过拟合。平滑样本标注是对样本标签增加概率分布以调节这种差距，例如根据概率统计把样本标注为[0.1，0.2，0.1，0.6]。实验证明，这种标签有助于降低错误率。

4. Inception V4 和 Inception-ResNet

在第 4 代的 GoogLeNet 中，谷歌团队同时提出了 Inception V4 模块和 Inception 与 ResNet 相结合的模块。Inception V4 模块的结构如图 7-34 所示。与 Inception V3 不同的地方在于将连续的 1×3 和 3×1 两个卷积层改为了并联。

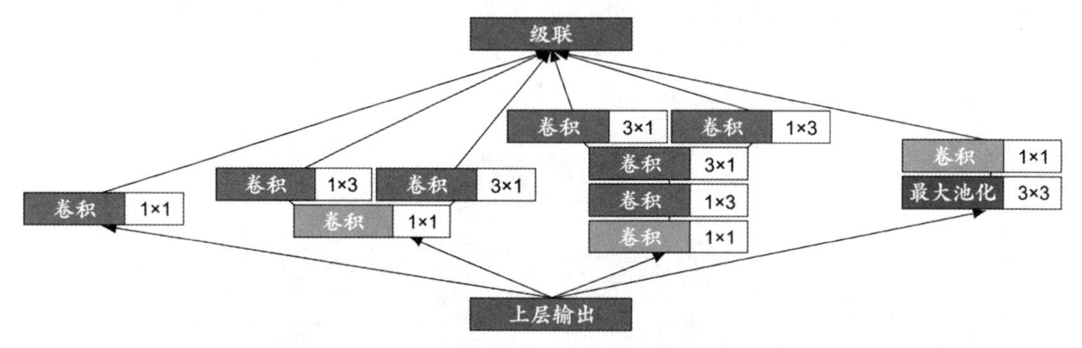

图 7-34　Inception V4 模块

GoogLeNet 和 ResNet 是相继出现的。ResNet 借鉴了 GoogLeNet 的批标准化方法，同样由于残差结构可以极大地增加网络深度，即可以提升性能又可以提升速度，因此这种结构也被 GoogLeNet 借鉴过来，从而提出了 Inception-ResNet 结构。Inception-ResNet 目前有 V1 和 V2 两个版本，篇幅关系不再一一展开，这里展示一种典型的 Inception-ResNet 结构，如图 7-35 所示。注意，最后一个 1×1 的卷积层中不含 ReLU 激活函数。很明显，这是一种残差结构与 Inception 结构的融合。实验证明，它的效果不逊于 Inception V4，但速度更快。

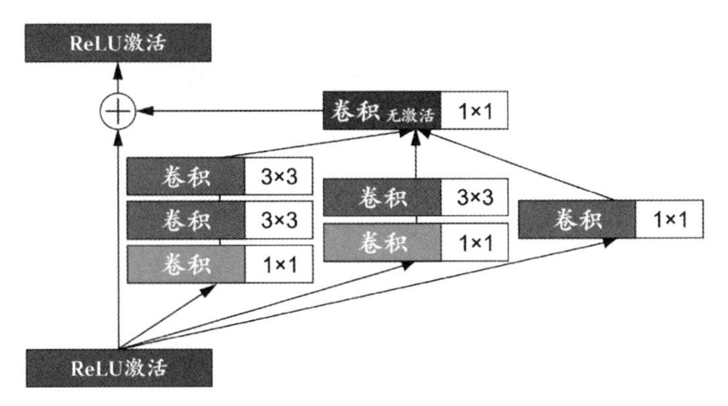

图7-35　Inception-ResNet 模块

思考与练习:

(1) 你所知的防止过拟合的技术手段都有哪些？并说明原因。

(2) 运行提供的 Inception V1 代码，观察在 CIFAR-10 上的效果。尝试从初始化权重、学习率、衰减率以及网络结构方面优化代码，提升效果。

7.5 实战案例

本节中，再通过几个实例来进一步加深对卷积神经网络的理解，以及如何在实际应用场景中使用它。在这些实例中，都会涉及一个数据库 ImageNet，它可以从官网①下载，是目前世界上最大的图像数据库。ImageNet 项目在计算机视觉中占据极其重要的位置，是斯坦福大学李飞飞教授发起，与普林斯顿大学李凯教授合作，通过持续不断地投入大量人力和物力，建立的全世界研究人员都可以轻松访问的图像数据库。该项目根据 WordNet 分层体系收集了上亿幅互联网上的图片，并由来自 160 多个国家约 5 万人通过亚马逊平台对图片进行了筛选、排序和标注。数据库目前有超过 1400 万幅图像，共分为 21841 个类别，每个类别平均有 500 张图片。而目前被广泛使用的是 ISLVRC 比赛中采用的 ImageNet 子集，以 2012 年 ILSVRC 分类数据集为例，它包含 128167 个训练样本集、50000 个验证样本和 100000 个测试样本，共有 1000 个不同的类别，部分选取样本如图 7-36 所示。

图 7-36 ImageNet 数据集

7.5.1 卷积玩的是什么

【例 7-5】 以 VGG-16 模型为例，来可视化整个卷积神经网络。通过输入一张图像(图 7-7 中的图片)。来查看该图像经过卷积神经网络每个卷积层和池化层之后的特征图。并且，通过自定义大小的卷积核，来查看卷积核在每个卷积层上不断迭代更新后的真实样子

(1) 导入本实例所用模块。

```
import numpy as np
```

① http://www.image-net.org/

```
from keras import backend as K
import matplotlib.pyplot as plt
from keras.applications import vgg16    #Keras 内置 VGG-16 模块,直接可调用。
from keras.preprocessing import image
from keras.applications.vgg16 import preprocess_input
import math
```

(2) 参数设置。

```
input_size=224   #网络输入图像的大小,长宽相等
kernel_size=64   #可视化卷积核的大小,长宽相等
layer_vis=True   #特征图是否可视化
kernel_vis=True   #卷积核是否可视化
each_layer=False   #卷积核可视化是否每层都做
which_layer=1   #如果不是每层都做,那么做第几个卷积层
```

(3) 输入图像并且进行标准化预处理。

```
path='./data/7-7.jpg'   #可替换为自己的图像
img=image.load_img(path,target_size=(input_size,input_size))
img=image.img_to_array(img)
img=np.expand_dims(img,axis=0)
img=preprocess_input(img)   #标准化预处理
```

(4) 导入完整的 VGG-16 模型以及 ImageNet 数据集在 VGG-16 上的预训练权重参数。注意,第一次运行时预训练权重文件会自动下载到本地。也可以提前下载好,自行指定。

```
model=vgg16.VGG16(include_top=True,weights='imagenet')
```

(5) 获取网络配置。包括所有卷积层和池化层的通道数、下采样率、卷积层所在层数、卷积层的通道数。

```
all_channels,down_sampling,conv_layers,conv_channels=network_configuration()
```

其中,network_configuration()如下。

```
def network_configuration():
    all_channels=[64,64,64,128,128,128,256,256,256,256,
                  512,512,512,512,512,512,512,512]
    down_sampling=[1,1,1/2,1/2,1/2,1/4,1/4,1/4,1/4,1/8,
                   1/8,1/8,1/8,1/16,1/16,1/16,1/16,1/32]
    conv_layers=[1,2,4,5,7,8,9,11,12,13,15,16,17]
    conv_channels=[64,64,128,128,256,256,256,512,512,512,512,512,512]
    return all_channels,down_sampling,conv_layers,conv_channels
```

(6) 可视化卷积层和池化层的特征图。

```
if layer_vis:
```

```
for i in range(len(all_channels)):
    layer_visualization(model,img,i+1,all_channels[i],down_sampling[i])
```

其中,layer_visualization ()如下。

```
def layer_visualization(model,img,layer_num,channel,ds):
    #设置可视化的层
    layer=K.function([model.layers[0].input],[model.layers[layer_num].output])
    f=layer([img])[0]
    feature_aspect=math.ceil(math.sqrt(channel))
    single_size=int(input_size * ds)

    plt.figure(figsize=(8,8.5))
    plt.suptitle('Layer-'+str(layer_num),fontsize=22)
    plt.subplots_adjust(left=0.02,bottom=0.02,right=0.98,
                        top=0.94,wspace=0.05,hspace=0.05)

    for i_channel in range(channel):
        print('Channel-{} in Layer-{} is running.'.format(i_channel+1,layer_num))
        show_img=f[:,:,:,i_channel]
        show_img=np.reshape(show_img,(single_size,single_size))
        plt.subplot(feature_aspect,feature_aspect,i_channel+1)
        plt.imshow(show_img)   #灰度显示:cmap='gray'
        plt.axis('off')

    fig=plt.gcf()
    fig.savefig('./data/feature_kernel_images/layer_'+
                str(layer_num).zfill(2)+'.png',format='png',dpi=300)
    plt.show()
```

运行以上代码,可以输出各层的特征图。注意,前文介绍过 VGG-16 的 16 是指带权重层的层数,包括 13 个卷积层和 3 个全连接层。但是,代码中的 layers 从输入层 layers[0]开始计数,包括了所有池化层。因此,从 layers[1]至 layers[18],卷积层和池化层合计有 18 层。第 1、4、7、10、14、18 层上的特征图分别如图 7-37~7-42 所示。

(7) 可视化卷积核。前面已设置卷积核大小为 64×64,这是为了可视化方便。如果运行速度偏慢,可以适当改小。实际上 VGG-16 中的卷积核一律为 3×3。下面代码分两种模式进行。一种是指定具体层数,输出不同迭代次数下的同一卷积核的变化;另一种是按照默认迭代次数进行参数更新并输出所有层上的卷积核。

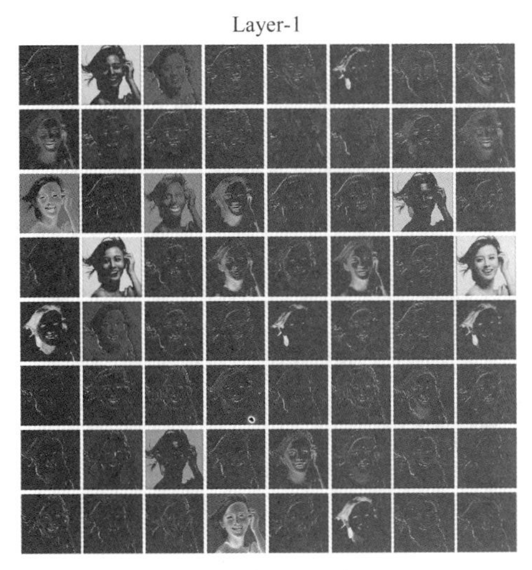

图7-37　第1层特征图*

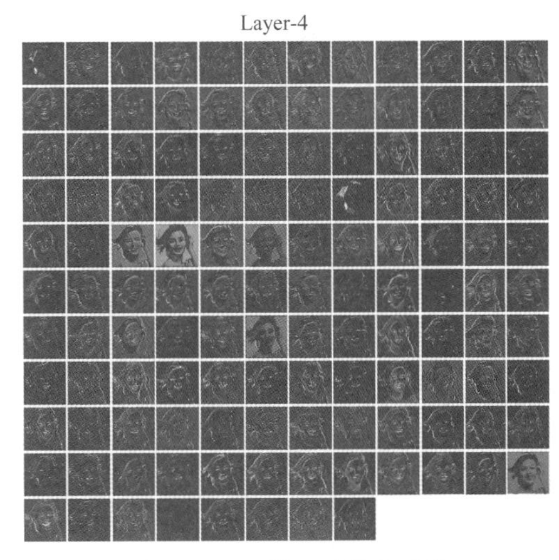

图7-38　第4层特征图*

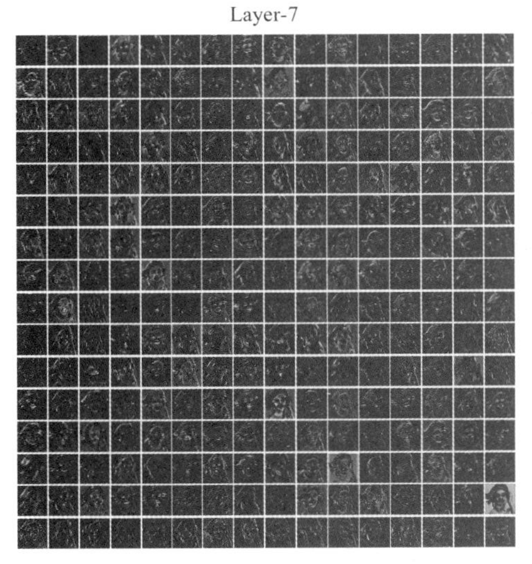

图7-39　第7层特征图*

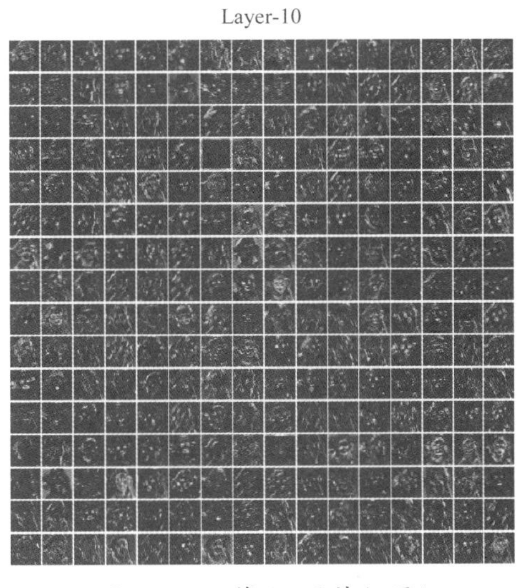

图7-40　第10层特征图*

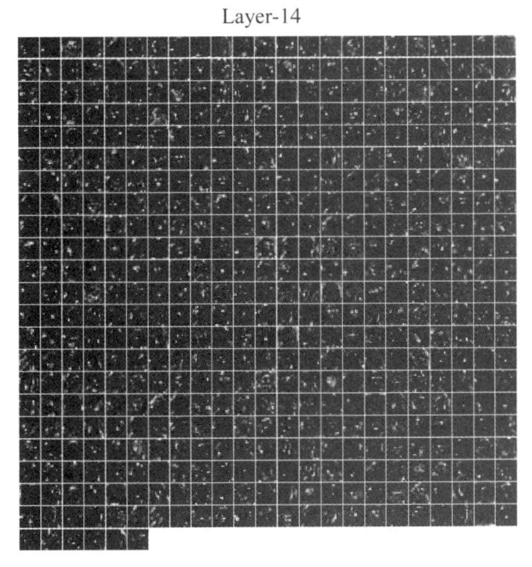

图7-41　第14层特征图*

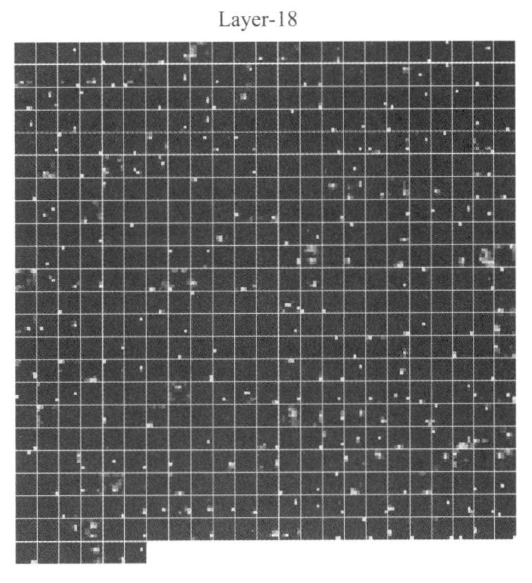

图7-42　第18层特征图*

```
if kernel_vis:
    if each_layer:  #每层输出
        for i in range(len(conv_channels)):
            kernel_visualization(model,conv_layers[i],conv_channels[i])
    else:
        i=which_layer-1   #指定某一层输出
        for iteration in range(0,10001,1000):  #迭代更新次数
            kernel_visualization(model,conv_layers[i],conv_channels[i],iteration)
```

上面代码中的 kernel_visualization ()以及图像还原处理模块 deprocess_image()如下。

```
def deprocess_image(x):
    x=0.1*(x-x.mean())/(x.std()+1e-5)+0.5
    x=np.clip(x,0,1)*255
    return x.astype('uint8')

def kernel_visualization(model,conv_layer_num,channel,iteration=10000):
    feature_aspect=math.ceil(math.sqrt(channel))
    plt.figure(figsize=(8,8.5))
    plt.suptitle('Conv-Layer-'+str(conv_layer_num)+
                 '(iteration='+str(iteration)+')',fontsize=22)
    plt.subplots_adjust(left=0.02,bottom=0.02,right=0.98,
                        top=0.94,wspace=0.05,hspace=0.05)

    for i_kernal in range(channel):
        #输入和输出的损失
        input_img=model.input
        loss=K.mean(model.layers[conv_layer_num].output[:,:,:,i_kernal])

        #根据损失计算梯度并标准化处理
        grads=K.gradients(loss,input_img)[0]
        grads/=(K.sqrt(K.mean(K.square(grads)))+1e-5)

        #定义损失和梯度
        iterate=K.function([input_img,K.learning_phase()],[loss,grads])

        #随机化初始的卷积核
        np.random.seed(0)
        kernel=(255-np.random.randint(0,255,(1,kernel_size,
                                              kernel_size,3)))/255.
```

```
    #运行梯度上升
    print('\n')
    print('Kernel-{} in Layer-{} is running.'.
          format(i_kernal+1,conv_layer_num))
    loss_value_pre=0
    for i in range(iteration):
        loss_value,grads_value=iterate([kernel,1])
        if i % 100==0:
            print('Iteration {}/{},loss:{},Mean grad:{}'
                  .format(i,iteration,loss_value,np.mean(grads_value)))
            if all(np.abs(grads_val)<0.000001
                 for grads_val in grads_value.flatten()):
              print('Failed')
              break
            if loss_value_pre !=0 and loss_value_pre>loss_value:
              break
            if loss_value_pre==0:
              loss_value_pre=loss_value
        kernel+=grads_value * 1e-3

    #画出卷积核
    plt.subplot(feature_aspect,feature_aspect,i_kernal+1)
    show_img=deprocess_image(kernel[0])
    show_img=np.reshape(show_img,(kernel_size,kernel_size,3))
    plt.imshow(show_img)
    plt.axis('off')
fig=plt.gcf()
fig.savefig('./data/feature_kernel_images/kernel_'+str(iteration).zfill(4)+
            '_'+str(conv_layer_num).zfill(2)+'.png',format='png',dpi=300)
plt.show()
```

上面设置执行的是第一种模式。可以得到第1个卷积层的卷积核在0到10000次迭代过程中的变化情况。其中,0表示随机初始化的卷积核。如图7-43～7-46所示,它们分别是迭代次数为0,1000,5000,10000时的卷积核的样子。

思考与练习:

(1) 设置 each_layer 为 False,然后执行第二种模式,观察并分析每层的卷积核。

(2) 为什么对于图像的运算,GPU 的速度要远远快于 CPU?

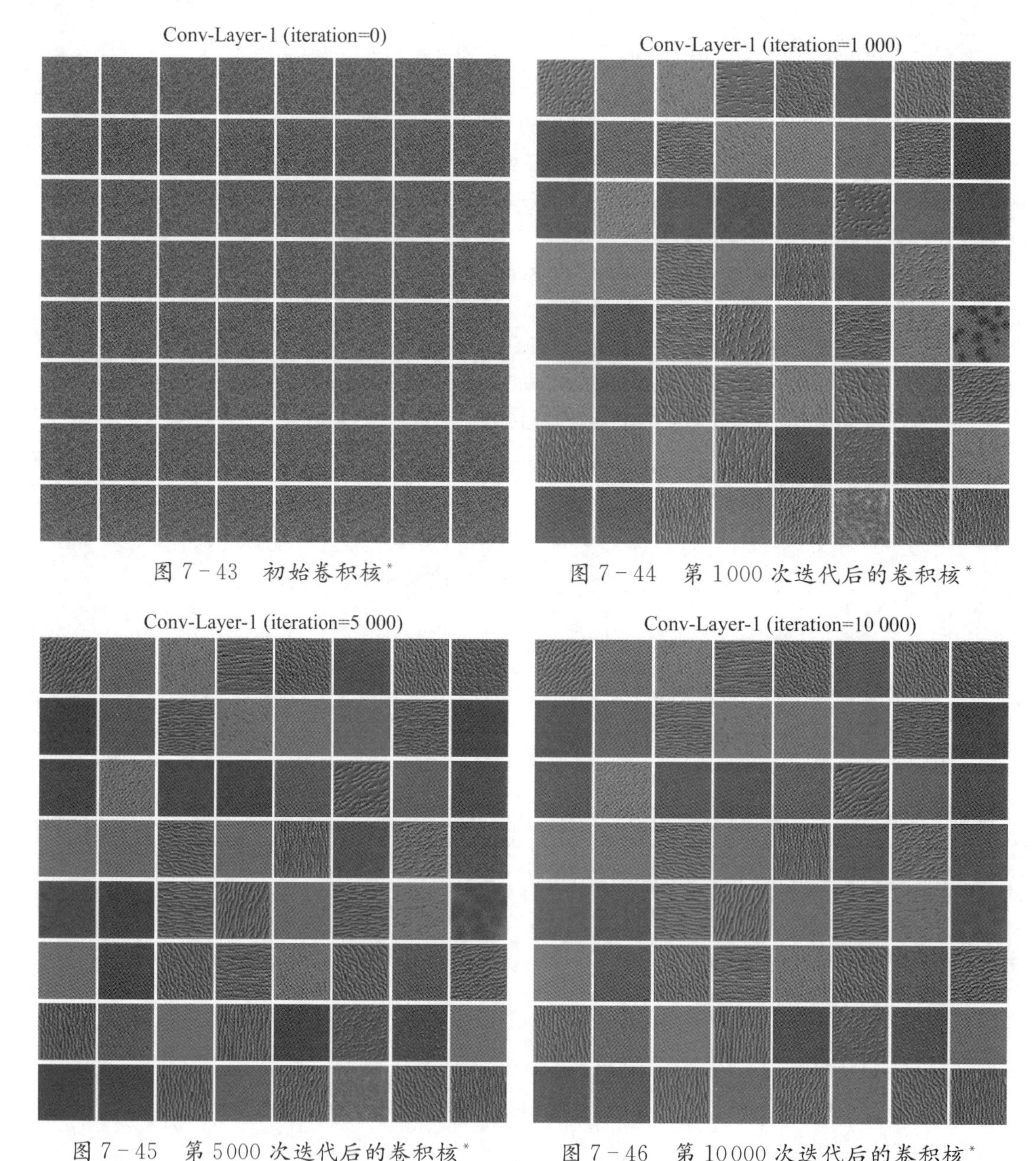

图 7-43　初始卷积核*

图 7-44　第 1000 次迭代后的卷积核*

图 7-45　第 5000 次迭代后的卷积核*

图 7-46　第 10000 次迭代后的卷积核*

7.5.2　辨别未知懂世界

【例 7-6】 利用在 ImageNet 数据集上训练完成的 ResNet-50 模型去识别现实生活的实物。上个例子中，已经体会到 Keras 可以非常方便地导入目前常用的卷积神经网络模型，而且只需要带上 weights='imagenet'，就可以帮用户自动下载并加载训练好的权重参数。这些模型的权重参数是社区科研人员经过大量实验训练得到的，对于常见的实物图像已经具备相当的识别能力。下面就来体验如何用已训练好的模型去识别未知世界。本实例以图 7-2 中的三张图片作为演示，代码中使用的是 dog.jpg 这张狗的图片

（1）导入本实例所用模块。

```
from keras.applications.resnet50 import ResNet50
from keras.preprocessing import image
from keras.applications.resnet50 import preprocess_input,decode_predictions
import numpy as np
from PIL import ImageFont,ImageDraw,Image
import cv2
```

（2）参数设置。注意，已经将训练好的权重文件下载到本地，因此指定路径。

```
img_path='./data/dog.jpg'  #待识别的图片
#权重文件路径
weights_path='./model/resnet50_weights_tf_dim_ordering_tf_kernels.h5'
```

（3）读取需要进行识别的图片并预处理。

```
img=image.load_img(img_path,target_size=(224,224))
x=image.img_to_array(img)
x=np.expand_dims(x,axis=0)
x=preprocess_input(x)
```

（4）获取模型。

```
model=get_model()
```

其中，get_model()如下。

```
def get_model():
    model=ResNet50(weights=weights_path)  #导入模型以及预训练权重
    print(model.summary())  #打印模型概况
    return model
```

（5）预测图片。

```
preds=model.predict(x)
```

（6）打印出 Top－5 的结果。

```
print('Predicted:',decode_predictions(preds,top=5)[0])
```

Top－5 是指预测结果中可能性最大的 5 个结果。如图 7－47 所示，罗得西亚脊背犬的概率为 35.86%，网球的概率为 10.85%，拉布拉多寻回犬的概率为 7.04%，美国史特富郡梗的概率为 4.59%，吉娃娃的概率 3.62%。可见，模型非常正确地识别出了输入的狗图片。

```
Predicted: [('n02087394', 'Rhodesian_ridgeback', 0.35858023), ('n04409515', 'tennis_ball', 0.108549014),
 ('n02099712', 'Labrador_retriever', 0.07040533), ('n02093428', 'American_Staffordshire_terrier', 0.0458838),
 ('n02085620', 'Chihuahua', 0.03618297)]
```

图 7－47　预测得到的 Top－5 结果

（7）最后，将预测得到的概率最高的结果输出到图片上。

```
output_result(preds)
```

该子模块如下。

```
def output_result(preds):
    #获取概率最高的识别结果
    results=decode_predictions(preds,top=1)[0][0]
    category=results[1].upper()
    probability='%.2f%%' % (results[-1]*100)

    #输出结果到图片上
    original_img=cv2.imread(img_path)
    font_path="./data/arial.ttf"
    font=ImageFont.truetype(font_path,48)
    img_pil=Image.fromarray(original_img)
    draw=ImageDraw.Draw(img_pil)
    (w,_,_)=original_img.shape
    c_w,_=font.getsize(category)
    p_w,_=font.getsize(probability)
    draw.text(((w-c_w)/2,480),category,font=font,fill=(255,255,255))
    draw.text(((w-p_w)/2,540),probability,font=font,fill=(255,255,255))
    save_img=np.array(img_pil)

    cv2.imshow('The Result',save_img)   #显示图片
    cv2.waitKey()

    cv2.imwrite(img_path.replace('.jpg','_prediction.jpg'),save_img)   #保存图片
```

分别把图 7-2 中的三张图片送入，运行以上代码，得到结果如图 7-48 所示。

图 7-48　三张图片的预测结果

思考与练习：

（1）收集一些图片，进行预测，看看结果是否和实际相符。遇到错误的结果，分析原因。

(2) 修改代码,将所有 Top-5 的结果输出到原图上。

7.5.3 站在巨人肩膀上

上一个实例中,虽然用 ImageNet 数据集训练好的模型已经可以识别很多实物,但是当面对一个特殊分类问题的时候,直接使用模型进行预测效果会很差强人意。另一方面,如果面对的问题没有足够多的训练样本,要重头开始训练,一般很难学习出来一个好的模型。实验证明,利用迁移学习(transfer learning)和微调(fine-tuning)这两种技术,可以在很多时候取得不错的效果。

【例7-7】 本实例针对另一个非常有名的数据集,牛津花卉数据集[①](Oxford flowers datasets),来探讨如何站在 ImageNet 数据集的肩膀上,来轻松训练这个花卉数据集。该数据集由来源于网络的尺寸不一的花卉图片组成,它分为两种:17 类和 102 类。本实例使用较小的数据集,17 类花卉数据集。它包括 1360 张图像,每个类别 80 张图像。通过随机划分,并且打乱顺序,得到训练集为 800 张,验证集和测试集分别为 280 张。部分选取样本如图 7-49 所示。另外,本实例采用的网络为 Inception-ResNet V2 结构

图 7-49 17 类牛津花卉数据集

(1) 导入本实例所用模块。

```
from keras.preprocessing.image import ImageDataGenerator
from keras.applications.inception_resnet_v2 import InceptionResNetV2
from keras.applications.inception_resnet_v2 import preprocess_input
from keras.layers import GlobalAveragePooling2D,Dense
from keras.models import Model
from keras.optimizers import Adagrad
```

(2) 参数设置。注意,已经将训练好的权重文件下载到本地,因此指定路径。

```
num_classes=17  #类别数目
test_samples=280  #测试样本数量
```

① http://www.robots.ox.ac.uk/~vgg/data/flowers/17/

```
epochs_tl=2  #迁移学习迭代轮次
epochs_ft=2  #微调迭代轮次
iterations=800  #每个轮次迭代次数
input_size=299  #网络输入图像的大小,长宽相等
image_augmentation=True  #是否使用图像增强
data_path='./data/flowers17/'  #样本所在路径
weights_path='./model/inception_resnet_v2_weights_tf'\
            '_dim_ordering_tf_kernels_notop.h5'  #权重文件路径
```

(3) 分别定义训练样本和测试样本的预处理方式。其中,训练样本采用了图强增强,以增加样本数量和增强样本质量,测试样本不需要。

```
train_datagen=ImageDataGenerator(preprocessing_function=preprocess_input,
                                 rotation_range=30,width_shift_range=0.2,
                                 height_shift_range=0.2,shear_range=0.2,
                                 zoom_range=0.2,horizontal_flip=True)
test_datagen=ImageDataGenerator(preprocessing_function=preprocess_input)
```

(4) 创建模型。将得到 InceptionResNetV2 的基本模型和自己新增层之后的整个模型。

```
model,base_model=get_model()
```

这里调用的 get_model()模块如下。注意,为了进行迁移学习,去掉了原模型的顶层。然后,在最后接上自定义的新层,以适应新的 17 类别的分类任务。

```
def get_model():
    base_model=InceptionResNetV2(include_top=False,weights=weights_path,
                                 input_shape=(input_size,input_size,3))
    model=add_new_last_layer(base_model,num_classes)
    model.summary()
    return model,base_model
```

接上自定义的新层的代码如下。

```
def add_new_last_layer(base_model,nb_classes):
    x=base_model.output
    x=GlobalAveragePooling2D()(x)
    x=Dense(1024,activation='relu',kernel_initializer='he_normal')(x)
    predictions=Dense(nb_classes,activation='softmax',
                      kernel_initializer='he_normal')(x)
    model=Model(inputs=base_model.input,outputs=predictions)
    return model
```

(5) 训练模型。

```
model=train(model,base_model)
```

这里调用的 train()模块是本实例的主代码。首先是按批次从硬盘读取图像数据，并实时进行图像增强。之所以和本章之前实例的做法不同，是因为本实例用到的样本是存放于硬盘的图像，不适合一次性全部载入到内存中。Keras 提供 flow_from_directory 方法，可以完成这个操作。然后，调用迁移学习的模型设置，进行迁移学习。最后，调用微调模式的模型，进行最后的微调训练。

```
def train(model,base_model):
    #按批次从硬盘读取训练样本和验证样本
    train_generator=train_datagen.flow_from_directory(
        directory=data_path+'train',
        target_size=(input_size,input_size),
        batch_size=32)
    val_generator=train_datagen.flow_from_directory(
        directory=data_path+'validation',
        target_size=(input_size,input_size),
        batch_size=32)

    #开始迁移学习
    setup_to_transfer_learning(model,base_model)
    model.fit_generator(generator=train_generator,
                        steps_per_epoch=iterations,
                        epochs=epochs_tl,   #2
                        validation_data=val_generator,
                        validation_steps=12,
                        class_weight='auto')
    model.save('./model/flowers17_irv2_tl.h5')

    #开始微调训练
    setup_to_fine_tune(model,base_model)
    model.fit_generator(generator=train_generator,
                        steps_per_epoch=iterations,
                        epochs=epochs_ft,
                        validation_data=val_generator,
                        validation_steps=1,
                        class_weight='auto')
    model.save('./model/flowers17_irv2_ft.h5')

    return model
```

迁移学习的模型设置如下。

```
def setup_to_transfer_learning(model,base_model):
```

```
    for layer in base_model.layers:
        layer.trainable=False
    model.compile(optimizer='adam',loss='categorical_crossentropy',
                  metrics=['accuracy'])
```

微调模式的模型设置如下。

```
def setup_to_fine_tune(model,base_model):
    GAP_LAYER=17    #max_pooling_2d_2
    for layer in base_model.layers[:GAP_LAYER+1]:
        layer.trainable=False
    for layer in base_model.layers[GAP_LAYER+1:]:
        layer.trainable=True
    model.compile(optimizer=Adagrad(lr=0.0001),loss='categorical_crossentropy',
                  metrics=['accuracy'])
```

最后,在测试样本上测试模型。

```
test(model)
```

具体如下。

```
def test(model):
    test_generator=test_datagen.flow_from_directory(
        directory=data_path+'test',
        target_size=(input_size,input_size),
        batch_size=test_samples)
    for x_test,y_test in test_generator:
        score=model.evaluate(x_test,y_test)
        print('Accuracy is {}.'.format(score[1]))
        break
```

以上代码中,只用了 2 个 epoch 进行迁移学习,再用了 2 个 epoch 进行微调,就取得了接近 97%的测试准确率。该实验充分证明了这两大技术的实用效果。

思考与练习:

(1) 修改代码中的 epochs_tl、epochs_ft 以及 iterations 等参数,多次训练,观察结果。

(2) 下载 102 类的牛津花卉数据集,用同样方法进行训练和测试。

7.6　习题

1. 计算机视觉、机器视觉与图像处理有什么联系和区别?
2. 为什么有了全连接神经网络,还需要卷积神经网络?
3. 请问神经网络与深度学习有什么区别?
4. 请问计算机视觉的主要任务有哪些?
5. 请问图像识别的难点在哪里?
6. 请解释什么叫平移可变性,什么叫平移不可变性?
7. 什么是图像的特征提取? 都有哪些方法?
8. 请问卷积神经网络的组成部分是什么?
9. 卷积神经网络中的窗口大小、深度、步长和填充分别是什么意思?
10. 为什么卷积神经网络中需要使用填充?
11. 神经网络中的梯度消失现象是指什么?
12. 为什么激活函数现在普遍比较流行使用线性修正单元函数?
13. 卷积神经网络中的池化层的作用是什么?
14. 卷积神经网络优缺点都有哪些?
15. 什么叫分组卷积? 有什么作用?
16. 请问什么是 Dropout? 它的作用是什么?
17. 常见的数据增强方式有哪些?
18. VGG、ResNet、GoogLeNet 各自的主要特点是什么?
19. 全局平均池化层的作用是什么?
20. 批标准归一化的作用有哪些?
21. 什么是神经网络的退化现象?
22. 什么叫微调和迁移学习,都有哪些做法?
23. 卷积神经网络都有哪些应用场景?

PART 08

第8章 自然语言处理

<本章概要>

自然语言处理是计算机科学领域以及人工智能领域的一个重要的研究方向。自然语言处理研究表示语言能力和语言应用的模型。自然语言处理已经被应用于很多领域，如机器翻译、情感分析、智能问答、文本生成等。

本章主要针对中文自然语言处理技术进行展开介绍，主要讲解中文文本预处理技术，包括中文分词技术，关键词提取，词向量化等技术。

介绍了自然语言处理一个主要的神经网络模型—循环神经网络模型，包括经典RNN模型和LSTM模型。

<学习目标>

1. 了解自然语言处理的发展历程和主要研究领域
2. 掌握中文文本预处理技术，包括中文分词技术，词向量化，关键词提取等
3. 学习循环神经网络模型，结合前面学过的卷积神经网络进行文本分类和情感分词研究

8.1 概述

8.1.1 什么是自然语言处理

自然语言通常是一种自然随文化演化的语言，不同的民族和文化在历史的发展中，创造了属于自己的语言和文字，如汉语，英语，日语等。语言文字是信息的重要载体，是文化发展融合，兴衰变化的缩影。从建模角度看，为了方便计算机处理，自然语言可以被定义为一组规则或符号的集合，我们组合集合中的符号来传递各种信息。

本文的自然语言处理，这里特指计算机对于自然语言的处理。即有语言文字记录信息，也有信息的解读和处理。它是研究人与计算机之间用自然语言进行有效通信的各种理论和方法。自然语言处理是一门融语言学、计算机科学、数学于一体的科学。实现人机间自然语言通信意味着要使计算机既能理解自然语言文本的意义，也能以自然语言文本来表达给定的意图、思想等。前者称为自然语言理解，后者称为自然语言生成。因此，自然语言处理大体包括了自然语言理解和自然语言生成两个部分。

自然语言处理(Natural Language Processing，简称 NLP)，是计算机科学领域与人工智能领域中的一个重要方向。

8.1.2 自然语言处理发展历程

自然语言处理的发展历程可分为三个阶段：经验主义阶段、理性主义阶段以及深度学习阶段。1950 年，艾伦・麦席森・图灵提出了著名的“图灵测试”，图灵采用“问”与“答”模式，即观察者通过控制打字机向两个测试对象通话，其中一个是人，另一个是机器，要求观察者不断提出各种问题，从而辨别回答者是人还是机器，如果一台机器能够与人类展开对话(通过电传设备)而不能被辨别出其机器身份，那么称这台机器具有智能，这种简化的智能判断令自然语言处理成为人工智能领域的研究热点。

20 世纪 50 年代到 70 年代，自然语言主要采用“经验主义”——基于规则的方法。1952 年，在洛克菲勒基金会的大力支持下，一些英美学者在美国麻省理工学院召开了第一次机器翻译会议。1954 年，《机械翻译》(Mechanical Translation)杂志开始公开发行。同年，成功地进行了世界上第一次机器翻译试验。尽管这次试验用的机器词汇仅仅包含了 250 个俄语单词和 6 条机器语法规则。但是，它第一次向公众和科学界展示了机器翻译的可行性，并且激发了美国政府部门在随后十年对机器翻译进行大量资助的兴趣。随着研究的深入，人们没有看到机器翻译的成功，而是看到了很多无法克服的困难。第一代机器翻译系统设计上的粗糙所带来的翻译质量的低劣，最终导致了一些人对机器翻译的研究失去信心。有些人甚至错误地认为机器翻译追求全自动质量目标是不可能实现的。标志着机器翻译的研究就此陷入低谷。

70 年代之后，随着互联网的高速发展，给人们提供了丰富的语料库，另外，硬件发展也为

处理大数据和高性能计算提供了可能,基于统计的方法逐渐代替了基于规则的方法。贾里尼克和他领导的 IBM 华生实验室是推动这一转变的关键,他们采用基于统计的方法,将当时的语音识别率从 70%提升到 90%。在这一阶段,自然语言处理基于数学模型和统计的方法取得了实质性的突破,从实验室走向实际应用。

从 2008 年到现在,在图像识别和语音识别领域的成果激励下,人们也逐渐开始利用深度学习来做自然语言处理研究,由最初的词向量到 2013 年 word2vec,再到 2018 年的 google BERT,将深度学习与自然语言处理的结合推向了高潮,并在机器翻译、问答系统、阅读理解等领域取得了一定的成功。深度学习模型中,RNN 已经是自然语言处理中最常用的方法之一,GRU、LSTM、Seq2Seq 等模型相继引发了一轮又一轮的热潮。

8.1.3 自然语言处理主要研究领域

1. 文本挖掘

文本挖掘指的是从文本数据中获取有价值的信息和知识,它是数据挖掘中的一种方法。文本分类和文本聚类就是文本挖掘中的基本的应用问题,即对给定的文本进行分类和聚类。文本分类是有监督的挖掘算法,文本聚类是无监督的挖掘算法。

文本挖掘是一个多学科混杂的领域,涵盖了多种技术,包括数据挖掘技术、信息抽取、信息检索,机器学习、自然语言处理、计算语言学、统计数据分析等。

文本挖掘还包含情感分析、摘要以及挖掘信息的可视化等等一系列的内容。

2. 信息抽取

从给定文本中抽取重要的信息,比如,时间、地点、人物、事件、结果、数字、日期、货币、专有名词等等。通俗说来,就是要了解谁在什么时候、什么原因、对谁、做了什么事、有什么结果。涉及实体识别、时间抽取、因果关系抽取等关键技术。

3. 机器翻译

把输入的源语言文本通过自动翻译获得另外一种语言的文本。根据输入媒介不同,可以细分为文本翻译、语音翻译、手语翻译、图形翻译等。机器翻译从最早的基于规则的方法到二十年前的基于统计的方法,再到今天的基于神经网络(编码-解码)的方法,逐渐形成了一套比较严谨的方法体系。

4. 信息检索

对大规模的文档进行索引。查询时,对输入的查询检索词或者句子进行分析,然后在索引里面查找匹配的候选文档,再根据一个排序机制把候选文档排序,最后输出排序得分最高的文档。

5. 智能问答系统

智能问答系统是一种针对自然语言处理的新型的信息检索系统。智能问答系统以一问一答形式,精确地定位网站用户所需要的提问知识,通过与网站用户进行交互,为网站用户提供个性化的信息服务。对一个自然语言表达的问题，由问答系统给出一个精准的答案，需要对自然语言查询语句进行某种程度的语义分析，包括实体链接、关系识别，形成逻辑表达式，然后到知识库中查找可能的候选答案，并通过一个排序机制找出最佳的答案。

6. 情感分析

情感分析是计算机能够判断用户评论是否积极的能力。情感分析是自然语言处理中常见的场景，比如淘宝商品评价，酒店评价，饿了么外卖评价等，对于指导产品更新迭代具有关键性作用。通过情感分析，可以挖掘产品在各个维度的优劣，从而明确如何改进产品。

7. 文本生成

文本生成是自然语言中短语、句子以至短文的构造过程，可以认为它是机器分析自然语言的一个逆过程。使计算机能够像人类一样会写作，能够撰写出高质量的自然语言文本。文本自动生成技术有很好的应用前景，例如，文本自动生成技术可以应用于智能问答与对话、机器翻译等系统，实现更加智能的人机交互；我们也可以通过文本自动生成系统替代编辑实现新闻的自动撰写与发布，最终将有可能颠覆新闻出版行业；该项技术甚至可以用来帮助学者进行学术论文撰写，进而改变科研创作模式。

8.1.4 自然语言处理相关技术

根据语言本身构成，自然语言处理可分为三个层次，分别是词法分析、句法分析、语义分析。

(1) 词法分析是计算机科学中将字符序列转换为单词序列的过程。它包括分词、词性标注，关键字提取，词向量化等技术。

词可以看作最小的能够独立活动的语言成分，所以分词是词法分析的基础和关键，无论是英文还是中文，都需要分词处理。

词性标注是文本数据的预处理环节之一，基于机器学习的方法中，往往需要对词的词性进行标注。词性一般为动词、名词、形容词等。以汉语为例，汉语的词类系统有 18 个子类，包括 7 类体词，4 类谓词、5 类虚词、代词和感叹词。有的词，在不同的句子中表示为不同的词性，这就是我们说的兼词现象，例如，“小张研究自然语言处理”句子中的“研究”的词性是动词，“小张做自然语言方面的研究”句子中的“研究”的词性是名称。

词法分析中还包括去除停用词，关键字提取等技术。

(2) 句法分析是对输入的文本以句子为单位进行分析得到句法结构的处理过程。句法分析就是对句子中的词语语法功能进行分析，比如“我来晚了”，这里“我”是主语，“来”是谓语，“晚了”是补语。句法分析的目的是解析句子中各个成分的依赖关系。

(3) 语义分析包括词汇级语义分析和句子级语义分析。

词汇级语义分析的内容主要是词义消歧和词语相似度。例如，在英语中，bank 可能表示银行，也可能表示河岸。词语相似度表示两个词语在不同的上下文中可以互相替换使用而不改变文本的句法语义结构的程度。

句子级语义分析就是理解句子表达的真实语义。一个句子，通常是按照特定的语义规则对若干词语的一个有序排列。句子的语义分析就是综合词语语义和相关语义规则的分析。句

子的语义分析中，语义角色标注就显得尤为重要。

文章的语义是由其包含所有句子的语义综合而成的。

语义分析就是对信息所包含的语义的识别，并建立一种计算模型，使其能够像人那样理解自然语言。自然语言处理系统通常采用级联的方式，即分词、词性标注、句法分析、语义分析分别训练模型。在使用过程中，给定输入句子，逐一使用各个模块进行分析，最终得到所有结果。近年来，研究者们提出了很多有效的联合模型，将多个任务联合学习和解码，如分词词性联合、词性句法联合、分词词性句法联合、句法语义联合等，取得了不错的效果。

目前，计算机处理自然语言过程中用到的主要技术如下：

（1）文本预处理，包括分词、词性标注、关键字提取、词向量化等技术，该过程是把文本变成计算机可以处理的数据。

（2）深度学习，随着数据的大幅增加，计算能力的大幅提高，近年来，深度学习方法也逐渐应用到 NLP 领域中，如在问答系统，文本分类，机器翻译等方面都取得了不错的成绩。用到的深度学习技术包括卷积神经网络，循环神经网络，长短时记忆网络（LSTM），Seq2Seq 等。

8.2 中文分词技术

8.2.1 分词技术

在语言理解中,词是最小的能够独立活动的有意义的语言成分。将词确定下来是理解自然语言的第一步,所以分词是自然语言处理的第一项核心技术。

无论是哪种语言,大都需要分词工作。在英语中,单词本身就是词,对于英文句子,它带有空格分界符,空格分界符可以用来帮助区分一个句子中的所有词,但分词工作依然不可避免。例如:

Where there is a will,there is a way.

词和词之间有空格分隔得很清楚,但我们以空格把单词切分开,单词“will,”和“way.”会带有标点符号,如果只考虑字母来识别词语,如“X-ray”、“open-minded”这样单词本来就带有非英文字母的符号,本来就是词语的一部分。因此,分词不是一件简单的事情,需要更加细致和复杂的处理策略。

在汉语中,词是以字为基本单位的,但是一篇文章的语义表达却仍然是以词来划分的。所以,在处理中文文本时,也需要进行分词处理。中文分词就是将句子转化为词的处理过程。

我们看下面的一个中文句子:

大学生活愉快。

对于上面的这个句子,我们给出下面两种不同的分词结果:

分词结果1:大学/生活/愉快。

分词结果2:大学生/活/愉快。

一般情况下,如果我们单纯考虑分词结果的话,两种分词形式都是正确的。但我们结合原句的意思,显然第一种分词结果是正确的。由于汉语句子的复杂性,中文分词比英文分词更加复杂和困难。

中文分词技术经历了近30年的探索研究,学者们提出了很多方法,主要有以下三种方法:规则分词、统计分词和混合分词。

规则分词比较容易实现,基于规则的分词主要通过维护词典进行的机械分词方法,其切分原理就是将语句中的字符串与词典中的词逐一进行匹配,若匹配成功那么就切分该词,否则,不予切分。规则分词又称为匹配切分,主要有正向最大匹配法、逆向最大匹配法和双向最大匹配法三种方法。下面我们通过这三种规则分词算法原理来理解分词技术。

1. 正向最大匹配算法

正向最大匹配算法的原理:假设词典中最长词的长度为n,那么我们从左到右取文本中的n个连续字符与字典中的词进行匹配,如果匹配上,则切分出这个词,否则通过减少一个单字继续和字典中的词进行匹配,直到剩下一个单字为止。

例如:对“人工智能课程有意思”进行切分,假设词典中有"人工","人工智能","课程","有","意思",词典中最长的词长度为 4。

采用正向最大匹配算法对“人工智能课程有意思”进行切分,首先取出前 4 个字“人工智能”,发现词典中有该词,那么该词就被切分。再将剩下的“课程有意思”进行同样方式切分。最后切分的结果是“人工智能/课程/有/意思”。

例如:对“南京市长江大桥”进行切分,假设词典中最长的词的长度为 4,词典中有“南京”、“南京市”、“南京市长”、“长江大桥”、“大桥”和“江”。

首先取出前 4 个字“南京市长”,发现词典有该词,则切分该词,文本还剩下“江大桥”,词典中没有这个词,去掉“桥”,字典中也没有“江大”,在去掉“大”,结果“江”被切分,剩下的“大桥”字典中匹配成功。最后切分的结果是“南京市长/江/大桥”。显然,这个切分结果不是我们想要的。

【例 8-1】 正向最大匹配算法

```
class ForwardMaxCut():
  def __init__(self,dic,windowsize):
      self.window_size=windowsize
      self.dic=dic

  def cut(self,text):
      result=[]
      index=0
      txt_length=len(text)

      while txt_length>index:

          for size in range(self.window_size+index,index,-1):
              word=text[index:size]
              if word in dic:
                index=size -1
                break
          result.append(word)
          index=index+1
      return result

if __name__=='__main__':
    text='南京市长江大桥'
    dic=['南京','南京市','南京市长','长江大桥','大桥','和','江']
    window_size=5
    tokenizer=ForwardMaxCut(dic,window_size)
```

```
    result=tokenizer.cut(text)
    print("/".join(result))
```

运行结果如下：
南京市长/江/大桥

2. 逆向最大匹配算法

逆向最大匹配算法的基本原理与正向最大匹配算法相同，不同的是分词切分方向与正向最大匹配算法相反。实验结果经验告诉我们，逆向最大匹配算法性能往往优于正向最大匹配算法。

例如：用逆向最大匹配算法对“南京市长江大桥”进行切分。词典同上，
第一轮：取子串“长江大桥”，该词在词典中，匹配成功，那么切分该词。
第二轮：取子串“南京市”，匹配成功，那么切分该词。
最终的切分结果为：“南京市/长江大桥”

【例 8-2】 逆向最大匹配算法

```
class ReverseMaxCut():
    def __init__(self,dic,windowsize):
        self.window_size=windowsize
        self.dic=dic

    def cut(self,text):
        result=[]
        index=0
        index=len(text)

        while index>0:

            for size in range(index-self.window_size,index):
                word=text[size:index]
                if word in dic:
                    index=size+1
                    break
            result.append(word)
            index=index-1
        return result

if __name__=='__main__':
    text='南京市长江大桥'
```

```
dic=['南京','南京市','南京市长','长江大桥','大桥','和','江']
window_size=5
tokenizer=ReverseMaxCut(dic,window_size)
result=tokenizer.cut(text)
result.reverse()
print("/".join(result))
```

运行结果如下：
南京市/长江大桥

3. 双向最大匹配算法

双向最大匹配法原理是将正向最大匹配法得到的分词结果和逆向最大匹配法得到的结果进行比较，如果两种方法分词结果相同，那么返回其中一个切分结果，否则，返回单字较少的那个。

前面的例子中，正向最大匹配法切分结果为“南京市长/江/大桥”，分词数量为 3，单字数为 1。

而逆向最大匹配法切分结果为“南京市/长江大桥”，分词数量为 2，单子数为 0。

逆向匹配结果分词数量少，单字数少，因此返回逆向切分结果。

4. 统计分词与神经网络分词

随着大数据语料库的建立及机器学习方法的研究和发展，目前，基于统计和机器学习的中文分词算法渐渐成为主流。统计分词的主要思想是把每个词看作是由字组成的，如果相连的字在不同文本中出现的次数越多，就证明这段相连的字很有可能就是一个词。

统计分词一般做如下两步操作：

第一步：建立统计语言模型。

第二步：对句子进行单词划分，然后对划分结果做概率计算，获取概率最大的分词方式。

统计语言模型包括隐马尔可夫模型(HMM)、条件随机场(CRF)等模型，这些模型用到了概率论和机器学习的专业术语，这里就不展开说明。神经网络分词算法是深度学习方法在 NLP 上的一个重要应用，通常采用 CNN，LSTM 等深度学习网络自发发现一些模式和特征，然后结合 CRF 等分类算法进行分词预测。

对比匹配分词算法，基于统计分词和机器学习分词算法好处是不需要耗费人力维护词典，能较好地处理歧义和未登录词，统计分词是目前主流的分词方法。但是分词效果非常依赖训练语料库的质量和数量，且计算量比匹配分词大得多。

5. 混合分词

匹配分词和统计分词，各有优缺点，不同的分词效果在实际应用中差距没有那么明显，在实际工程应用中，经常使用一种分词算法为基础，其他分词算法为辅助的分词方法，最常用的方法是先用匹配分词算法进行分词，然后再用基于统计分词方法进行辅助，这就是所谓的混合分词方法。

8.2.2 中文分词工具——Jieba

随着NLP的发展，开源的分词工具有很多，给我们分词提供了方便，如Ansj、盘古分词，Jieba分词等。其中，Jieba分词工具社区活跃，除了分词，还提供了关键词提取和词性标注等功能，本章我们选用Jieba进行中文分词。因为Python中这个分词包的名字叫做jieba，所以我们有时也称它为“结巴分词”。Jieba分词是结合了规则和统计两种方法给出的分词方法。

Jieba分词支持三种分词模式：

- 精确模式，试图将句子最精确地切开，适合文本分析；
- 全模式，把句子中所有的可以成词的词语都扫描出来，速度非常快，但是不能解决歧义；
- 搜索引擎模式，在精确模式的基础上，对长词再次切分，提高召回率，适合用于搜索引擎分词。

Jieba分词是通过其提供的cut方法和cut_for_search方法来实现的。

jieba.cut方法的参数说明：

(1) 待分词的文本。

(2) cut_all，值为True时，采用全模式，值为False时，采用精确模式，默认值为False，全模式就是将所有可能发现的词全部找出来。

(3) HMM(隐马尔可夫模型)，值为True时，使用HMM模型。

jieba.cut_for_search方法接受两个参数：

(1) 需要分词的字符串。

(2) 是否使用HMM模型。

jieba.cut以及jieba.cut_for_search返回值是一个可迭代的generator，可以使用for循环来获得分词后得到的每一个词语(unicode)。

另外，Jieba还提供了分词函数jieba.lcut和jieba.lcut_for_search，这两个函数与上面的函数区别是这两个函数返回值是单词列表。

Jieba提供的Tokenizer(dictionary=DEFAULT_DICT)还可以新建自定义分词器，用于使用不同词典的情况。jieba.dt为默认分词器，所有全局分词相关函数都是该分词器的映射。

注意：待分词的字符串可以是unicode或UTF-8字符串、GBK字符串。但是一般不建议直接输入GBK字符串，可能会错误解码成UTF-8。

【例8-3】 Jieba分词示例程序

```
#encoding=utf-8
import jieba

seg_list=jieba.cut("南京市长江大桥",cut_all=True)
print("【全模式】:"+"/".join(seg_list))  #全模式

seg_list=jieba.cut("南京市长江大桥",cut_all=False)
print("【精确模式】:"+"/".join(seg_list))  #精确模式
```

```
seg_list=jieba.cut("他来到了华东师范大学计算中心")　＃默认是精确模式
print("【新词识别】:"+",".join(seg_list))

seg_list=jieba.cut_for_search("小李硕士毕业于华东师范大学计算中心,后在日本东京大学
深造")　＃搜索引擎模式
print("【搜索引擎模式】:"+",".join(seg_list))
```

运行结果为：

【全模式】:南京/南京市/京市/市长/长江/长江大桥/大桥

【精确模式】:南京市/长江大桥

【新词识别】:他,来到,了,华东师范大学,计算中心

【搜索引擎模式】:小李,硕士,毕业,于,华东,师范,大学,华东师范大学,计算,中心,计算中心,,,后,在,日本,东京,大学,日本东京大学,深造

从上面的输出结果,我们可以观察一下"全模式"下分词的结果,从全模式分词结果可以看出,所有可能出现的高频词汇都被考虑进分词结果中。

回到前面的问题,"江大桥"这个分法是如何可以顺利避开呢？这就归功于歧义消解的各种方法了。基于统计的方法就可以较为顺利地规避掉此类问题。简单概括来讲,越高概率出现的词,是最优先考虑的分词结果,对于前面的两种分词结果,日常生活中,"长江大桥"与"江大桥"相比较,前者出现的概率会更高,所以它就会被计算机优先考虑,作为最终的分词结果。

8.3 词性标注与去除停用词

8.3.1 词性标注

分词工作完成之后往往都会涉及到词性标注工作。词性也称为词类，是词汇基本的语法属性。词性标注就是判定每个词的语法范畴，确定词性并标注的过程。例如，人物，地点，事物等是名词，表示动作的词是动词等，词性标注就是确定每个词属于动词，名词，还是形容词等词性的过程。词性标注是语法分析、信息抽取等应用领域重要的信息处理基础性工作。如："华东师范大学是个非常有名的大学"，对其标注结果如下："华东师范大学/名词 是/动词 个/量词 非常/副词 有名/形容词 的/结构助词 大学/名词"。

在中文句子中，一个词的词性很多时候不是固定的，在不同场景下，往往表现为不同词性，比如"研究"既可以是名词("基础性研究")，也可以是动词("研究计算机科学")。

词性标注需要有一定的标注规范，后面例子中标注结果使用统一编纂的词性编码表示，如t 表示副词，r 表示代词等，具体的汉语词性编码对照表请参照附录 1。

Jieba 工具带有词性标注的方法，其处理过程也非常简单，示例如下所示：

【例 8-4】 Jieba 词性标注示例程序

```
import jieba.posseg as pseg
seg_list=pseg.cut("今天我终于看到了南京市长江大桥。")
result=' '.join(['{0}/{1}'.format(w,t) for w,t in seg_list])
print(result)
```

jieba.posseg 中的 cut 方法一并完成了分词和词性标注的过程，结果返回到生成器中，生成器中的所有成员都存在 word 和 flag 两个属性参数，word 参数是分词结果，flag 参数是对应词 word 的词性标注结果，上面代码输出结果如下：

今天/t 我/r 终于/d 看到/v 了/ul 南京市/ns 长江大桥/ns。/x

8.3.2 去除停用词

在搜索引擎优化工作中，为了节省空间和提高搜索的效率，搜索引擎在索引网页或者相应搜索请求时，会自动地忽略某些字和词，这一类字或者词就被称为停用词(stop word)。

使用广泛和过于频繁的一些词，"我"，"你"，"I"，"what"等，或是在文本当中出现频率高却没有实际意义的词，如介词(如"在"，"at")、连词(如"和"，"and")、语气助词(如"吗"，"hey")等，甚至是一些数字和符号，都属于停用词范畴。

由此可见，从句子语法和意义的完整性上来看，停用词不可或缺。然而，对于自然语言处

理中的很多应用，如信息抽取、摘要提取、文本分类、情感分析等，停用词的贡献微乎其微，甚至会干扰到最终结果的准确性。所以，在很多自然语言处理的前期工作中，停用词并不是我们关心的“有效信息”，也就需要将其去除。

8.4 关键词提取

关键词往往代表着文章的重要内容，无论是长文本还是短文本，往往可以通过几个关键词来窥探整个文本的主题思想。例如在基于文本的推荐系统或基于文本的搜索等应用领域，对于文本关键词的依赖就很大，提取的关键词往往决定着推荐系统或者搜索系统的最终效果。因此，自动提取关键词也是 NLP 中一个很重要的部分。本节我们介绍基于 IF-IDF 和基于 TextRank 的关键词提取算法。

8.4.1 基于 TF-IDF 算法的关键词提取

TF 就是 Term Frequency 的缩写，它统计某个关键字出现的频率。它的基本思想是一个词在文档中出现的次数越多，则其对文档的表达能力也就越强。它的计算公式如下：

$$TF_{ij}=\frac{n_{ij}}{\sum_k n_{ik}}$$

其中：n_{ij} 为关键词 j 在文档 i 中出现的次数，TF_{ij} 为关键词 j 在文档 i 中的出现频率。

TF 公式用汉语描述如下：

$$\text{词频 TF}=\frac{\text{词在文章中出现的次数}}{\text{文章词汇的总数}}$$

例如，一篇文章总共有 100 个词汇，其中“模式识别”一共出现 10 次，那么它的 TF 就是 10/100=0.1。

从上面的计算公式可以看出，TF 的计算值是关键词在文章中出现的频率，它的值能用来评估一个关键词的重要性，一般来说出现频率越高就越重要，但是，单纯使用 TF 来评估关键词的重要性还是不够的，例如，文章中经常用到的常用词，由于这些常用词会被大量用到，所以它们的 TF 值一般很大，如：“因为”、“所以”、“因此”等等的连词，英文文章里出现的 and、the、of 等词，这些词往往 TF 较高，但是它们在文中反而不是那么重要。下面我们引出 IDF 来帮助我们解决这个问题。

IDF，英文全称：Inverse Document Frequency，即“逆文档频率”。IDF 的计算公式如下：

$$\text{IDF}_i=\log\left(\frac{|D|}{1+|\{j:t_i\in d_j\}|}\right)$$

其中：|D|是语料库中的文件总数。$|\{j:t_i\in d_j\}|$表示包含该词的文档数，分母加 1 是为了防止分母为 0。

IDF 公式用汉语描述如下

$$\text{逆文档频率 IDF}=\log\left(\frac{\text{语料库中的文章总数}}{\text{包含该词的文档数}+1}\right)$$

有 IDF 公式可见，当一个词越常出现，包含该词文档数越多，分母就越大，逆文档频率就越小越接近 0。

TF-IDF 算法就是 TF 算法与 IDF 算法的综合使用，学者们经过大量的理论推导和实验验证，TF 和 IDF 相乘是较为有效的计算公式。

TF-IDF 的计算公式如下：

$$\text{TF-IDF} = \text{词频 TF} * \text{逆文档频率 IDF}$$

TF-IDF 算法是经典的简单有效的关键词提取算法，且容易实现，但是它忽略了低频词、词语内部之间的语义关系和文本中主题关系的影响，学者们就 TF-IDF 算法存在的问题提出很多不同改进方案。

TF-IDF 算法需要利用现有的数据对模型进行训练，我们可以直接使用 Jieba 提供的 TF-IDF 算法来提取关键字，下面我们给出 Jieba 提供的 TF-IDF 算法的关键字提取示例程序。

【例 8-5】 Jieba 提供的 TF-IDF 示例代码

```
import jieba
import jieba.analyse

sentence='''自然语言处理是计算机科学领域与人工智能领域中的一个重要方向。它研究能实现人与计算机之间用自然语言进行有效通信的各种理论和方法。自然语言处理是一门融语言学、计算机科学、数学于一体的科学。因此，这一领域的研究将涉及自然语言，即人们日常使用的语言，所以它与语言学的研究有着密切的联系，但又有重要的区别。自然语言处理并不是一般地研究自然语言，而在于研制能有效地实现自然语言通信的计算机系统，特别是其中的软件系统。因而它是计算机科学的一部分。'''

keywords=jieba.analyse.extract_tags(sentence,topK=20,withWeight=True,allowPOS=('n','nr','ns'))

for item in keywords:
    print(item[0],item[1])
```

运行结果如下：

```
计算机科学 1.3939347036542857
语言学 0.8532414504161905
领域 0.7731850774871429
人工智能 0.4503822093090476
计算机系统 0.43396123377095236
一体 0.3512912069442857
计算机 0.32403735385142857
数学 0.31468287980000004
区别 0.30006077707428574
```

语言　0.29349988448285713
联系　0.2672449139314286
科学　0.26559784592333335
方向　0.2545895891719048
理论　0.25040185579
方法　0.23656214428761904
人们　0.2229274595985714

8.4.2 基于 TextRank 算法的关键词抽取

TextRank 算法是基于 PageRank 算法基础上给出的，PageRank 是 Sergey Brin 与 Larry Page 于 1998 年在 WWW7 会议上提出来的，用来解决链接分析中网页排名的问题。

PageRank 算法的原理是：

(1) 当一个网页被更多网页所链接时，其排名会越靠前。

(2) 排名高的网页应具有更大的表决权，即当一个网页被排名高的网页所链接时，其重要性也应对应提高。

$$S(V_i)=(1-d)+d\sum_{(j\in In(V_i))}\frac{1}{|Out(V_j)|}S(V_j)$$

$S(V_i)$是网页 V_i 的 PR 值，即 PageRank 值。

d 是阻尼系数，一般为 0.85。

$In(V_i)$是指指向网页 V_i 的网页集合。

$Out(V_j)$是指网页 V_j 中链接指向的网页的集合，$|Out(V_j)|$是集合中元素的个数。

$S(V_i)$的值要经过多次迭代才能得到结果，其初始值为 1。

TextRank 算法原理同 PageRank 的原理，其原理如下：

(1) 如果一个单词出现在很多单词后面的话，那么说明这个单词比较重要。

(2) 如果一个单词跟在一个 TextRank 值很高的单词后面，那么这个单词的 TextRank 值也相应地因此而提高。

在 TextRank 算法公式中，用句子代替网页，用句子之间的相似性等价于网页转换概率。TextRank 算法公式如下：

$$WS(V_i)=(1-d)+d\sum_{(j,i\in In(V_i))}\frac{w_{ji}}{\sum_{V_k\in out(V_j)}w_{jk}}WS(V_j)$$

$WS(V_i)$表示一个单词的 TextRank 值。这里 W_{ij} 表示句子 S_i 和 S_j 的相似度。

TextRank 算法是一种抽取式的无监督的文本摘要方法。TextRank 算法的流程如图 8-1 所示。

TextRank 算法流程描述如下：

第一步：把所有文章整合成文本数据。

第二步：接下来把文本分割成单个句子，即：T=[S1,S2,…,Sm]。

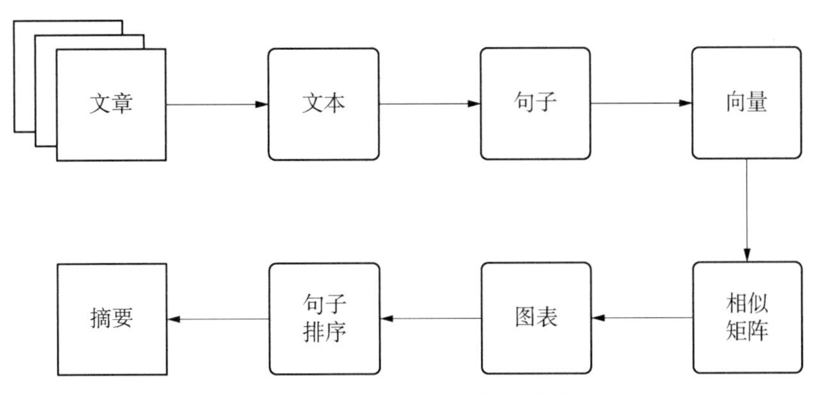

图 8－1　TextRank 算法流程

第三步:为每个句子进行分词和词性标注处理,并去除停用词,只保留指定词性的单词,如名词、动词、形容词。对第二部中的每个句子 Si,该步处理结果为 Si=[$t_{i,1}$,$t_{i,2}$,...,$t_{i,n}$],其中 $t_{i,j}$ 是句子分词后保留的候选关键词。

第四步:构建候选关键词图 G=(V,E)。

类似 PageRank,首先界定词与词之间的链接关系,为了界定词与词之间的链接关系,学者们给出了窗口的概念,在窗口中的词相互间存在链接关系,下面我们给出一段文本来说明候选词之间的链接关系。

小李硕士毕业于华东师范大学计算中心,后在日本东京大学深造

分词后结果为【小李,硕士,毕业,华东,师范,大学,计算,中心,日本,东京,大学,深造】

我们设窗口大小为 5,可以得到下面的几个窗口。

1【小李,硕士,毕业,华东,师范】

2【硕士,毕业,华东,师范,大学】

3【毕业,华东,师范,大学,计算】

4【华东,师范,大学,计算,中心】

5【师范,大学,计算,中心,日本】

6【大学,计算,中心,日本,东京】

7【计算,中心,日本,东京,大学】

8【中心,日本,东京,大学,深造】

这样,每个窗口内的词之间都有链接关系。例如和硕士有链接关系的词有(硕士,毕业),(硕士,华东),(硕士,师范),(硕士,大学)。这样,候选关键词图中,“硕士”这个词有 4 条边,且每条边的权值为 1,如果其中某一条边再次出现时,该边的权值加 1。

第五步:利用候选关键词图 G=(V,E),根据 TextRank 公式,对每个词进行计算它的 TextRank 值。

第六步:根据候选词的 TextRank 排名,最高的 n 个词就是文档的关键词。

jieba.analyse.textrank 方法给出了基于 TextRank 算法的关键词提取接口,下面给出利用 jieba 的 TextRank 算法的关键词提取示例代码。

【例 8－6】　Jieba 提供的 TextRank 示例代码

```
import jieba
```

```
import jieba.analyse
sentence='''自然语言处理是计算机科学领域与人工智能领域中的一个重要方向。它研究能实现人与计算机之间用自然语言进行有效通信的各种理论和方法。自然语言处理是一门融语言学、计算机科学、数学于一体的科学。因此,这一领域的研究将涉及自然语言,即人们日常使用的语言,所以它与语言学的研究有着密切的联系,但又有重要的区别。自然语言处理并不是一般地研究自然语言,而在于研制能有效地实现自然语言通信的计算机系统,特别是其中的软件系统。因而它是计算机科学的一部分。'''
keywords=jieba.analyse.textrank(sentence,withWeight=True)
for x,w in keywords:
print('%s %s' % (x,w))
```

上面代码运行结果如下：

研究 1.0
领域 0.9041890370099968
计算机科学 0.7149244977248382
实现 0.6539358734521356
语言学 0.5596610893247891
处理 0.46204002230126656
数学 0.451458225813667
人们 0.44986760324100933
理论 0.4178345286931571
方法 0.41487062280557735
计算机 0.3998116727834594
涉及 0.3746102013763293
有着 0.3735714726031748
一体 0.3490340211761253
语言 0.32993738874490425
研制 0.3290133165822015
使用 0.3285960508513556
人工智能 0.30855583602333647
在于 0.3021572324838651
联系 0.26957776065837047

8.5　文本向量化

计算机并不能够像人类一样可以直接处理语言文字，我们需要将这些文字变成计算机可以处理的数据。文本向量化就是指将文本转换为数值向量的过程。文本向量化是将文本表示成低维、稠密、实数向量的一种方法，它是自然语言处理的基础。在向量空间模型中，表示文本的特征项可以是字、词、短语，甚至“概念”等元素。文本按照粒度大小可以将文本向量化划分为字向量化、词向量化、句子或篇章向量化。

无论中文还是英文，词语是表达文本处理的最基本单元，目前，对文本向量化研究，大部分是通过词向量化来实现的，也有研究以句子为基本单元进行向量化处理的。

词嵌入就是一种词的数值化表示方式，它是指把一个维数为所有词的数量的高维空间嵌入到一个维数低得多的连续向量空间中，每个单词或词组被映射为实数域上的向量。

词嵌入是 NLP 领域中基础的技术，如文本分类、文本摘要、信息检索、自动对话等领域，都用到词嵌入技术，通过词嵌入得到好的词向量可使得各类 NLP 任务取得好的效果。

传统文本向量化方法有字符编码、排序编码和独热编码等。

字符编码就将 26 个字母分别编号，例如“a”编号为 0，“b”编号为 1，“z”编号为 25，单词“python”就可以被编码为向量(15，24，19，7，14，13)。该编码方法优点是编码算法运算速度快，简单且容易实现。但缺点是编码的向量长度是不固定的，很难用于神经网络处理，产生的向量没有语义关系。

排序编码就是先将整个单词表中的单词排序，然后直接用这个序号作为单词的编码。这种编码方法很简单，由于单词的序号没有任何含义，同字符编码，产生的向量没有语义关系，很难用于神经网络处理。

独热编码，即 one-hot 编码，本书的 7.3.1 节给出了介绍，这里就不在赘述。

下面我们介绍词袋模型和神经网络语言模型两种词向量化技术。

8.5.1　词袋模型

Bag of Words，也称为“词袋”，它是最早以词语为基本单元的文本向量化方法，它是用于描述文本的一个简单有效的数学模型，也是常用的一种文本特征提取方式。下面通过例子来说明词袋模型的原理。

我们给出下面两个句子：

[我爱华东师范大学]

[每个同学都乐于帮助同学]

用 Jieba 分词工具对上面这两个句子分词结果如下所示.

[我/爱/华东师范大学]

[每个/同学/都/乐于/帮助/同学]

基于上面的这两个句子，我们可以建构出下列单词表：

{我，爱，华东师范大学，每个，同学，都，乐于，帮助}

这个单词清单有8个单词，且每个单词都不重复，按照上面单词表，按顺序统计出每一个句子中出现的次数就构成了一个长度为8的向量，如表8-1所示。

表8-1 句子的向量表示

单词表	我	爱	华东师范大学	每个	同学	都	乐于	帮助
我爱华东师范大学	1	1	1	0	0	0	0	0
每个同学都乐于帮助同学	0	0	0	1	2	1	1	1

根据表8-1，上面两个句子的向量化分别表示为

[1,1,1,0,0,0,0,0]

[0,0,0,1,2,1,1,1]

说明：第二向量的第五个值是2，因为该值对应单词表中的单词是"同学"，该单词在句子中出现了两次，所以该向量的值设定为2；其他值为0或1，表示其对应的单词在句子中没有出现或只出现一次。

上面这两个句子的向量表示长度相同，这样文本向量化后就可以用神经网络来处理了。为了更利于神经网络计算，我们还经常对上面向量做归一化处理，就是让向量的每个值除以句子单词的总数，这样向量中的每个值都在(0,1)之间了，且向量的所有元素的值之和为1。上面两个句子的向量归一化后的值为：

[1/3,1/3,1/3,0,0,0,0,0]

[0,0,0,1/6,2/6,1/6,1/6,1/6]

该向量表示法不会保存原始句子中词的顺序，是词典中每个单词在文本中出现的频率。该方法简单，有许多成功的应用，如邮件过滤。但它有以下三个方面的问题：

(1) 维度问题，当单词清单中单词数量很多时，例如单词清单中有10000个单词，那么每个文本需要用维数为10000的向量来表示，向量中大部分都是0，导致数据非常稀疏，而且高维向量大大增加了后续处理的计算量。

(2) 向量中没有词序信息。

(3) 存在语义鸿沟问题，例如，"小王在教小红打篮球"与"小红在教小王打篮球"，利用上面的方法，这两个句子的词向量是一样的，明显他们意思是不一样的。

Gensim 是一个用于从文档中自动提取语义主题的 Python 库，是一款开源的第三方 Python 工具包。该工具包中提供的 doc2bow 接口实现了词袋模型。

下面利用 doc2bow 词袋模型，给出文本向量化表示，并通过余弦定理计算两个句子的相似度。实现方式如下：

【例8-7】 词袋模型词向量化示例代码

```
import gensim
import jieba
#训练样本
```

```
from gensim import corpora
from gensim.similarities import Similarity
raw_documents=[
    '0 酒店服务态度极差,设施很差',
    '1 房间的环境非常差,而且房间还不隔音',
    '2 靠马路的标准间。房间内设施简陋',
    '3 卫生间马桶堵塞,无奈的一晚',
    '4 没有设置无烟房,实在是无语',
    '5 能不住就尽量别住',
    '6 房间里面的水是锈水',
    '7 酒店设施老化严重',
    '8 整个房间也太小了点',
    '9 价格比比较不错的酒店',
    '10 酒店比较新,装潢和设施还不错',
    '11 商务大床房,房间很大',
    '12 早餐很不错,离市中心比较近',
    '13 不错的酒店,房间干净,安静',
    '14 服务很热情,交通也很便利',
    '15 房间很清洁,洗手间装修好'
]
corpora_documents=[]
for item_text in raw_documents:
    item_str=jieba.lcut(item_text)
    corpora_documents.append(item_str)
#生成字典和向量语料
dictionary=corpora.Dictionary(corpora_documents)
corpus=[dictionary.doc2bow(text) for text in corpora_documents]
#num_features 代表生成的向量的维数(根据词袋的大小来定)
similarity=Similarity('-Similarity-index',corpus,num_features=400)
print('第一条测试文本')
test_txt_1='各方面都不错,性价比也比较高'
test_cut_txt_1=jieba.lcut(test_txt_1)
print(test_cut_txt_1)
test_vec_1=dictionary.doc2bow(test_cut_txt_1)
similarity.num_best=5
#返回最相似的样本材料,(index_of_document,similarity) tuples
print(similarity[test_vec_1])
print('第二条测试文本')
test_txt_2='环境很差,而且很吵'
test_cut_txt_2=jieba.lcut(test_txt_2)
```

```
print(test_cut_txt_2)
test_vec_2=dictionary.doc2bow(test_cut_txt_2)
similarity.num_best=5
#返回最相似的样本材料,(index_of_document,similarity) tuples
print(similarity[test_vec_2])
```

运行结果如下：

第一条测试文本

['各','方面','都','不错',',','性价比','也','比较','高']

[(12,0.5),(10,0.4743416309356689 5),(13,0.452267020940780 64),(9,0.408248305320739 75),(14,0.301511347293853 76)]

第二条测试文本

['环境','很差',',','而且','很','吵']

[(1,0.358568549156188 96),(14,0.269679933786392 2),(0,0.169030845165252 69),(3,0.158113881945610 05),(15,0.158113881945610 05)]

从前面分析可知,词袋模型可以实现词的向量化,但它不包含任何语义信息,如何让这种词向量化也包含语义信息,是该领域研究者要处理的问题。为此,研究人员又提出了基于神经网络的语言模型,神经网络语言模型就是根据上下文与目标词之间的关系进行建模。下面我们介绍神经网络词向量模型中的 CBOW 模型和 Skip-gram 模型。为了了解神经网络语言模型,首先我们先学习词嵌入 NNLM 原理。

8.5.2 词嵌入 NNLM 模型

由于词袋模型会出现巨大的特征维数和稀疏表示等不足,越来越多的学者尝试使用神经网络方法抽取词语的特征,2003 年,Bengio 等提出了 NNLM(Neural Network Language Model),利用三层神经网络学习语言模型,这是神经网络在自然语言表征方面的首次尝试。与传统的估算 $p(w_t|w_{t-1},w_{t-2},\cdots,w_{t-n+1})$不同,NNLM 模型直接通过一个神经网络结构对 n 元条件概率进行评估,NNLM 模型的基本结构如图 8-2 所示。

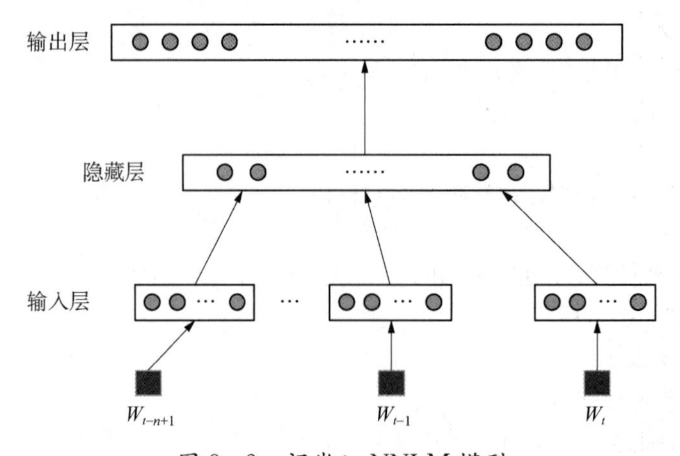

图 8-2　词嵌入 NNLM 模型

下面我们来看看 NNLM 的运作过程。

我们通过分词工具，对训练文本进行分词，得到一系列长度为 n 的文本序列(w_t，…，$w_{t-(n-1)}$)，假设这些长度为 n 的文本序列组成训练集 D，NNLM 的目标是训练如下模型：

$$f(w_t, w_{t-1}, \cdots, w_{t-n+2}, w_{t-n+1}) = p(w_t \mid w_{t-1}, w_{t-2}, \cdots, w_{t-n+1})$$

其中 w_t 表示词序列中第 t 个单词，该模型的意思是给定词序列 $w_{t-n\_1}, \cdots, w_{t-1}$ 时，预测目标词为 w_t 的概率。

NNLM 模型是一个三层前馈神经网络结构，它有一个输入层，一个隐藏层和一个输出层。

图 8-2 中的输入层本身就是一个 3 层结构的网络，其隐藏层和输出层的神经元个数也是有我们定义的，输入层单元个数 n 的值设置得越大，模型得运算就越慢，所以通常把输入维数设为 2 或 3。

我们知道，单词序列是不能够输入神经网络的，如图 8-2 所示，单词 w_t 是如何输入神经网络的？事实上，这里使用独热编码把单词先变成词向量，将词序列 $w_{t-n\_1}, \cdots, w_{t-1}$ 中的每个词向量按顺序拼接成向量 x。

$$x = [v_{t-n_1}, \cdots, v_{t-1}]$$

其中，v_t 是单词 w_t 的词向量，这里 v_t 是 one-hot 得到的词向量。

如果我们把输入层展开，输入层其实是一个小神经网络，输入层单元内部有两层神经元：一层是输入独热编码层，这一层神经元数量和词典维数相同；另一层是输出层，神经元的数量是人为设置的。

隐藏层变量 h 和输出层 y 的计算公式如下：

$$h = tanh(b + HX)$$
$$y = b + Uh$$

其中 $h \in R^{h \times (n-1)m}$ 是输入层到隐藏层的权重矩阵，其维数为 h×(n－1)m，$u \in R^{|V| \times h}$ 是隐藏层到输出层的权重矩阵，h 是神经元个数，b 为模型中的偏移项。|V|表示词表的大小。

输出层相对简单，神经元数据为 V 个(单词表的大小)。这样 NNLM 将预测下一个单词转化为一个 V 分类问题。即选择 V 个单词中的一个作为预测输出。经过 softmax 函数，输出的是一个向量，其中每个值都是一个[0，1]之间的值，该值对应到单词表的单词的概率大小。在这 V 个概率值中，我们选取一个最大的元素作为当前神经网络的最后预测。

利用语料库对模型进行训练，并反向传播调整参数，周而复始，使得神经网络的预测越来越准确。

通过上面模型，我们如何获取 NPLM 中的词向量呢？在训练好的 NNLM 中，词向量就是该单词的输入节点的连边权重构成的向量。这样，两个词的意义越相似，就越可能出现在相同的上下文中，这样这两个词的编码就越相似。

NNLM 模型的一个缺点就是运算速度很慢，NNLM 诞生于 2003 年，因为运算速度慢，所以没有得到广泛应用，后来，word2vec 的出现，改变了这一状况。word2vec 模型是谷歌公司 Tomas Mikolov 领导的研究小组在 2013 年给出的，word2vec 模型是 NNLM 模型的升级版，它是无监督的，以大型语料作为输入生成词向量空间。并且，它在多方面进行了优化，大幅提升了 NNLM 模型的运算速度和精度。

Gensim 库提供了 word2vec 词向量化和 doc2vec 句向量化算法。还支持流式训练，并提供了诸如相似度计算、信息检索等一些常用任务的 API 接口。下面我们来介绍一下 word2vec 和 doc2vec 工作原理。

8.5.3 word2vec

在 2013 年,谷歌的 Mikov 等在 CBOW 和 Skip-Gram 两个模型基础上构建了 Word2Vec 词向量化技术。该模型使用两层神经网络,去掉了隐含层,简化了神经网络结构。

CBOW(Continuous Bag-Of-Words,即连续的词袋模型):对于每个词,用其周围的词,来预测该词生成的概率。CBOW 模型如图 8-3 所示,该模型的输入是某一个特征词的上下文相关的词对应的词向量,输出是特定的一个词的词向量。(根据中心词上下文词向量,推出中心词)例如:

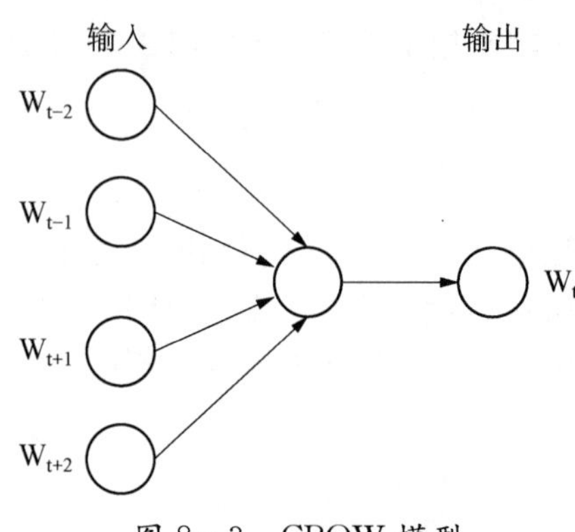

图 8-3 CBOW 模型

an efficient method for learning high quality distributed vertor

我们假设上下文大小取值为 4,给定的这个词是"Learning",它的上下文对应的词有 8 个,前后各 4 个,这 8 个词就是我们模型的输入。CBOW 使用的是词袋模型,因此这 8 个词都是平等的,不考虑词之间的距离大小。对于上面这个句子,输入是 8 个词向量,输出是所有词的 softmax 概率。

Skip-Gram 模型和 CBOW 的思路相反,如图 8-4 所示,对于每个词,用其自身去预测周围其他词生成的概率,即输入为一个单词,输出为窗口大小 h 中各个单词的概率。

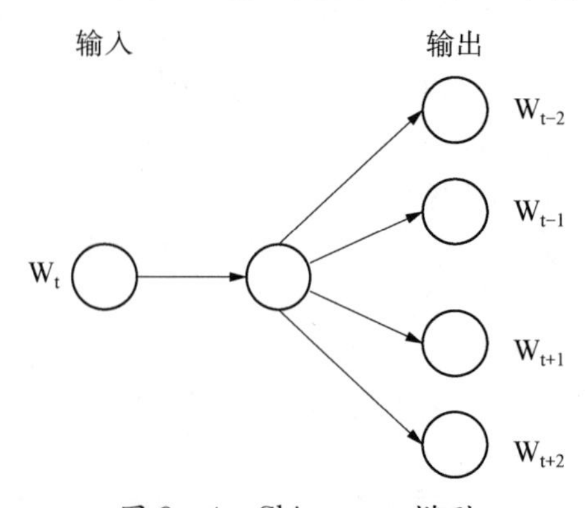

图 8-4 Skip-gram 模型

以上面的句子为例，输入为 learning，输出为其余的 8 个单词。即：输入是特定词，输出是 softmax 概率排名前八的单词。对应的 Skip-gram 神经网络模型输入层有 1 个神经元，输出层神经元个数是词汇表单词数量。隐藏层的神经元个数可以自己指定。

一般在实际模型中，词向量维度设置越大训练效果越好，大于 50 以后效果起伏变得不明显。

Gensim 提供了词向量化模型 word2vec，word2vec 的使用方法如下：

1. 训练模型

```
from gensim.models import Word2Vec
model=Word2Vec(sentences,sg=1,size=100,window=5,min_count=5,negative=3,
sample=0.001,hs=1,workers=4)
```

参数解释：

1. sg=1 是 skip-gram 算法，对低频词敏感；默认 sg=0 为 CBOW 算法。

2. size 是输出词向量的维数，值太小会导致词映射因为冲突而影响结果，值太大则会耗内存并使算法计算变慢，一般值取为 100 到 200 之间。

3. window 是句子中当前词与目标词之间的最大距离，如 window=5 表示在目标词前看和后面共取 5 个词。

4. min_count 是对词进行过滤，频率小于 min-count 的单词则会被忽视，默认值为 5。

5. negative 和 sample 可根据训练结果进行微调，sample 表示更高频率的词被随机下采样到所设置的阈值，默认值为 1e−3。

6. hs=1 表示层级 softmax 将会被使用，默认 hs=0 且 negative 不为 0，则负采样将会被选择使用。

7. workers 控制训练的并行，此参数只有在安装了 Cpython 后才有效，否则只能使用单核。

2. 训练后的模型保存与加载

```
model.save(fname)
model=Word2Vec.load(fname)
```

3. 使用模型

训练的 word2vec 模型，可用于查询，计算文本的相似度和获得词向量化表示等功能。

```
#获得'环境'的词向量
vec=model['环境']

#获得相似词
model.most_similar(positive=['woman','king'],negative=['man'])

#查找不匹配的词
model.doesnt_match("breakfast cereal dinner lunch".split())
```

```
#计算词'woman'和'man'相似度
model.similarity('woman','man')
```

【例 8-8】 训练词向量化模型 word2vec,文件 neg_pos_words.txt 中是中文情感语料库文件,文件中的语料已经经过分词处理,下面用它来训练 word2vec 模型,具体代码如下

```
from gensim.models import Word2Vec
from gensim.models.word2vec import LineSentence

def my_function():
    file_news=open('neg_pos_words.txt','r',encoding="utf8")
        model = Word2Vec(LineSentence(file_news), sg = 0, size = 100, window = 5, min_count=5,workers=9)
        model.save('neg_pos_news.word2vec')

    if__name__=='__main__':
        my_function()
```

8.5.4 doc2vec

word2vec 提供了高质量的词向量模型,Word2vec 训练词向量模型,一个词可以通过 word2vec 模型给出唯一的向量来表示。如果我们想给出句子或短文的向量来表示,该如何处理呢?

句子的向量化表示常用到的方法有:

(1) 词向量平均法(average word vectors),就是简单的对句子中的所有词向量取平均,是一种简单有效的方法,但是,该方法没有考虑到单词的顺序,对单词数量少的有效,一般在 15 个词以内,该方法没有考虑词与词之间的相关意思。

(2) TF-IDF 权重加权求和(tfidf-weighting word vectors),对句子中的所有词向量根据 tfidf 权重加权求和获得,是常用的一种计算句子向量化方法,在某些问题上表现很好,对比词向量求平均,它考虑到了 tfidf 权重,使得句子中更重要的词占得比重就更大。但是该方法也没有考虑到单词的顺序。

(3) Bad of words 词袋模型,对短文本效果不好,对于长文本,效果一般,没有考虑到词的顺序,并忽视了词的语义和上下文信息。

Doc2vec 又叫 Paragraph Vector 是 Tomas Mikolov 基于 word2vec 模型提出的,它具有一些优点,如不用固定句子长度,接受不同长度的句子做训练样本,Doc2vec 是一个无监督学习算法,该算法用于预测一个向量来表示不同的文档。

gensim.models.Doc2Vec 的使用方法如下:

1. 模型训练

```
model=gensim.models.Doc2Vec(sentences, dm = 0, dbow_words = 1, size = docvec_
```

size,window=8,min_count=19,iter=5,workers=8)

参数说明:

sentences:表示用于训练的语料,是 TaggedLineDocument 对象或 TaggedDocument 对象或这两个对象的列表。

size:代表段落向量的维数。

Window:表示当前词与预测词可能的最大距离

Workers:表示训练使用的线程数

Dm:表示训练是使用的模型种类,一般 dm 默认为 1,代表默认使用 DM 模型;当 dm 为其他值时,使用 DBOW 模型。

dbow_words:当设为 1 时,则在训练 doc_vector(DBOW)的同时训练 Word_vector(Skip-gram);默认为 0,这时只训练 doc_vector,速度快。

2. 保存模型

```
model.save('models/doc2vec.model')
模型加载
model=doc2vec.Doc2Vec.load('models/doc2vec.model')
```

3. 使用模型

```
#输出与标签'华东师范大学'最相似的
  print(model.docvecs.most_similar('华东师范大学'))

#进行相关性比较
  print(model.docvecs.similarity('华东师范大学','上海师范大学'))

#输出标签为'华东师范大学'句子的向量
  print(model.docvecs['华东师范大学'])
  或 print(model.infer_vector(words.split()))
```

【例8-9】 训练文本向量化模型 doc2vec,文件 neg_pos_words.txt 中是中文情感语料库文件,文件中的语料已经经过分词处理,下面用它来训练 doc2vec 模型的代码如下

```
import gensim.models as dv
from gensim.models.doc2vec import TaggedLineDocument

docvec_size=256

def Train_Doc2vec():
    filename='neg_pos_words.txt'
    sentences=TaggedLineDocument(filename)
```

```
    model=dv.Doc2Vec(sentences,dm=0,dbow_words=1,size=docvec_size,window=8,
min_count=19,iter=5,workers=8)
    model.save('./data/train_doc_news.doc2vec')

if __name__=='__main__':
    Train_Doc2vec()
```

8.5.5 实战 1：使用维基百科中文语料训练词向量和句向量模型

目的：使用维基百科中文语料训练词向量模型 word2vec 和句向量模型 doc2vec。

实战步骤如下：

1. 下载维基百科中文语料库

维基百科语料库资源可以从下面地址下载获得。本书提供资源中有该语料库可供我们下载使用。

https://dumps.wikimedia.org/zhwiki/latest/zhwiki-latest-pages-articles.xml.bz2

下载下来是 1.64G 大小的压缩文件。

2. 获取维基百科中文语料库

获取维基百科中文语料有两种方法：

(1) 使用 gensim 模块中的 WikiCorpus 函数来处理 wiki 语料。

(2) 使用 Wikipedia Extractor 抽取维基百科文件中的正文文本。

本文使用 Wikipedia Extractor 抽取维基百科文件中的正文文本，Wikipedia Extractor 是意大利人用 Python 写的一个维基百科抽取器，使用很方便。

本书适用的 WikiExtractor.py 文件是在 github 上下载的，下载地址如下：

https://github.com/attardi/wikiextractor/blob/master/WikiExtractor.py

该文件也放入了本书的资源库中。

我们把该文件复制到 zhwiki-latest-pages-articles.xml.bz2 文件所在文件夹，在 cmd 里运行一下命令 python WikiExtractor.py -b 500M -o extracted zhwiki-latest-pages-articles.xml.bz2，参数-b 500M 表示以 500M 为单位切分文件，如果希望抽取文本结果保存到一个文件，只需把这个参数设置的大一些即可。运行时间只需要几十分钟，运行结束后，抽取文本保存在该目录的 extracted\AA 文件夹下的 wiki_00、wiki_01 和 wiki_02 三个文件中。

3. 繁体字转简体字

zhwiki 数据中包含很多繁体字，对 zhwiki 数据，我们可以使用 OpenCC 将繁体字转换为简体字。OpenCC 是一款开源的中文处理工具，支持字符级别的转换，可以在中文简体和繁体以及香港、台湾之间相互转换。OpenCC 在 windows 上不用安装，下载后解压，并 OpenCC 下的 bin 目录添加到系统环境变量中就可以使用了。我们可以在本书资源库中下载 OpenCC 工具。

解压之后在 opencc 中的 share→opencc 中有需要的 json 文件就是 opencc 的配置文件，用来制定语言类型的转换。期中 t2s.json 是繁体到简体的转换配置文件。

OpenCC 使用 CMD 命令来进行字体转换的，如下所示：
opencc -i 需要转换的文件路径-o 转换后的文件路径-c 配置文件路径。

繁体转简体的命令如下：
D:\opencc-1.0.4\bin\opencc.exe -i wiki_00 -o ch_wiki_00 -c D:\opencc-1.0.4\share\opencc\t2s.json
这里文件夹 D:\opencc-1.0.4 是 opencc 的存放路径。

4. jieba 工具对 wiki 进行分词

分词实现代码如下：

```
import jieba
outf=open('ch_wiki_words.txt','w',encoding="utf8")
def cut_wiki(inf,outf):
    line_num=0
    for text in inf:
        seg_list=list(jieba.cut(text))
        line_seg=" ".join(seg_list)
        outf.writelines(line_seg)
        line_num=line_num+1
    return line_num

inf=open('ch_wiki_00', 'r',encoding="utf8")
line_num1=cut_wiki(inf,outf)
inf.close()
```

5. 训练词向量模型 word2vec

```
#-*- coding:utf-8 -*-
from gensim.models import Word2Vec
from gensim.models.word2vec import LineSentence
import logging

logging.basicConfig(format='%(asctime)s:%(levelname)s:%(message)s', level=logging.INFO)

def my_function():
    wiki_news=open('ch_wiki_words.txt','r')
```

```
    model=Word2Vec(LineSentence(wiki_news),sg=0,size=192,window=5,min_count
=5,workers=9)
    model.save('zhiwiki_news.word2vec')

if __name__=='__main__':
    my_function()
```

model.save('zhiwiki_news.word2vec'),用于保存训练好的词向量,

词向量的加载函数如下:

```
import genism
word2vec=gensim.models.word2vec.Word2Vec.load("./input/Quora.w2v")
```

使用 word2vec 模型

```
import genism
import jieba
model=gensim.models.word2vec.Word2Vec.load("./input/Quora.w2v")
word="酒店服务态度极差,设施很差,建议还是不要到那儿去"

word_list=list(jieba.cut(word))
wordvec=model[word_list]
```

6. 训练 doc2vec 模型

Doc2vec 的训练代码如下:

```
import gensim.models as dv
from gensim.models.doc2vec import TaggedLineDocument

docvec_size=256

def Train_Doc2vec():
    filename='./data/neg_pos_words.txt'
    sentences=TaggedLineDocument(filename)
    model=dv.Doc2Vec(sentences,dm=0,dbow_words=1,size=docvec_size,window=8,
min_count=19,iter=5,workers=8)
    model.save('./data/train_doc_news.doc2vec')

if __name__=='__main__':
    Train_Doc2vec()
```

Doc2vec 模型的加载与短文向量化代码如下：

```
from gensim.models import Doc2Vec
model=Doc2Vec.load("data/train_doc_news.doc2vec")
doc='酒店服务态度极差，设施很差，建议还是不要到那儿去。'
seg_list=jieba.cut(doc)
words=list(seg_list)
doc_vec_all=model.infer_vector(words,alpha=start_alpha,steps=infer_epoch)
```

注意：Doc2vec 的训练输入是 TaggedLineDocument 对象，也可以是 TaggedDocument 对象，但文本内容是切分好的词列表。

8.5.6　实战 2：基于 KNN 的中文情感分类

目的：根据前面学过的知识，对给出的中文评论语料进行分词，关键字提取，词向量化，句向量化处理，然后，利用 KNN 对这些预料进行分类处理。

实战步骤如下：

前面讲解了自然语言处理中的文本预处理部分，主要有分词，关键字提取，词向量化，句向量化等技术，有了这些文本预处理技术，我们可以把文本类型数据转换为计算机可以处理的数据类型数据，我们就可以进行自然语言处理中的情感分析，自动翻译，文本生成，文本聚类等高级应用。本节我们以酒店评论作为情感分类研究对象，演示中文情感分类的处理算法和步骤。

文件 neg.txt 和文件 pos.txt 分别是消极和积极的中文评论，文件 stop_words.txt 中数据是停用词文件。中文情感分类处理主要包括文本预处理，模型训练和模型预测；文本预处理主要是分词、去除停用词和文本向量化处理。

前面着重介绍了词向量化模型 word2vec 和句子向量化 doc2vec，两者都可以对语料进行向量化处理。利用 word2vec 对句子进行向量化时相对麻烦些，就是对句子中的分词结果向量化，然后再把这些词向量拼接在一起或平均化处理得到句子向量；利用 doc2vec 模型直接可以得到句子向量。用户可以根据具体情况选择使用。对比 word2vec 词向量化模型，句向量化模型 doc2vec 处理相对容易。方便起见，我们下面给出的参考代码文本向量化模型使用的是 doc2vec。

中文情感分类中一个重要的组成部分是模型选择，这里选择第五章学习过的 KNN 分类器。

中文情感分类处理流程如图 8-5 所示：

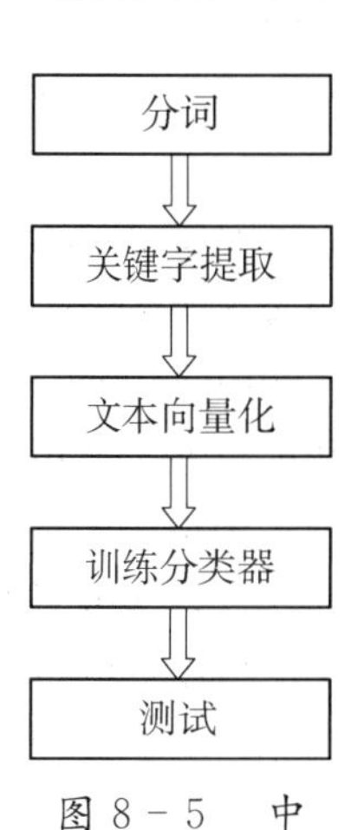

图 8-5　中文情感分类处理流程

程序代码如下：

```
#导入相关模块
import numpy as np   #导入 NumPy
from gensim.models import Doc2Vec
import jieba
import pandas as pd
from sklearn.neighbors import KNeighborsClassifier
```

```
from sklearn.model_selection import train_test_split
from sklearn.metrics import confusion_matrix, f1_score, precision_score, recall_score, accuracy_score

#导入停用词函数
def StopWord():
    #获取停用词表
    stop=open('data/stop_words.txt','r',encoding='utf-8')
    stopword=stop.read().split("\n")
    return stopword

#分词函数
def cutWord(txt):
    seg_list=list(jieba.cut(txt))
    lst=[]
    for temp_term in seg_list:
        word=temp_term.strip()
        if(word not in stopword):
            lst.append(word)
    return lst

print('导入停用词')
stopword=StopWord()

#导入 doc2vec 模型,这里为了方便,使用 8.5.5 实战中训练的 doc2vec 模型对句子进行向量化处理
print('导入 doc2vec 模型')
docTOvec=Doc2Vec.load("zhiwiki_news.doc2vec")

print('读入消极文本,并分词,向量化')
neg_sentences=[]
negfile=open ('data/neg.txt',encoding='utf-8')
for sentence in negfile:
    word_list=cutWord(sentence)
    vec=docTOvec.infer_vector(word_list)
    neg_sentences.append(vec)
negfile.close()

print('读入积极文本,并分词,向量化')
pos_sentences=[]
```

```
posfile=open ('data/pos.txt',encoding='utf-8')
for sentence in posfile:
    word_list=cutWord(sentence)
    vec=docTOvec.infer_vector(word_list)
    pos_sentences.append(vec)
posfile.close()

print('创建消极积极标签')
neg_lebel=np.zeros(len(neg_sentences))
pos_lebel=np.ones(len(pos_sentences))

x=np.concatenate((pos_sentences,neg_sentences))
y=np.concatenate((pos_lebel,neg_lebel))

x=x.astype(float)

print('分割训练集和测试集')
x_train,x_test,y_train,y_test=train_test_split(x,y,test_size=0.2,random_state=42)

print('生成 KNN 模型')
#分类器初始化
knn=KNeighborsClassifier()
#对训练集进行训练
print('训练 KNN 模型')
knn.fit(x_train,y_train)
print('预测')
predict_result=knn.predict(x_test)
print('预测结果',predict_result)
#显示预测准确率
accuracy=accuracy_score(y_test,predict_result)
print('预测准确率:',accuracy)
```

8.6 循环神经网络

传统的多层感知网络假设所有的输入数据之间是独立的，如第七章，我们学习了卷积神经网络 CNN，输入的是图像数据，图像之间是独立的。对于序列化数据，数据之间就不是独立的，如文本序列，前面的单词会影响后面的单词；如时间序列数据，股票价格或天气，后面出现的数据依赖于前面数据。

从数据特点上看，CNN 是可以看作一种专门用来处理类似网格结构的数据的神经网络，如图像数据和视频数据等，它对这类数据采用了卷积和池化操作。自然语言处理中，文本是单词序列组成的，把单词看成序列数据，假定每个单词的出现都依赖前面的单词和后面的单词，例如把 x1 看作是第一个单词，x2 看作是第二个单词，依次类推，一段文本就得到了 x1，x2，…，xn 的序列。对这种序列数据，前面学过的神经网络模型就不太好处理了。循环神经网络是一类用于处理序列数据的神经网络。

8.6.1 RNN

回顾第六章图 6－1 给出的三层全连接网络，它的隐藏层的值只取决于输入。

RNN 引入了隐状态 h，来保存当前的关键信息，且任一时刻的隐藏状态值是前一时间步中隐藏状态值和当前时间步中输入值的函数，隐藏状态 h 的计算公式如下：

$$h_t = f(Ux_t + Wh_{t-1} + b)$$

h_t 和 h_{t-1} 分别是时间步 t 和 t－1 的隐藏状态值，x_t 是时刻 t 的输入，h 可以看作是对序列数据的特征提取，然后再转换为输出。隐藏单元模型如图 8－6 所示。

RNN 模型如图 8－7 所示。

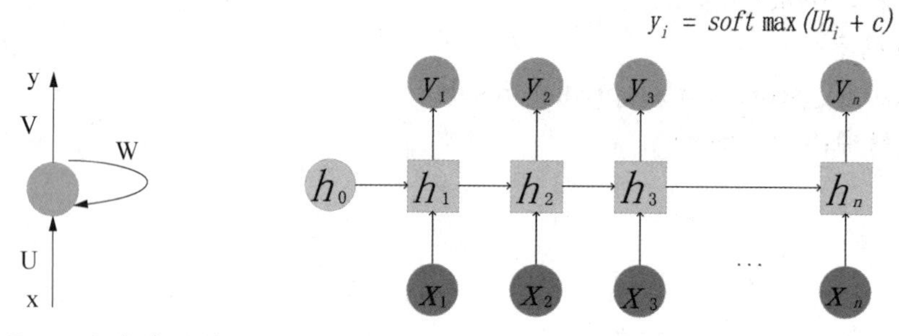

图 8－6　RNN 隐藏单元模型图　　图 8－7　RNN 网络模型层级展开图

如 8－7 所示，在 t1 时刻，

$$h_1 = f(Ux_1 + Wh_0 + b_1)$$
$$y_1 = g(Vh_1 + c_1)$$

在 t2 时刻，

$$h_2 = f(Ux_2 + Wh_1 + b_2)$$
$$y_2 = g(Vh_2 + c_2)$$

依此类推，在 tn 时刻，

$$h_n = f(Ux_n + Wh_{n-1} + b_n)$$
$$y_n = g(Vh_n + c_n)$$

这里 f 和 g 均为激活函数，其中 f 可以是 tanh，relu，sigmoid 等激活函数，g 通常是 softmax。

图 8－7 给出了 RNN 模型，它的输入是 $x_1, x_2, \cdots, x_n$，输出为 $y_1, y_2, \cdots, y_n$，输入和输出序列是等长的。如果输入的是字符，输出为下一个字符的概率，这就是著名的 char RNN，它可以用来处理文本生成等问题。

有时输入是一个序列，输出不是一个序列而是一个单独的值，例如文本分类问题，这时，RNN 模型如下图 8－8 所示。

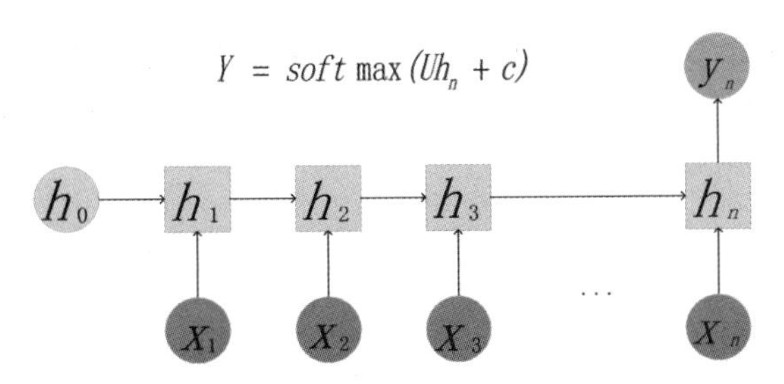

图 8－8 输出单值的 RNN 网络模型

在 RNN 中，当下一个隐藏状态关于它的前一状态的梯度小于 1 的情况，由于存在跨多个时间步反向传播，使得梯度的乘积变得越来越小，这就导致了梯度消失问题的出现。当梯度比 1 大很多时，乘积就会变得越来越大，这就导致了梯度爆炸问题。

梯度消失使得相距较远的时间步上的梯度学习对过程没有任何用处，因此 RNN 不能进行大范围依赖学习。

梯度爆炸会使得梯度变的很大，使得训练过程崩溃。

学者们解决梯度消失问题给出了多种方法，如 W 权重向量的适当初始化，使用 ReLU 替代 Tanh 层等，最流行的方案是提出了长短期记忆网络 LSTM。

8.6.2 长短期记忆网络（LSTM）

循环神经网络工作的关键点就是使用历史信息来帮助当前的决策，但同时也带来长期依赖问题，解决这个问题最有效的序列模型是门控 RNN，人们在 RNN 中引入自循环的巧妙构思，并使自循环的权重视上下文而定，而不是固定的，门控中的自循环（由另一个隐藏单元控制）的权重，这就产生了 LSTM(Long Short Term Memory Network，LSTM)模型。

长短时记忆网络，已经在许多应用中取得重大成功，如无约束手写识别，手写生成，机器翻译，为图像生成标题等。

原始 RNN 的隐藏层只有一个状态，即 h，存在梯度消失和梯度爆炸隐患。LSTM 为了解决这一问题，在 RNN 基础上，增加一个状态 c，用它来保存长期的状态，新增加的状态 c，称为单元状态(cell state)。LSTM 隐藏状态 h 和单元状态 c 安照时间维度展开示意图如图 8－9 所示。

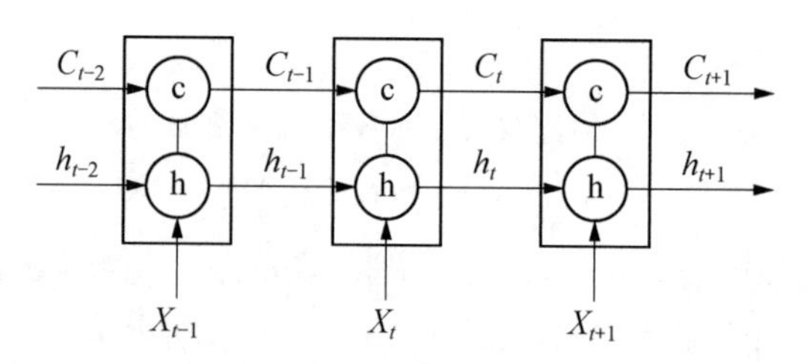

图 8－9　LSTM 隐藏状态 h 和单元状状态 C 时间维度示意图

如图 8－9 所示，在 t 时刻，LSTM 隐藏单元的输入有三个，当前网络输入值 x_t，上一时刻的状态值 h_{t-1} 和上一时刻的单元状态值 c_{t-1}，LSTM 隐藏单元的输出有隐藏层输出 h_i 和单元状态 c_i。

LSTM 的关键就是如何控制长期状态 c，LSTM 的计算比经典 RNN 复杂的多，它的计算有四个部分，分别为：输入门 x，输出门 o，遗忘门 f 和一个记忆控制器 g，图 8－10 给出了时间步 t 的隐藏状态转换图。

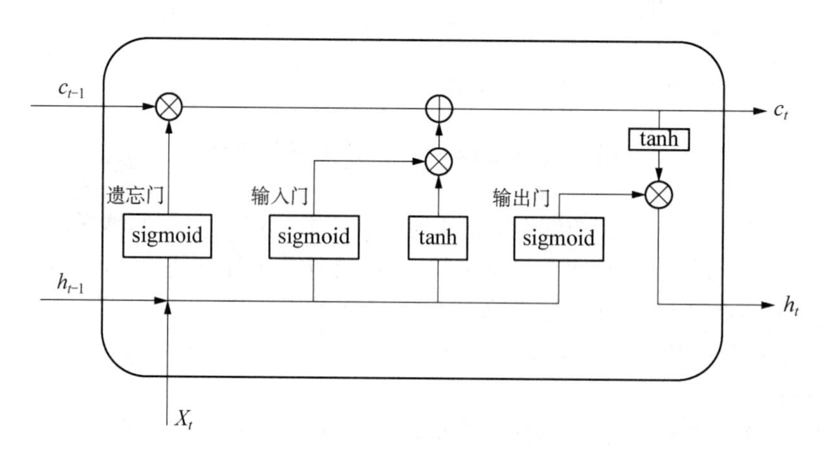

图 8－10　时间步 t 的隐藏状态转换示意图

图 8－10 上部的线是单元状态 c，它表示内部记忆单元，横穿底部的是隐藏状态，遗忘门 f、输入门 i、输出门 o、和记忆控制器 g 是 LSTM 围绕梯度消失问题的解决机制。

遗忘门：它的输入是 h_{t-1} 和 x_t，在 C_{t-1} 单元输出一个介于 0 和 1 之间的数，它决定前一状态 C_{t-1} 有多少部分可以通过，其中 1 代表“完全保留”，0 代表“完全遗忘”，我们称之为遗忘门 f。计算公式如下：

$$f_t=\sigma(W_f \cdot h_{t-1}+U_f \cdot x_t+b_f)$$

输入门 i：输入决定有多少新的信息加入到单元状态，输入是 h_{t-1} 和 x_t，计算公式如下所示：

$$i_t=\sigma(W_i \cdot h_{t-1}+U_i \cdot x_t+b_i)$$

输出门 o：定义了当前状态有多少部分输出给下一层。其计算公式如下：

$$O_t = \sigma(W_O \cdot h_{t-1} + U_o \cdot x_t + b_O)$$

候选记忆控制 g：它是基于当前输入 x_t 和前一状态 h_t 的计算，该计算结果与输入门 i 联合起来对单元状态进行更新。候选记忆控制 g 的计算公式如下：

$$g_t = tanh(W_g \cdot h_{t-1} + U_g \cdot x_t + b_g)$$

当前时刻记忆单元 C_t 和当前隐藏状态 h_t 计算公式如下：

$$C_t = f_t * C_{t-1} + i_t * g_t$$
$$h_t = \tanh(C_{t-1}) * O_t$$

8.6.3　基于 LSTM 的 IMDB 电影评论情感分类

在本节，我们使用 Keras IMDB 电影评论情感数据进行情感分析 LSTM 模型的实现，keras IMDB 数据集中包含了一个词集合和相应的情感标签。下面我们用它来搭建一个多对一的 RNN。假设该网路的输入是一个词序列，输出为一个情感分析值（正或负）。

1. 数据预处理

keras 的 IMDB 数据集有 5 万条来自网络电影数据库的评论，其中 2 万 5 千条用来训练，2 万 5 千条用来测试，每个部分正负评论各占 50%。可以用 imdb. load_data 函数加载数据集。
from keras. datasets import imdb
(x_train，y_train)，(x_test，y_test)＝imdb. load_data(num_words＝max_features)参数 num_words＝max_features，表示取 imdb 训练集中最常出现的前 max_features 个词，不经常出现的单词被抛弃，并且取得的所有评论的维度保持相同，例如 max_features＝10000，训练集和测试集就取 imdb 训练集中的前 10000 个词。返回结果是两个元组，分别是训练集，测试集和它们的对应标签列表。

我们可以通过下面方式查看返回的训练集的数据和标签。

```
>>>x_train[0]
[1,14,22,16,... 178,32]
>>>y_train[0]
1
```

由上面输出结果可以知道，变量 x_train，x_test 列表中的每条评论是一条数字列表，每一个数字对应单词在词典中出现的位置下标。y_train，y_test 是 0，1 列表，0 表示负面评论，1 表示正面评论。

上面得到的数据列表还不能直接应用到神经网络中训练，因为上面获得的数据列表的长度可能不同，对 keras 的 LSTM 模型，输入数据的长度必须相同序列数据，所以为了使得输入数据的序列长度相同，还需要使用 sequence. pad_sequences()进行处理，该函数能将序列数据进行经过填充转化为长度相同的新数据序列。该函数说明如下：
keras. preprocessing. sequence. pad_sequences(sequences，

```
maxlen=None,
dtype='int32',
padding='pre',
truncating='pre',
value=0.)
```

参数说明：

sequences：浮点数或整数构成的两层嵌套列表

maxlen：None或整数，表示序列的最大长度。大于此长度的序列将被截短，小于此长度的序列将在后部填0

dtype：返回的numpy array的数据类型

padding：序列补0方式，值是'pre'时，在序列的起始补0，值为'post'时，在序列的结尾补0

truncating：序列截断方式，值是'pre'时，从序列的起始截断，值是'post'时，在序列的结尾截断

value：浮点数，当没有给出value的值时，填充时默认填充0，当参数中给出value的值时，学列填充时填充该值

返回值：返回值时2维张量，长度为maxlen

对上面的训练集和测试集数据进行等长处理如下：

```
x_train=sequence.pad_sequences(x_train,maxlen=80)
x_test=sequence.pad_sequences(x_test,maxlen=80)
print('x_train shape:',x_train . shape)
print('x_test shape:',x_test . shape)
```

2. 构建LSTM网络模型

(1) 生成Sequential模型。

```
model=Sequential()
```

(2) 添加嵌入层。

Keras提供了一个嵌入层，适用于文本数据的神经网络，该嵌入层用随机权重进行初始化，并学习训练数据集中所有单词的嵌入，输出文本数据的词嵌入向量。Keras提供的嵌入层利用函数Embedding(input_dim=max_features,output_dim=batch_size,input_length=max_len)来实现的。

Embedding函数有3个参数需要指定，参数说明如下：

input_dim：词汇表的大小，输入中最大的整数(即词索引)不应该大于这个值，例如词汇表的单词个数为10000，那么，输入中最大的整数是9999

为网络添加一个嵌入层，该层是网络的第一个隐藏层

output_dim：嵌入单词的向量空间的大小。它为每个单词定义了这个层的输出向量的大小，

input_length：输入序列的长度。如上面输入序列数据的长度是300，同Keras模型的输入层所定义的一样，就是一次输入词汇的个数为300。

例如，我们定义一个词汇表为500的嵌入层，(每个词可以用索引从0到499的整数进行

编码,包括 0 到 499),设定生成一个 32 维的向量空间用来嵌入单词,假设输入的单词序列都有 50 个单词。那么该嵌入函数的调用如下:e=Embedding(input_dim=500,output_dim=32,input_length=50)

本节给出的模型的词嵌入代码如下:

```
learning_rate=0.001
epochs=3
batch_size=128
max_features=10000
max_len=300

model.add(Embedding (input_dim=max_features,output_dim=batch_size,input_length=max_len))
```

(3) 添加 LSTM 层。

LSTM 层使用 keras 提供的 LSTM 函数来构建。例如 LSTM(Units=64);

参数说明如下:

units:指的是每一个 lstm 单元的隐藏层的神经元数量.该层的结构如图 8-9 所示。如上面 units=64,表示该层的神经元的数量为 64;一层的 LSTM 的参数有多少个?我们知道参数的数量是由 cell 的数量决定的,这里只有一个单元,所以参数的数量就是这个单元里面用到的参数个数。假设 units 是 64,输入是 128 位的,如图 8-10 所示,三个门和一个记忆控制器 c 的参数一共有(64+128)*(64*4)。

output_dim:该层输出张量的长度。

return_sequences:默认值为 false,当值为 True 时,返回最后一层的所有隐藏状态;当值为 False 时,返回最后一层最后一个步长的隐藏状态。

return_states:默认 false,当为 True 时,返回最后一层的最后一个步长的输出隐藏状态和输入单元状态,以供下一个 lstm 单元使用,当值为 False 时,不输出状态。

为模型添加 LSTM 层如下所示:

```
model.add(LSTM(units=64))
```

(4) 添加全连接层。

```
model.add(Dense(1,activation='sigmoid'))
```

(5) 编译模型,指定损失类型和优化器。

```
model.compile(loss='binary_crossentropy',optimizer='Adam',metrics=['accuracy'])
```

模型的 compile 函数有三个参数:

optimizer:优化器,上面函数给出的时 Adam

loss:计算损失,上面函数用的是交叉熵损失

metrics:值为一个列表,包含评估模型在训练和测试时的性能的指标,典型用法是 metrics=['accuracy']。如果要在多输出模型中为不同的输出指定不同的指标,可向该参数传递一个字典,例如 metrics={'output_a':'accuracy'}

(6) 输出网络架构。

```
model.summary()
```

(7) 训练。

fit 函数用来训练模型,函数形式如下:

fit(x=None, y=None, batch_size=None, epochs=1, verbose=1, callbacks=None, validation_split=0.0, validation_data=None, shuffle=True, class_weight=None, sample_weight=None, initial_epoch=0, steps_per_epoch=None, validation_steps=None, validation_freq=1)

fit 函数参数比较多,这里把几个常用的参数加以说明:

x:输入样本数据。如果模型只有一个输入,那么 x 的类型是 numpy array;如果模型有多个输入,那么 x 的类型应当为 list,list 的元素是对应于各个输入的 numpy array

y:输入样本标签,类型为 numpy array

batch_size:整数,指定进行梯度下降时每个 batch 包含的样本数。训练时一个 batch 的样本会被计算一次梯度下降,使目标函数优化一步。

epochs:整数,训练回数,训练终止时的 epoch 值,训练将在达到该 epoch 值时停止,当没有设置 initial_epoch 时,它就是训练的总轮数,否则训练的总轮数为 epochs-inital_epoch

callbacks:列明 list,其中的元素是 keras.callbacks.Callback 的对象。这个 list 中的回调函数将会在训练过程中的适当时机被调用

validation_split:0~1 之间的浮点数,用来指定训练集的一定比例数据作为验证集。验证集将不参与训练,并在每个 epoch 结束后测试模型的指标,如损失函数、精确度等。注意,validation_split 的划分在 shuffle 之前,因此如果你的数据本身是有序的,需要先手工打乱再指定 validation_split,否则可能会出现验证集样本不均匀。

validation_data:形式为(X,y)的 tuple,是指定的验证集。此参数将覆盖 validation_spilt。

shuffle:布尔值或字符串,一般为布尔值,表示是否在训练过程中随机打乱输入样本的顺序。若为字符串“batch”,则是用来处理 HDF5 数据的特殊情况,它将在 batch 内部将数据打乱。

fit 函数返回值是一个 History 的对象,History 对象有一个 history 属性,它记录了训练集的损失函数和准确率等指标的数值随 epoch 变化的情况,如果 fit 函数中设定了验证集,那么它还包含了验证集的损失函数和验证准确率的变化情况

注意:使用 validation_split 对训练样本进行划分训练集和测试集时,数据集的划分在 shuffle 之前进行,如果训练样本本身是有序的,我们需要先手工打乱样本集,然后再指定 validation_split,否则可能会出现验证集样本不均匀现象。

下面给出训练函数的一种调用形式如下:

model.fit(x_train, y_train, batch_size=batch_size, epochs=epochs, validation_data=(x_test, y_test))

(8) 测试集预测结果。

y_predict=model.predict(x_test, batch_size=512, verbose=1)

y_predict=(y_predict>0.5).astype(int)

y_true=np.reshape(y_test, [-1])

y_pred=np.reshape(y_predict, [-1])

(9) 模型评估。

经过训练,就可以对模型效果进行评估,常用评价指标有测试准确率、精度、召回率、F1 值

四个指标，这四个指标可以通过包 sklearn. metrics 中的 accuracy_score，precision_score，recall_score 和 f1_score 函数得到。

测试集的下面我们给出四种评价指标。

```
accuracy=accuracy_score(y_true,y_pred)
precision=precision_score(y_true,y_pred)
recall=recall_score(y_true,y_pred,average='binary')
f1score=f1_score(y_true,y_pred,average='binary')

print('accuracy:',accuracy)
print('precision:',precision)
print('recall:',recall)
print('f1score:',f1score)
```

LSTM 的 IMDB 电影评论情感分类完整代码如下：

```
from__future__import print_function

import numpy as np
import pandas as pdb
from keras. preprocessing import sequence
from keras. models import Sequential
from keras. layers import Dense, Dropout, Activation, Embedding, LSTM, Bidirectional
from keras. datasets import imdb
from keras. callbacks import Callback
from keras. optimizers import Adam
import matplotlib. pyplot as plt
from sklearn. metrics import confusion_matrix, f1_score, precision_score, recall_score,
accuracy_score

def show_train_history(history):
    with open("mf_log. txt",'w') as f:
        f. write(str(history. history))
    np. savetxt('train_loss. txt',history. history['loss'])
    np. savetxt('acc. txt',history. history['acc'])
    np. savetxt('val_loss. txt',history. history['val_loss'])
    np. savetxt('val_acc. txt',history. history['val_acc'])

    plt. plot(np. loadtxt('train_loss. txt'),color='red',label='train_loss')
    plt. plot(np. loadtxt('acc. txt'),color='blue',label='val_loss')
    plt. plot(np. loadtxt('val_loss. txt'),color='green',label='val_loss')
    plt. plot(np. loadtxt('val_acc. txt'),color='pink',label='val_loss')
```

```
    plt.legend(loc='best')
    plt.savefig('IMDB_LSTM_result.jpg')
    plt.show()

max_features=15000
max_len=300
batch_size=64

(x_train,y_train),(x_test,y_test)=imdb.load_data(num_words=max_features)

print(len(x_train),'训练样本数量')
print(len(x_test),'测试样本数量')

x_train=sequence.pad_sequences(x_train,maxlen=max_len)
x_test=sequence.pad_sequences(x_test,maxlen=max_len)
print('x_train shape:',x_train.shape)
print('x_test shape:',x_test.shape)

#训练参数
learning_rate=0.001
epochs=6

model=Sequential()
model.add(Embedding (max_features,128, input_length=max_len))
#嵌入层将正整数下标转换为固定大小的向量。只能作为模型的第一层
#model.add(LSTM(units=16,return_sequences=True))
model.add(LSTM(units=64))
model.add(Dropout(0.5))
model.add(Dense(1,activation='sigmoid'))
model.compile(loss='binary_crossentropy',optimizer='Adam',metrics=['accuracy'])
model.summary()
history=model.fit(x_train,y_train,batch_size=batch_size,epochs=epochs,validation_data
=(x_test,y_test))

y_predict=model.predict(x_test,batch_size=512, verbose=1)
y_predict=(y_predict>0.5).astype(int)
y_true=np.reshape(y_test, [-1])
y_pred=np.reshape(y_predict, [-1])

#评价指标
```

```
accuracy=accuracy_score(y_true,y_pred)
precision=precision_score(y_true,y_pred)
recall=recall_score(y_true,y_pred,average='binary')
f1score=f1_score(y_true,y_pred,average='binary')

print('accuracy:',accuracy)
print('precision:',precision)
print('recall:',recall)
print('f1score:',f1score)

#绘制训练的 acc-loss 曲线
show_train_history(train_history)
```

利用 model. summary()获得的 LSTM 网络架构如表 8-2 所示：

表 8.2 LSTM 网络架构

Layer(type)	Output Shape	Param#
embedding_1(Embedding)	(None,300,128)	1920000
lstm_1(LSTM)	(None,64)	49408
dropout_1(Dropout)	(None,64)	0
dense_1(Dense)	(None,1)	65

训练过程中每轮的训练集精度、验证验证准确率和损失率如表 8-3 所示。

表 8.3 训练迭代结果

```
Train on 25000 samples,validate on 25000 samples
Epoch 1/6
25000/25000[ =================================== ]-532s 21ms/step-loss:0.4484-acc:0.7878-
val_loss:0.4477-val_acc:0.7886
Epoch 2/6
25000/25000[ =================================== ]-521s 21ms/step-loss:0.2637-acc:0.8971-
val_loss:0.3469-val_acc:0.8586
Epoch 3/6
25000/25000[ =================================== ]-532s 21ms/step-loss:0.1770-acc:0.9367-
val_loss:0.3565-val_acc:0.8512
Epoch 4/6
25000/25000[ =================================== ]-523s 21ms/step-loss:0.1330-acc:0.9543-
val_loss:0.3941-val_acc:0.8632
Epoch 5/6
25000/25000[ =================================== ]-557s 22ms/step-loss:0.0874-acc:0.9704-
val_loss:0.4309-val_acc:0.8572
```

上面表格是每轮训练的正确率，损失值和验证集集上的正确率，还有每轮训练所用的时间。

注意：从上面结果可以看出，对比 CNN，LSTM 模型需要耗费更长的时间。观察每一轮迭代的结果，我们发现，前 4 轮，随着模型迭代次数的增加，模型在训练集上的准确率和验证准确率都在是上升，但到了第 5 轮，训练集上的准确率有提高。

程序最后预测结果：

accuracy：0.846

precision：0.8573789456288217

recall：0.83008

f1score：0.8435086578326965

训练迭代次数与训练集上的准确率、验证准确率及损失值的曲线如图 8－11 所示：

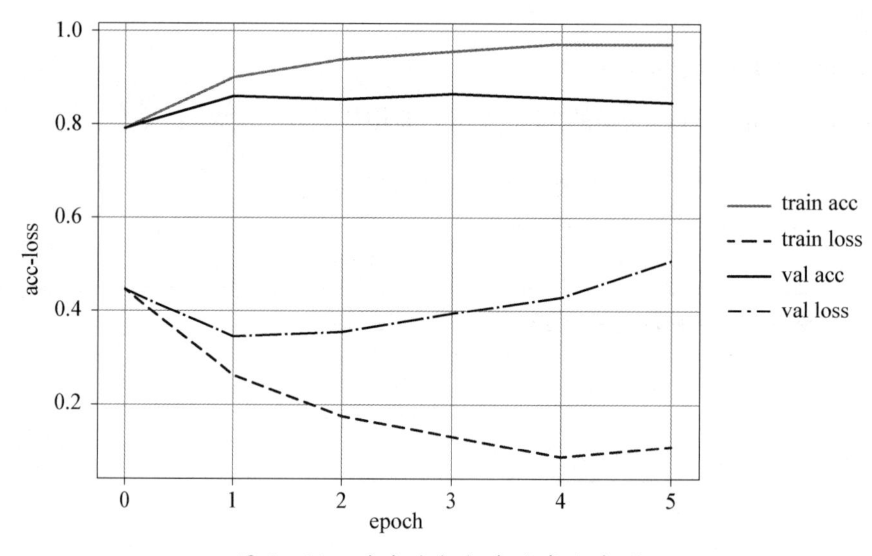

图 8－11　迭代次数与准确率曲线图

8.6.4　实战—基于 LSTM 的中文情感分类研究

基于 LSTM 的中文情感分类处理主要有下面三个部分组成：

（1）预处理。包括整理语料，分词，去除停用词，文本向量化等处理。

（2）模型的训练与验证。

（3）模型评估。

语料是收集的中文评论语句，分积极的和消极的两类，一般积极的和消极的语料分为两个文件保存，文件 data/neg.txt 中存放负面评论样本原始语料，文件 data/pos.txt 中存放正面评论样本原始语料，下面给出参考代码及相关注解。

程序代码：

```
#1) 导入相关模块
import numpy as np  #导入 NumPy
from gensim.models import Word2Vec
import jieba
from keras.preprocessing import sequence
```

```
from keras. optimizers import SGD, RMSprop, Adagrad
from keras. utils import np_utils
from keras. models import Sequential
from keras. layers. core import Dense, Dropout, Activation
from keras. layers. embeddings import Embedding
from keras. layers. recurrent import LSTM, GRU
from sklearn import metrics
import matplotlib. pyplot as plt
from sklearn. model_selection import train_test_split

#2) 定义常量
max_len=50  #样本分词后的列表长度
vec_len=100  #词向量的维数
vec_len=5000  #句子向量化后的维数

#3) show_train_history 函数用来描绘训练后的损失函数和精度图像。
def show_train_history(history):
    with open("mf_log. txt",'w') as f:
        f. write(str(history. history))
    np. savetxt('train_loss. txt',history. history['loss'])
    np. savetxt('acc. txt',history. history['acc'])
    np. savetxt('val_loss. txt',history. history['val_loss'])
    np. savetxt('val_acc. txt',history. history['val_acc'])

    #test(train_x,train_y,train_question,train_answer,10)
    #np. savetxt('test_loss. txt',loss)
    plt. plot(np. loadtxt('train_loss. txt'),color='red',label='train_loss')
    plt. plot(np. loadtxt('acc. txt'),color='blue',label='acc_loss')
    plt. plot(np. loadtxt('val_loss. txt'),color='green',label='val_loss')
    plt. plot(np. loadtxt('val_acc. txt'),color='pink',label='val_acc')
    plt. legend(loc='best')
    plt. savefig('cnn_result. jpg')
    plt. show()

#4) 读取停用词,返回停用词列表
def StopWord():
    #获取停用词表
    stop=open('data/stop_words. txt','r',encoding='utf-8')
    stopword=stop. read(). split("\n")
    return stopword
```

#5) cutWord(txt)是分词函数,参数是文本,程序中 max_len 是分词后返回列表的最大长度,如果样本中超过 max_len,那么截断处理,否则,返回列表补空个。stopword 是全局变量,是停用词列表。

```
def cutWord(txt):
    seg_list=list(jieba. cut(txt))
```

```
    lst=[]
    space_lst=['' for x in range(max_len)]
    for temp_term in seg_list:
     word=temp_term.strip()
     if(word not in stopword):
         lst.append(word)
    lst.extend(space_lst)

    return lst[0:max_len]
#6) getWordVecs(word_list)给出的是句子向量化函数。
```

对于循环神经网络,输入为序列数据,所以词向量化更适合类似于循环神经网络模型,对于一个由词构成的序列,每个词可以使用 word2doc 模型该处词的向量表示,参数 word_list 是句子分词后得到的列表。wordTOvec 是 word2vec 模型,这里 wordTOvec 也是全局变量。if word in wordTOvec:语句用来判断单词是否在 wordTOvec 模型中是否存在该单词,如果存在,通过 wordTOvec[word]获得词向量,添加到 vec_lst,最后两句是为了保证样本的向量一样长,不足部分补零,vec_len 是句子向量的长度。

```
def getWordVecs(word_list):
    vec_lst=[]
    for word in word_list:
        if word in wordTOvec:
        vec_lst.extend(wordTOvec[word])
    vec_lst.extend(zeros)
    return vec_lst[0:vec_len]

zeros=np.zeros(vec_len)
stopword=StopWord()
#导入 word2vec 模型
wordTOvec=Word2Vec.load("zhiwiki_news.word2vec")

#打开消极评论文件,做分词,文本向量化处理,向量化后的结果保存到 neg_sentences
neg_sentences=[]
negfile=open ('data/neg.txt',encoding='utf-8')
for sentence in negfile:
    lst=cutWord(sentence)
    vec=getWordVecs(lst)
    neg_sentences.append(vec)
negfile.close()

#打开积极评论文件,做分词,文本向量化处理,向量化后的结果保存到 pos_sentences
pos_sentences=[]
```

```
posfile=open ('data/pos. txt',encoding='utf-8')
for sentence in posfile:
    lst=cutWord(sentence)
    vec=getWordVecs(lst)
    pos_sentences. append(vec)
posfile. close()

#创建样本标签
neg_lebel=np. zeros(len(neg_sentences))
pos_lebel=np. ones(len(pos_sentences))

#print('合并 train 样本')
v_sentences=np. vstack((pos_sentences,neg_sentences))
#print('合并 train lebel 样本')
v_lebel=np. hstack((pos_lebel,neg_lebel))

#print(v_sentences. shape)
v_sentences=v_sentences. reshape(len(v_sentences),100,50)

#分割训练样本和测试样本
x_train, x_test, y_train, y_test = train_test_split(v_sentences, v_lebel, test_size=0. 2,
random_state=42)

print('生成模型 model')
#7) 利用 Sequential 创建 LSTM 网络模型
model=Sequential()
model. add(LSTM(32,return_sequences=True,
                input_shape=(100,50)))
model. add(LSTM(128))
model. add(Dropout(0. 5))
model. add(Dense(1,activation='sigmoid'))

#编译模型
print('编译模型 compile')
model. compile(loss='binary_crossentropy',
              optimizer='rmsprop',
              metrics=['accuracy'])
#训练模型
print('训练模型 train model')
train_history=model. fit(x_train,y_train,batch_size=16,epochs=20,validation_data=(x_
```

```
test,y_test))

#预测模型
print('预测模型 predict_classes')
pre=model.predict_classes(x_test,batch_size=30)
print('模型估计 evaluate')
score=model.evaluate(x_test,y_test,batch_size=30)

#输出结果
print('输出结果')
print(metrics.classification_report(y_test,pre))
print(model.metrics_names)
print(score)

#保存模型
model.save('word2veclstm.model')

#绘制训练损失函数和精确度图像
show_train_history(train_history)
```

8.7　习题

1. 对下面句子进行分词,并输出分词结果。

物流速度快,价格优惠,日期新鲜,味道好,正宗

相信京东商城相信品牌力量

相对来说价格便宜,买给我儿子吃的

发货快,口味很好,好吃

家人非常喜欢。以后还会来购买的,好评

特价买的一大包可以吃很久很久

不爽,买完就降价,味道吗,就那样,经常在超市买着吃

颜色一般,东西放久了不新鲜,不好吃

2. 对第一题中的句子进行词性标注,并输出结果。

3. 对第一题中的句子进行关键字提取,并输出结果。

4. 对第一题中的句子,利用词袋模型给出各个句子的向量化表示,并输出结果

5. 对第一题中的句子,利用利用 doc2vec 模型给出各句子的向量化表示,并输出结果

6. 对第一题中的句子,利用 TF-IDF 算法进行关键词提取,取出 TF-IDF 值从大到小排序,取前 5 个词作为分词结果,利用 word2vec 模型对这 5 个词进行向量化处理,并利用拼接向量的方法得到句子的向量。

注意:为了保证句子的向量长度相同,关键词提取的词的数量不足 5 时,向量补零处理。

附录：汉语词性编码对照表（北大中科院标准）

汉语词性对照表

词性编码	词性名称	注　解
Ag	形语素	形容词性语素。形容词代码为 a,语素代码 g 前面置以 A
a	形容词	取英语形容词 adjective 的第 1 个字母
ad	副形词	直接作状语的形容词。形容词代码 a 和副词代码 d 并在一起
an	名形词	具有名词功能的形容词。形容词代码 a 和名词代码 n 并在一起
b	区别词	取汉字“别”的声母
c	连词	取英语连词 conjunction 的第 1 个字母
dg	副语素	副词性语素。副词代码为 d,语素代码 g 前面置以 D
d	副词	取 adverb 的第 2 个字母,因其第 1 个字母已用于形容词
e	叹词	取英语叹词 exclamation 的第 1 个字母
f	方位词	取汉字“方”
g	语素	绝大多数语素都能作为合成词的“词根”,取汉字“根”的声母
h	前接成分	取英语 head 的第 1 个字母
i	成语	取英语成语 idiom 的第 1 个字母
j	简称略语	取汉字“简”的声母
k	后接成分	
l	习用语	习用语尚未成为成语,有点“临时性”,取“临”的声母
m	数词	取英语 numeral 的第 3 个字母,n,u 已有他用
Ng	名语素	名词性语素。名词代码为 n,语素代码 g 前面置以 N
n	名词	取英语名词 noun 的第 1 个字母
nr	人名	名词代码 n 和“人(ren)”的声母并在一起
ns	地名	名词代码 n 和处所词代码 s 并在一起
nt	机构团体	“团”的声母为 t,名词代码 n 和 t 并在一起
nz	其他专名	“专”的声母的第 1 个字母为 z,名词代码 n 和 z 并在一起
o	拟声词	取英语拟声词 onomatopoeia 的第 1 个字母
p	介词	取英语介词 prepositional 的第 1 个字母

续表

词性编码	词性名称	注　解
q	量词	取英语 quantity 的第 1 个字母
r	代词	取英语代词 pronoun 的第 2 个字母，因 p 已用于介词
s	处所词	取英语 space 的第 1 个字母
tg	时语素	时间词性语素。时间词代码为 t，在语素的代码 g 前面置以 T
t	时间词	取英语 time 的第 1 个字母
u	助词	取英语助词 auxiliary
vg	动语素	动词性语素。动词代码为 v。在语素的代码 g 前面置以 V
v	动词	取英语动词 verb 的第 1 个字母
vd	副动词	直接作状语的动词。动词和副词的代码并在一起
vn	名动词	指具有名词功能的动词。动词和名词的代码并在一起
w	标点符号	
x	非语素字	非语素字只是一个符号，字母 x 通常用于代表未知数、符号
y	语气词	取汉字“语”的声母
z	状态词	取汉字“状”的声母的前一个字母
un	未知词	不可识别词及用户自定义词组。取英文 Unkonwn 首两个字母（非北大标准，CSW 分词中定义）